普通高等教育“十一五”国家级规划教材

固体化学

GUTI HUAXUE

潘功配　编著

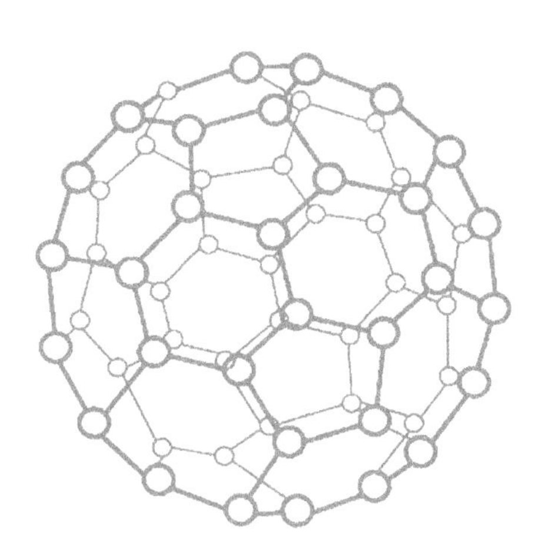

南京大学出版社

图书在版编目(CIP)数据

固体化学/潘功配编著.—南京:南京大学出版社,
2009.1(2022.7重印)
普通高等教育“十一五”国家级规划教材
ISBN 978-7-305-05773-1

Ⅰ.固… Ⅱ.潘… Ⅲ.固体化学—高等学校—教材
Ⅳ.06

中国版本图书馆CIP数据核字(2009)第021871号

出 版 者 南京大学出版社
社　　址 南京市汉口路22号　　　邮　编 210093
网　　址 http://press.nju.edu.cn
出 版 人 左　健

书　　名 固体化学
编　　著 潘功配
责任编辑 蔡文彬　　　编辑热线 025-83686531

照　　排 南京南琳图文制作有限公司
印　　刷 广东虎彩云印刷有限公司
开　　本 787×960 1/16 印张 17.75 字数 336千
版　　次 2022年7月第1版第3次印刷
ISBN 978-7-305-05773-1
定　　价 49.00元

发行热线 025-83594756
电子邮件 sales@press.nju.edu.cn(销售部)
　　　　 nupress1@public1.ptt.js.cn

前　言

应该说，当今的固体化学已融合、渗透、交错和综合于“高技术”行列之中，因为能源、信息、材料是当今社会高技术的三大支柱，材料是高技术发展的物质基础，而固体化学的最终目的是依据固相反应原理来制备高技术发展急切需求的新材料，如储氢、储热、信息存储材料；光←→电、热←→电、声←→光、压（力）←→电、磁←→光等换能材料；各类芯片材料；高温超导材料；纳米材料；富勒烯和纳米碳管等新型功能材料。固体化学在当今社会高技术发展中的重要性及其作用和地位，是显而易见的。

但是，固体化学在人类科学技术进步史上还是落后的。早在18世纪末和19世纪初，固体化学仍被当作“邪说”而尘封，直到19世纪40年代，计算机发展不得不依靠固体化学原理来制取半导体，固体化学才真正获得新生，继而有了今日的迅猛发展，从而也带来当前固体化学文献资料匮乏的现象。为更好地推进我国固体化学发展，编写出版更多的固体化学文献资料，势在必行。

其实，我是没有资格编写《固体化学》一书的，因为我是一名专业烟火技术的老师。之所以与固体化学结缘，那是因为世界上烟火科技工作者一致认为固体化学是烟火学发展的“敲门砖”。大家知道，黑火药是最初的烟火药，黑火药是由粉末状的硝酸钾、硫磺、木炭混合而成。千百年来，正是这样一类的粉末状混合药物的变幻无穷的奇妙现象和高深莫测的魔术般的魅力，吸引着无数人的眼球，也引起了很多人的兴趣。这玩意儿看起来简单，真的深入进去后却又是怪怪的，经常遇到一些不可思议的问题，见到一些意想不到的实验现象。例如，烟花爆竹工厂动不动就发生爆炸，多数原因是$KClO_3$和S这类药物莫名其妙的发生了化学反应。若按经典的化学理论，$KClO_3$和S的化学反应是氧化剂$KClO_3$在其熔点附近（化学纯$KClO_3$的熔点为370℃，工业品$KClO_3$的熔点为365～370℃）达凝聚态分解放出氧供给可燃剂S进行燃烧，反应才会发生。事实上，借助于现代测试技术已查明，$KClO_3$ 和 S 的反应并不是“从凝聚相开始，在气相中结束”，而是固相反应机理，在固-固相时 S 碎片就侵入 $KClO_3$ 晶格中发生了反应。又比如，硝酸钡与镁铝合金接近 1∶1 时，粉状药在点火后经一短时间“沉默”后突然间爆发性全烧掉了，针对这一燃烧特征研究出了“炸花”药剂，一颗 3 mm 粒径的药粒，可炸开成直径达 1 m 的球形花朵。再比如，延期药应该是随着压药压力增大而密度加大，随之燃速减缓，但压力增大而密度加大至一定程度，反而燃速加快。烟火学中类似的问题与现象枚不胜举，从而逼迫着烟火科技工作者在发展烟火的道路上找出路。也是因为高技术战争对烟火光电对抗发展需要，1980 年国际烟火学会主席(美)J. H. McLain 先生出版了《从固态化学观点论述烟火学》一书，固体化学步入烟火研究领域。近年来，国内外与固体化学有关的书籍日趋增多，也可以说固体化学研究的科学春天来到了。

由于烟火专业对固体化学知识的渴望，1994 年起我给烟火专业研究生开设了《固体化学》课程，先是借用苏勉曾先生的《固体化学导论》和崔秀山先生《固体化学基础》编写了《固体化学》课程讲义，本书又在讲义的基础上着重参考了洪广言先生的《无机固体化学》和张克立先生的《固体无机化学》以及本人几十年的部分科研成果内容编写而成的。

本书在编写的过程中得到关华老师、朱晨光老师、陈昕老师、宋东明老师的大力支持与帮助，周遵宁博士、王玄玉博士、赵军博士、陈宁博士、侯伟博士、欧阳的华博士、吕惠平博士、杜雪峰博士、刘国生博士、李德林博士、范磊博士、李晓波硕士、林瑞中硕士、闫金亮硕士、邱绍树硕士、乔立硕士、郑磊硕士等鼎力相助；特别是欧阳的华博士为本书稿文献资料付出了大量的辛勤劳动，在此一并表示诚挚的感谢！

特别感谢南京大学出版社蔡文彬老师为本书的出版付出了艰辛的努力和辛勤劳动！

限于水平、专业、经验和篇幅，本书有很多的不足，其缺点乃至谬误以及不尽如意之处在所难免，敬请学术界前辈、同行和广大读者赐教指正。

潘功配

目 录

第1章 绪 论

> 我们已经有了无机化学、有机化学、物理化学、分析化学，现在又提出了固体化学，难道说自然界中因为有了固态物质、液态物质、气态物质，就非得提出固体化学、液体化学、气体化学吗？

1.1 固体化学概念

1.1.1 固体化学反应的存在性

众所周知，自然界中有固态物质、液态物质、气态物质，而以固态物质最为常见，它看得清、摸得着。如果说我们提出固体化学、液体化学、气体化学概念，那固体化学理所当然的是立马当先。

但事实并非如此，我们已建立起的化学反应理论体系，基本上是化学家基于液态下和气态下的化学反应机理而获得，并非是先由固体化学原理而建立。形成这一格局的原因是多方面的，但无不受公元前三百多年时世界上最伟大的哲学家、科学家和教育家亚里士多德(Aristotle)的影响有关，是他说过“物体间是不起作用的，除非在流体状态”。

事实上，亚里士多德所说是错误的，化学反应不仅仅只在气态和液态状态下发生，在固态下一样也能起反应。1912 年，赫德瓦尔(Hedvall)在制造一种称之为 Rinman 绿的陶瓷颜料时，证实了固体之间能起化学反应。他将黑色的固体粉末 Co_3O_4(950℃时 Co_3O_4 方可转变成 CoO)和白色的固体粉末 ZnO(熔点为 1 800℃)混合后加热，至 500～900℃时生成了绿色晶体：

$$Co_3O_4(\text{黑色}) + ZnO(\text{白色}) \xrightarrow[\triangle]{500\sim900℃} \text{绿色晶体}$$

在 500～900℃下，Co_3O_4 和 ZnO 不可能是液相，也不可能是气相，只能是固相。这说明了固体与固体间发生了反应。

人类应用固体化学技术由来已久：远古时代的陶瓷制造及其彩陶的烧制；青铜器时代的青铜器的熔合、热处理和淬火；黑火药的混合、密实和造粒；石灰石的开采、破碎与锻烧等。但固体化学原理被人们认识却滞后于固体化学技术的应用。

1.1.2 何谓固体化学

固体化学名词术语的出现，归功于19世纪20年代塔姆曼(G. Tamman)及其学生的研究成果。固体化学真正的发展，是20世纪40年代随固态电子学和半导体技术发展而发展起来的。

何谓固体化学？如果给固体化学下个定义，即固体化学是研究固体物质(包括材料)的合成、反应、组成和性能及其相关现象、规律和原因的一门科学。

1.1.3 固体化学与固体物理

我们已拥有了固体物理，但固体化学与固体物理并不等同。

固体化学是基于分子的层面上从化学的角度研究固体物质的化学反应、合成方法、晶体生长、化学组成和晶体结构、晶体结构缺陷及其对物质的物理及化学性质的影响，并试验探索固体物质作为材料实际应用的可能性。固体物理则在原子的层面上侧重研究构成固体物质的原子、离子及电子的运动和相互作用，并提出各种模型和理论，以阐明固体的结构和物理性质。固体化学研究离不开固体物理理论基础，与固体物理研究内容交叉重叠，但两者研究关注的侧重点不同。固体化学对固体物质组成变化的特性十分关注，固体物理则关注各类固体物质的共同规律性；固体化学注重于由化学反应而产生的突变，而固体物理则关注固体物质性质的连续变化；固体化学侧重于对固体性质的定性认识，而固体物理侧重于研究固体性质与结构之间的定量关系。固体化学在研究固体结构时，主要涉及到固体的微观结构，即原子结构、晶体结构(离子晶体、共价晶体、金属晶体、分子晶体)、缺陷及表面结构等。此外，也涉及到固体材料的晶相、玻璃相、多晶体的结团和孔隙等形貌学方面的研究内容。固体化学在研究固体材料的物理性质和化学性质时，主要是从化学组成和化学反应平衡的角度来研究固体中的缺陷及其固体材料的光、电、声、磁、力、热等方面性质和关系。固体化学在研究固体物质的化学反应时，主要研究包括：固-固、固-气、固-液、表面催化等多相反应及其热力学、动力学和反应机理；固体材料的合成、单晶的制取；固态元件中的外延层、p－n结的生成反应；高温、高压、强辐射、强磁场等情况下的固体的化学反应等。

1.2 固体化学研究的内容

国内自1986年苏勉曾先生的《固体化学导论》出版以来，人们对固体化学有了更多的了解；加之材料科学基于固体化学原理获得的新型材料日趋增多，如今固体化学研究倍受关注。但固体化学研究兴起时间毕竟不长，目前尚处于发展过程之中，且其研究内容又与固体物理、冶金金相学、有机固体化学、材料科学等众多学科互相交叉、渗透。因此，目前要给出固体化学明确、全面的研究范围是困难的。

概括来说，固体化学是研究固体物质（单晶、多晶、玻璃、陶瓷、薄膜、超微粒子等）的合成、固体的组成与结构、固体中的缺陷、固体的表面化学、固相化学反应、固体的性质和新材料等。

1.2.1 固体物质合成研究

对于固体物质合成，除要研究传统的固相高温烧结陶瓷工艺、热压工艺和提拉、坩埚下降、水热、区熔或在熔盐中培养单晶生长以及蒸发与溅射制膜方法等以外，目前已发展起来的固体物质合成新技术研究成为热门。例如，外延制备薄膜技术；金属有机化学气相沉积、LB膜和急冷高转速制备非晶态薄膜技术；利用离子注入法进行掺杂技术；溶胶-凝胶法和辉光放电法制备超细粉末和纳米粉体技术；固态电解法制备高纯稀土金属技术；利用极端条件（超高压、超低真空、超高温、超低温、失重、高能粒子轰击、爆炸冲击与强辐照等）合成技术等。近年来发展了一系列的非晶态和玻璃态物质，它们比有序晶态物质性能更为优越，具有光的信息存储、永磁、磁光和光生伏打效应等，这些非晶态和玻璃态物质合成，是在一些特殊条件下（如采用急冷、化学气相沉积）进行的，光导纤维的制备就是其例。

此外，近年来发展起来的软化学合成和绿色合成方法，如微波合成、低热固相合成、流变相反应与溶剂热合成等方法，均为固体化学固体物质合成研究的重要内容。

1.2.2 固体的组成与结构研究

固体是由晶态物质（晶体）或非晶态物质（非晶体）组成。其中晶体分为理想晶体（空间点阵结构）和非理想晶体（缺陷结构），后者是实际晶体。多数固体是晶体或可以结晶成晶体。晶体是质点（离子、原子或分子）按格子构造有规则的排列而成。

固体的微观结构，包括：原子结构、分子结构、晶体结构、缺陷结构、表面结构。其中原子、分子结构是量子化学的研究内容。固体化学重点研究晶体结构、缺陷结构和表面结构。

晶体结构最基本的特点是原子排列的长程有序性，即晶体的原子在三维空间的排列沿着每个点阵直线的方向，原子有规则地重复出现，如钛酸钡、金红石等。非晶态固体结构中，原子排列没有这种规则的周期性，即原子的排列从总体上是无规则的。但是近邻原子的排列是有一定的规律，即短程有序，如玻璃、高聚物等。

按照化学组成分类，固体物质可分为金属、无机和有机三大类。也可以按照固体中原子之间结合力的本质（即化学键）的类型来给固体物质分类，即把固体物质分为离子晶体、共价晶体、金属晶体、分子晶体等。

1.2.3 固体中的缺陷研究

固体实际上是由非理想晶体或非晶体构成，这就注定了固体中的缺陷存在性。我们所说的晶体，无论是天然的还是合成的都是偏离理想的、不完整的、在组成和结构中存在某些缺陷的非理想晶体，理想晶体在自然界中是不存在的。固体中物质的输送、固相间微粒的扩散、固体中的化学反应等之所以能够发生都归因于固体中的缺陷。固体中的缺陷研究是固体化学的核心任务。

固体中缺陷的含量一般约为基质材料的万分之几或者更少一些，采用X射线衍射或化学分析手段很难发现。最初人们对固体缺陷的了解主要是来源于对固体的电学和光学性质以及固相反应动力学的研究。随着科学技术的发展，人们逐步了解了如肖特基（Schottky）缺陷、弗仑克尔（Frenkel）缺陷和位错缺陷等。固体中的缺陷实际上包括从原子、电子水平的缺陷到亚微观缺陷以至显微缺陷等各个层次的缺陷。按照缺陷的成因，固体缺陷基本上可以分为两大类，即物理缺陷与化学缺陷。物理缺陷是指由热运动或外界应力等原因引起的缺陷。化学缺陷是指外来杂质以及化合物组成与化学比偏离时所导入的间隙原子（或离子）和空位的缺陷。在晶体形成过程中，缺陷是不可避免的。就杂质原子而论，再纯的物质都有极微量的杂质，既便使用现代化的提纯方法，把Si的纯度提纯到9个9或10个9，则仍含有十亿分之一或百亿分之一的杂质，这些杂质原子进入晶格或间隙位置就会产生点缺陷。

1.2.4 固体的表面化学研究

任何凝聚态物质都具有它的表面或界面，物相的变化总是在界面上发生的。例如，气体分子在固体上的凝聚，晶体的生长，物质的升华、熔融和烧结等。由于在固体表面上的反应活化能最少,所以一些化学反应首先是从固体表面上开始发生的。化学反应在固体表面上进行的速度要比在固体物相内进行的速度快几个数量级。几乎所有的电化学反应都是在固-液界面上进行的。炼油催化反应是在固-气界面上进行的。生物化学反应是在生物膜的界面(细胞壁和液体间)上进行的。另一方面,为使固体表面不易发生化学反应或为了使固体表面具备某种特性,则需对固体材料表面进行防腐处理、防机械损伤处理和特殊的表面处理等。如固体的表面钝化、涂覆、包覆、镀膜或表面渗碳(氮)处理等。除此之外,气体和液体在固体表面上的吸附、解吸,以及染料、颜料、照相乳剂、胶体体系等都涉及到固体表面化学。固体的表面化学研究是固体化学不可分割的重要研究内容。

1.2.5 固相反应研究

固体化学研究重点是固相反应。固相反应是指那些有固态物质参加的反应,它包括:

(1) 一种固态物质的反应,如固体的热解、聚合;

(2) 单一固相内部的缺陷平衡;

(3) 固态和气态物质参加的反应;

(4) 固态和液态物质之间的反应;

(5) 固-固相反应;

(6) 固态物质表面上的反应,如固相催化和电极反应等。

凡是具有固体物质参与的反应均属固相反应,它主要包括固-固、固-液、固-气、固体表面催化反应等。

1.2.6 固体的性质和新材料研究

固体与液体、气体相比最鲜明的特点是:固体存在界面与晶界、高维与低维、各向异性与各向同性、化学计量与非化学计量、有序和无序、相变、缺陷等。固体物质的活性决定于它们对体积性质的偏离,而液体和气体的化学活性决定于它们的体积性质。正是这些特点赋予了固体很多不同于气体和液体的性质及其独特的功能与广泛的应用。如固体的光、声、电、磁、力、热的功能与应用等。

材料是指包括金属、无机非金属和有机高分子在内的各类化学物质,主要是固体材料。固体材料有多种多样,固体材料的分类如图 1.1 所示。

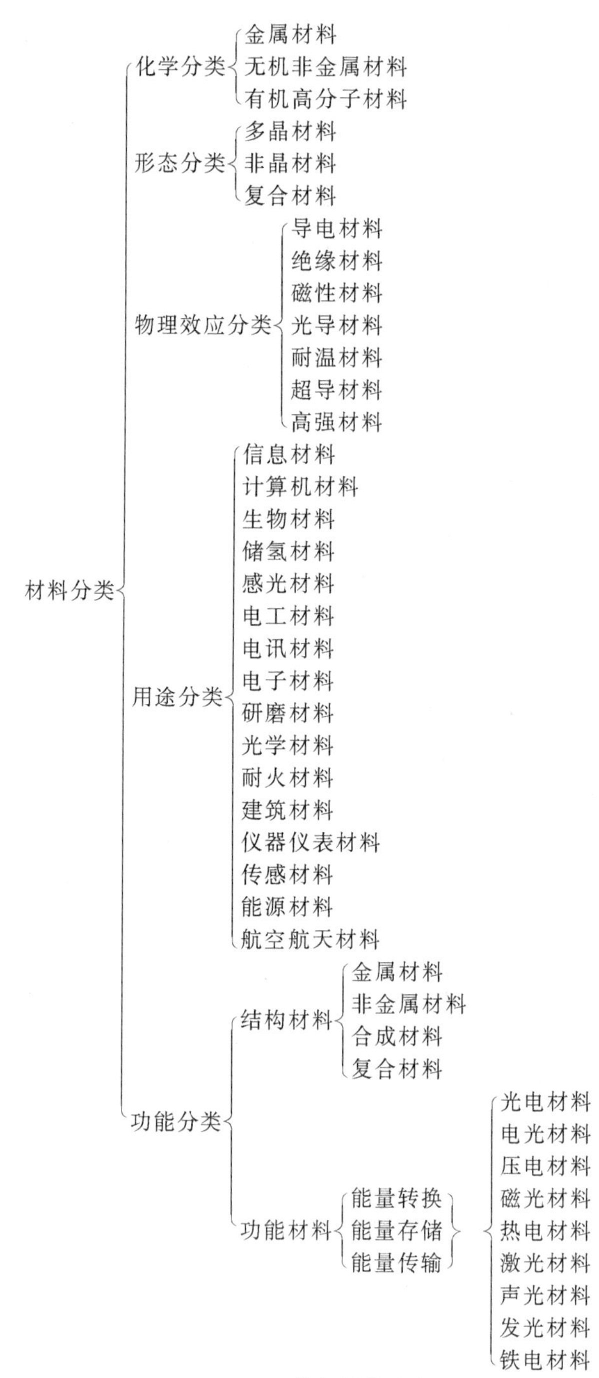
材料分类
化学分类
金属材料
无机非金属材料
有机高分子材料
形态分类
多晶材料
非晶材料
复合材料
物理效应分类
导电材料
绝缘材料
磁性材料
光导材料
耐温材料
超导材料
高强材料
用途分类
信息材料
计算机材料
生物材料
储氢材料
感光材料
电工材料
电讯材料
电子材料
研磨材料
光学材料
耐火材料
建筑材料
仪器仪表材料
传感材料
能源材料
航空航天材料
功能分类
结构材料
金属材料
非金属材料
合成材料
复合材料
功能材料
能量转换
能量存储
能量传输
光电材料
电光材料
压电材料
磁光材料
热电材料
激光材料
声光材料
发光材料
铁电材料

图 1.1 固体材料的分类

材料、信息和能源是当今文明社会的三大支柱，而材料又是能源和信息的物质基础。固体化学研究的最终目的就是要获取一系列的新型材料。

新型功能材料的研究尤为关注：一是光←→电、热←→电、声←→光、压(力)←→电、磁←→光等的能量转换材料，特别是能高效获取太阳能的光电、光化学能量转换材料；二是能量存储材料，如 Ti-Fe、La-Ni 等金属间化合物的储氢材料，太阳能利用的储热材料，经辐射后将潜像存储的信息存储材料等；三是能量传递材料，如利用电子或离子输运的电子导体或离子导体，利用能量吸收后通过敏化和辐射跃迁或无辐射等过程的能量传递以提高发光和激光效率等能量传递材料。为提高功能材料的效率，必须研究能量在其中的损耗，如吸收光能后以晶格振动的形式损耗，或与陷阱相遇后以猝灭的形式损耗等。

纳米材料是指材料组分特征尺寸在纳米量子级(0.1～100 nm)的材料。纳米材料一是具有小尺寸效应，即当超微粒子的尺寸与光波波长、德布罗意波长以及超导态的相干长度或透射深度等物理特性尺寸相当或更小时，周期性的边界条件将被破坏，声、光、电磁、热力学等特征均会呈现新的尺寸效应；二是具有表面与界面效应，即由于高的表面比存在，使处于表面的原子越来越多，大大增加了纳米粒子的活性，其原因是在表面的原子缺少近邻效应，极不稳定，很容易与其他原子结合，这种原子的活性不但引起纳米粒子表面输运和结构的变化，同时也引起表面电子自旋构象和电子能谱的变化；三是具有量子尺寸效应，即材料中电子的能级或能带与组成材料的颗粒尺寸有密切的关系，宏观金属通常用准连续的能级描述，但颗粒尺寸下降到纳米级时，准连续变为离散能级，而半导体随颗粒的减小，价带与导带之间的能隙增大，这使同一种材料的光吸收或光发射的特征波长不同；四是具有宏观量子隧道效应，即具有贯穿势垒能力的效应，近年来人们发现纳米粒子一些宏观性质，例如磁化强度、量子相干器件中的磁通量及电荷等亦具有隧道效应，它们可以穿越宏观系统的势垒而产生变化，故称为宏观量子隧道效应。

1.3 固体化学与烟火学

烟火学是研究烟火药及其烟火反应的光、声、烟、热、色彩、电、磁等物理效应与应用的一门科学，烟火学发展紧密依赖于固体化学。

烟火学所研究的烟火药多数都是由数种固体粉状物质构成的固态混合物，如最初的烟火药一黑火药，它是由粉状硝酸钾和木炭、硫磺混制而成。为了提高黑火药的燃速，人们早已发现将这些固体物质破碎得越细，燃速就会变得越快，混合得愈均匀，反应性愈好。这些发现作为技艺流传至今，但其原因直到固体化学出现才在理论上得以解释。大块的 KNO_3、C、S 晶体被破碎成碎片(粒)晶体，产生了新的棱、角、界面和缺陷。这些部位的原子配位数低于其饱和值，原子间结合力不如内部分子强，故拉开它们所需的能量变小，反应速度提高了，燃速因之而变快。均匀性反映了固相反应物互相接触的程度。固相反应物互相接触愈充分，反应性则愈好。这是因为反应总是在粒子界面上进行，产物是通过界面扩散。

1949 年，史派司(Spice)和史特维里(Stavely)对下列烟火药开展了实验研究：

还原剂	氧化剂
Fe	BaO_2
Mn	$K_2Cr_2O_7$
Mo	$KMnO_4$
Si	$Ba(NO_3)_2$
S	$Pb(NO_3)_2$
S	$Sr(NO_3)_2$
S	KNO_3

在对 Fe-BaO_2 组分药剂研究时，他们采取将 Fe 粉和 BaO_2 粉末在干燥状态下混合，然后压成药柱，将药柱密封于玻璃容器中置加热箱内加热，在不同时间内对磁性元素铁的消失作出定量测定，以确定反应的进程。结果发现，Fe-BaO_2 在发火温度以下接近发火温度时进行的反应是一种纯粹的固-固相反应过程：

$$3BaO_2 + 2Fe \longrightarrow Fe_2O_3 + 3BaO$$

显然，烟火化学反应离不开固相反应。

烟火药中的这种发火前最初反应，称之为预点火反应(Preignition Reaction，缩写 PIR)。它是一种炽热的、自传播的固-固相放热化学反应。如果 PIR 放出的热少而慢，热损失大于热积累，则 PIR 反应会中止。如果 PIR 放出的热大且快，热积累大于热损失，则出现固体自发加热，此时反应速度加大，放热速度增快，炽热的、自传播固-固放热反应则呈指数关系加速，从而导致药剂发火燃烧或爆炸。

有了固-固相反应的 PIR，烟火工作者自然就可以从化学热力学和动力学角度研究如何来控制 PIR 的温度和反应速度，从而控制系统的反应性。鉴于 PIR 是固相反应，则控制其反应性的方法就应是固态化学的方法。因此，在研究烟火反应时，只要能够证明有 PIR 反应存在，即可依据固相反应理论，应用固体化学的原理和方法来解决反应过程中的反应性问题。

在大多数情况下烟火药反应以燃烧形式出现。外加点火刺激即引发烟火药自传播放热化学反应发生,最终以发火燃烧的形式出现。燃烧反应中的烟火药内实际上存在着反应区、反应产物区和未反应材料区。

在反应区内,烟火药产生预点火反应(PIR)。点火刺激实际上是使固体组分的烟火药加热而温度升高,这时药剂中的氧化剂晶格"松驰",还原剂将扩散至氧化剂晶格内,PIR 因此而发生。当 PIR 放热大于散热时,热积累使反应区温度进一步升高,氧化剂晶格进一步"松驰",还原剂如果是低熔点物质,有可能熔化为液体(例如 S)而更易于扩散至氧化剂晶格内,PIR 则剧烈。一旦反应温度高至使氧化剂熔化分解,则游离氧放出,还原剂即发火燃烧,此时整个燃烧反应将全面展开。这时反应区内出现了高温的火焰、烟炱以及固-液-气的反应物质。

烟火药燃烧反应另一个显著特征是存在着一个不断向前推进的高温反应区。该区将未反应的材料区与反应产物区隔离开。在反应区后面是固相产物(除非所有产物均是气体),而紧接在反应区前面的是即将发生反应的下一层,如图 1.2 所示。该层由趋近的反应区加热后可能出现固相组分的熔化、固-固相转变和低速的 PIR 反应。

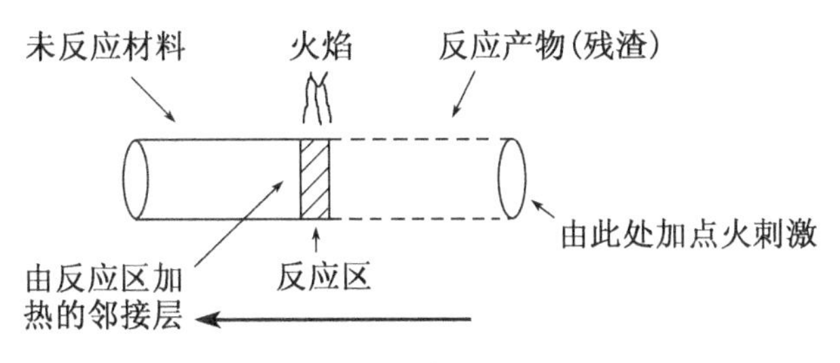

图 1.2 烟火药的燃烧反应

以往的经典理论认为,烟火药燃烧反应是烟火药中的氧化剂达到分解温度后分解出氧才与还原剂进行反应的。但是,固-固相的预点火反应(PIR)表明,外加点火刺激烟火药即开始固-固相预点火反应,燃烧则是将烟火药剂加热到预点火反应温度(激发自传播放热反应的最低温度,并非发火点),在经历固相预点火反应后才导致的。预点火反应温度通常是低于药剂的发火点,低于氧化剂的熔点和分解温度。例如,S - $KClO_3$ 混合物的预点火反应温度为 142～144℃,164℃时发火,而氧化剂 $KClO_3$ 熔点 370℃,分解温度在 400℃以上;Fe - BaO_2 混合物的预点火温度为 335℃,而 BaO_2 约在 800℃时分解;$KClO_4$ 与木炭预点火反应温度在 320～385℃之间,而 $KClO_4$ 约在 610℃时分解。

按照经典的理论,S - $KClO_3$ 的燃烧反应分为两步进行,第一步是 $KClO_3$ 分解:

$$2KClO_3 \xrightarrow{400\sim600℃} 2KCl + 3O_2$$

然后第二步是S的氧化：

$$S + O_2 \longrightarrow SO_2$$

即$KClO_3$(熔点370℃)先熔融分解，放出O_2后才与S反应。但是，S-$KClO_3$差热分析的热谱图(图1.3)证明S-$KClO_3$反应在142～144℃即开始，150℃时即出现激烈的放热反应峰，反应并未等到$KClO_3$熔融分解即开始。$KClO_3$在其熔点前是不会分解的，既便加有MnO_2、CuO或Co_2O_3催化剂的$KClO_3$，不到200～220℃也不分解。由此说明S-$KClO_3$的反应机理不是经典理论的说法。

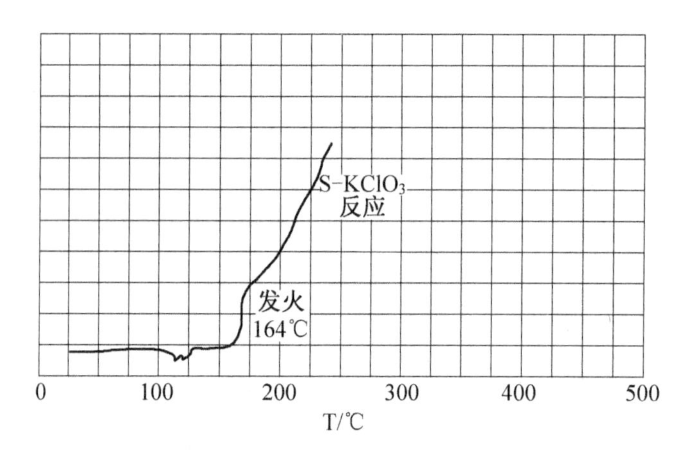

图1.3 S-$KClO_3$烟火药热谱图

S-$KClO_3$反应机理进一步研究表明：在热力学因素(温度)作用下S碎片侵入$KClO_3$晶格内，使$KClO_3$晶格"松弛"，从而降低了发火温度。当S-$KClO_3$受热时，S首先发生晶相转变，由斜方晶(S_8)转变成单斜晶(S_6)，然后在119℃时熔化为液相(S_8)。继续加热，液相的硫分裂成S_3-S_2-S_5碎片(λ→π液-液转变)。S由λ转变到π的转变温度是140℃，S_8裂成S_3、S_2主要在140℃以上发生，159.1℃时S_3的碎片浓度最高，此时，动力学扩散占主导，反应速度亦最快。S_3碎片比S_8有高得多的扩散速度，它侵入$KClO_3$晶格内，不仅使$KClO_3$晶格松弛，同时又造成$KClO_3$晶体出现更多的其他缺陷。随着反应放热量增多，扩散加剧，$KClO_3$的缺陷和活性区不断增加，最终导致S-$KClO_3$在远低于$KClO_3$熔点下发火燃烧(或爆炸)。

S-$KClO_3$反应一方面基于受热晶格松驰降低了发火温度，增进了反应性；另一方面，动力学因素导致S向$KClO_3$晶格内扩散，随扩散速度加快，反应性增大。若将$KClO_3$溶于蒸馏水中，加入2.8 mol/L浓度的$Cu(ClO_3)_2 \cdot 6H_2O$，使

$KClO_3$ 晶格掺杂上外来粒子 $Cu(ClO_3)_2$，再与 S 混合，结果它在室温下放置 30 min后即发生了强烈爆炸。这表明外来原子或离子掺杂，使 S 向 $KClO_3$ 晶格内扩散速率迅猛提高，反应急骤加快。显然，外来粒子掺杂增加了扩散速率，此时扩散在 S - $KClO_3$ 固相反应中起主导作用。

扩散在固相反应中的主导作用与晶体的缺陷关系很大。完美晶体中扩散是不可能的，只有晶体拥有缺陷（裂缝、位错、空穴、间隙原子或离子等）扩散才有可能。缺陷的类型和数量决定着扩散的快慢，从而支配着反应性。新碾细的 $KClO_3$ 与 S 混合易发生安全事故，研究表明该混合物的 PIR 速率斜率较陡，发火温度较低。这是由于碾细了的 $KClO_3$ 晶格缺陷增多而有利于 S 向 $KClO_3$ 晶格内扩散使反应性提高了的缘故。经研究，固相反应扩散速率遵循抛物线速度定律。S - $KClO_3$ 固相反应理论的突破，为解决含 $KClO_3$ 烟火药的安全性和其他烟火药的反应性提供了技术途径。将新碾细的 $KClO_3$ 在 46～49℃下于干燥室内陈化 2～3 周（具有“退火”作用）再配制混合物则很安全。将 $KClO_3$ 先与 $NaHCO_3$ 或 $MgCO_3$ 预混后再与可燃剂混合也很安全。对于那些敏感的药剂采用表面包覆、遮盖裂缝、抑制气体吸收层等措施均可提高其安全性。相反的，为了提高某些药剂的反应性，采取一切有利于“晶格松驰”的技术措施（如晶格变形、机械破碎增加晶格缺陷、掺杂等）均可提高反应性。

思考题

1.1 何谓固体化学？固体化学与固体物理有何区别？固体化学的研究内容主要有哪些？

1.2 我们已经有了无机化学、有机化学、物理化学、分析化学，现在又提出了固体化学，意义何在？

1.3 固体化学发展的若干前沿领域有哪些？试举例说明。

第2章　晶体与晶体结构概述

晶体是质点(原子、离子或分子)按格子构造有规则的排列而构成。晶体的特性是由晶体结构的周期性所决定。

2.1　晶体及其特性

什么是晶体？古人把自然界中天然亮晶晶的、晶莹透明的水晶(即石英，SiO_2)称之为晶体。后来，这一界定被进一步扩大，凡是天然的、非人工琢磨而成的具有几何多面体形态的固体都称之为晶体，例如图2.1所示的石盐[①]($NaCl$)、方解石($CaCO_3$)、磁铁矿(Fe_3O_4)等。但是这一界定并不全面。首先，依据外形界定晶体就存在问题，因为物质的外形与生长环境相关，一般在适宜的生长环境条件下，具有规则内部结构的晶体自由生长可以形成具有规则几何外形，一旦生长环境条件不能充分满足晶体自由生长需要时，晶体最终的外形是不规则的。另外，同样是石英晶体，它既可以以多面体形态的水晶存在，也可以以不具多面体外形的不规则颗粒而生成于岩石之中。由此可见，两种形态的石英晶体从本质上来说是一样的，但它的几何形态就不一样。这样说来，什么是晶体则需要从晶体的内部结构去认识它。正因为如此，当今晶体被定义为：由原子、离子或分子在三维空间按一定规律作周期性排列所构成的固体物质，谓之晶体。

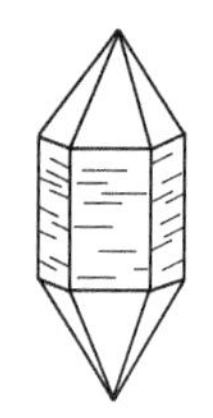

(a) 石英(即水晶，SiO_2)

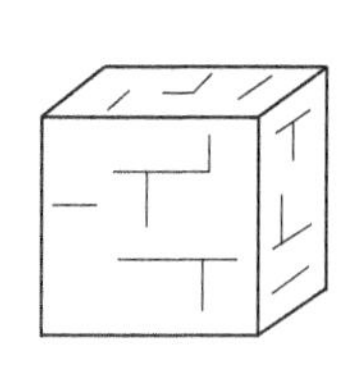

(b) 石盐($NaCl$)

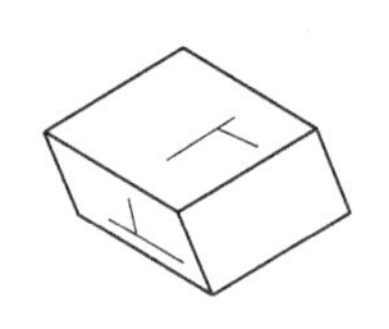

(c) 方解石($CaCO_3$)

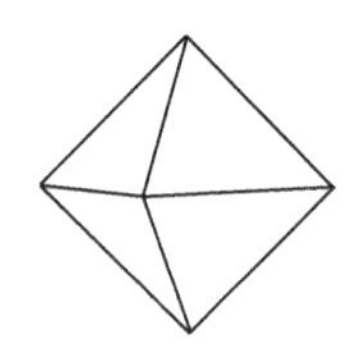

(d) 磁铁矿(Fe_3O_4)

图2.1　自然界中的天然晶体

---

① 结晶学文献资料称为石盐(NaCl)，而不称为食盐(NaCl)。

晶体是固体物质的主要存在形式。固体物质通常被分为晶体(crystal)和非晶体(non-crystal)。晶体与非晶体本质的区别是,晶体其质点在三维空间作有规律的周期性排列,格子构造,且远程有序,而非晶体不能远程有序。图 2.2 为晶体(石英,SiO_2)与非晶体(玻璃)的质点平面结构示意图。由图可见,晶体(石英,SiO_2)的内部质点是有规则的排列,具有格子构造;而非晶体(玻璃)的内部质点结构是不规律的,不具有格子构造,不能远程有序。需要指出,某些非晶体的内部结构在很小范围内也具有某些与晶体结构中一样的有序性,例如图 2.2(b)所示的玻璃非晶体,它的内部结构在很小范围内也与石英晶体结构一样,具有 1 个硅原子周围分布着 3 个氧原子的有序性,但它却没有远程规律,只有近程规律,且没有石英晶体中硅和氧在空间有规律的重复排列而形成格子构造。这种在很小范围内具有的局部有序性称之为近程规律;在整个结构范围都具有有序性称之为远程规律。因之,晶体既有近程规律也有远程规律,非晶体则只有近程规律。由于液体的结构与非晶体结构相似,故而液体只具有近程规律。关于气体,是既无远程规律,也无近程规律。

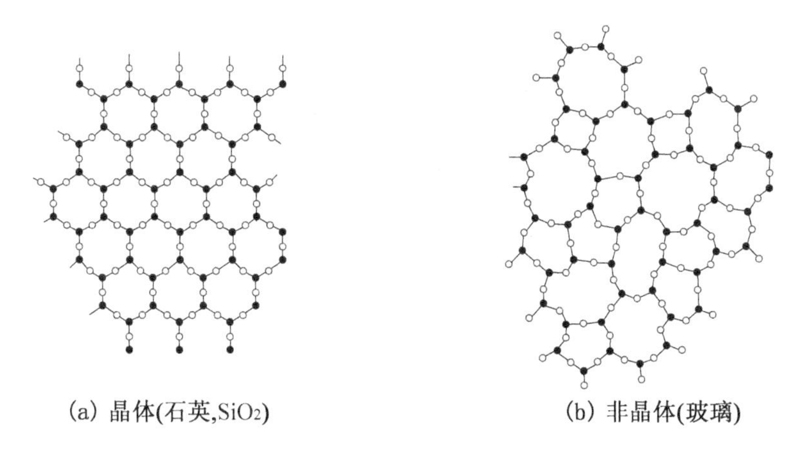

图 2.2　晶体(石英,SiO_2)与非晶体(玻璃)质点平面结构(圆圈代表氧,黑点代表硅)

非晶体又称之为无定形体。随着科学技术的发展,当今晶体(亦可称之为定形体)与非晶体(亦可称之为无定形体)之间的界限亦越来越模糊,性质介于晶体与非晶体之间的液态晶体(简称液晶)被发现,其内部结构的质点排列具有一维或二维的近似长程有序。例如准晶("一维准晶"、"二维准晶"等),它具有特定的对称性和原子排列规律,含有一般晶体所不可能含有的 5 次、8 次、10 次、12 次等对称轴;介于准晶与晶态之间的物质也陆续被合成出来。

晶体与非晶体在一定条件下是可以互相转化的。例如,岩浆迅速冷凝而成的火山玻璃,在漫长的地质年代中其内部质点进行着很缓慢的扩散、调整后趋于规则排列，即由非晶态转化为晶态。非晶态转化为晶态过程称为晶化(crystallizing)，或称脱玻化(devitrificating)。因为非晶态内能高、不稳定，而晶态内能小、稳定，所以晶化过程可以自发进行。相反，晶体也可因内部质点的规则排列遭到破坏而转化为非晶态。晶态转化为非晶态过程称为非晶化(non-crystallizing)。非晶化一般需要外能，例如，一些含放射性元素的矿物晶体，由于受放射性蜕变所发出的 α 射线的作用，晶体遭到破坏就能转化为非晶态。

晶体种类繁多，性质各异，其基本特性是：① 具有确定的熔点；② 具有规则的多面体外形；③ 各向异性(即在晶体中不同的方向上具有不同的物理性质)；④ 具有均匀性(即在同一块晶体各部分的宏观性质相同)；⑤ 对 X 射线产生衍射效应。而非晶体不具备这些特性。

人们在研究晶体时，还定义了"晶格"、"晶面"、"晶棱"、"晶胞"、"点阵"、"阵点"、"单晶"、"双晶"、"多晶"等。质点(原子、离子或分子)有规则排列而构造的格子称之为晶格；晶格最外部的面网称之为晶面；晶格最外部的行列称之为晶棱；晶体最小重复单位或造型块称之为晶胞(一般晶体均含有约 10^{18} 个以上的晶胞)；把晶体中周围环境完全相同的点抽取出来构成一组无限的、周围环境完全相同的点列称之为点阵；点阵中的每一个点称为阵点；具有均匀、连续周期结构的晶体称之为单晶；两个或两个以上的同种单晶体彼此间按一定的对称关系相互结合在一起的晶体称之为双晶(又称之为孪晶)；取向不同的许多小单晶的集合体称之为多晶。多晶体具有 X 射线衍射效应，也具有固定的熔点，但不具有单晶体的各向异性；多晶的物理性质不仅取决于所包含的晶粒的性质，还与晶粒大小以及相互间的取向有关。

此外，近年来，由于固体材料制造技术水平的提高，人们还制造出了晶粒尺寸仅在纳米量级的固体粉末，称为纳米晶。纳米晶晶粒界面上的原子多于体内的原子，导致它具有许多特异的性质。

2.2 晶体结构及其特性

晶体通常是由原子、离子或分子构成的。为了便于讨论和描述晶体内部原子、离子或分子排列的周期性，可以先把晶体中按周期性重复的那一部分，抽象成一个几何点来代表，即把原子、离子或分子安放上去，便可得到整个晶体结构。这些由晶体中无限多个重复周期抽象出来的几何点在三维空间按一定规律排列便构成了点阵。例如，图 2.3 所示的 NaCl 晶体是由钠离子和氯离子构成的；金刚石晶体是由碳原子构成的；CO_2 在低温时的结晶是由 CO_2 分子构成的。

需要反复强调，晶体结构的一个基本的特性是晶体结构的周期性，这已由 X

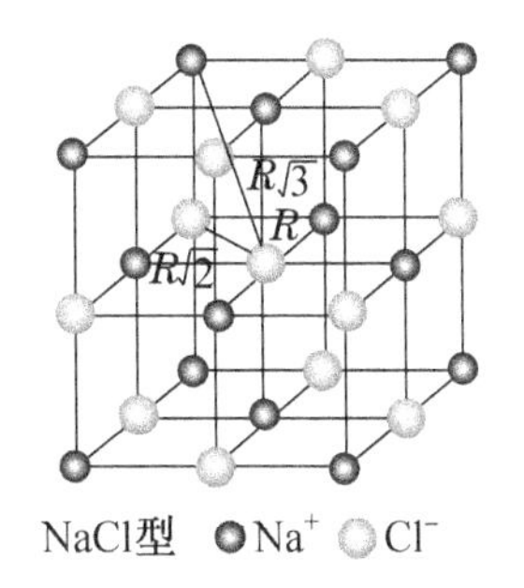

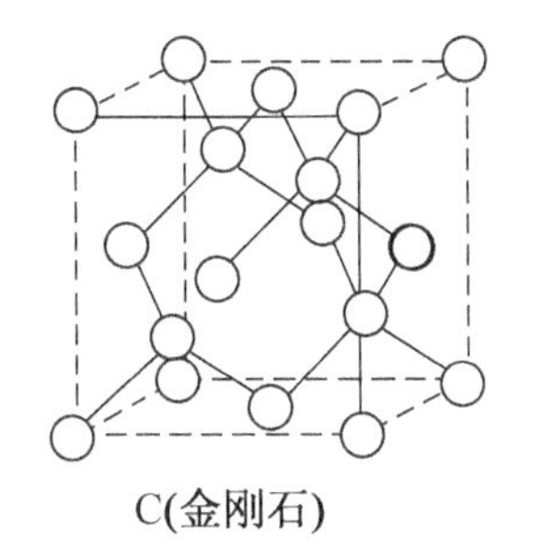

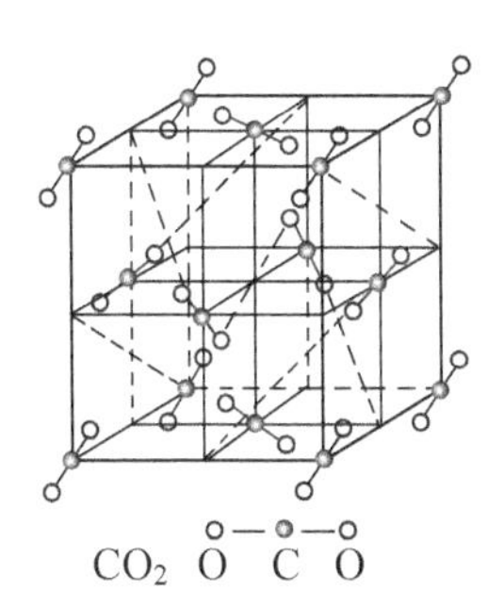

图 2.3　晶体物质的结构

射线衍射研究结果所证实。在晶体的晶格中，同一方向上在等距离的地方将出现完全相当的质点，这些质点在三维空间各方向上周期性的重复出现。晶体结构周期性表现在一切晶体上，无论其外形如何，其内部的原子(或离子、分子)总是作有规则的排列，即按照一定的方式在空间作周期性的重复。正是这些质点的周期性重复，才体现出了晶体内部构造的规律性。

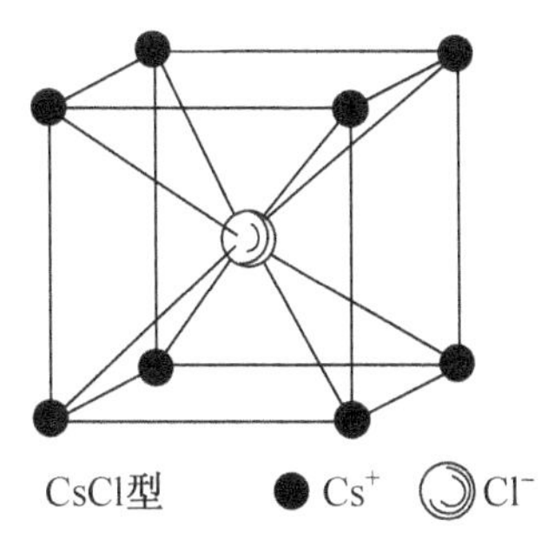

图 2.4　氯化铯晶体

氯化铯晶体是由铯离子和氯离子构成的，如图 2.4 所示。由图可见，每一个 Cs^+ 周围有八个 Cl^-，同样每一个 Cl^- 的周围也有八个 Cs^+。若将 Cs^+ 和 Cl^- 都看成阵点，那么 Cs^+ 之间的距离和 Cl^- 之间的距离是相同的，即 Cs^+ 所处的环境和 Cl^- 所处的环境都是相同的，亦即 Cs^+ 组成的点阵和 Cl^- 组成的点阵也是相同的。鉴于此种情况，可以说氯化铯晶体是由两套形式完全相同的点阵按照特定的位置交叉而成的，一套是 Cs^+ 组成的点阵，另一套则是 Cl^- 组成的点阵。Cl^- 交叉在 Cs^+ 点阵的中央位置(即体心)的位置上。反之亦然，Cs^+ 交叉在 Cl^- 点阵的体心位置上。因此，一个实际晶体，不管它有几套点阵相互交叉，其点阵结构是彼此相同的，这就是晶体内部结构的一个必要条件；与此同时这些套结构相同的点阵又要求其按一定位置相互交叉，这就是晶体内部结构的充分条件。破坏了晶体内部结构的充分与必要条件，也就破坏了晶体中的阵点结构。

2.3　晶体的点阵结构

凡是晶体物质均具有点阵结构。晶体点阵结构中的阵点在空间作周期性的排列是晶体物质内部结构的普遍特征。晶体点阵结构中的阵点在空间任意方向上都作周期性重复出现,若按连接其中任意两点的矢量进行平移后,必能重复。

2.3.1 直线点阵(一维点阵)

阵点分布在同一直线上的点阵称为直线点阵,即一维点阵。

直线点阵是一个无限的、等距离的点列,如图 2.5 所示。设在直线点阵中连接相邻两个点阵点的矢量为 **a**,当平移 **a** 时,则每一个点阵点都移动了一个向量 **a**,并且每一个点阵点都与它相邻的一个点阵点重合,即整个点阵都能复原。

图 2.5 直线点阵

直线点阵最显著的特性是在按矢量 $m\mathbf{a}(m=0,\pm1,\pm2,\cdots)$平移后都能使点阵复原。将这种能使一个点阵复原的、全部平移矢量组成的一个平移群,称之为与该点阵对应的平移群,记作 $\mathbf{T}_m$。

$$\mathbf{T}_m = m\mathbf{a}(m=0,\pm1,\pm2,\cdots)$$

式中:**a** 为直线点阵的基本向量或素向量。

点阵和平移群有一一对应的关系。一个点阵所对应的平移群能反映出该点阵的全部特征。实际上,点阵是反映结构周期性的几何形式,平移群表达式则是反应结构周期性的代数形式。

2.3.2 平面点阵(二维点阵)

阵点分布在同一平面上的点阵称为平面点阵,即二维点阵。

平面点阵按确定的平行四边形划分后形成平面格子,点阵中所有点阵点都位于平行四边形的顶点处,四边形内部没有点阵点,平面点阵也是无限的,如图 2.6 所示。

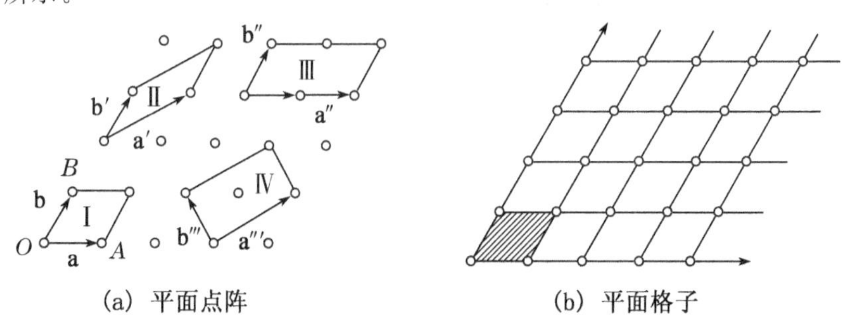

图 2.6 平面点阵和格子

因平面点阵每一个四边形有四个顶点，故每一个平面格子单位分摊到 $4\times1/4=1$ 个点阵点，每一个顶点又为4个格子单位共用。这种只包括一个点阵点的格子叫素格子，规定平面点阵素格子的一套向量 **a** 和 **b** 为平面点阵的一套素向量。向量 **a** 和 **b** 的取法，可以是多种多样的，如图2.6(a)中的Ⅰ，Ⅱ，Ⅲ和Ⅳ等。不同的单位平行四边形的大小，可以用分摊到的阵点的数目多少来表示。例如图2.6(a)中的Ⅰ和Ⅱ单位平行四边形，只在平行四边形的四个顶点上有阵点，该单位平行四边形的阵点数目为 $4\times1/4=1$ 个点阵点。对于Ⅲ和Ⅳ来说，Ⅲ的单位平行四边形的阵点数目为 $4\times\frac{1}{4}+1=2$；Ⅳ也是 $4\times\frac{1}{4}+1=2$。当单位平行四边形的阵点数等于2或大于2时，此种情况则称为复单位。

平面点阵对应的平移群为 $\mathbf{T}_{m,n}=m\mathbf{a}+n\mathbf{b}(m=0,\pm1,\pm2,\cdots;n=0,\pm1,\pm2,\cdots)$，式中 **a**、**b** 为平面点阵中两个独立而不平行的基本向量。

在平面点阵中，通过任何两个阵点联系起来的阵点直线，即为直线点阵。

2.3.3 空间点阵(三维点阵)

阵点分布在非同一平面上的、三维空间的点阵称为空间点阵，即三维点阵。

空间点阵，是由不相平行的任意三个单位素向量(**a**,**b**,**c**)划分成无数并置的平行六面体素单位所构成，如图2.7所示。

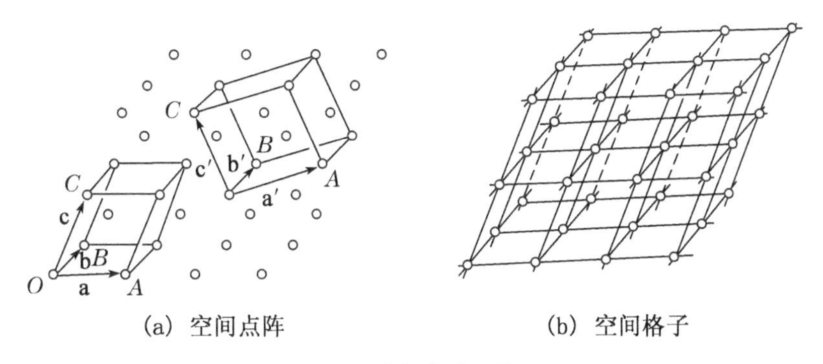

(a) 空间点阵　　(b) 空间格子

图2.7 空间点阵和格子

空间点阵按确定的平行六面体单位划分后所形成的格子，称为空间格子。点阵中每个点阵点都位于平行六面体格子的顶点处，每个平行六面体有8个顶点，而每个顶点上的点阵点被8个这样的平行六面体格子单位所共用。因此，每个平行六面体格子单位只分摊到 $8\times(1/8)=1$ 个点阵点。如同平面点阵一样，规定空间点阵素格子的一套向量 **a**,**b**,**c** 为空间点阵的一套素向量。空间点阵素向量 **a**,**b**,**c** 的取法，与平面点阵一样也是多种多样的。如图2.7(a)所示，空间点阵所构成的单位也有素单位和复单位的区别。

空间点阵对应的平移群为：

$$\mathbf{T}_{m,n,p}=m\mathbf{a}+n\mathbf{b}+p\mathbf{c}(m,n,p\ 为\ 0,\pm1,\pm2,\cdots)$$

同样，一个空间点阵也可以分解为一系列的平面点阵和直线点阵。

2.3.4 点阵和群

无论是直线点阵还是平面点阵或是空间点阵，其阵点的周期性是以 **a** 或 **a**、**b** 或 **a**、**b**、**c** 矢量的平移操作来体现的，几何结晶学则称之为平移群。显然，以矢量表示的每一个平移操作即为群中的一个元素，将这些元素平移操作集合便构成了一个群。由 **a** 或 **a**、**b** 或 **a**、**b**、**c** 矢量平移操作集合所构成的群，是符合数学群论中群的定义的。

晶体学中的群，是指具有特定属性及相互联系的一类元素的集合。群的元素可以是字母、数字、对称操作等，群可以表示为：

$$\mathbf{G}=\{\mathbf{A}_1,\mathbf{A}_2,\mathbf{A}_3,\mathbf{A}_4,\cdots,\mathbf{A}_N\}$$

$\mathbf{A}_1,\mathbf{A}_2,\mathbf{A}_3,\mathbf{A}_4,\cdots\cdots\mathbf{A}_N$ 称为群的元素、N 称为群的阶数，即元素的个数。它既可以是无限的集合，也可以像晶体学中的点群和空间群是有限的集合，但这一集合 **G** 必须满足下列四条规则才可以称为群，即

（1）封闭性　群中任意两个元素的乘积或任意的平方仍为群中的一个元素，这一规律叫群的封闭性。可以用 $\mathbf{A}\in\mathbf{G}$，$\mathbf{B}\in\mathbf{G}$ 表示 **A**、**B** 均为群 **G** 中的一个元素。若 $\mathbf{A}\cdot\mathbf{B}=\mathbf{C}$，则 **C** 也为群 **G** 中的一个元素，记为 $\mathbf{C}\in\mathbf{G}$。若 $\mathbf{A}^2=\mathbf{D}$ 或 $\mathbf{B}^2=\mathbf{F}$，则 **D**、**F** 仍为群 **G** 中的一个元素，记为 $\mathbf{D}\in\mathbf{G}$、$\mathbf{F}\in\mathbf{G}$。但应注意的是：$\mathbf{A}\cdot\mathbf{B}$ 不一定等于 $\mathbf{B}\cdot\mathbf{A}$。群论中的交换律不是普遍存在的。如果群中元素相乘是对易的，则这种群可称为阿贝尔(Abel)群。

（2）单位元素(恒等元素)　群 **G** 中必有一个单位元素 **E**。**E** 表示群中每个元素都可与其对易，并使它们不变。即 $\mathbf{A}\cdot\mathbf{E}=\mathbf{E}\cdot\mathbf{A}=\mathbf{A}$，$\mathbf{B}\cdot\mathbf{E}=\mathbf{E}\cdot\mathbf{B}=\mathbf{B}$，**E** 称为单位元素或称恒等元素(相当于点群中的一次对称轴)。

（3）乘法结合律　群 **G** 中的元素都遵守乘法结合律，即 **A**、**B**、**C** 均为同一群中的元素，则 $(\mathbf{A}\cdot\mathbf{B})\mathbf{C}=\mathbf{A}(\mathbf{B}\cdot\mathbf{C})=\mathbf{A}\cdot\mathbf{B}\cdot\mathbf{C}$。

（4）逆元素　群 **G** 中的每一个元素必有一个逆元素，它也是群中的元素。**A** 的逆元素以 $\mathbf{A}^{-1}$ 表示，则 $\mathbf{A}\cdot\mathbf{A}^{-1}=\mathbf{A}^{-1}\cdot\mathbf{A}=\mathbf{E}$。

例如，对于 1,0,－1 这样三个数，共有三个元素，即 0,1 和－1，其单位元素是 0，而 1 的逆元素为－1，反之亦然，它满足封闭性和结合律。故而对 1,0,－1 这三个数的集合，进行算术运算，便能构成一个群。

对于点阵来讲，反映周期性本质的平移操作，是用平动矢量来表示，它也构

成一个定义群。以直线点阵为例的定义群中，其元素是 0，**a**，−**a**，2**a**，−2**a**……，定义的“乘法”就是矢量加法，单位元素为 0(0 表示不动)，任一元素 $m\mathbf{a}$，其逆元素为 $-m\mathbf{a}$，这些元素显然符合结合律，例如 $3\mathbf{a}+(2\mathbf{a}+6\mathbf{a})=(3\mathbf{a}+2\mathbf{a})+6\mathbf{a}$，因此点阵中平移操作表示的平移矢量是构成一个群的，所以点阵也称为平移群。

2.4　晶体的对称性

晶体内部都具有格子构造。格子构造本身是质点在三维空间作周期性重复的排列，通过平移使相同质点重复。由于平移是一种特殊的对称操作(动作)，因此所有的晶体结构都是对称的。

2.4.1　对称性概念

对称性，是指被描述物体在变量的空间中经过某种变换后的不变性。一个物体具有对称性，是指该物体经过某一操作(如一定角度旋转等)，可以在新的位置上和原先的自身完全重合；一个图形具有对称性，是指该图形经过某些操作后能够完全复原成其原来的图样。这种能完全复原的动作，称之为“对称操作”(symmetry operation)。例如图 2.8 所示的水分子结构，在水分子的氧原子平分键角∠HOH 的位置上，可以找到一根经过 180°的旋转动作后，能使水分子结构图形完全复原的旋转轴线，以这根轴线作一垂直水分子平面的平面，该平面如同一面镜子，像照镜子一样使得水分子图形完全复原，且能将水分子结构图形“反映”在镜面的两侧。所以水分子结构图形具有对称性。这里“转动”和“反映”就是“对称操作”。需要说明，任何对称性图形都包含着一个不动对称操作。对称图形中所包括的完全复原的数目称为对称性的阶次(或称轴次)，阶次的大小就代表对称程度的高低。通常，我们把实施对称动作所依赖的“点”、“线”、“面”几何要素，称之为“对称要素”(symmetry element)。如转动的对称动作所依赖的几何要素是“轴线”，我们就可以把这个转动轴线对称要素称之为“对称轴”。

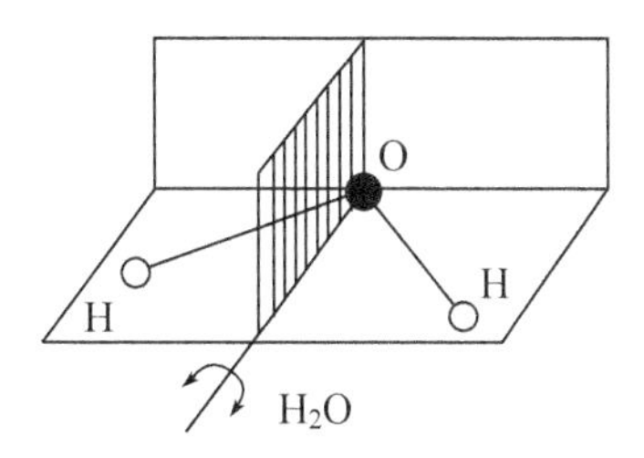

图 2.8　水分子结构

晶体的对称性，包含着晶体的外形上对称性(即宏观对称性)和晶体内部点阵结构上对称性(即微观对称性)。

2.4.2　晶体的宏观对称性

晶体的宏观对称性是指晶体外形上具有的对称性。由于晶体的宏观对称性是由晶体内部点阵结构所决定的，因此晶体的宏观对称性是要受点阵制约的。

晶体的宏观对称性的对称动作与对称要素的四种类型为：旋转与旋转轴；反映与反映对称面（镜面）；倒反与对称中心；旋转倒反与对称反轴。

1. 旋转与旋转轴

在晶体学中“旋转”是对称动作，相应的“旋转轴”则是对称元素。旋转动作时旋转轴所在的直线始终不动，将对称图像围绕旋转轴旋转某些角度后，即可使对称图像重合而复原。

设 n 为旋转轴的轴次（阶次），即转一周重复的次数，设 α 为基转角（能使图形复原的最小旋转角度），则

$$n=\frac{360^{\circ}}{\alpha}$$

记旋转轴为$\underline{n}$，对应的旋转对称动作为 $L(\alpha)$，则八面体中具有四次旋转轴、三次旋转轴、二次旋转轴等时，其旋转轴即为$\underline{4}$、$\underline{3}$、$\underline{2}$ 等，对应的对称动作为 $L(\frac{2\pi}{4})$、$L(\frac{2\pi}{3})$、$L(\frac{2\pi}{2})$等。

在晶体的宏观对称元素中，旋转轴的轴次并不是任意的。依据旋转轴轴次定理，旋转轴的轴次只能有 $n=1,2,3,4,6$ 五种，相应的五种旋转轴分别为$\underline{1}$，$\underline{2}$，$\underline{3}$，$\underline{4}$，$\underline{6}$。$\underline{1}$ 实际是不动，$\underline{2}$，$\underline{3}$，$\underline{4}$，$\underline{6}$ 旋转轴用图形表示分别为○，△，□和⬭，其示意图如图 2.9 所示。

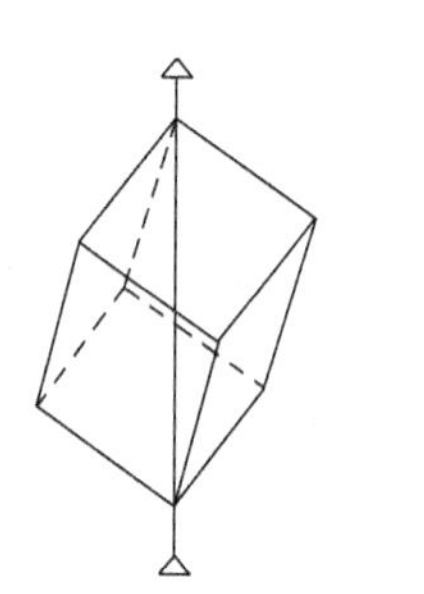
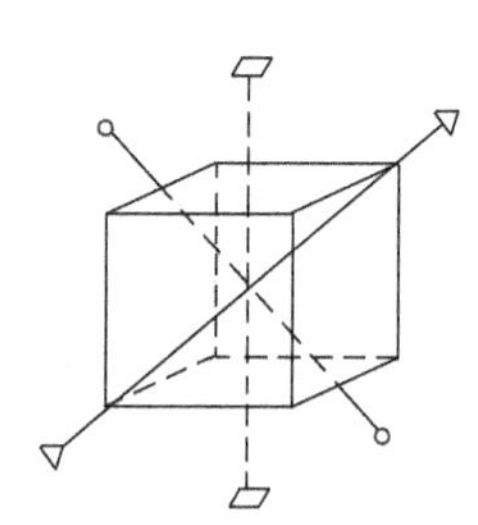
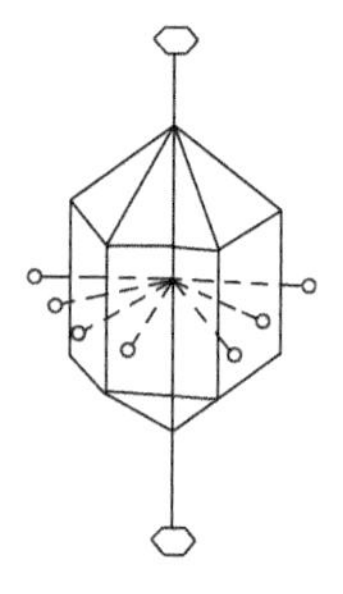

图 2.9 某些晶体的旋转轴

2. 反映与反映对称面（镜面）

在晶体学中，“反映”是对称动作，记作 M。相应的“反映对称面（镜面）”是对称元素，记作 m。

晶体的反映对称面（symmetry plane），是一假想的平面，亦称镜面（mirror）。相应的对称动作，称之为对此平面的反映，它将图形平分为互为镜像的两个相等部分。必须注意，进行反映动作正如照镜子时物与像的关系一样，两个等

同图形的相当点间的联线应与反映面垂直，图 2.10 为反映面与非反映面不同之处。

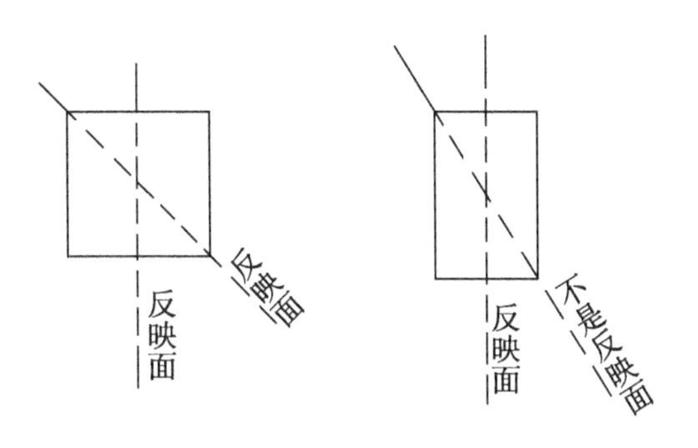

图 2.10 反映面与非反映面

反映动作的特点是对称图像按镜面 m 反映时，除镜面 m 所在的平面外，每一点都变到从该点所作的镜面垂线的延长线上，在镜面的另一侧与镜面等距离的位置上。即两个对映图形互为镜像重合时，两个对映图形中的相当点间的连线与镜面垂直并被镜面所等分。

显然，一个对称图像经过两次反映动作后又回到原来的位置即与原图像完全重合，故连续进行两次反映动作相当于不动动作（主动作），即 $M \cdot M = M^2 = 1$。因此，与镜面 m 对应的对称动作群为 $M \cdot M = M^2 = 1$，阶次是 2。

3. 倒反与对称中心

在晶体学中，“倒反”是对称动作，记作 I。相应的“对称中心”是对称元素，记作 i。

倒反动作的特点是进行倒反动作时有一个点即对称中心不动，而两个等同部分的相当点间的连线必通过对称中心，并为对称中心所平分，如图 2.11 中所示。

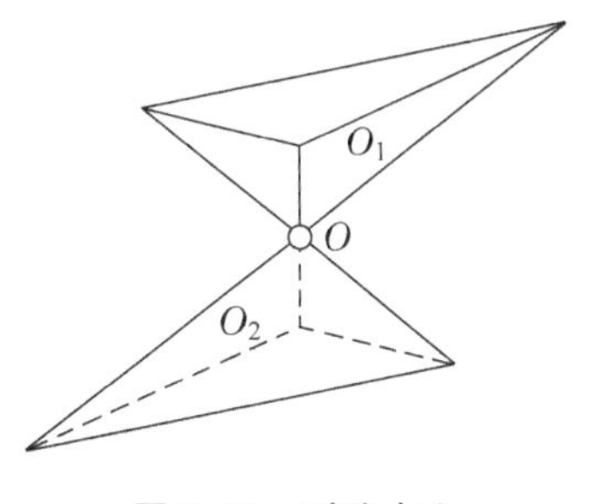

图 2.11 对称中心

显然，连续进行两次倒反动作相当于不动动作，即 $I \cdot I = I^2 = 1$。因此与对称中心 i 对应的对称动作群为 $I \cdot I = I^2 = 1$，阶次是 2。

4. 旋转倒反与对称反轴（简称反轴）

在晶体学中，“旋转倒反”是旋转和倒反组成的复合动作，记作 $L(\alpha) \cdot I$。相应的“对称反轴”是对称元素，记作$\overline{n}$。$\overline{n}$是 n 次反轴，简称 n 重反轴，例如 2 次反轴$\overline{2}$，4 次反轴$\overline{4}$，6 次反轴$\overline{6}$等。反轴是由一条直线加上线中一个点（倒反中心）组成的。

旋转倒反动作的特点是，对称图像中的每一点沿反轴转动某一角度 α 之后，都按轴上的一个中心点进行倒反。在进行旋转倒反动作时，轴上的中心点不动。

“旋转倒反”动作是一个复合动作，旋转和倒反两个动作是紧密连接不可分割的整体。对于奇次反轴来说，它相当于一个轴次相同的旋转轴和一个对称中心的组合；对于偶次反轴来说，它并不是简单的由一个轴次相同的旋转轴和一个对称中心组合而成的，一个有偶次反轴对称性的图形，只进行旋转或只进行倒反，图形都不能复原，只有联合两个动作图形才能复原，也就是说这个图形既不具有相同轴次的旋转轴的对称性，也不具有对称中心的对称性。图 2.12 是存在有四重反轴的对称性晶体构型模型，它是先旋转 90°，然后再进行反演操作得到等价构型。

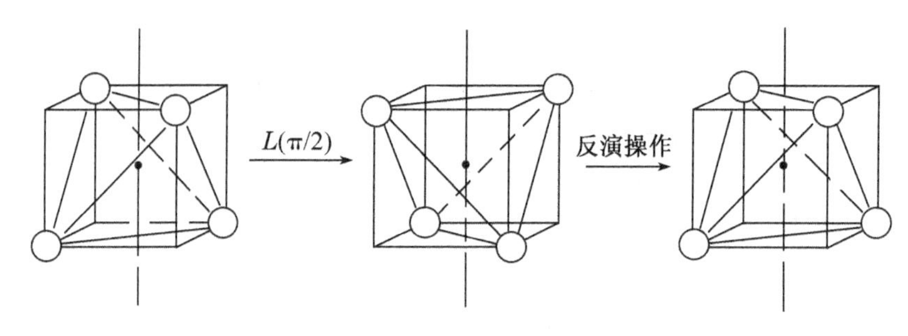

图 2.12　四重反轴

晶体中可能存在的对称反轴与旋转轴一样，也要受到点阵的制约，同样它也只有$\bar{1}$,$\bar{2}$,$\bar{3}$,$\bar{4}$,$\bar{6}$五种。在这五种对称反轴中，实际上只有$\bar{4}$是新的独立的对称元素(新的独立的对称元素是指无法用别的对称元素或它们的组合代替的对称元素)，其他四种对称反轴相当于别的对称元素或它们的组合。其中$\bar{1}$相当于对称中心 i；$\bar{2}$相当于一个与它垂直的镜面 $m_{\underline{1}}$($\bar{2}$与 $m_{\underline{1}}$ 交于倒反的中心点)，$\bar{3}$相当于一个$\underline{3}$ 和一个对称中心 i 的组合；$\bar{6}$相当于一个$\underline{3}$ 和一个与$\underline{3}$ 垂直的镜面的组合($\underline{3}$ 与 $m_{\underline{1}}$ 交于倒反的中心点)。

综上所述，描述晶体宏观对称性独立的宏观对称元素，实际上只有 8 种，即 $\underline{1}$,$\underline{2}$,$\underline{3}$,$\underline{4}$,$\underline{6}$,m,i 和$\bar{4}$，这是因为晶体外形是有限的、封闭的凸多面体。在描述晶体外形对称性规律时，安插在晶体中的宏观对称元素是不动的，即对称面、对称轴和对称中心不能进行平移，如果同时具有几种宏观对称元素时，则这些对称元素必须相交一点，否则就会破坏晶体外形是有限的、封闭的凸多面体特性。晶体宏观对称性相应的对称动作群如表 2.1 所示。

表 2.1 晶体的宏观对称元素及其相应的对称动作群("1"表示主动作)

对称元素	对称动作群	阶次
i	$1, I$	2
m	$1, M$	2
$\underline{1}$	1	1
$\underline{2}$	$1, L(180°)$	2
$\underline{3}$	$1, L(120°)$、$L(240°)$	3
$\underline{4}$	$1, L(90°)$、$L(180°)$、$L(270°)$	4
$\underline{6}$	$1, L(60°)$、$L(120°)$、$L(180°)$、$L(240°)$、$L(300°)$	6
$\overline{4}$	$1, L(90°)I$、$L(180°)I$、$L(270°), I$	4

2.4.3 32 个晶体学点群及其国际符号

晶体宏观对称性表明,一个晶体其外形所具有的宏观对称元素是 8 种对称元素中的一种或几种的组合。以图 2.13 的四种晶体的外形为例,它们具有的对称元素的种类、数目和组合分别为:(a) $1\times\underline{3}, 3\times m$;(b) $3\times\underline{2}, 3\times m, i$;(c) $1\times\underline{4}, 4\times\underline{2}$;(d) $3\times\underline{2}, 3\times m, i$。显然,其中(b)和(d)外形虽然不同,但它们所具有的对称元素的种类、数目和组合的方式是完全一样的。也就是说它们虽然外形不同,但具有相同的对称性。

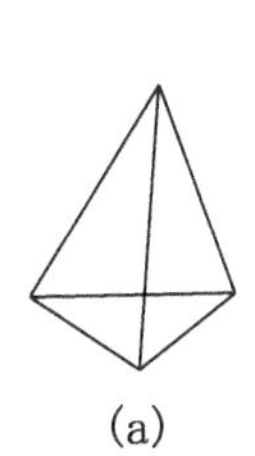
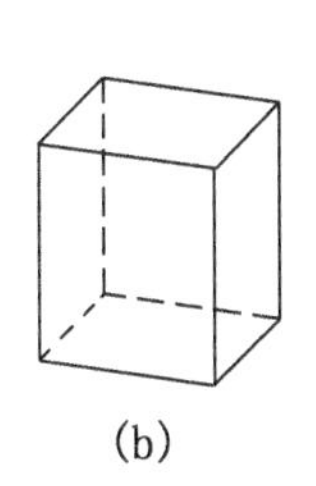
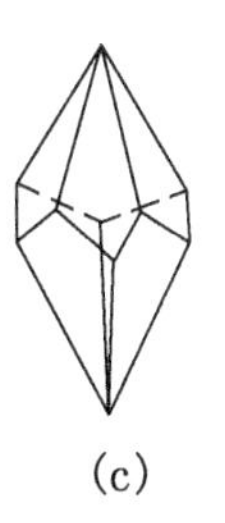
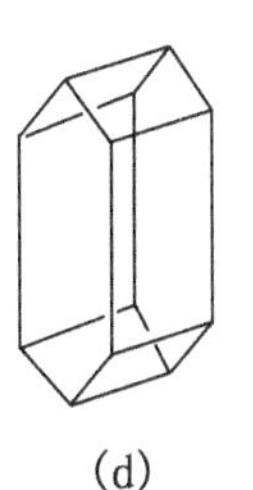

(a) (b) (c) (d)

图 2.13 四种晶体的外形

图 2.13 说明了四种晶体外形就对称性来说是三种类型,这是由于对称元素之间有组合,一种组合则对应着一种对称类型。晶体外形千变万化,对称类型有多少种?宏观对称元素之间究竟能有多少种组合方式?这一问题是不能用数学上的简单组合运算来解决的。首先,对称元素之间能相互作用,两个对称元素相结合,必然要产生出新的对称元素来;其次,对称元素之间的组合不是任意的,它要遵循两条原则:① 参加组合的对称元素必须至少相交一点(因为晶体外形是有限、封闭的多面体,若对称要素不相交一点,则得不到封闭、有限的图形,组合

的结果就会产生出无穷多个对称元素来，而与有限图形相矛盾）；② 由于晶体是空间点阵结构，因而对称元素的组合不能产生与点阵结构不相容的结果，即不允许出现$\underline{5}$和$\underline{6}$以上的旋转轴和反轴。基于此，晶体中允许存在的 8 种宏观对称元素（$\underline{1}$，$\underline{2}$，$\underline{3}$，$\underline{4}$，$\underline{6}$，m，i，$\bar{4}$），通过一个公共点进行组合后产生的对称元素仍然要符合点阵的要求，即新产生的对称元素也不能超出晶体中允许存在的 8 种宏观对称元素的范围。这样，晶体的宏观对称性总共可以产生 32 种不同类型的对称元素系（包括仅含一种对称元素的情况），相应的对称动作群也只有 32 种不同类型，简称为 32 个晶体学点群。有关 32 个晶体学点群的组合步骤请参见相关结晶化学文献，此处不再叙及。

32 个晶体学点群的意义在于，不管晶体形状的多样性如何复杂，但分析它的对称性时，它必定属于 32 个晶体学点群中的某一个，绝对不会找不到它所属的对称类型，也不会出现超出 32 个晶体学点群以外的新类型。32 个晶体学点群是充分反映了晶体内部结构特性在宏观上的对称规律，是研究晶体宏观对称性的依据。把对称类型称为点群，这是因为对称类型中对称元素的集合是符合数学上群的定义，即对称元素所规定的动作是构成群的元素，又因为在组合中要求对称元素至少必须相交一点，所以称它为点群。

点群的国际符号表示方法，是按晶系的不同，在不同方位上将它的对称元素表示出来。例如，国际符号$\frac{4}{m}$mm，表示有三个方位，在这三个方位上分别有$\frac{4}{m}$、m和m对称要素。其中m是对称面，$\frac{4}{m}$表示为在一个对称面m中它与 4 重轴垂直。又如国际符号 $3m$，表示只有两个方位，它有三重轴和对称面。晶系的方位选法与点阵三个矢量 **a**、**b**、**c** 有关，如表 2.2 所示。

表 2.2 晶系的方位

晶　系	第一方位	第二方位	第三方位
立　方	**c**	**a**+**b**+**c**	**a**+**b**
六　方	**c**	**a**	2**a**+**b**
四　方	**c**	**a**	**a**+**b**
三　方①	**c**	**a**	
正　交	**c**	**a**	**b**
单　斜	**b**		
三　斜	**a**		

注：① 按六方点阵。

点群符号标注，通常是将圣弗利斯符号和国际符号两种符号同时标出。如 D2 - 222，前面是圣弗利斯符号，后面是国际符号。

32 个晶体学点群符号表示及每一种对称类型中所包含的全部对称元素如表 2.3 所示。表中所列出点群符号是圣弗利斯符号，其定义：① 若只有一个$\underline{n}$次轴而没有对称中心和对称面的用 C_n 表示，如 C_6 则表示这个点群只存在一个六重轴；② 若除了有一个$\underline{n}$ 次轴外还有$\underline{2}$ 与这个$\underline{n}$ 次轴垂直结合，但没有对称面，则用 D_n 表示，如 D_3 则表示这个点群中有一个$\underline{3}$ 和垂直于这个$\underline{3}$ 的一个$\underline{2}$ 重轴；③ 在上述两种情况下，若还有对称面，则按对称面的位置在 C_n 或 D_n 的 n 后面写上 h，v 和 d，h 表示这个对称面是垂直主轴的，v 表示包含主轴和副轴的对称面，d 表示包含主轴平分副轴夹角的对称面，例如 C_{4h}表示主轴为$\underline{4}$，并有一个垂直于$\underline{4}$ 的对称面，D_{2d}表示在两个$\underline{2}$ 相互结合的同时有一对称面包含主轴$\underline{2}$，并且平分两个$\underline{2}$ 副轴的位置，C_{3v}表示有一个$\underline{3}$，同时有一个包含着 3 的对称面；④ 若有四个$\underline{3}$ 和三个$\underline{2}$(或$\overline{4}$)而没有对称面者用 T 表示，若有对称面，该对称面垂直于$\underline{2}$(或$\overline{4}$)者用 T_h 表示，平分夹角者用 T_d 表示；⑤ 若有四个$\underline{3}$、三个$\underline{4}$ 和六个$\underline{2}$，而没有对称面时，用 O 表示，若还有对称面则用 O_h 表示；⑥ 只有一个对称中心的用 C_1 表示，只有一个对称面的用 C_s 表示，只有一个$\underline{3}$ 和一个 i 的用 C_{3i}表示，只有一个$\overline{4}$的用 S_4 表示。

表 2.3　32 个晶体学点群圣弗利斯符号及对称要素

	C_n	C_{nh}	C_{nv}	D_n	D_{nh}	D_{nd}	T・O
$C_i-\overline{1}$	C_1-1		C_s-m				$T-23$
	C_2-2	$C_{2h}-\frac{2}{m}$	$C_{2v}-mm2$	D_2-222	$D_{2h}-\frac{2}{m}\frac{2}{m}\frac{2}{m}$	$D_{2d}-\overline{4}2m$	$T_h-\frac{2}{m}\overline{3}$
$C_{3i}-\overline{3}$	C_3-3	$C_{3h}-\overline{6}$	$C_{3v}-3m$	D_3-32	$D_{3h}-\overline{6}2m$	$D_{3d}-\overline{3}\frac{2}{m}$	$T_d-\overline{4}3m$
$S_4-\overline{4}$	C_4-4	$C_{4h}-\frac{4}{m}$	$C_{4v}-4mm$	D_4-422	$D_{4h}-\frac{4}{m}\frac{2}{m}\frac{2}{m}$		$O-432$
	C_6-6	$C_{6h}-\frac{6}{m}$	$C_{6v}-6mm$	D_6-622	$D_{6h}-\frac{6}{m}\frac{2}{m}\frac{2}{m}$		$O_h-\frac{4}{m}\overline{3}\frac{2}{m}$

2.4.4　晶体的微观对称性

晶体内部点阵结构具有的对称性，称之为晶体的微观对称性。

晶体的宏观对称性与微观对称性差异，就在于宏观对称性不能反映微观对称性中的平移部分。宏观对称动作(即点对称动作)在进行动作时，空间上至少有一点不动。微观对称动作(空间对称动作)在进行动作时，空间上所有的点都要动。微观对称动作中最基本的对称动作就是平移。所以晶体微观对称性只要在宏观对称元素上加上平移就可以实现。

晶体微观对称性的微观对称动作和相应的对称元素可以分成两类：一类是对称轴上加上平移操作，相应的对称元素为螺旋轴；另一类是对称面上加上平移操作，相应的对称元素为滑移面。

1. 螺旋轴

与螺旋轴相应的对称动作是旋转和平移组成的复合对称动作，又称为螺旋旋转。螺旋旋转的符号为$L(a)T$。与螺旋轴相应的对称性的阶次为∞。螺旋旋转动作只能使相等图形重合，而不能使左右手重合。

螺旋旋转动作进行时，先绕一直线旋转一定角度，然后再与此直线平行的方向上进行平移，或先平移再旋转，该直线即为螺旋轴。整个动作进行中每一点都在动，例如，图 2.14 所示的3_1、3_2图形中就有三重螺旋轴，其中3_1表示先绕轴转动 120°再沿轴向进行$\frac{1}{3}\mathbf{a}$的平移（$\mathbf{a}$为沿轴方向的单位平移矢量）。图中三重螺旋轴3_2表示绕轴旋转 120°再沿轴向进行$\frac{2}{3}\mathbf{a}$的平移。为便于比较，图 2.14 中还给出了三重螺旋轴$\underline{3}$和三重反轴$\overline{3}$的示意图。

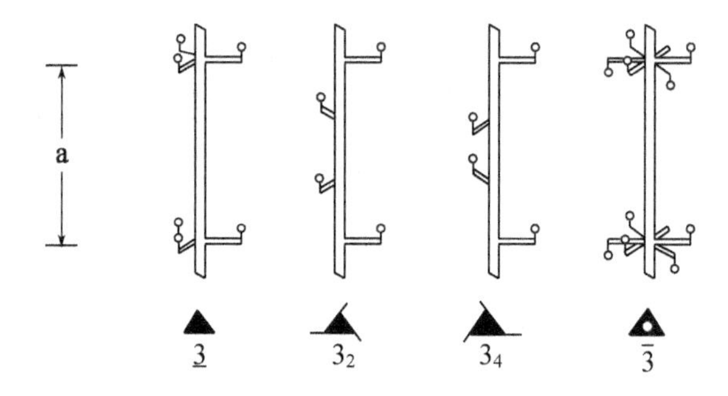

图 2.14　各类三重对称轴的示意图

设点阵结构中平移单位矢量分别为$\mathbf{a}$,$\mathbf{b}$,$\mathbf{c}$，其平移长度为a,b,c，若在$\mathbf{a}$方向上发现一对称轴，则存在四重对称轴。微观结构中一定存在着相应的四重螺旋轴，但其平移的长度要依据晶体内部结构才能明确是4_1、4_2、4_3还是$4_4=\underline{4}$。4_1螺旋轴是指旋转 90°再向$\mathbf{a}$方向平移$\frac{1}{4}a$的距离后其内部结构恢复原状，如图 2.15 所示。反之，若从微观结构中找到4_1、4_2或4_3，则可以肯定在宏观上必定存在着一个$\underline{4}$，这便是微观的螺旋轴与宏观的对称轴之间的相互关系。

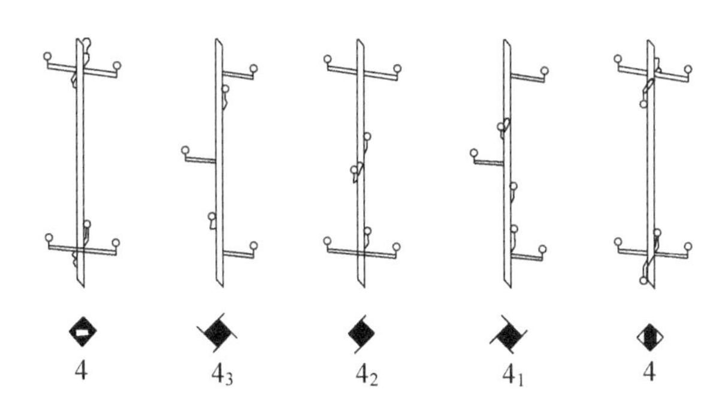

图 2.15　四重螺旋轴

2. 滑移面

滑移面是反映和平移复合操作的微观对称要素。滑移面有三类：一是轴线滑移面，即反映操作后，再向 **a**、**b** 和 **c** 中的一个方向平移 $1/2a$ 或 $1/2b$ 或 $1/2c$ 的距离；二是对角线滑移面，它是反映操作后再滑移 $(a/2+b/2)$ 或 $(b/2+c/2)$ 或 $(c/2+a/2)$ 的距离；三是菱形滑移面，它是反映操作后再滑移 $(a/4+b/4)$ 或 $(b/4+c/4)$ 或 $(c/4+a/4)$ 的距离。滑移面符号分别为 a，b，c，n（对角线滑移面）和 d（菱形滑移面）。轴线滑移面如图 2.16 所示。

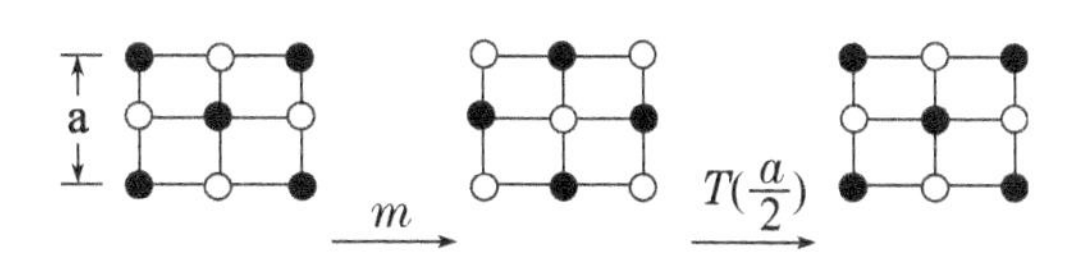

图 2.16　轴线滑移面

2.4.5　14 种空间点阵

晶体的空间点阵结构决定了晶体的宏观对称性，受点阵的制约，描述晶体宏观对称性的晶体学点群只有 32 个。根据晶体的特征对称元素，又把晶体的 32 个点群划分为 7 个晶系。这 7 个晶系又决定了晶体内部的空间点阵型式只有 14 种，称为 14 种空间点阵型式或 14 种布拉维（A. Bravais）格子。

晶体的 32 个点群所划分出的 7 个晶系，如表 2.4 所示。

表 2.4 七个晶系

晶族	晶系	点阵特征		特征对称要素	点群
高级	立方	$a=b=c$	$\alpha=\beta=\gamma=90°$	$4\times\underline{3}$	T,T_h,T_d,O,O_h
	六方	$a=b\neq c$	$\alpha=\beta=90°,\gamma=120°$	$\underline{6}$ 或 $\overline{6}$	$C_6,D_6,C_{6h},D_{6h},D_{3h},C_{3h},C_{6v}$
中级	四方	$a=b\neq c$	$\alpha=\beta=\gamma=90°$	$\underline{4}$ 或 $\overline{4}$	$D_4,C_4,S_4,C_{4h},D_{4h},D_{2d},C_{4v}$
	三方	$a=b=c$	$\alpha=\beta=\gamma\neq 90°$	$\underline{3}$ 或 $\overline{3}$	$C_3,D_3,C_{3v},D_{3d},C_{3i}$
	正交	$a\neq b\neq c$	$\alpha=\beta=\gamma=90°$	$3\times\underline{2}$ 或 $2\times m$	D_2,C_{2v},D_{2h}
低级	单斜	$a\neq b\neq c$	$\alpha=\gamma=90°,\beta\neq 90°$	$\underline{2}$ 或 m	C_2,C_3,C_{2h}
	三斜	$a\neq b\neq c$	$\alpha\neq\beta\neq\gamma$	无	C_1,C_i

7 个晶系中每一个晶系都有它的特征对称要素，例如，将凡是含有四个$\underline{3}$的对称类型归为一类，称为立方晶系，四个$\underline{3}$就是立方晶系的特征对称要素。立方晶系的对称性最高，称为高级晶族；六方、四方、三方晶系次之，称为中级晶族；正交、单斜、三斜又次之，称为低级晶族。在属于同一晶系的晶体中，必定可以取出符合该晶系对称性要求的空间点阵，因为宏观对称性是内部点阵结构对称性的反映，所以 7 个晶系可以有 7 种不同的单元平行六面体，它们用边长 a,b,c 和交角 α,β,γ 来表示。在不破坏晶系对称性要求的前提下，这种单元平行六面体的取法可以是素点阵单位或复点阵单位，如立方晶系，单元平行六面体除按 $a=b=c,\alpha=\beta=\gamma=90°$ 要求取出素点阵单位外，还可以有面心和体心的复点阵单位。素点阵单位称为简单点阵型式，用 P 表示，称为简单(P)。复点阵单位较复杂，有的在平行六面体的体心位置有阵点，用 I 表示，称为体心(I)；有的在六个面心处有阵点，用 F 表示，称为面心(F)；有的在上下底面心处有阵点，用 C 表示，称为底心(C)。

7 个晶系所对应的空间点阵型式只有 14 种。其中，三方晶系、六方晶系和三斜晶系只有素点阵单位；立方晶系有简单点阵单位 P、体心点阵单位 I 和面心点阵单位 F；四方晶系有简单点阵单位 P 和体心点阵 I；正交晶系除 P、I、F 三种点阵型式外，还有底心点阵单位 C(随晶轴命名的不同，也可以是侧心点阵单位 A 或 B)；单斜晶系只有简单点阵单位 P 和侧心点阵单位 C 两种点阵型式。

由于对同一空间点阵划分空间格子(平行六面体)的方式多种多样，为了从多种多样六面体中挑选出一个能代表点阵特征的平行六面体，布拉维提出了以下法则：

(1) 所选的平行六面体对称性和点阵对称性一致；

(2) 在平行六面体各棱之间直角数目尽量多；

(3) 在遵守以上两条后，平行六面体体积尽量小。

依据这一法则，14 种空间点阵如图 2.17 所示。

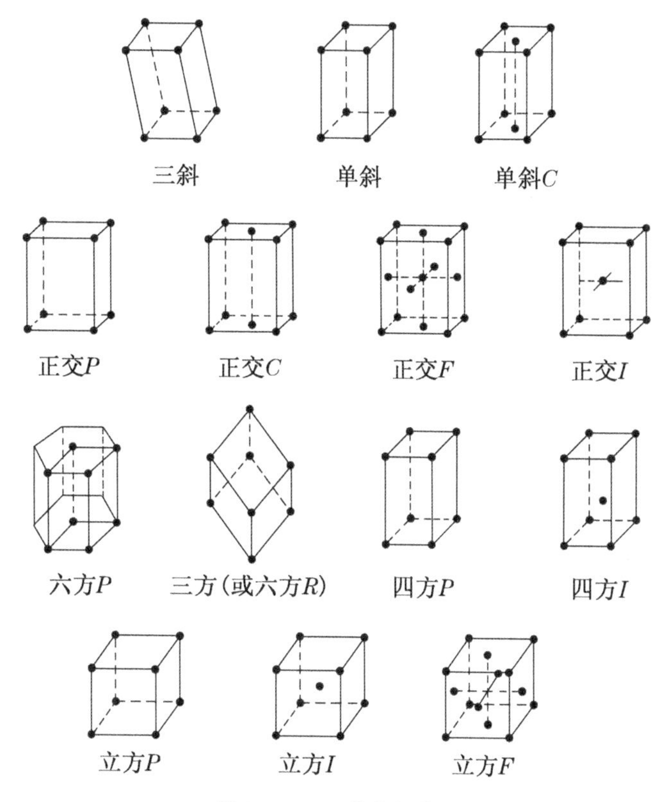

图 2.17　14 种空间点阵

2.4.6　230 个空间群及其国际符号

前面说到，晶体宏观对称性的对称类型有 32 个点群，那么晶体微观对称性的对称类型(即内部结构的类型)又有多少种呢？晶体微观对称性的对称类型总共有 230 种，即 230 个空间群。

说到 230 个空间群，需要交待“点群”和“空间群”意义。点群反映的是晶体外形上的对称关系，空间群则表示晶体结构内部原子及离子间的对称关系。空间群是点对称操作和平移对称操作的对称要素全部可能的组合。空间群共 230 个，它分属于 32 个点群。

与点群一样，空间群符号有两种，即国际符号(HM)和圣弗利斯(schocntlics)符号。国际符号中，第一部分为空间格子类型符号 P、C(A、B)、I、F，后一部分是与该空间群所属的点群的国际符号基本相同，只是在相应的位置上换上了内部对称要素的符号。例如点群 $C_{2h}-\frac{2}{m}$，可分为六个空间群，即 $C_{2h}^{1}-P\frac{2}{m}$，$C_{2h}^{2}-P\frac{2_1}{m}$，$C_{2h}^{3}-C\frac{2}{m}$，$C_{2h}^{4}-P\frac{2}{c}$，$C_{2h}^{5}-P\frac{2_1}{c}$，$C_{2h}^{6}-C\frac{2}{c}$。空间群的圣弗利斯符号是在点群符号的右上角标以 1，2，3…表示属于该点群的第几个空间群。例如 C_{2h}^{4} 表示属于 C_{2h} 点群中的第 4 个空间群。空间群的国际符号是将点群国际符号中三个方位中的对称要素换为相应的微观对称要素，并在点群符号的前面用字母 P(简单)，C(底心)，F(面心)和 I(体心)来表示点阵的型式。如空间群 $P\frac{2_1}{m}$，表示点阵是简单要素单位，宏观上的 2 重对称轴，在微观中实际是 2_1 螺旋轴，m 是垂直 2_1 的对称面，实际在微观中是滑移面，其余类推。空间群符号中只能把原始的对称要素表示出来，而把推导出来的其他对称要素略去。

230 个空间群是由所有的微观对称要素在符合点阵结构基本特征的原则下合理地组合得来的，它总结了晶体内部结构所有可能的类型。任何一个晶体就其内部结构而言，必定是属于这 230 个空间群中的某一个，决不会找不到它相应的空间群，也不会再出现超出 230 个空间群以外的新类型。这是由于晶体均是点阵结构所导致的结果。宏观与微观的相互关系是一个宏观的对称类型，即点群，它必然包括着相当数目可能的微观对称类型，即空间群。正如宏观对称要素与微观对称要素之间的关系，如 4 重对称轴，在微观中就可能是 4_1，4_2 和 4_3 螺旋轴那样。反过来知道空间群后，必然就明确所属的点群，如微观中有 4_1，宏观上就肯定存在4 重轴。要完整地掌握一个晶体的结构，必须确定它的晶系、点群和空间群。

微观对称类型也称为空间群，这是因为微观对称性中必定有阵点在空间作平移这样的对称操作，而所有的微观对称要素的操作，也符合群的定义。实际上每一个点群和空间群也都构成一个群。要深入地研究晶体结构，往往离不了应用群论的方法。

2.5 晶胞、晶棱、晶面概述

2.5.1 晶胞及离子的分数坐标

按照晶体内部结构的周期，划分出一个个大小和形状完全相同的平行六面体，以代表晶体结构的基本重复单位，叫做晶胞。

由于晶体结构具有周期性，整个晶体可以看成是由晶胞在三维空间周期性重复排列而堆砌成。晶胞是晶体结构的重复单位，它对整个晶体结构来说具有充分的代表性，因此研究晶体结构只需要取一个晶胞来讨论即可。晶胞有两个基本要素：一是大小和形状；二是其内各质点的分布。如果知道晶胞的两个基本要素，则对整个晶体结构就了如指掌。

晶胞的形状一定是平行六面体，但由于平行六面体的划分方法有多种多样，因此实际确定晶胞原则：一是尽可能取对称性高的单位；二是在对称性相同的情况下尽可能选取较小的单位。晶胞的大小和形状由晶体空间点阵中三个不平行的单位向量 **a**、**b**、**c** 所规定，其大小和形状用晶胞参数表示，即用晶胞的三个边的长度 a、b、c 和三个边之间的夹角 α、β、γ 表示。晶胞内部各质点的分布位置由分数坐标来确定。即选取晶体的坐标轴 x、y、z 分别和 a、b、c 平行，且分别以 a、b、c 为三个坐标轴的单位长度。这样，在晶胞内部各质点的坐标位置都是小于1的分数，故称为分数坐标。例如，图2.18(a)所示 P 点在晶体内为质点的分数坐标，P 的分数坐标为(xa, yb, zc)。晶胞中有几个质点就应该有几组分数坐标。图2.18(b)为CsCl晶体分数坐标，图中选择1(Cl^-)为原点，任取离子2,5,9，由图可以看出其坐标依次为$(1a,0,0)$，$(1a,1b,0)$，$(\frac{1}{2}a,\frac{1}{2}b,\frac{1}{2}c)$，所有这些离子的分数坐标分别为$(1,0,0)$，$(1,1,0)$，$\left(\frac{1}{2},\frac{1}{2},\frac{1}{2}\right)$。

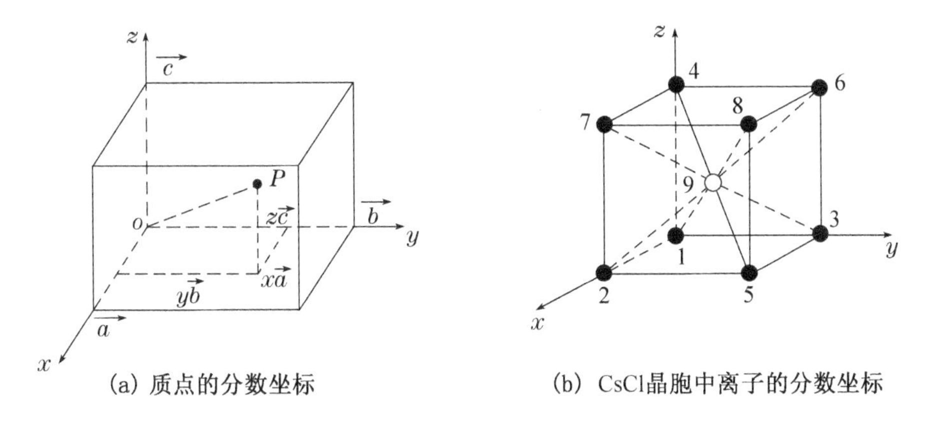

图2.18　晶胞中质点的分数坐标

CsCl晶胞为体心立方，晶胞实际具有的离子数为2，Cs^+位于体心。这样便有两组分数坐标 $Cl^-(0,0,0)$ 和 $Cs^+\left(\frac{1}{2},\frac{1}{2},\frac{1}{2}\right)$。

显而易见，分数坐标与原点的选择有关，若选 Cs^+ 为原点，则分数坐标为 $Cs^+(0,0,0)$ 和 $Cl^-\left(\frac{1}{2},\frac{1}{2},\frac{1}{2}\right)$。但是不管原点怎样选择，用分数坐标表示晶体中原子的相对位置不变。

2.5.2 晶棱及晶棱指标

晶棱的标记：选择与它的取向平行的矢量 $\mathbf{r}=u\mathbf{a}+v\mathbf{b}+w\mathbf{c}$，其中 u,v,w 是互质的整数，将其用方括号括起[uvw]，以此标记为晶棱的指标。

2.5.3 晶面、晶面指数、晶面符号

晶体中的质点在空间是规则周期排列的，即沿着某一方向看，质点总是一层层地平行排列着的。我们把连接同一层质点的平面称为晶面。

如果晶面中每个质点都是原子则常称其为原子平面。相邻二层平行晶面之间的距离称为晶面间距。在晶面上质点的密度称为面密度。显然在同一晶体的格子结构中沿水平方向可以构成许多组这样相互平行的晶面。不同组晶面之间按此相差一定角度，且它们的晶面间距、面密度及质点种类、价键密度等也往往不同，导致这些晶面在一些物理和化学的性质方面也不相同。为了比较和区别这些彼此不平行的晶面，在结晶学上人们用晶面指数(又称密勒指数)来标记这些晶面，其标记方法如下：

(1) 写出该晶面与 x、y、z 晶轴相交的长度即截距(用 a、b、c 的倍数 r、s、t 表示)，然后取其倒数$\frac{1}{r}$、$\frac{1}{s}$、$\frac{1}{t}$。如图 2.19 中的 ABC 晶面，其中$\frac{1}{r}$、$\frac{1}{s}$、$\frac{1}{t}$分别为$\frac{1}{2}$、$\frac{1}{2}$、$\frac{1}{3}$。

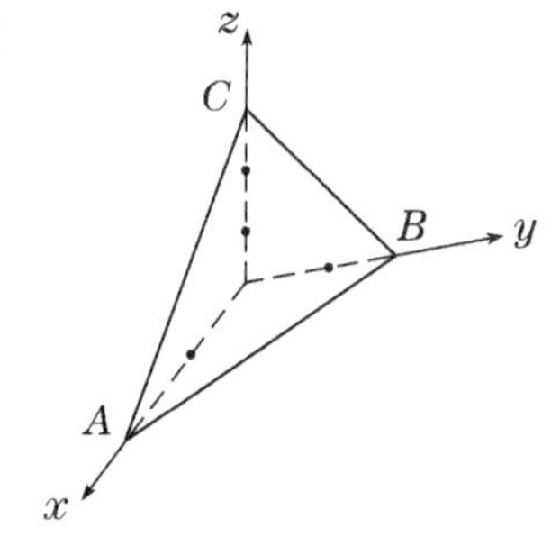

图 2.19 ABC 晶面

(2) 将上述三个分数通分，取各个分数分母的最小公倍数作分母。对于 ABC 晶面则化为$\frac{3}{6}$、$\frac{3}{6}$、$\frac{2}{6}$。

(3) 取通分后三个分数的分子作为晶面的指数。这样对 ABC 晶面的指数应为 332。如果三个数值有公约数时，根据晶体学的要求应除以最大的公约数，例如当用上述方法求出晶面指数，若为 644 则应化为 322。当泛指某一晶面的指数时一般用 h、k、l 字母代表。

晶体的空间点阵可以划分成一族平行的、间距相等的平面点阵，平面点阵族的取向可以是多种多样的。而晶体外形中每一种晶面又都和一个平面点阵族相平行。为了区分同一晶体内不同方向的平面点阵族或晶面，常给予不同方向的平面点阵族或晶面标以不同的指标，称为晶面指数(或称晶面指标)。在晶体学中，这是在晶轴系的基础上加以严格定义的。即晶面(或平面点阵族)指标是晶

面在三个晶轴上的倒易截数之比。在晶体中，可以找到一套坐标轴系（即晶轴系），每个晶面在这三个晶轴上倒易截数成简单的互质整数之比（$h:k:l$），这个规律称为有理指数定理，相应的这一组互质的整数，一般用（h',k',l'）表示，即称为晶面指数。有理指数定理突出地反映了晶体的点阵式构造。

晶体定向后，晶面在空间的相对位置即可确定，这种相对位置可以用一定的符号来表示。代表晶面空间方位的符号，称为晶面符号。

晶面符号有不同的类型，为了描述晶面或从空间点阵中划分出来的平面点阵的方向，均采用密勒符号（hkl）来表示。一般按空间点阵的 **a**，**b**，**c** 矢量方向选为坐标轴，当有一平面点阵或晶面与 a，b，c 轴交于 M_1，M_2，M_3 三点，见图 2.20，截距分别为：

$$\overline{OM_1}=h'\mathbf{a}=3\mathbf{a}$$

$$\overline{OM_2}=k'\mathbf{b}=2\mathbf{b}$$

$$\overline{OM_3}=l'\mathbf{c}=\mathbf{c}$$

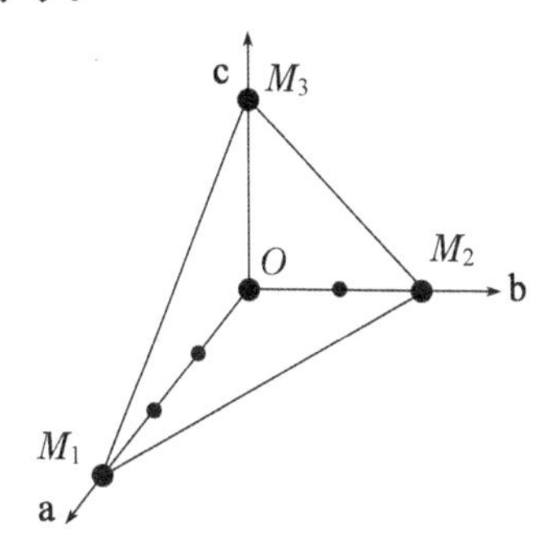

图 2.20　晶面指数

因为点阵平面必须通过点阵点，故截距一定是单位向量的整数倍，亦即 h'，k'，l' 必定是整数。这（h'，k'，l'）三个整数原则上可以表示晶面的符号。但若有一平面与 **a** 轴平行，则 $h'=\infty$。为了避免用无穷大，故将 h'，k'，l' 的倒数的互质整数比（hkl）来表示晶面。即：

$$\frac{1}{h'}:\frac{1}{k'}:\frac{1}{l'}=h:k:l$$

（hkl）就称为晶面符号，或称晶面指数和密勒指数。如图 2.20 的晶面 $M_1M_2M_3$ 的符号应为：

$$\frac{1}{3}:\frac{1}{2}:1=2:3:6$$

所以 $M_1M_2M_3$ 晶面就叫（236）晶面。

（hkl）中的三个数若有公约数，晶体学中通常要求约去这个公约数，如（333）→（111），（630）→（210），（642）→（321）。但在研究晶体对射线的衍射效应时，米勒指数乘上整数会改变平面距离。因此（420）平面包括（210）平面。密勒指数 2 表示平面在单胞边长的一半处与此轴相交，人们常将（200）平面组看成是交叉于（100）平面之间的平面，从而给出（100），（200），（100），（200），（100），…的序列，这是不对的。若额外的平面（200）交叉于相邻（100）平面之间，则所有的平面都应被标记为（200）。在结晶学的表示中（hkl）指晶面，不加括号只写 hkl 表示一组平行面。符号{ }用于表示一组等效平面，例如在立方晶体中平面组（100），（010），（001）是等效的，可集中表示成{100}。负的指标写在数字上，如（$22\bar{1}$）。

六方晶体是个例外，它的平面的米勒指数常用四个数字表示$(hkil)$。从某种意义上讲，i 指数是多余的信息，因为 $h+k+i=0$ 的关系总是成立的，比如$(10\bar{1}1)$，$(12\bar{1}1)$，$(\bar{2}110)$等等。图 2.21 表示出了立方晶系的一些重要的晶面指标。

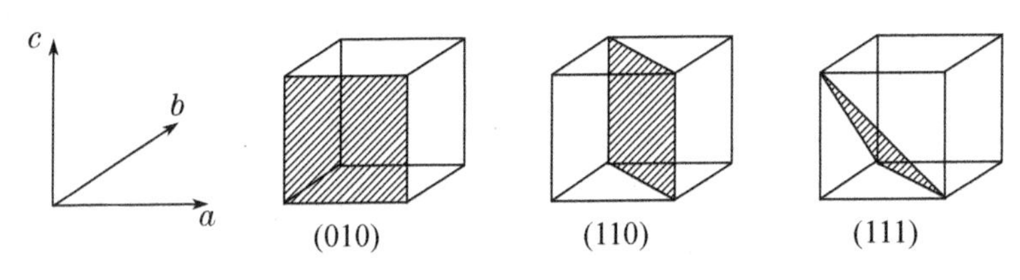

图 2.21 立方晶系的一些重要的晶面指标

2.6 *d* 间距公式

一组平面的 d 间距是这组平面中任何一对相邻平面间的垂直距离，在布拉维公式中以 d 表示。对立方晶胞(100)面的 d 间距就等于 a，即等于晶胞边长。对立方晶胞(200)面的 d 间距，则等于 $a/2$，即晶胞边长的一半。正交晶系($\alpha=\beta=\gamma=90°$)中，任何平面组的 d 间距由以下公式给出：

$$\frac{1}{d_{hkl}^2}=\frac{h^2}{a^2}+\frac{k^2}{b^2}+\frac{l^2}{c^2}$$

对四方晶系，此公式可被简化，因为 $a=b$，所以：

$$\frac{1}{d_{hkl}^2}=\frac{h^2+k^2}{a^2}+\frac{l^2}{c^2}$$

对立方晶系，由于 $a=b=c$，公式可被进一步简化为：

$$\frac{1}{d_{hkl}^2}=\frac{h^2+k^2+l^2}{a^2}$$

单斜，特别是三斜晶系有很复杂的 d 间距公式，因为每一个角都不等于 90°。

思考题

2.1 晶体和非晶体、单晶和多晶体的本质区别是什么？在性能上有什么区别？

2.2 怎样用微粒排列的规律性来解释晶态物质有固定熔点，而非晶态物质无固定熔点？

2.3 怎样理解晶体既有均匀性又具有各向异性？

2.4　分析石墨晶体中的键合特点取其性能间的关系。

2.5　将一残角晶体(如 $CuSO_4 \cdot 5H_2O$)放于它们的饱和溶液中,试分析当温度升高、下降、恒定三种情况下晶体会发生什么变化?

2.6　试证明 $\bar{1}=i$, $\bar{3}=\underline{3}+i$, $\bar{6}=\underline{3}+m_h$。

2.7　在某一晶体结构中,同种质点都是相当点吗? 为什么?

2.8　由两根相交的二重轴互成:(1) 900,(2) 600,(3) 450,(4) 300 组合产生什么点群?

2.9　对于 NaCl 型的 KCl 晶体,已知 $R_{K^+}=133$ pm,$R_{Cl^-}=188$pm,求晶格能。

2.10　氧化钠(Na_2O)具有反萤石结构,$a=0.555$ nm。计算:(1) Na—O 键长;(2) O—O 键长;(3) Na_2O 的密度。

2.11　从负离子的立方密堆积出发:(1) 正离子填满所有四面体位置;(2) 正离子填满一半四面体位置;(3) 正离子填满所有八面体位置;(4) 正离子填满八面体位置的交替层,各产生什么结构类型。

第3章　基本类型晶体结构特性

晶体是靠晶体中原子之间结合力——化学键而键合在一起的，根据化学键类型不同可以把晶体分成离子键与离子晶体、金属键与金属晶体、共价键与共价晶体、分子键与分子晶体、氢键与氢键晶体、混合键与混合键晶体等一些基本类型晶体。除此之外，还有一类固溶体晶体。

3.1　晶体结构的描述

晶体结构可用多种方式描述。晶胞是描述晶体结构的最常用的方式，它能给出有关晶体结构的全部必要的信息，即通过晶胞的形态、大小和晶胞中各种原子位置来描述晶体的结构。但在有些场合下，采用球密堆积方法和配位多面体方法来描述晶体中原子之间的排列方式和配位关系更为合适，因而这两种方法也被广泛使用。为此，有必要对它们也加以介绍。

3.1.1　球密堆积方法

我们知道，晶体结构中各原子或离子的中心在原子或离子静电引力和斥力作用下总是保持着一定的间距，也就是说每个原子或离子各自都有一个其他原子或离子不能侵入的作用范围，这个作用范围通常被视之为球形空间，其半径为原子和离子的有效半径，间距为相邻两个原子或离子有效半径之和。

当我们把原子或离子看成是有一定大小的球体时，由于金属键和离子键都是没有饱和性和方向性的，故而其原子或离子之间的相互结合在形式上就可视为球体间的相互堆积。在原子或离子之间相互作用力的影响下，球体密堆积结果是使得金属原子或离子之间互相靠近占有最小的空间，只有这样晶体才具有最小的内能。此即为描述晶体结构的球体最紧密堆积基本原理。

1. 等径球体的最紧密堆积

从几何学的观点来看，圆球的最紧密堆积方式：一种是立方密堆积，又称 A_1 型密堆积；一种是六方密堆积，又称 A_3 型密堆积；此外还有一种次最紧密堆积方式称为 A_2 型密堆积；除了 A_1、A_2 和 A_3 型密堆积以外，还有 A_4 型密堆积（四面体堆积)和 A_7 型密堆积(简单立方堆积)等密堆积方式。

等径球在一个层内的最紧密堆积只有一种方式,如图 3.1 所示。这时每个球(球心位置以 A 称记)周围有六个球围绕相切,并在球与球之间形成三角形的空隙,其中有半数的三角形空隙的尖角指向下方(图 3.1 中的 B)。另半数的三角形空隙的尖角指向上方(图 3.1 中的 C)。

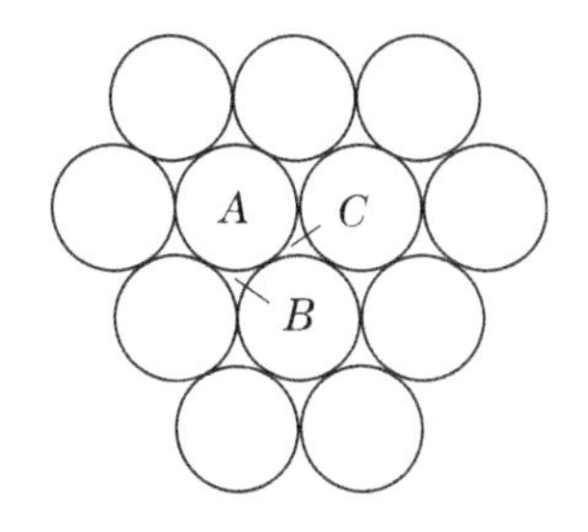

图 3.1　一个层内球的最紧密堆积

在此球体堆积层上再堆积第二层时,球只能置于第一层球的三角形空隙上才是最紧密的,即置于图 3.1 的 B 处(图 3.2(a))或 C 处(图 3.2(b))。但无论置于 B 处或 C 处,其结果是一样的,因为将图 3.2(a)旋转 180°与图 3.2(b)完全相同,所以说两层球作最紧堆积的方式只有一种。

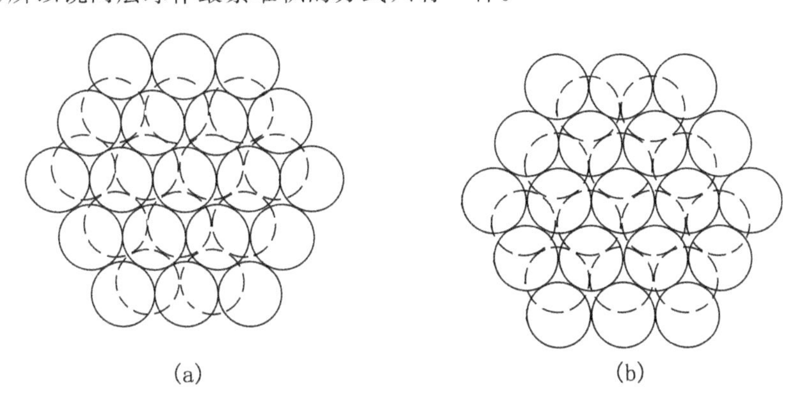

图 3.2　两层球的最紧密堆积(虚线表示第二层球)

再继续堆积第三层球时,则有两种不同的方式。第一种方式是第三层球的中心与第一层球的中心相对,即第三层球重复了第一层球的位置。另一种方式是第三层球置于第一层和第二层相重叠的三角形空隙的位置上,即第三层球不重复第一层球也不重复第二层球的位置。如果在上述第一种方式的基础上使第四层球与第二层球重复,第五层球又与第三层球重复,按此两层重复一次的规律堆积下去。这种堆积方式我们可以用 $ABABAB\cdots$ 的顺序来表示。按这种方式堆积的球体在空间的分布与六方布拉维格子相对应(但不全同),因此将这种最紧密堆积方式称为六方最密堆积(**h. c. p**,即 A_3 型密堆积),如图 3.3 所示。

如果在上述第二种方式的基础上第四层球的堆积位置与第一层重复,第五层与第二层重复,第六层与第三层重复,按此每三层重复一次的规律堆积下去,这种堆积方式可以用 *ABCABC ABC*…的顺序来表示。这种方式堆积的球体在空间的分布与面心立方布拉维格子一致,称为立方最紧密堆积(**c. c. p**,即 A_1 型密堆积),如图 3.4 所示。

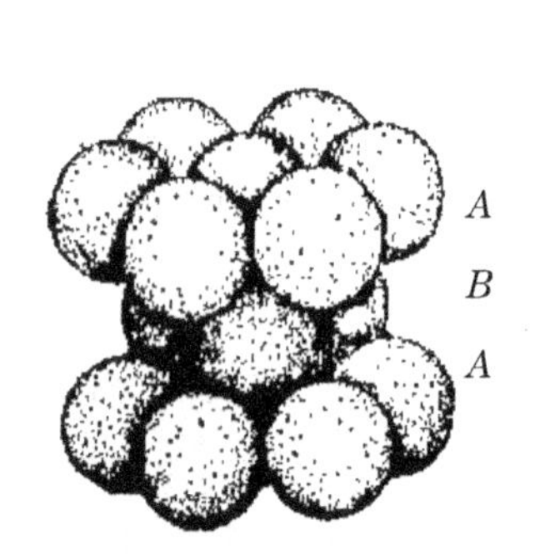

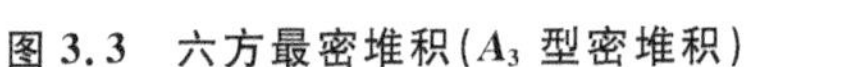
图 3.3 六方最密堆积(A_3 型密堆积)

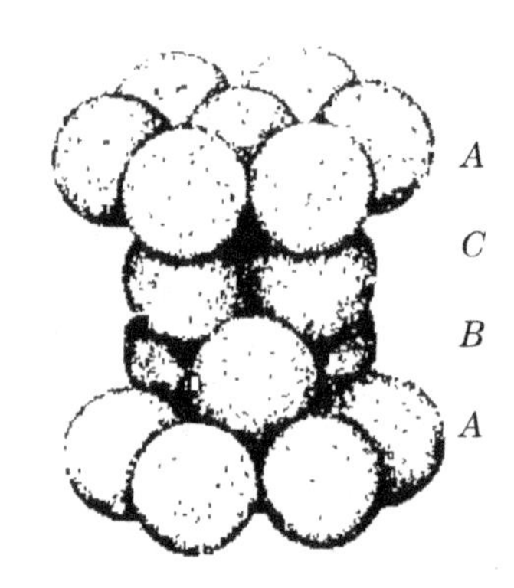

图 3.4 立方最紧密堆积(A_1 型密堆积)

以上两种方式是基本的和最常见的最紧密堆积方式。当然还可以有四层重复一次(如:*ABCBABCB*…),五层重复一次(如:*ABABC ABABC*…),六层重复一次(如:*ABCACB ABCACB*…)等等。

在等径球最紧密堆积中,球体之间仍存在有空隙,可以计算出空隙占整体空间的 25.95%。空隙有两种,一种空隙是由四个球围成的,将这四个球的中心联结起来可以构成一个四面体,所以这种空隙称为四面体空隙,如图 3.5 所示。另一种空隙是由六个球围成的,其中三个球在下层,三个球在上层,上下层球错开 60°,将这六个球的中心联结起来可以构成一个八面体,所以这种空隙称为八面体空隙,如图 3.6 所示。在球体作最紧密堆积中,每一个球的周围有 12 个球与其接触,共形成 14 个空隙与其接触,其中有 6 个八面体空隙和 8 个四面体空隙。

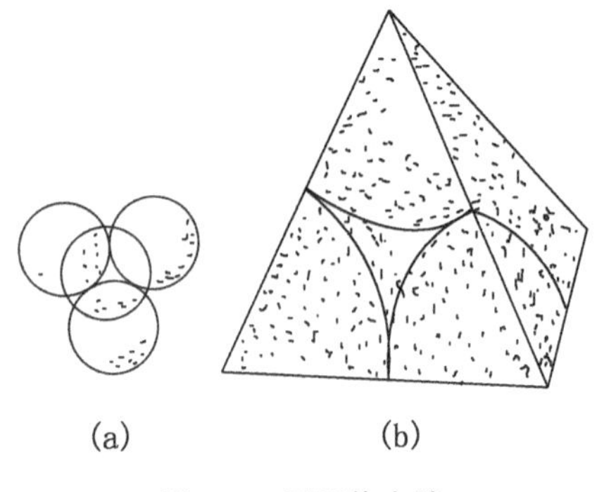

图 3.5 四面体空隙

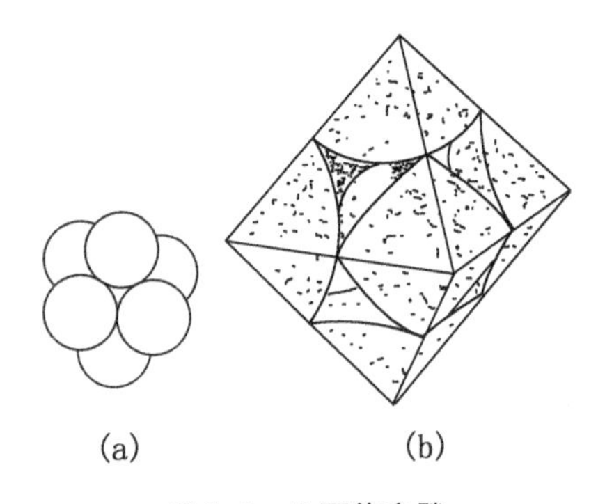

图 3.6 八面体空隙

等径球的堆积方式有很多,上述的两种堆积方式具有最高的空间利用率,为74.05%,故称最紧密堆积。另外一种常见的密堆积方式是球体按体心立方布拉维格子方式堆积,如图3.7所示。它的空间利用率为68.02%,称为立方体心密堆积(**b. c. p**,即 A_2 型密堆积)。

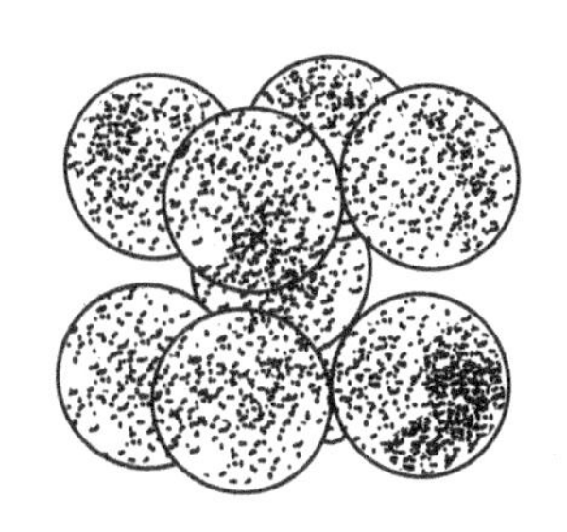

图3.7　立方体心密堆积(A_2 型密堆积)

绝大多数金属元素单质的结构属于上述三种最紧密堆积或密堆积结构。

2. 不等径球体的紧密堆积

在不等径球体进行堆积时,球体有大有小,此时可以看成是较大的一种球体成等径球体式的最紧密堆积,较小的球体则视其本身的大小可充填其中的八面体空隙或四面体空隙,以形成不等径球体的紧密堆积。

上述这种情况,在实际晶体结构中相当于离子晶格中的情况,即半径较大的阴离子作最紧密堆积。阳离子则充填其中的空隙,当然在实际晶体结构中,由于阴、阳离子半径的比值不可能恰好等于球体半径与空隙半径之比,这就意味着,不可能在阴离子保持相互直接接触的情况下,使阳离子恰好无间隙地充填在空隙中。一般情况下往往是阳离子稍大于空隙,而将阴离子略微"撑开"。所以,在离子晶格中,阴离子通常只是近似地作最紧密堆积,有的还可能有某种程度的变形。例如,NaCl的晶体结构可看成阴离子 Cl^- 成立方最紧密堆积,阳离子 Na^+ 充填于所有的八面体空隙中,如图3.8所示;金红石(TiO_2)相当于 O^{2-} 成畸变的六方最紧密堆积,Ti^{4+} 充填其中半数的八面体空隙,如图3.9所示。

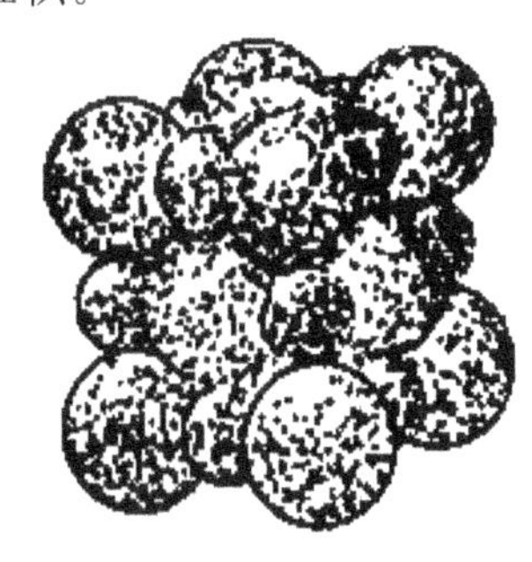

图3.8　NaCl晶体球紧密堆积方式

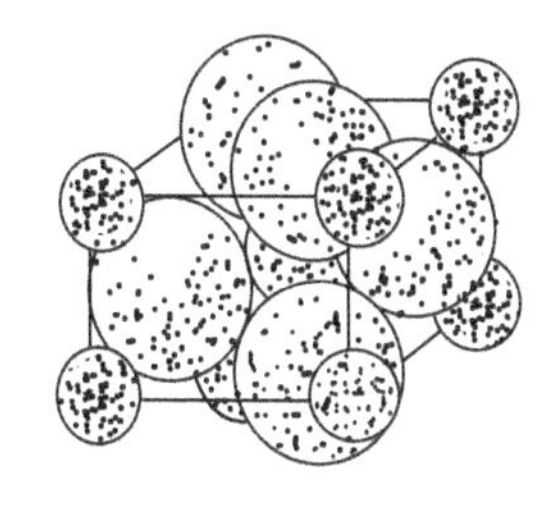

(a) 球紧密堆积方式

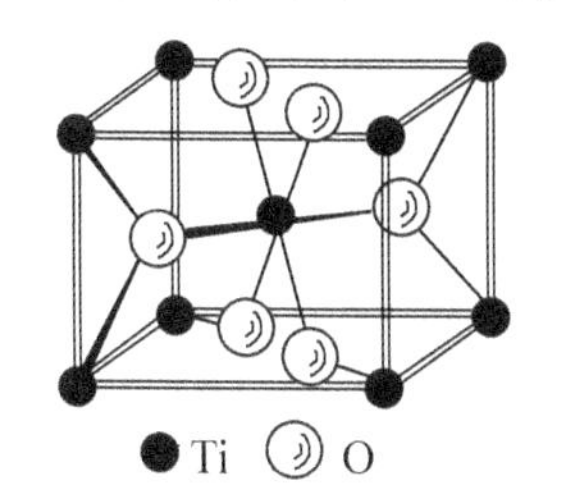

(b) 晶胞方式

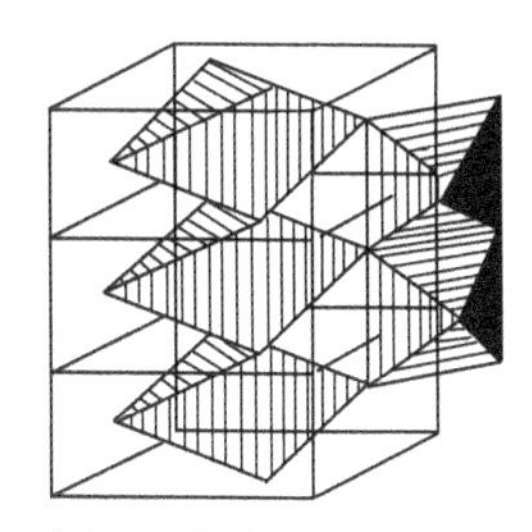

(c) 配位多面体方式

图3.9　金红石 TiO_2 的晶体结构

3.1.2 配位多面体方法

配位多面体在晶体结构中,原子或离子总是按照一定方式与周围的原子或离子相邻结合。每个原子或离子周围最邻近的原子或异号离子的数目称为该原子或离子的配位数。以一个原子或离子为中心,将其周围与之成配位关系的原子或离子的中心联结起来所获得的多面体称为配位多面体。如上述紧密堆积结构中居于四面体空隙和八面体空隙中心的阳离子的配位多面体分别为四面体和八面体。配位多面体有多种形式。晶体结构常可以看作是由各种形式的配位多面体共用顶点、边或面相互联结而成的一种三维体系,或者说晶体结构可以用按一定规则填充的配位多面体来描述。

在等径球的最紧密堆积中,每个球周围有十二个球与之邻接,配位数是 12。在体心立方密堆积中,每个球周围有 8 个球与之邻接,配位数则为 8。在离子晶体中,存在着半径不同的阴、阳离子,形成非等径球的堆积。此时,只有当异号离子相互接触时才是稳定的,如图 3.10(a)所示。如果阳离子变小,直到阴离子相互接触,图 3.10(b)的情况,结构仍是稳定的,但已达到稳定的极限。如果阳离子更小,则有可能在阴离子中间移动,这种结构将是不稳定的,会引起配位数的改变,如图 3.10(c)、图 3.10(d)和图 3.10(e)所示。

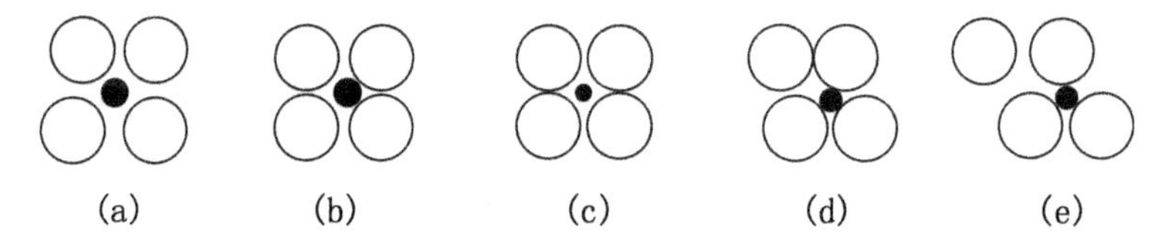

图 3.10 阳离子配位稳定性图解(●—阳离子;○—阴离子)

从几何的观点看,阳离子的配位数取决于阳、阴离子的相对大小。表 3.1 列出了阳离子半径 R^+ 与阴离子半径 R^- 的比值与相应的阳离子的配位数,及配位多面体的形状。

表 3.1 离子半径 R^+/R^- 的比值与阳离子配位数及配位多面体形状

离子半径比值 R^+/R^-	配位数	配位多面体的形状
0.000～0.165	2	哑铃状
0.165～0.225	3	三角形

续表

离子半径比值 R^+/R^-	配位数	配位多面体的形状
0.225～0.414	4	四面体
0.414～0.732	6	八面体
0.732～1	8	立方体
1	12	立方八面体

表 3.1 中配位数稳定的界限，可以用几何方法算出。以配位数 6 为例，阳离子周围的阴离子分布于八面体的六个角顶，通过四个阴离子中心的切剖面，如图 3.11 所示，图中 $(2R^-)^2+(2R^-)^2=(2R^++2R^-)^2$，即 $R^+/R^-=\sqrt{2}-1=0.414$。可见配位数 6 时，$R^+/R^-\geqslant 0.414$。阳离子再小则结构不稳定，如 R^+/R^- 接近于此临界值 0.414，4、6 两种配位数都有可能，当 $R^+/R^-\leqslant 0.414$ 时，4 配位变为稳定结构。这一配位数的计算是按几何学而获得，实际情况要复杂得多。离子的极化导致离子的变形和离子间距的缩短，会使配位数降低。同种元素的原子和离子在不同的外界条件下（温度、压力、介质条件等）生成的晶体中也可能具有不同的配位数和不同形式的配位多面体；共价键晶体的配位数和配位形式取决于共价键的方向性和饱合性，配位数一般在 4 以下。

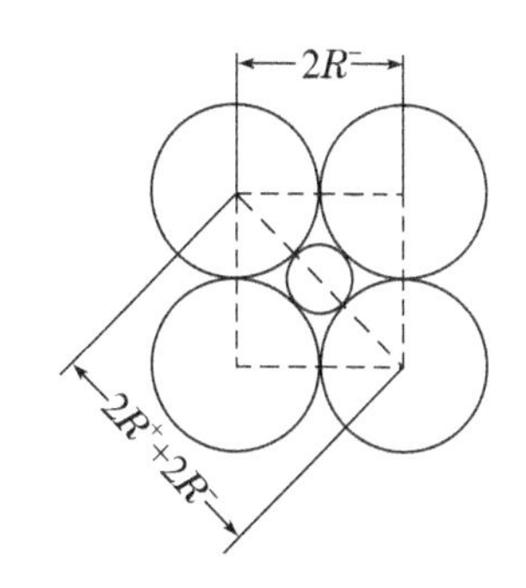

图 3.11　配位数为 6 时 R^+/R^- 计算图解

在晶体结构中，一个阴离子通常总是同时与若干个阳离子相配位，因而各阳离子配位多面体必然会通过共有的阴离子而相互联接。联接方式可以分为共角顶、共棱和共面三种，如图 3.12 所示。

在实际晶体结构中，共角顶联接方式最为常见，其次是共棱联接，共面联接则少见。鲍林在总结大量离子晶体结构的基础上指出“在一个配位结构中，共用的棱，特别是共面会降低这个结构的稳定性，就高电价与低配位数的正离子来

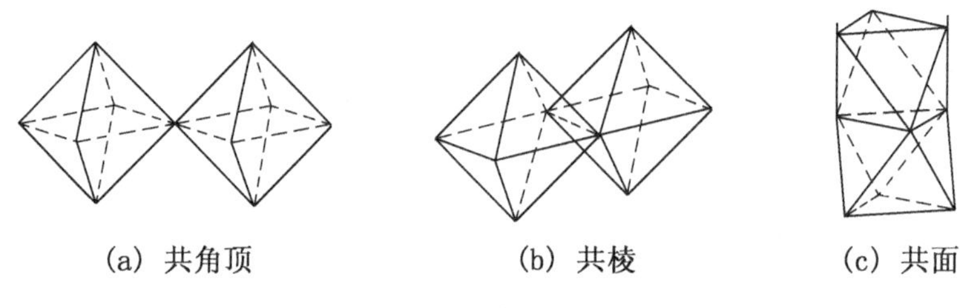

图 3.12　配位八面体的三种联接方式

说，这个效应特别巨大”。此即第三鲍林规则。这是由于与共角顶的情况相比，共棱特别是共面时，将导致相邻配位多面体之中心阳离子间的距离显著缩短，使它们之间的斥力迅速增大，从而会降低晶体结构的稳定性。

晶体结构的球体堆积方式、晶胞方式和配位多面体方式的三种描述已在图 3.9 中示意，图 3.13 是闪锌矿 ZnS 晶体结构用这三种方式描述的另一实例。

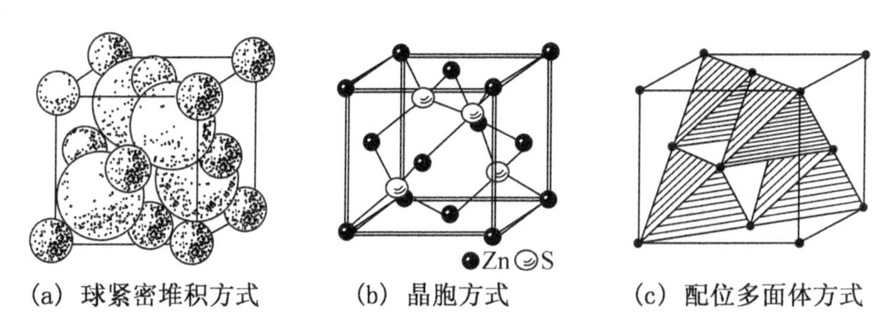

图 3.13　闪锌矿 ZnS 的晶体结构三种描述图

3.1.3　晶体结构的无序与有序

所有晶胞都是几何上和化学上等同的，晶胞内原子占据着各自的位置。等同位置上的原子以及原子与其他原子间的化学键键性、键数、键长、键角都相同的理想结构是完全有序结构，但由于热运动，原子会偏离自己所占据的位置，呈无序分布状态，形成无序结构。晶体结构有如下几种无序类型：

(1) 位置无序。位置无序是由原子在其自身的平均位置上无规则振动引起的。原子振动幅度与温度、键强和空间大小有关。图 3.14 表示了钠长石中 Na 离子在不同瞬间的

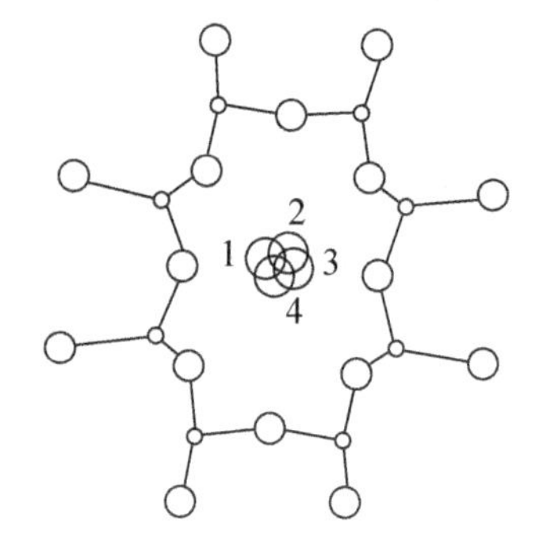

图 3.14　高温条件下钠长石中 Na^+ 的位置无序示意图

(引自郑辙，1992)

位置，这种无序称为振动无序。Na^+的平均位置与“冻结结构”的Na^+重合。温度降低时，Na^+的振动幅度减小并且振动方向发生分化，不同区域内Na^+的振动位置不完全相同，形成不同的晶畴，如果这些晶畴随机分布，就会形成位置无序结构。

（2）畸变无序。畸变无序是由于原子的配位多面体在空间无规则扭动引起的。图3.15(a)为这种无序结构的平均结构。较低温下，不同部分结构区内多面体的扭曲不同，如图3.15(b)形成了不同畸变的晶畴。这些晶畴无序分布形成的结构为畸变无序结构。

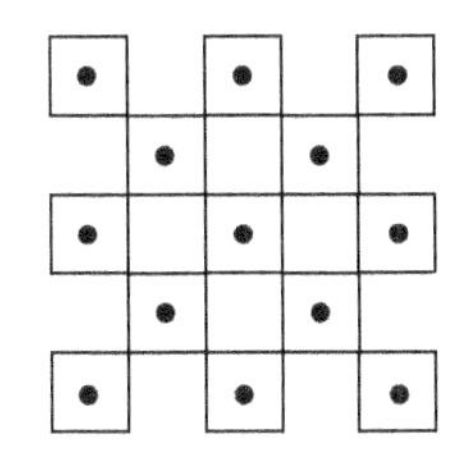

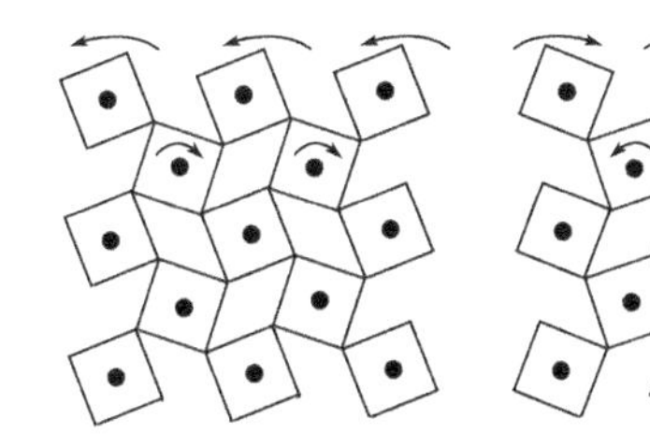

(a) 无畸变的平均结构　　(b) 热涨落引起的两种畸变结构

图3.15 结构畸变示意图

（引自郑辙，1992）

（3）替换无序。替换无序是由替换原子的随机分布引起的。当A、B原子各自占据自己的位置则形成有序结构，如图3.16(a)；若A、B原子随机地分布在二套位置上，则形成无序结构，如图3.16(b)。矿物晶体中的无序大都是替换无序。

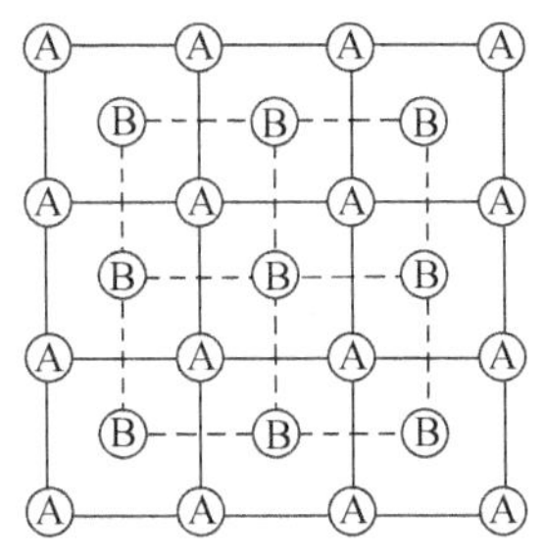

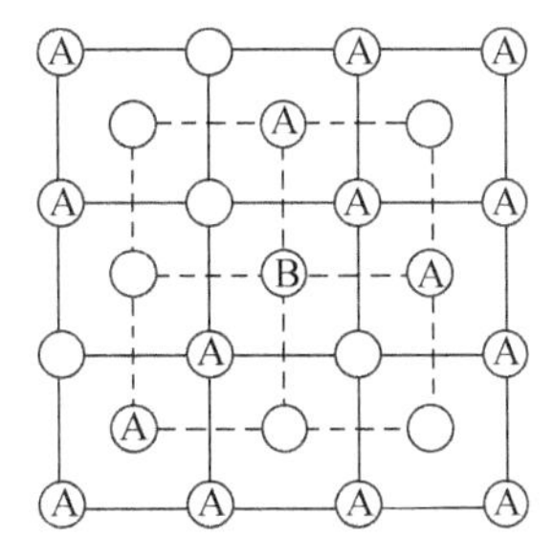

(a) 简单立方格子的有序结构　　(b) 完全无序结构

图3.16 替换无序(虚线表示单位晶胞)

（引自郑辙，1992）

实际晶体常由一系列小晶畴镶嵌而成，如图3.17所示。畴内可以是完全有序结构，畴界处出现了处在“错误”位置上的原子。描述这种结构的有序-无序情况则需引入另一参数σ（σ指畴内有正确的近邻的原子所占的比例）。因此畴结构晶体的有序度(S)不大,但 σ 可以很高。这时 S 称为长程有序度,σ 称为短程有序度。对于非畴结构,S 就能描述晶体的有序-无序状态,称为有序度。

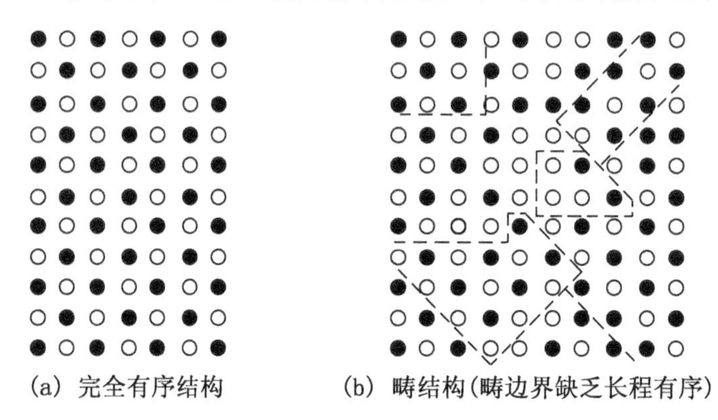

(a) 完全有序结构　　(b) 畴结构(畴边界缺乏长程有序)

图 3.17　畴结构晶体的有序-无序情况

实际晶体的原子分布状态往往介于完全有序与完全无序之间,不同离子可以有不同的有序-无序状态,情况复杂。

有序化分为两种类型:一种是阴离子间空隙中的阳离子的有序化;另一种是阴离子或络阴离子骨架内的阳离子的有序化。第一种有序化发生在拓扑等同位置上,如图 3.18 所示。有序化后,等同位置分化为几种不等同位置,使有序结构的晶胞比无序结构的晶胞增加一倍,这种具有整数倍晶胞的结构叫"超结构",因此第一种有序化将形成超结构。第二种有序化发生在拓扑不等同位置上,如图 3.19 所示。正方形中心和八角形中心为不等同拓扑位置,有序化后,两种原子分别占据了这两种位置,但有序结构与无序结构的晶胞无区别,不产生超结构。如辉石中 Mg^{2+}、Fe^{2+} 的有序属第二种有序,不产生超结构。

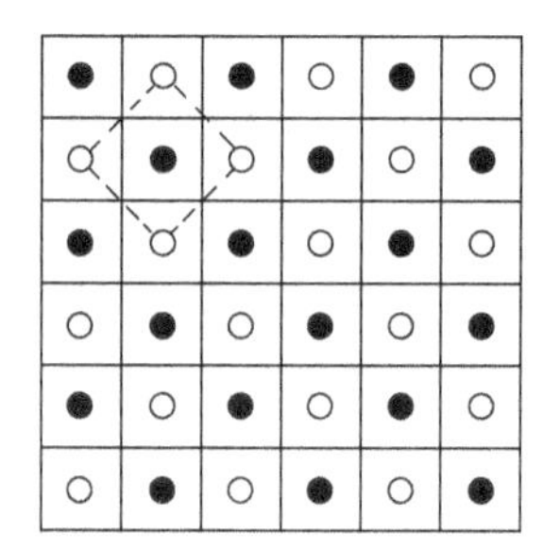

(a) 一种拓朴等同点位　　(b) 有序化后分化为两种结晶学等同点位并形成超结构

图 3.18　有序化发生在拓朴等同位置上情况(虚线为晶胞大小)

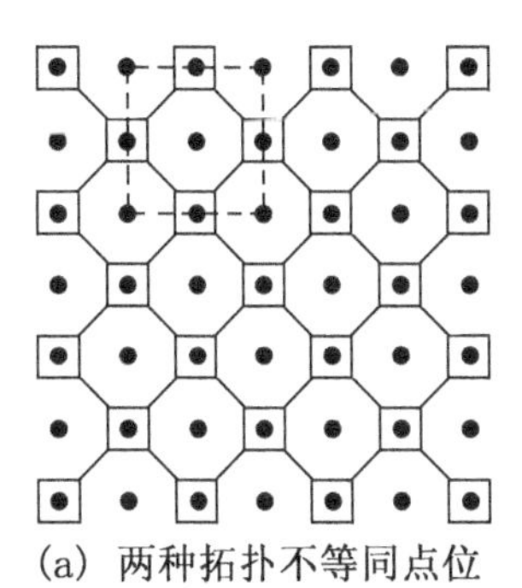

(a) 两种拓扑不等同点位

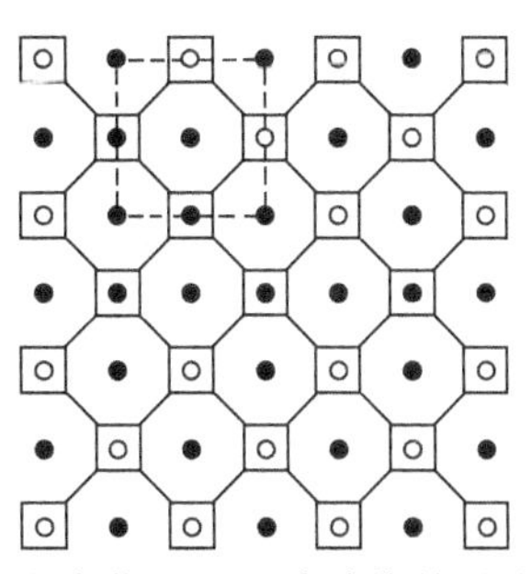

(b) 有序化后不影响结构的晶胞大小，也不形成超结构

图 3.19　有序化发生在拓朴不等同位置上情况(虚线为晶胞大小)

晶体的有序化过程总伴随着有序畴的形成，一般有两种特征的畴结构：双晶畴和反相畴。双晶畴是晶体有序化过程中形成不同取向的晶畴，晶畴间的关系符合双晶关系，因此双晶畴是一种取向畴。如磁黄铁矿、β-石英冷却后都可形成双晶畴，如图 3.20 所示。反相畴是指畴内部为有序结构，畴与畴之间的原子分布正好相差单位平移矢量的一半的晶畴，如图 3.21 所示。显然，反相畴间是一种无序结构，能量较高，在自由能的驱动下它将有序化，结果是反相畴界的消失和晶畴的长大或晶粒粗化。反相畴又分两种：浓度不变反相畴(conservative antiphase domain)——畴间平移矢量 R 与畴界平行；浓度变化反相畴(non-conservative antiphase domain)——R 与畴界斜交，如图 3.22 所示。显然浓度变化反相畴界的化学成分与晶体成分不同，它的存在将使晶体偏离化学计量比，形成非化学计量比的晶体。

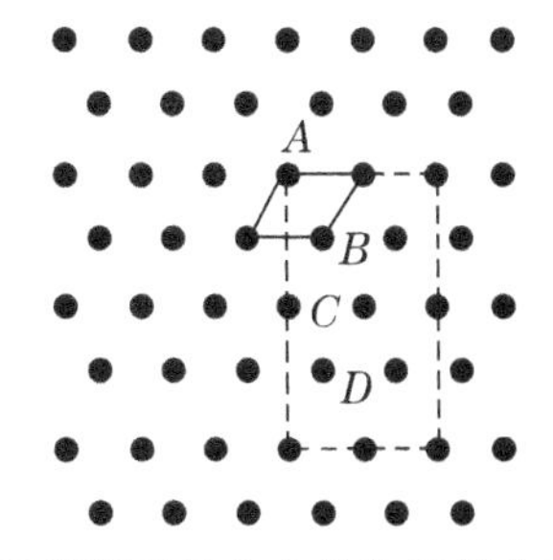

(a) 磁黄铁矿的六方晶胞和斜方晶胞

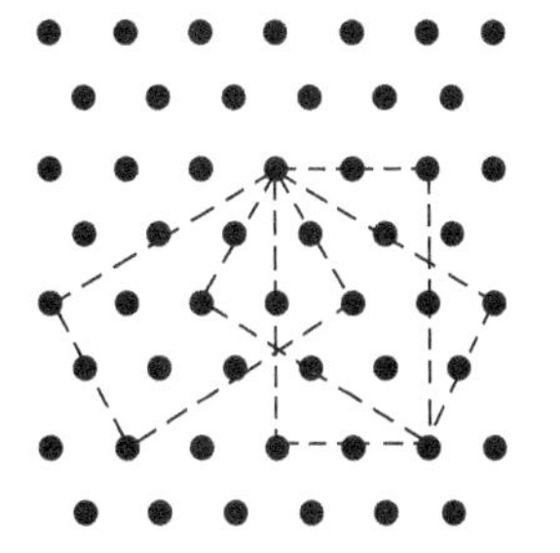

(b) 晶胞取向引起的双晶畴结构

图 3.20　晶胞及其结构

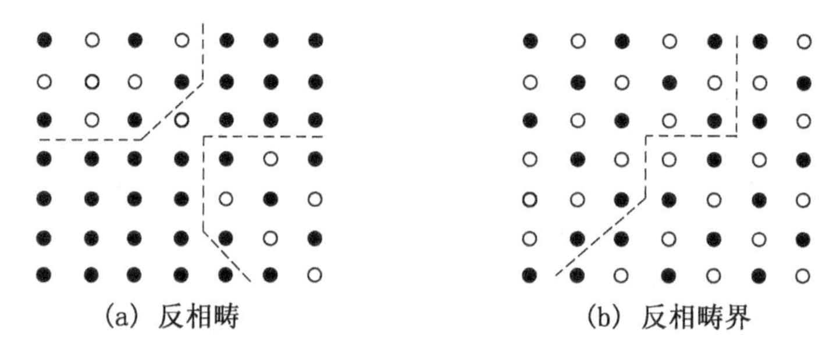

图 3.21 有序畴长大形成的反相畴和反相畴界

（引自郑辙，1992）

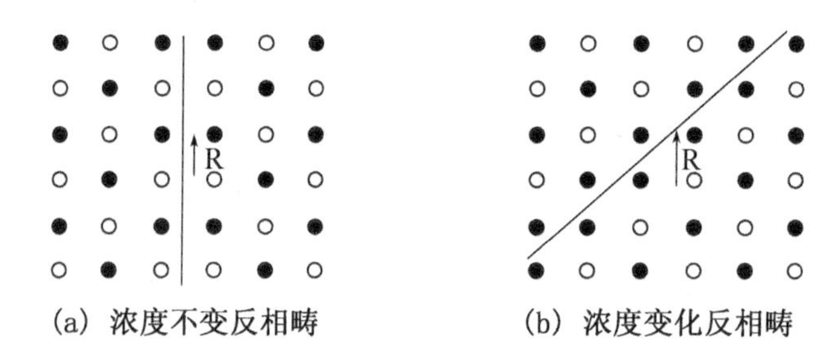

图 3.22 浓度不变与变化的反相畴

（引自郑辙，1992）

3.2 离子键与离子晶体结构特性

离子晶体是由正、负离子以离子键结合起来的晶体，如 NaCl、CsCl、LiF、MgO、Al_2O_3、$CaTiO_3$ 等。构成离子晶体的基本质点是正、负离子，它们以静电作用力（库仑力）互相结合，并相间排列，从而使异性电荷离子之间的吸引力达最大，同性电荷离子之间的推斥力达最小。

3.2.1 离子晶体一般特性

离子晶体是为数极多的一类晶体。离子晶体中不存在有单个的分子，其化学式只是反映相应晶体中的化学组成。离子晶体中的各个离子可以近似地看作是带电的圆球，电荷在球上的分布是均匀对称的，异性离子可以从任何方向互相靠近和结合。因此决定离子晶体结构的因素是其正、负离子电荷多少，半径大小，以及离子间的最密堆积情况。在离子晶体中，离子之间配位数较大，正、负离子分别具有与惰性气体原子类似的构型，晶体中没有可以自由运动的电子，离子是被紧紧地束缚在晶格点上。因此，离子晶体在低温下不导电，不传热，但其熔体却可以产生离子导电。某些离子晶体在高温下可产生离子导电现象。可见光的能量也不足以使离子的外层电子激发。因此，纯净的离子晶体对紫外-可见光是无色透明的。由于离子键能较大，正、负离子之间的结合比较牢固，离子键能约为 836 kJ/mol，因而离子晶体熔点比较高，硬度比较大。离子晶体受到机械力作用时，离子之间的位置将发生滑动，一旦滑动位移达 1/2 晶胞长度时，原来的异性离子相间排列就变成同性离子的相邻排列，吸引力就变成推斥力，因此离子晶体比较脆。

3.2.2　离子晶体的晶格能

离子晶体的晶格能是指在 0K 时由气态正离子和负离子生成 1 摩尔离子晶体时放出的能量。对于 AX 离子晶体：

$$A^+(气)+X^-(气)\rightarrow AX(晶)+U$$

U 称为晶格能，单位为 $kJ\cdot mol^{-1}$。晶格能反映离子键的强度和晶体的稳定性；U 越大，形成的离子键越强，晶体越稳定。

离子晶体的晶格能实际上包含着色散力和零点能等，但由于静电力占键能的 90%，故可用简单的静电模型来讨论之。玻恩(Born)和兰德(Linde)推导出了预测晶格能的玻恩-兰德点阵能方程。他们假定了正、负离子是一个带电的球，设想有一对相距为 r 的离子 M^{Z+} 和 M^{Z-}，它们在真空中的相互作用力 F 为：

$$F=\frac{Z^+Z^-e^2}{r^2} \tag{3-1}$$

当两个离子相距无穷远时，作用力为零。当它们互相靠近时，离子间产生吸引力 $F_{吸引}$，并随距离缩短而增大。但当距离继续缩短时，由于电子云的推斥，离子之间的推斥力 $F_{推斥}$ 就显著增大。当两个离子相距在平衡距离 $r=r_0$ 时，$F_{吸引}=F_{推斥}$，离子间相互作用力之和为零，这时就形成稳定的离子键。当两个离子从无限远互相靠近，直到距离为 r 时，由库仑定律得出它们之间的吸引能 $E_{吸引}$ 为：

$$E_{吸引}=-\int_{\infty}^{r}F\mathrm{d}r=-\frac{Z^+Z^-e^2}{r} \tag{3-2}$$

式中：Z^+ 和 Z^- 是正、负离子的价数；e 为电荷。

当两个离子由无限远处逐渐互相靠近时，它们互相吸引能是愈来愈负的，如图 3.23 所示。

当两个离子靠近到一定距离时，电子云的互相推斥作用就产生了，这种推斥能在两个离子间距很远时可以忽略，但当它们互相靠近时，随间距越近增加得很

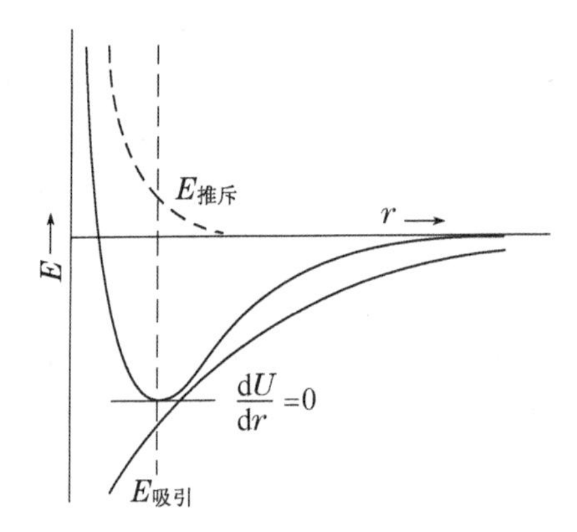

图 3.23 离子作用势能与离子间距离之间的关系

快。玻恩将这种推斥能表示为：

$$E_{推斥}=\frac{B}{r^n} \tag{3-3}$$

式中：B 为 Born 推斥常数；n 为 Born 指数。n 的大小与离子的电子层结构有关，表 3.2 列出了几种类型离子的玻恩指数。

表 3.2 不同构型的离子 Born 指数

离子的电子层结构类型	He 型	Ne 型	Ar(Cu^+)型	Kr(Ag^+)型	Xe(Au^+)型
外层电子构型	$1s^2$	$2s^2 2p^6$	$3s^2 3p^6$	$4s^2 4p^6$	$4d^{10} 5s^2 5p^6$
n	5	7	9	10	12

当正、负离子类型不同时，n 则取其平均值，如 NaCl：

$$n=\frac{1}{2}(7+9)=8$$

一对正、负离子间的总势能应为：

$$E_{总}=E_{吸引}+E_{推斥}=-\frac{Z^+ Z^- e^2}{r}+\frac{B}{r^n} \tag{3-4}$$

当 r 等于平衡距离 r_0 时，E 在最低点，此时：

$$\left(\frac{\mathrm{d}E}{\mathrm{d}r}\right)_{r=r_0}=-\frac{Z^+ Z^- e^2}{r}-\frac{nB}{r_0^{n+1}}=0$$

故

$$B=\frac{Z^+ Z^- e^2 r_0^{n-1}}{n} \tag{3-5}$$

将 B 代入势能表示式中，即可得一对正、负离子在平衡位置 r_0 时所具有势能 E_0 为：

$$E_0 = -\frac{Z^+ Z^- e^2}{r_0}\left(1-\frac{1}{n}\right) \tag{3-6}$$

通常利用已知的几何构型和离子参数可以计算出晶格能。以 NaCl 为例，其几何构型如图 3.24 所示。由于 Na^+（即图示(+)）和 Cl^-（即图示(-)）的情况是相同的，确定一个中心离子后，在 r_0 距离处有 6 个电性与中心离子相反的离子，稍远一些即在$\sqrt{2}r_0$ 的地方就有 12 个与中心离子电性相同的离子包围着它；再远一些在$\sqrt{3}r_0$ 处又有 8 个与中心离子电性相反的离子包围着，在$\sqrt{5}r_0$ 的地方就有 24 个与中心离子电性相同的离子包围着它……，以此类推。M^{Z+} 和周围每一个离子之间的静电作用能等于每个离子电荷的乘积除以距离，因此 M^{Z+} 的总静电能为：

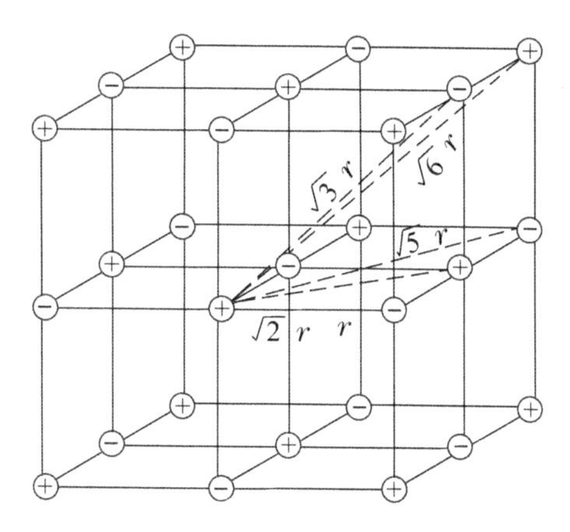

图 3.24　NaCl 几何构型示意

$$E = -\frac{6e^2}{r_0}(Z^+ Z^-) + \frac{12e^2}{\sqrt{2}r_0}(Z^+)^2 - \frac{8e^2}{\sqrt{3}r_0}(Z^+ Z^-) + \frac{6e^2}{2r_0}(Z^+)^2 \cdots$$

$$= -\frac{e^2 |Z|^2}{r_0}\left(6-\frac{12}{\sqrt{2}}+\frac{8}{\sqrt{3}}-\frac{6}{2}+\frac{24}{\sqrt{5}}-\cdots\right) \tag{3-7}$$

1 摩尔 NaCl 晶体中所有离子对之间的总势能 $\sum E$，就相当于晶格能 U：

$$U = \frac{NZ^+ Z^- e^2}{r_0}\left(1-\frac{1}{n}\right)\left(6-\frac{12}{\sqrt{2}}+\frac{8}{\sqrt{3}}-\frac{6}{2}+\frac{24}{\sqrt{5}}-\cdots\right)$$

$$= \frac{ANZ^+ Z^- e^2}{r_0}\left(1-\frac{1}{n}\right) \tag{3-8}$$

式中，$A=6-\frac{12}{\sqrt{2}}+\frac{8}{\sqrt{3}}-\frac{6}{2}+\frac{24}{\sqrt{5}}-\cdots$，$A$ 称为马德隆(Madelung)常数，是一个无量纲的无穷收敛级数($A=1.747\ 558\cdots$)，只与晶体点阵的几何因素相关，而跟离

子半径及离子电荷无关。常见晶体的 Madelung 常数如表 3.3 所示。

表 3.3 常见晶体的 Madelung 常数

晶体结构	配位数	晶系	马德隆常数
氯化钠	6∶6	立方	1.747 56
氯化铯	8∶8	立方	1.762 67
闪锌矿	4∶4	立方	1.638 06
纤锌矿	4∶4	立方	1.641 32
萤　石	8∶4	立方	5.038 78
金红石	6∶3	四方	4.816
刚　玉	6∶4		25.031 2

NaCl 晶体的 $r_0=2.79\text{Å}$，$Z^+=Z^-=1$，$n=8$，$A=1.748$，$e=4.802\times10^{-10}$ 静电单位，故可算出其晶格能 U：

$$U=\frac{1.748\times6.023\times10^{23}\times(4.082\times10^{-10})^2}{2.79}\left(1-\frac{1}{8}\right)=179.2(\text{kcal/mol})$$

$$=749.1\ \text{kJ/mol}$$

精确计算时，必须加一些校正因子，因为在方程中没有计算其他次要的力。这些力包括：① 范德华力，它存在于所有的原子、离子或分子之间，但是相当的弱。它是在相邻原子的振动偶极子间产生的引力，近似地随$\frac{1}{r^6}$改变，它能从原子或离子的极化率和电离势计算出来；② 排斥能需要更严格的表示，应从量子力学来考虑；③ 晶体"零点能"，即离子在晶体处于绝对零度时尚存在的振动能量。

离子化合物晶格能的计算是非常重要的，也可以利用 Born-Haber 循环，采取实验数据计算求得。NaCl 的 Born-Haber 循环如图 3.25 所示。有关热化学方程为：

$$\text{Na(s)}\longrightarrow\text{Na(g)} \qquad \Delta H_{升华}$$

$$\text{Na(g)}\longrightarrow\text{Na}^+\text{(g)}+\text{e}^- \qquad I_{\text{Na}}$$

$$\frac{1}{2}\text{Cl}_2\text{(g)}\longrightarrow\text{Cl(g)} \qquad \frac{1}{2}\Delta H_{解离}$$

$$\text{Cl(g)}+\text{e}^-\longrightarrow\text{Cl}^-\text{(g)} \qquad E_{\text{Cl}}$$

$$\text{Na}^+\text{(g)}+\text{Cl}^-\text{(g)}\longrightarrow\text{NaCl(s)} \qquad U$$

$$\text{Na}^+\text{(g)}+\text{Cl}^-\text{(g)}=\!=\!=\text{NaCl(s)} \qquad \Delta H_f$$

最后的方程式表示出净变化，可以通过连续执行前五步反应达到，能量之间的关

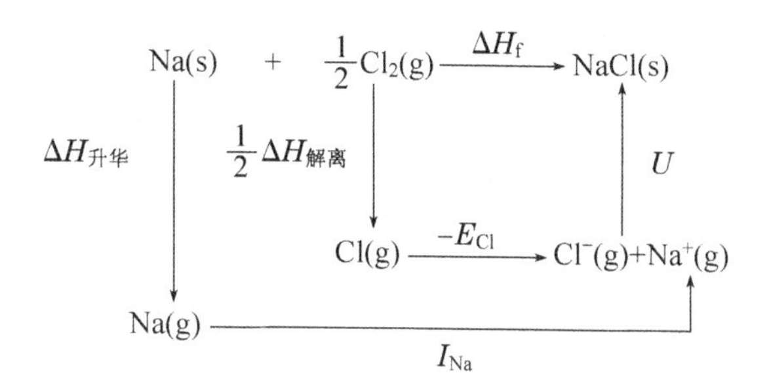

图 3.25　NaCl 的 Born-Haber 循环

系为：

$$\Delta H_f = \Delta H_{升华} + I_{Na} + \frac{1}{2}\Delta H_{解离} - E_{Cl} + U$$

NaCl 的 ΔH_f、$\Delta H_{升华}$、I 和 $\Delta H_{解离}$ 及电子亲合能 E_{Cl} 等均可由实验测得或文献查到，代入可得出 NaCl 晶体晶格能的实验值为 769.5 kJ/mol，与计算值749.1 kJ/mol相当接近。

晶格能的大小与离子晶体的物理性质有密切关系。一般说来，晶格能越大，晶体的硬度越大，熔点愈高，热膨胀系数愈小。

3.2.3　晶体中的离子半径

所谓晶体中的离子半径，是指离子在晶体中的接触半径。它由离子晶体中相邻的正、负离子间的静电吸引力和离子外层电子云相互作用的排斥力形成，当这两种作用力平衡时，离子间便保持一定的接触距离。鉴于我们把离子看作是具有一定半径的弹性球，那么我们就可以把晶体中相邻的正、负离子中心之间的距离作为正、负离子的半径之和。

离子晶体中两个互相接触着的正、负离子间的平衡距离亦即离子键键长，它是正、负离子之间的离子半径之和。但要将离子键长划分为一个正离子半径、一个负离子半径，这就必须解决如何划分的问题。另外，正、负离子间的平衡距离并不是常数，它不仅取决于离子本身的电子分布情况，而且与晶体的结构型式有关，因而离子半径也不是常数。对于同一元素来说，它与晶体的结构型式有关。在推算离子半径时，一般采用 NaCl 型的离子晶体作为标准。

目前，利用 X 射线衍射法可以很精确地测定正、负离子间的平衡距离，但存在如何将这个平衡距离划分为两个离子半径值的问题。

1920 年，兰德(Linde)通过对比表 3.4 中具有 NaCl 型晶体的晶胞参数，根据 MgS 和 MnS、MgSe 和 MnSe 的晶胞参数几乎相同，认为在晶体中负离子和负离子已经相互接触。他利用简单的几何关系，推出了 S^{2-} 和 Se^{2-} 的离子半径，如图 3.26 所示。

表 3.4　几种 NaCl 型晶体的晶胞参数

晶体	a(nm)	晶体	a(nm)
MgO	0.420	MnO	0.448
MgS	0.520	MnS	0.518
MgSe	0.546	MnSe	0.546

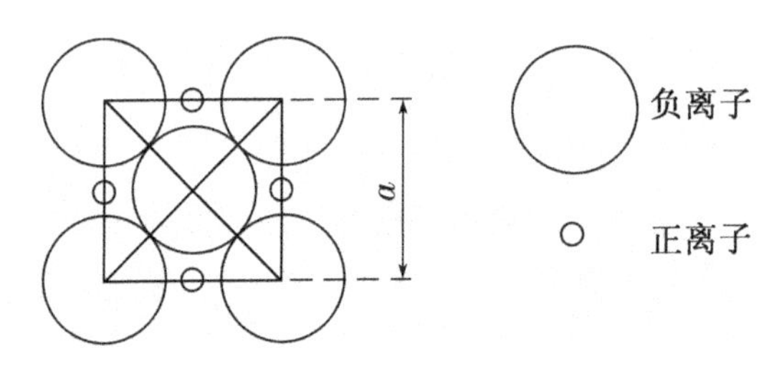

图 3.26　晶体中负离子和负离子相互接触的情况（NaCl 型晶体）

由图 3.26 可见，负离子与负离子接触，虽然正离子大小不同（如 Mg^{2+} 的半径就比 Mn^{2+} 的半径小），但正、负离子间的平衡距离（即 $a/2$ 的值）相近，由此便可导出 S^{2-} 的半径为：

$$4R^{-}=\sqrt{2}a \quad 或 \quad R^{-}=\sqrt{2}a/4$$

故

$$R_{S^{2-}}=\frac{\sqrt{2}}{4}\times 0.520=0.184(\text{nm})$$

$$R_{Se^{2-}}=\frac{\sqrt{2}}{4}\times 0.546=0.193(\text{nm})$$

1923 年，瓦萨斯特捷纳（Wasastjerna）按照离子的摩尔折射度正比于它的体积的方法，划分出离子的大小，获得 8 个正离子和 8 个负离子的半径，包括 F^{-} 和 O^{2-} 的离子半径。

1927 年，哥西密特（Goldschmidt）采用 Wasastjerna 的 F^{-} 和 O^{2-} 的离子半径数据，根据实验测定的离子晶体中离子间的接触距离的数据，引出了 80 多种离子的半径，被称为“哥尔德施密特离子半径”。

1927 年，鲍林（Pauling）从 NaF、KCl、RbBr、CsI 和 Li_2O_5 晶体的核间距离的数据，用半经验的方法推出大量的离子半径，称之为“晶体半径”。

近年来，肖纳（Shannon）等归纳整理实验测定的上千个氧化物和氟化物中正、负离子间距离的数据，在假定正、负离子半径之和即等于离子间距离的条件下，并以 Pauling 提出的配位数为 6 的 O^{2-} 半径为 0.140 nm、F^- 半径为 0.133 nm为出发点，用 Goldschmidt 方法划分出离子间距离为离子半径，经过多次修正，提出了一套较完整的称之为“有效离子半径”数据。所谓“有效”是指这些数据是由实验测定归纳整理而导出，与实验测定结果吻合得较好。

表 3.5 列出了部分离子的 Goldschmidt 离子半径、Pauling 晶体半径和有效离子半径。其中有效离子半径列在配位数栏中，某些特定的配位几何形状和离子的电子自旋情况用括号加以注明：(Sq)代表平面四方形配位；(Py)代表锥形配位；(Hs)代表高自旋状态；(LS)代表低自旋状态。由表 3.5 可见，一个离子的离子半径与它的配位数有关，配位数越高，半径越大。在某些价电子组态包含 3d 轨道的过渡金属离子中，离子和不同配位体结合时，可能会出现高自旋状态和低自旋状态的差别。这种差别也影响了离子半径的大小。

表 3.5　部分离子的离子半径

(1) 哥西密特的离子半径和鲍林的晶体半径值(配位数为 6)

离子	离子半径(nm)		离子	离子半径(nm)	
	哥西密特	鲍林		哥西密特	鲍林
Li^+	0.078	0.060	Te^{2-}	0.211	0.221
Na^+	0.098	0.095	F^-	0.133	0.136
K^+	0.133	0.133	Cl^-	0.181	0.181
Rb^+	0.149	0.148	Br^-	0.198	0.195
Cs^+	0.165	0.169	I^-	0.220	0.216
Be^{2+}	0.034	0.031	Cu^+	—	0.096
Mg^{2+}	0.078	0.065	Ag^+	0.113	0.126
Ca^{2+}	0.106	0.099	Au^+	—	0.137
Sr^{2+}	0.121	0.113	Zn^{2+}	0.083	0.074
Ba^{2+}	0.143	0.135	Cd^{2+}	0.103	0.097
B^{3+}	—	0.020	Hg^{2+}	0.112	0.110
Al^{3+}	0.057	0.050	Sc^{3+}	0.083	0.081

续表

离子	离子半径(nm)		离子	离子半径(nm)	
	哥西密特	鲍林		哥西密特	鲍林
Ga^{3+}	0.062	0.062	Y^{8+}	0.106	0.093
C^{4+}	0.020	0.015	La^{3+}	0.122	0.115
Si^{4+}	0.039	0.041	Ce^{3+}	0.118	—
Ge^{4+}	0.044	0.053	Ce^{4+}	0.102	0.101
Sn^{4+}	0.074	0.071	Ti^{4+}	0.064	0.068
Pb^{4+}	0.084	0.084	Zr^{4+}	0.087	0.080
Pb^{2+}	0.132	0.121	Hl^{4+}	0.084	—
N^{5+}	0.015	0.011	Th^{4+}	0.110	0.102
P^{5+}	0.035	0.034	V^{5+}	0.040	0.050
As^{5+}	—	0.047	Nb^{6+}	0.069	0.070
Sb^{5+}	—	0.062	Ta^{6+}	0.068	—
Bi^{5+}	—	0.074	Cr^{3+}	0.064	—
O^{2-}	0.132	0.140	Cr^{6+}	0.035	0.052
S^{2-}	0.174	0.184	Mo^{6+}	—	0.062
S^{6+}	0.034	0.029	W^{6+}	—	0.062
Se^{2-}	0.191	0.198	U^{4+}	0.105	0.097
Se^{6+}	0.035	0.042	Mn^{2+}	0.091	0.080
Mn^{4+}	0.052	0.050	Fe^{3+}	0.067	—
Mn^{7+}	—	0.046	Co^{2+}	0.082	0.072
Fe^{2+}	0.082	0.080	Ni^{2+}	0.078	0.069

注:哥西密特和鲍林的离子半径值都是以配位数为 6 的 NaCl 型为标准的。对于配位数不为 6 的晶体构型,离子半径值可乘以下表所示的相应系数。

配位数	12	8	6	4
修正系数	1.12	1.03	1.00	0.94

(2) 肖纳的有效离子半径值(nm)

离子	配位数	(nm)	离子	配位数	(nm)	离子	配位数	(nm)
Li^{+}	4	0.059	Rb^{+}	7	0.156	Ca^{2+}	9	0.118
	6	0.074		8	0.160		10	0.128
Na^{+}	4	0.099		12	0.173		12	0.135
	5	0.100	Cs^{+}	6	0.170	Sr^{2+}	6	0.116
	6	0.102		9	0.178		7	0.121
	7	0.113		10	0.181		8	0.125
	8	0.116		12	0.188		10	0.132
	9	0.132	Be^{2+}	3	0.017		12	0.144
K^{+}	6	0.138		4	0.027	Ba^{2+}	6	0.136
	7	0.146	Mg^{2+}	4	0.058		7	0.139
	8	0.151		6	0.072		8	0.142
	9	0.155		8	0.090		9	0.147
	10	0.159	Ca^{2+}	6	0.100		10	0.152
	12	0.160		7	0.107		12	0.160
Rb^{+}	6	0.149		8	0.112	B^{3+}	3	0.002
B^{3+}	4	0.012	N^{5+}	3	−0.0108	Se^{6+}	6	0.042
Al^{3+}	4	0.039		6	0.013	Te^{2-}	6	0.221
	5	0.048	N^{3+}	6	0.016	Te^{4+}	3	0.052
	6	0.053	N^{3-}	4	0.146		4	0.066
Ga^{3+}	4	0.047	P^{5+}	4	0.017		6	0.097
	5	0.055		5	0.029	Te^{6+}	4	0.043
	6	0.062		6	0.038		6	0.056
C^{4+}	3	−0.008	P^{3+}	6	0.044	F^{-}	2	0.128 5
	4	0.015	As^{5+}	4	0.0335		3	0.130
	6	0.016		6	0.046		4	0.131
Si^{4+}	4	0.026	As^{8+}	6	0.058		6	0.133
	6	0.040	Sb^{5+}	6	0.060	F^{7+}	6	0.008

续表

离子	配位数	(nm)	离子	配位数	(nm)	离子	配位数	(nm)
Gc^{4+}	4	0.039	Sb^{3+}	4(Py)	0.076	Cl^{-}	6	0.181
	6	0.053		5	0.080	Cl^{5+}	3(Py)	0.012
Sn^{4+}	4	0.055	Sb^{8+}	6	0.076	Cl^{7+}	4	0.008
	5	0.062	Bi^{5+}	6	0.076		6	0.027
	6	0.069	Bi^{8+}	5	0.096	Br^{-}	6	0.196
	7	0.075		6	0.103	Br^{3+}	4(Sq)	0.059
	8	0.081		8	0.117	Br^{8+}	3(Py)	0.031
Pb^{4+}	4	0.065	O^{2-}	2	0.135	Br^{7+}	4	0.025
	5	0.073		3	0.136		6	0.039
	6	0.077 5		4	0.138	I^{-}	6	0.220
	8	0.094		6	0.140	I^{5+}	3(Py)	0.44
Pb^{2+}	4(Py)	0.098		8	0.142		6	0.095
	6	0.119	S^{2-}	6	0.184	I^{7+}	4	0.042
	7	0.123	S^{4+}	6	0.037		6	0.053
	8	0.129	S^{6+}	4	0.012	Cu^{+}	2	0.046
	9	0.135		6	0.029		4	0.060
	10	0.140	Se^{2-}	6	0.198		6	0.077
	11	0.145	Se^{4+}	6	0.050	Cu^{2+}	4	0.057
	12	0.149	Se^{8+}	4	0.028		4(Sq)	0.057
Cu^{2+}	5	0.065	Hg^{2+}	4	0.096	Zr^{4+}	4	0.059
	6	0.073		6	0.102		5	0.066
Cu^{8+}	6(LS)	0.054		8	0.114		6	0.072
Ag^{+}	2	0.067	Sc^{3+}	6	0.074 5		7	0.078
	4	0.100		8	0.087		8	0.084
	4(Sq)	0.102	Y^{8+}	6	0.090		9	0.088
Ag^{+}	5	0.109		7	0.096	Hf^{4+}	4	0.058
	6	0.115		8	0.102		6	0.071

续表

离子	配位数	(nm)	离子	配位数	(nm)	离子	配位数	(nm)
	7	0.122		9	0.107 5		7	0.076
	8	0.128	La^{3+}	6	0.103		8	0.083
Ag^{2+}	4(Sq)	0.079		7	0.110	Th^{4+}	6	0.094
	6	0.094		8	0.116		8	0.105
Ag^{3+}	4(Sq)	0.067		9	0.122		9	0.109
	6	0.075		10	0.127		10	0.113
Au^{+}	6	0.137		12	0.136		11	0.118
Au^{8+}	4(Sq)	0.068	Ce^{3+}	6	0.101		12	0.121
	6	0.085		7	0.107	V^{5+}	4	0.035 5
Au^{8+}	6	0.057		8	0.114		6	0.046
Zn^{2+}	4	0.060		9	0.120		6	0.054
	5	0.068		10	0.125	V^{4+}	5	0.053
	6	0.074		12	0.134		6	0.068
	8	0.090	Ce^{4+}	6	0.087		8	0.072
Cd^{2+}	4	0.078		8	0.097	V^{8+}	6	0.064
	5	0.087		10	0.107	V^{2+}	6	0.079
	6	0.095		12	0.114	Nb^{5+}	4	0.048
	7	0.103	Ti^{4+}	4	0.042		6	0.064
	8	0.110		5	0.051		7	0.069
	12	0.131		6	0.060 5		8	0.074
Hg^{+}	3	0.097		8	0.074	Nb^{4+}	6	0.068
	6	0.119	Ti^{3+}	6	0.067		8	0.079
Hg^{2+}	2	0.069	Ti^{2+}	6	0.086	Nb^{3+}	6	0.072
Ta^{5+}	6	0.064	W^{5+}	6	0.062	Fe^{2+}	8(HS)	0.092
	7	0.069	W^{4+}	6	0.066	Fe^{8+}	4(HS)	0.049
	8	0.074	U^{4+}	6	0.089		5	0.058
Ta^{4+}	6	0.068		7	0.095		6(LS)	0.055

续表

离子	配位数	(nm)	离子	配位数	(nm)	离子	配位数	(nm)
Ta^{8+}	6	0.072		8	0.100		8(HS)	0.064 5
Cr^{6+}	4	0.026		9	0.105		8(HS)	0.078
	6	0.044		12	0.117	Fe^{4+}	6	0.058 6
Cr^{5+}	4	0.034 5	Mn^{2+}	4(HS)	0.066	Fe^{6+}	4	0.025
	6	0.049		5(HS)	0.075	Co^{2+}	4(HS)	0.058
	8	0.057		6(LS)	0.067		5	0.067
Cr^{4+}	4	0.041		6(HS)	0.083		6(LS)	0.065
	6	0.055		7(HS)	0.090		6(HS)	0.074 5
Cr^{3+}	6	0.061 5		8	0.096		8	0.090
Cr^{2+}	6(LS)	0.073	Mn^{8+}	5	0.058	Co^{3+}	6(LS)	0.054 5
	6(HS)	0.080		6(LS)	0.058		6(HS)	0.061
Mo^{6+}	4	0.041		6(HS)	0.064 5	Co^{4+}	4	0.040
	5	0.050	Mn^{4+}	4	0.039		6(HS)	0.080
	6	0.059		6	0.053	Ni^{2+}	4	0.055
	7	0.073	Mn^{5+}	4	0.033		4(Sq)	0.049
Mo^{5+}	4	0.046	Mo^{6+}	4	0.025 5		5	0.063
	6	0.061	Mn^{7+}	4	0.025		6	0.069
Mo^{4+}	6	0.065		6	0.046	Ni^{8+}	6(LS)	0.058
Mo^{3+}	6	0.069	Fe^{2+}	4(HS)	0.063		6(HS)	0.060
W^{6+}	4	0.042		4(Sq,HS)	0.064	Ni^{4+}	6(LS)	0.048
	5	0.051		6(LS)	0.061	H^{+}	1	−0.038
	6	0.060		6(HS)	0.078		2	−0.018

注:① 某些离子的离子半径出现负值(如 H^{+}),只是由于质子没有核外电子,它能和其他负离子吸引得很紧,使得它们互相结合在一起时,相互间的距离反而比负离子的正常半径还要小。

② 实际晶体中原子间的作用力是由多方面的因素决定的,单纯地依靠离子键力结合在一起的是少数,大多数晶体的键型是很复杂的。但由于有效离子半径的数据是由实验归纳得到的,所以不论实际键型如何,仍然可以适用。

3.2.4　几种典型的离子晶体结构特性

1. NaCl 晶体结构特性

NaCl 是最典型的离子型晶体，其晶体结构如图 3.27 所示。NaCl 晶体属立方面心点阵结构，空间群为 O_h^5-Fm3m。

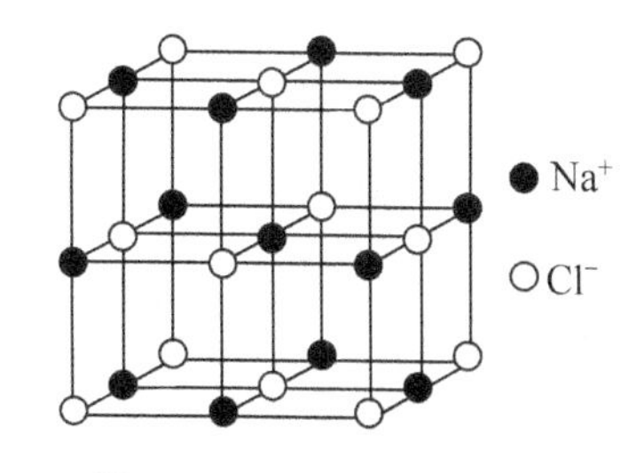

图 3.27　NaCl 晶体结构

NaCl 晶体的每个离子周围均有 6 个最邻近的异性离子，正、负离子交替排列，具有正八面体配位，配位数之比为 6∶6。在 NaCl 晶体中 $R_{Na^+}/R_{Cl^-}=0.525$，因而 Cl^- 作立方最密堆积，即 A_1 型密堆积，Na^+ 则占据由 Cl^- 密堆积所组成的每一个八面体空隙。NaCl 晶胞的原子分数坐标为：

$$Na^+:\left(\frac{1}{2},0,0\right);\left(0,\frac{1}{2},0\right);\left(0,0,\frac{1}{2}\right);\left(\frac{1}{2},\frac{1}{2},\frac{1}{2}\right)$$

$$Cl^-:\left(0,\frac{1}{2},\frac{1}{2}\right);\left(\frac{1}{2},0,\frac{1}{2}\right);\left(\frac{1}{2},\frac{1}{2},0\right);(0,0,0)$$

属于 NaCl 型结构的化合物有离子键型的碱金属卤化物和氢化物，碱土金属的氧化物和硫化物，以及过渡键型的金属氧化物、硫化物等。

2. CsCl 晶体结构特性

CsCl 晶体属简单立方点阵结构，如图 3.28 所示，空间群为 O_h^1-Pm3m。

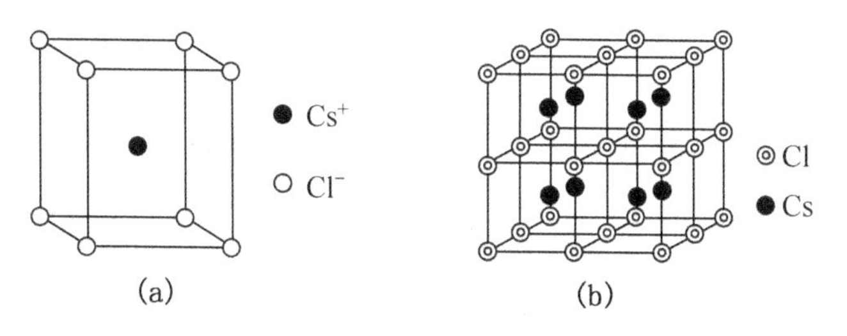

图 3.28　CsCl 晶体结构

在 CsCl 晶体的结构中，由于离子半径的差别并不像在 NaCl 中那样大，因此在 CsCl 中 8 个 Cl^- 可以围绕一个 Cs^+ 而排列，如图 3.28(a)所示；8 个 Cs^+ 也可以围绕一个 Cl^- 排列，如图 3.28(b)所示。在 CsCl 中，每一离子被 8 个相反电荷的离子以对称形式包围，它们中的一种类型的 8 个离子(Cl^-)以其重心配列于一个立方体的 8 个角顶，而另一种类型的离子(Cs^+)则居于立方体的中心，因此每个离子的配位数为 8。在 CsCl 晶体中，$R_{Cs^+}/R_{Cl^-}=0.932$，因而 Cl^- 作简单立方堆积，Cs^+ 填入由 Cl^- 所组成的立方体空隙中。CsCl 晶胞的原子分数坐标为：

Cs^+：$\left(\frac{1}{2},\frac{1}{2},\frac{1}{2}\right)$

Cl^-：(0,0,0)

属于 CsCl 型的离子化合物有 CsCl、CsBr、CsI、RbCl、ThTe、ThCl、TlCl、TlBr、TlI、NH_4Cl、NH_4Br、NH_4I，以及一些络合物例如 $K[SbF_6]$、$Ag[NbF_6]$、$[Be(H_2O)]SO_4$、$[Ni(H_2O)_6][SnCl_6]$等。

3. CaF_2 型的晶体结构特性

CaF_2 晶体属立方面心点阵结构，如图 3.29 所示，空间群为 O_h^5 - Fm3m。

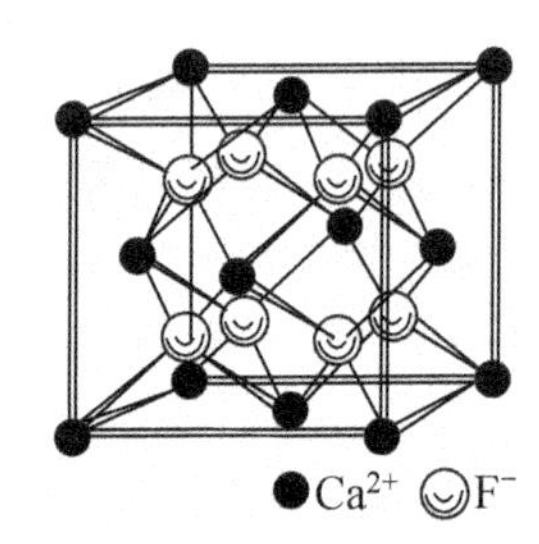

图 3.29 CaF_2 晶体结构

CaF_2 晶体的每个晶胞内含有 4 个 Ca^{2+} 和 8 个 F^-，晶胞对应 4 个点阵点，一个结构基元代表一个 Ca^{2+} 加上两个 F^-。CaF_2 的晶体结构可看成 F^- 作简单立方堆积，F - F 距离为 0.270 nm，Ca^{2+} 填入立方体空隙中，空隙分数为 1/2。Ca^{2+} 的配位数为 8，F^- 的配位数为 4，正、负离子配位数之比为 8∶4。CaF_2 晶胞的原子分数坐标为：

Ca^{2+}：(0,0,0)；$\left(\frac{1}{2},\frac{1}{2},0\right)$；$\left(\frac{1}{2},0,\frac{1}{2}\right)$；$\left(0,\frac{1}{2},\frac{1}{2}\right)$

F^-：$\left(\frac{1}{4},\frac{1}{4},\frac{1}{4}\right)$；$\left(\frac{3}{4},\frac{3}{4},\frac{1}{4}\right)$；$\left(\frac{3}{4},\frac{1}{4},\frac{3}{4}\right)$；$\left(\frac{1}{4},\frac{3}{4},\frac{3}{4}\right)$；$\left(\frac{1}{4},\frac{1}{4},\frac{3}{4}\right)$；$\left(\frac{3}{4},\frac{3}{4},\frac{3}{4}\right)$；$\left(\frac{3}{4},\frac{1}{4},\frac{1}{4}\right)$；$\left(\frac{1}{4},\frac{3}{4},\frac{1}{4}\right)$

即 4 个 Ca^{2+} 占据晶胞的顶点和面心位置，若将立方晶胞划分成 8 个全等的小立方体，则 8 个 F^- 占据着 8 个小立方体的体心位置。

4. 金红石(TiO_2)晶体结构特性

金红石(TiO_2)属简单四方点阵结构，如图 3.30 所示，空间群为 D_{4h}^{14} - P4/mnm。

金红石(TiO_2)的每个晶胞内含有 2 个 Ti^{4+} 和 4 个 O^{2-}，由于每个晶胞与一个点阵点相对应，所以一个结构基元代表 2 个 Ti^{4+} 加上 4 个 O^{2-}。金红石(TiO_2)晶体结构中 Ti^{4+} 填入 O^{2-} 所组成的八面体空隙中，空隙分数为 1/2，正、负离子配位数之比为 6∶3。金红石(TiO_2)晶胞的原子分数坐标为：

Ti^{4+}：(0,0,0)；$\left(\frac{1}{2},\frac{1}{2},\frac{1}{2}\right)$

O^{2-}：$(\mu,\mu,0)$；$(-\mu,-\mu,0)$；$\left(\frac{1}{2}+\mu,\frac{1}{2}-\mu,\frac{1}{2}\right)$；$\left(\frac{1}{2}-\mu,\frac{1}{2}+\mu,\frac{1}{2}\right)$

其中 μ 为结构参数，对不同金红石型的化合物 μ 值不同，金红石本身 $\mu=0.31$。在金红石晶胞中，虽然体心位置有一个 Ti 原子，但是金红石晶体属简单四方点阵结构，而不是体心四方点阵结构。

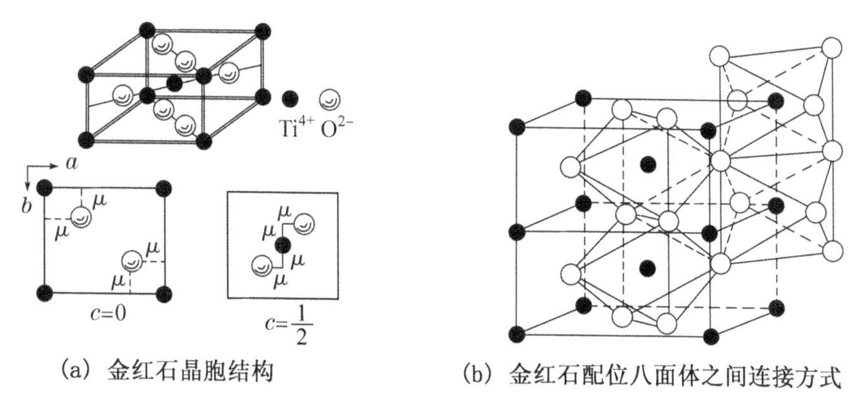

(a) 金红石晶胞结构 (b) 金红石配位八面体之间连接方式

图 3.30 金红石(TiO_2)晶体结构

属于金红石型结构的化合物有金红石 TiO_2、SnO_2、TaO_2、TeO_2、MoO_2、NbO_2、PbO_2、CrO_2、GeO_2、$\beta-MnO_2$、CoF_2、FeF_2、MgF_2、MnF_2、NiF_2、PdF_2、ZnF_2 等。

3.3 金属键与金属晶体结构特性

3.3.1 金属键

什么是金属键？金属化学键理论是建立在金属的自由电子模型基础上，依据该模型，金属晶体中的金属原子最外层电子的电离势较低，易于脱离原子的束缚形成自由电子在整个晶格空间内运动，自由电子和晶体中的“正离子”构成了能量最低的稳定体系，因而金属晶体被描写为浸泡在自由电子气中的正离子集合，而金属正离子和“自由电子”之间的静电相互作用力就被看作是金属键。由此可见，金属键一方面和共价键类似，靠共用自由电子产生原子间的凝聚力；另一方面又和离子键类似，呈现出正、负电荷之间的静电作用力。

3.3.2 金属晶体一般特性

在金属键的作用下，金属晶体内的金属原子沉浸在快速运动的电子云中。电子云分布被认为是球形对称的，因此整个金属原子可以看作具有一定体积的圆球,所以金属键是没有饱和性和方向性的。对于金属单质而言,金属原子可以认为是等径的圆球,这样我们就可以把金属单质晶体中原子在空间的排列看成是等径圆球的堆积。

金属晶体中原子倾向于最紧密堆积,由于金属键的无方向性、饱和性和高配位数的特征,金属晶体大多为良导体,不透明,具有高反射率和高密度,有金属光泽,延展性能好,但硬度一般较低。

3.3.3 几种典型的金属晶体结构特性

1. 金属单质晶体的结构特性

金属单质晶体的结构型式,最常见的是立方最密堆积(A_1 型)、六方最密堆积(A_3 型)和体心立方密堆积(A_2 型)。许多金属单质的结构采用 A_1 型和 A_3 型这两种最密堆积型式。升高温度有些会变为 A_2 型,转变温度在室温以上的有 Ca,Sr,La,Ce,Tl,Ti,Zr,Th,Mn 等。转变温度低于室温的有 Li 和 Na 等。在金属单质中,随着温度和压力等外界条件的改变,结构型式将会有所不同,某些金属单质可出现多种同素异构体。在室温下能稳定存在的金属单质的结构型式如下:

属于 A_1 型的有:Ca,Sr,Al,Cu,Ag,Au,Pt,Ir,Rh,Pd,Pb,Co,Ni,Fe,Ce,Pr,Yb,Th 等。

属于 A_2 型的有:Li,Na,K,Rb,Cs,Ba,Ti,Zr,V,Nb,Ta,Cr,Mo,W,Fe 等。

属于 A_3 型的有:Be,Mg,Ca,Sc,Y,La,Ce,Pr,Nd,Eu,Gd,Tb,Dr,Ho,Er,Tu,Lu,Ti,Zr,Hf,Te,Re,Co,Ni,Ru,Os,Zn,Cd,Tl 等。

属于 A_4 型的有:Si,Ge,Sn 等。

属于 A_7 型的有:Po 等。

某些金属有两种不同的构型,如 Fe 既有 A_1 型的立方面心结构,也有 A_2 型的立方体心结构。又如碱金属一般具有 A_2 型密堆积的结构,但在低于室温时可能转变为 A_1 型或 A_3 型最密堆积结构。还有些金属,如 Mn、La、Rr、Nd、U、Np、Pu 等,可以出现比上述几种典型结构更为复杂的结构。

2. 金属合金的晶体结构特性

合金是两种或两种以上的金属经过熔合后所得到的体系。合金的性能一般都与所组成的金属元素原来的性能有显著的不同,这与合金的晶体结构有密切的关系。因此,把两种或多种金属熔炼成合金,可以得到具有各种特殊性能的优质材料。合金的种类很多,按照合金的相图、化学图和结构的特点,合金一般可分为金属固溶体(固溶体概念在本章 3.8 节中叙及)、金属化合物和金属间隙化合物三类。当两种金属元素的电负性、化学性质和原子大小等比较接近时,容易生成金属固溶体。若电负性和原子半径差别较大，则容易生成金属化合物。过渡金属元素与半径很小的H、B、C、N等非金属元素形成的化合物称为金属间隙化合物，它由半径很小的原子填在金属原子的间隙之中形成。

(1) 金属固溶体

若有两种金属A和B，当A和B原子价电子层结构和电负性相近、原子半径相差小于15%且结构型式相同时，可以形成完全互溶的置换固溶体。当两种金属组成置换固溶体A_xB_{1-x}时，置换固溶体的结构仍保持A或B原来的结构型式，只是一部分金属原子A或B的位置被另一种金属原子B或A置换。金属固溶体中的每一原子位置上的两种金属原子A或B均有可能存在，其几率正比于该金属在合金中所占的比例。这样的原子在很多效应上相当于一个统计原子A_xB_{1-x}，其中x是A原子所占的分数，$1-x$是B原子所占的分数。当A和B两种金属元素的上述性质差异较大时，则不能或只能形成部分互溶的置换固溶体。通常当两种金属原子的半径之差在15%～20%之间时可形成部分互溶的置换固溶体，大于25%时则不能形成置换固溶体。

在置换固溶体中，若B原子无规则地占据了A原子在金属晶体A中的部分位置，则称为无序固溶体。当温度较低时，B原子的无序排列将过渡到有序排列，而形成有序固溶体，这种过渡称为结构的有序化，有序化的结构称为超结构。例如，含46%～50% Zn的CuZn合金称为β-黄铜，高温下为无序结构，属立方体心，如图3.31(a)所示，图中每个原子相当于统计原子($Cu_{\frac{1}{2}}$,$Zn_{\frac{1}{2}}$)，低于465℃时出现有序化，为CsCl型简单立方结构，如图3.31(b)所示。又例如Cu_3Au合金，在395℃以上时呈无序的结构型式，为立方面心点阵结构，如图3.32(a)所示。图中每个原子相当于一个统计原子($Cu_{\frac{3}{4}}$,$Au_{\frac{1}{4}}$)。缓慢冷却则低温有序结构为简单立方点阵结构，如图3.32(b)所示，结构中四个位置由Au原子占用顶点位置，Cu原子占用3个面心位置。

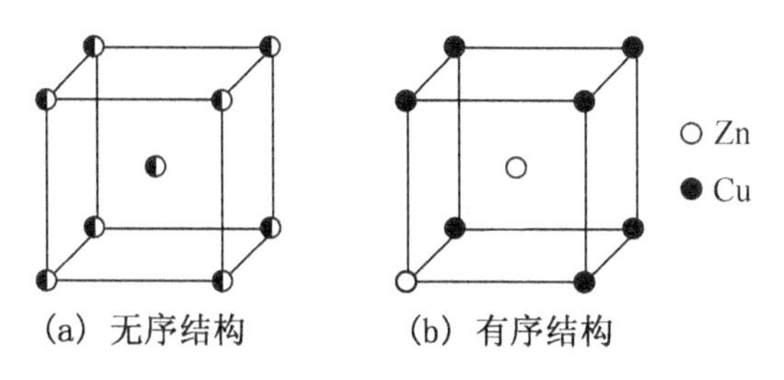

图3.31　CuZn合金的结构

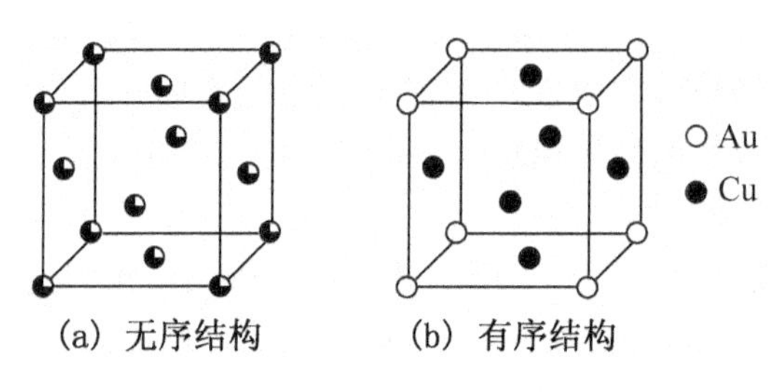

图 3.32 Cu_3Au 合金的结构

(2) 金属化合物

当 A 和 B 两种金属原子的半径、电负性及单质的结构型式差别较大时，则生成金属化合物。

金属化合物物相有两种主要型式：一种是组成确定的金属化合物物相；另一种是组成可变的化合物物相。易于生成组成可变的金属化合物物相，是合金独有的化学性能。在相图和化学图上具有奇点是各种金属化合物物相的主要特点和形成金属化合物的标志。

金属化合物物相的结构一般不同于纯组分独立存在时的结构，在金属 A 与 B 形成的金属化合物物相中，各种原子在结构中的位置已经有了分化，它们已分为两套不同的结构位置，而两种原子分别占居其中的一套。

组成确定的金属化合物，又称正常价化合物，如 Mg_2Sn、Mg_2Pb、BaSe、Fe_4B_2、Cu_2MnSn 等。正常价化合物晶体结构往往和纯金属不同，各组分的原子一般分别占居不同的结构位置，如 BaSe 具有 NaCl 型的结构，与单质 Se 和 Ba 的结构型式完全不同，两种元素在结构中分别占用不同的结构位置。

组成可变的金属化合物，又称电子化合物。这类化合物的组成虽然是可变的，但是其价电子数和原子数之间有一定的比例，即 3∶2、21∶13、7∶4 等。每一比值对应于一定的晶体结构，这个比值被称为价电子浓度。电子化合物的晶体结构取决于价电子浓度，当价电子浓度为 3∶2 时，化合物具有体心立方晶胞结构，称为 β 相；当价电子浓度为 21∶13 时，为复杂立方结构（一个晶胞中包含 52 个原子），称为 γ 相；当价电子浓度为 7∶4 时，具有六方密堆积结构，称为 ε 相。

同一种合金体系，随着成分的改变也可以形成以上三种结构型式的物相。例如，铜锌合金中，CuZn 为 β 相，Cu_5Zn_8 为 γ 相，CuZn 为 ε 相。应该指出，电子化合物的上述三种组成只是近似的，并不是完全确定的，这三种物相都可在一定的组成范围内出现。如铜锌合金中 Zn 的含量范围，β 相为 46%～50%，γ 相为 58%～67%，ε 相为 78%～86%。因此，可把电子化合物看成是介于正常价化合物和固溶体之间的“中间相”。除了上述 Cu-Zn 体系外,Cu-Sn、Cu-Al、Cu-Si、Ag-Zn、Ag-Al、Au-Zn 等体系也可形成电子化合物。

(3) 金属间隙化合物

金属间隙化合物是一种间隙结构物相,一般是由原子半径较小的 H、B、C、N 等非金属元素统计地填入到过渡金属结构的四面体或八面体空隙中形成的物相。间隙化合物中一般过渡金属原子按 A_1 型或 A_3 型排列,非金属原子则按与金属原子的相对大小填入八面体或四面体空隙之中。如 AlN 具有六方 ZnS 型的结构,可将 Al 原子看作六方密堆积。而 N 原子填在四面体空隙中。N 原子和 Al 原子之间实际上以共价键为主。又如 TiC 具有 NaCl 型结构,可将 Ti 原子看作立方密堆积,而 C 原子则填在八面体空隙中。

间隙化合物的特点:一是基本上保持原来金属晶体的结构特征,较小的非金属原子只是填入金属晶体的间隙中,因此提高了空间利用率;二是与原来纯金属晶体比较熔点较高,硬度较大,这是因为除了原来的金属键以外,金属原子还可以和加入的非金属原子形成部分共价键,从而增强了原子间的结合力。间隙化合物具有高熔点和高硬度,通称为硬质合金。

3.4 共价键与共价键晶体结构特性

3.4.1 共价键

同种原子或电负性相差很小的原子结合成分子或晶体时,此时原子间的键合采取共用电子对的方式相互结合起来,结合的结果倾向于使得每个原子的外部价电子层填满 8 个电子,构成类似惰性气体外层电子的稳定状态,这种原子通过共用电子对的方式相结合的作用力称为共价键。由共价键构成的晶体称为共价晶体或原子晶体。共价键一般分为双原子共价键和多原子共价键。多原子共价键的典型例子是苯分子。

3.4.2 共价键晶体一般特性

共价键晶体也可以称之为原子晶体,它与金属晶体、离子晶体最本质的区别是具有方向性和饱和性。因此,共价键晶体既不可能像金属晶体那样形成等径圆球密堆积结构,又不可能像离子晶体那样形成不等径圆球密堆积结构。共价键的饱和性和方向性至关重要,首先决定了共价键晶体不能像等径圆球密堆积的结构那样采取尽可能高的配位数,而是由具有饱和性的键的数量来决定配位数;其次它使原子间的联结(键合)都必须采取一定的方向。

显然，共价键晶体的结构特征决定了其不具有像金属那样的良好的导电性、导热性和延展性，由于共价键的结合力一般比离子键的结合力强，又决定了其比一般的离子晶体的硬度更大、熔点更高。共价键晶体的基本特征：

（1）在共价键晶体中，既无自由电子，又无离子，故共价键晶体呈现为绝缘体；

（2）共价键晶体对光具有较大折射系数和吸收系数；

（3）由于键力强度很大，共价键晶体很坚固，熔点和硬度也比较高；

（4）当共价键晶体中仅含有成双的电子时，该共价键晶体呈现为不具有磁力矩的抗磁性物质，因此不被磁场吸引（被磁场吸引的为顺磁性物质），反之为磁场排斥。

3.4.3 几种典型的共价键晶体结构特性

1. 金刚石的晶体结构

金刚石是最典型的共价键晶体。它是由碳原子以共价单键结合而成的巨大分子，在晶体中每个碳原子都通过 SP^3 杂化轨道与相邻的 4 个碳原子以共价键结合形成四面体结构，如图 3.33 所示。

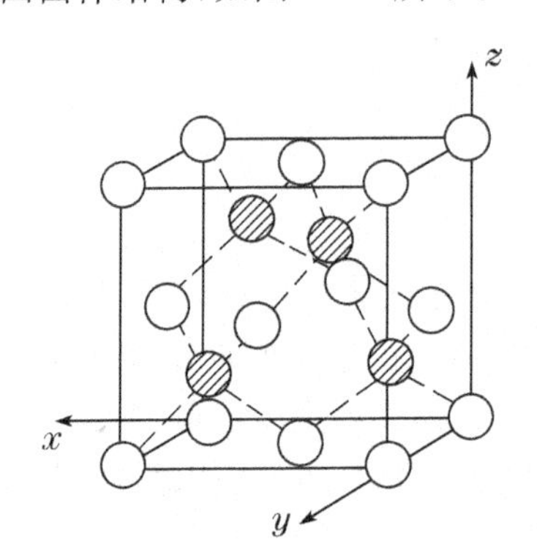

图 3.33 金刚石的晶体结构

天然或人造金刚石一般是立方点阵结构，但也存在有六方晶系的六方金刚石。

立方金刚石为一立方面心点阵结构，空间群为 O_h^7 - Fd3m，晶胞参数 a＝0.356 688 nm（25℃）。

立方金刚石结构中每个碳原子都为另外四个碳原子所包围，而且距离皆相同。C—C 键的键长为 0.154 4 nm，整个晶体形成一个巨大的分子。立方金刚石晶胞中共有 8 个碳原子，它们的分数坐标为：

$(0,0,0)$；$\left(\frac{1}{2},\frac{1}{2},0\right)$；$\left(\frac{1}{2},0,\frac{1}{2}\right)$；$\left(0,\frac{1}{2},\frac{1}{2}\right)$；

$\left(\frac{1}{4},\frac{1}{4},\frac{1}{4}\right)$；$\left(\frac{3}{4},\frac{3}{4},\frac{1}{4}\right)$；$\left(\frac{3}{4},\frac{1}{4},\frac{3}{4}\right)$；$\left(\frac{1}{4},\frac{3}{4},\frac{3}{4}\right)$。

六方金刚石是介稳的晶体，空间群为 $D_{6h}^{4}-P6_3/mmC$，晶胞参数为 $a=0.215$ nm、$c=0.412$ nm。

六方金刚石已在陨石中找到。将石墨加压到 1.3×10^{10} Pa，温度超过1 000℃时也可制得。六方金刚石中碳原子的配位和C—C键的键长均和立方金刚石相似。

2. *AB* 型共价键晶体结构

ZnS晶体属于 *AB* 型共价晶体。ZnS晶体结构有立方型和六方型两种构型，但两者结构中Zn—S化学键都是带极性的共价键，锌原子和硫原子的配位均为四配位。所不同的是：在立方ZnS结构中，半径大的S原子作立方最密堆积，而半径小的Zn原子填充在一半四面体的空隙中，成为立方面心点阵结构；在六方ZnS结构中，半径大的S原子作六方最密堆积，半径小的Zn原子填充在一半四面阵空隙中，成为六方点阵结构。如图3.34所示。

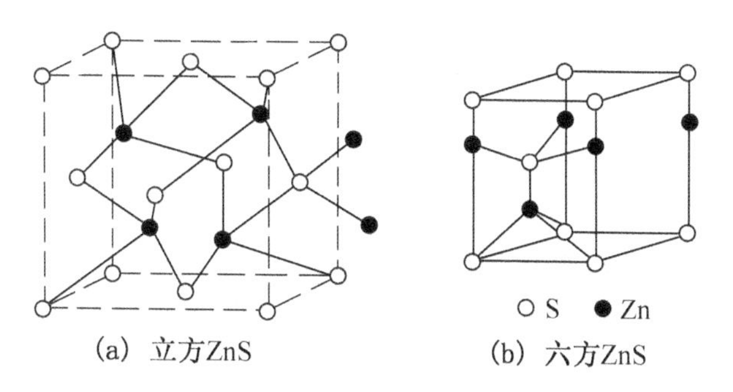

图3.34　两种构型的ZnS晶体结构

在立方ZnS和六方ZnS两种构型晶体中，立方ZnS属于 T_d 点群，六方ZnS属于 C_{6v} 点群。这两种不同的结构型式主要是由于负离子可采取 A_1 型和 A_3 型两种不同的密堆积方式。如果将图3.34中不等径的圆球（Zn原子和S原子）都换为等径圆球（C原子），则图3.34就变为与图3.33完全一样了。可见立方金刚石和立方ZnS属于同一种类型的结构。

立方ZnS晶体所属空间群为 $T_d^2-F\bar{4}3m$，一个晶胞对应的点阵点数为4，晶胞中原子的分数坐标为：

Zn：$\left(\frac{1}{4},\frac{1}{4},\frac{1}{4}\right)$；$\left(\frac{3}{4},\frac{3}{4},\frac{1}{4}\right)$；$\left(\frac{3}{4},\frac{1}{4},\frac{3}{4}\right)$；$\left(\frac{1}{4},\frac{3}{4},\frac{3}{4}\right)$

S：$(0,0,0)$；$\left(\frac{1}{2},\frac{1}{2},0\right)$；$\left(\frac{1}{2},0,\frac{1}{2}\right)$；$\left(0,\frac{1}{2},\frac{1}{2}\right)$

六方 ZnS 晶体所属空间群为 $C_{6v}^{4}-P6mc$，一个晶胞仅与一个点阵点对应，晶胞中原子的分数坐标为：

Zn：$\left(0,0,\frac{7}{8}\right)$；$\left(\frac{2}{3},\frac{1}{3},\frac{3}{8}\right)$

S：$(0,0,0)$；$\left(\frac{2}{3},\frac{1}{3},\frac{1}{2}\right)$

以上这两种 AB 型共价晶体的结构中，A 和 B 的两套原子的分数坐标可以互换。

3. AB_2 型共价键晶体结构

AB_2 型共价键晶体结构的典型例子是白硅石(SiO_2)，如图 3.35 所示。

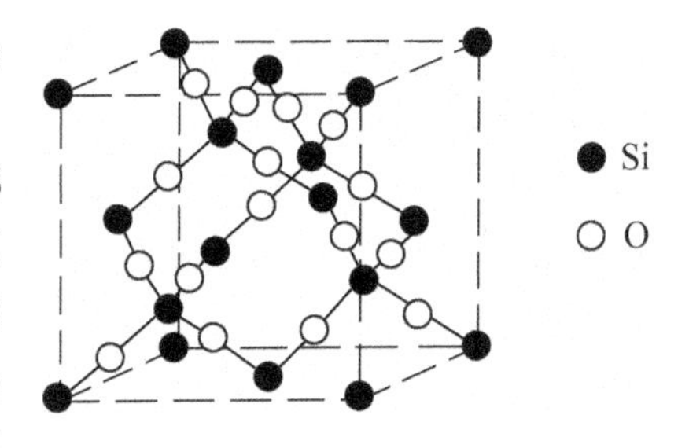

图 3.35 白硅石的晶体结构

白硅石的结构与立方金刚石或立方 ZnS 型结构相似。它相当于将金刚石中的 C 原子或者立方 ZnS 中的 Zn 原子和 S 原子全都换为 Si 原子，同时在每两个 Si 原子中心联线的中间增添一个 O 原子的结构型式。其配位数比为 4∶2。

属共价键晶体有：Si、金刚石 C、SiC、ZnS、InSb 等。

3.5 分子键与分子晶体结构特性

3.5.1 分子键

分子键是一种键能比离子键、共价键和金属键弱得多的化学键。分子键的键能要比离子键、共价键和金属键小 1～2 个数量级。因此，分子键不会引起分子晶体内任一原子的电子运动状态出现实质性的改变。分子键主要源于取向力(静电力)、诱导力和色散力。

1. 取向力

取向力又称静电力，由极性分子永久偶极矩之间的相互作用而产生，大小与偶极矩的相对取向有关。这种作用的平均能量为：

$$E_1(r)=-\frac{2}{3}\cdot\frac{\mu_1^2\mu_2^2}{KTr^6} \qquad (3-9)$$

对于同类分子 $\mu_1=\mu_2$，则

$$E_1(r)=-\frac{2}{3}\cdot\frac{\mu^4}{KTr^6} \qquad (3-10)$$

式中：μ_1、μ_2 为两个相互作用分子的偶极矩；r 为相互作用分子间的距离；K 为玻耳兹曼常数；T 为绝对温度；"—"代表能量降低。可见温度升高会降低分子定向排列的趋势。

2. 诱导力

由于极性分子极化作用，非极性分子电子会发生变形产生诱导偶极矩，使极性分子与非极性分子相互吸引，此种力称诱导力。诱导吸引能 E_2 为：

$$E_2(r)=-(\alpha_1\mu_1^2+\alpha_2\mu_2^2)/r^6$$

对于同类分子 $\mu_1=\mu_2$，$\alpha_1=\alpha_2=\alpha$，则

$$E_2(r)=-2\alpha\mu^2/r^6 \qquad (3-11)$$

式中：μ_1、μ_2、α_1、α_2 为分子1、分子2的偶极矩与极化率。

3. 色散力

惰性气体分子和非极性分子的电子云分布只是统计平均值。对于某瞬时来说，电子云分布并不均匀，而存在瞬时偶极矩，它使邻近分子极化，被极化的分子反过来又使瞬时偶极矩的变化幅度增加，分子间的色散力就是在这样的反复作用下产生的。

色散力 E_3 表示为：

$$E_3(r)=-\frac{3}{2}\cdot\left(\frac{I_1\cdot I_2}{I_1+I_2}\right)\left(\frac{\alpha_1\alpha_2}{r^6}\right) \qquad (3-12)$$

对于同类分子，则有

$$E_3(r)=-\left(\frac{3}{4}\right)\alpha^2\,\frac{I}{r^6} \qquad (3-13)$$

式中：I 为分子的电离能。

综上所述，分子键能 E 为：

$$E=E_1+E_2+E_3 \qquad (3-14)$$

分子键是永远存在于分子间或原子间的一种吸引力，能量为每摩尔千焦，没有方向性与饱和性，作用范围约零点几纳米。分子键中最主要的是色散力，主要受极化率影响。

3.5.2　分子晶体一般特性

构成分子晶体的结构单元是分子，分子内的原子是靠共价键结合，而分子与分子之间是靠范德华力结合。惰性气体元素、非金属单质、非极性氧化物和绝大多数有机化合物晶体都是分子晶体。

由于分子键极弱，分子晶体所表现出的一般特性是：熔点低，硬度低，热膨胀系数大，压缩率大，折射率高，透明度高，具有低的导电率，可以溶解在非极性溶剂中。

3.5.3 分子晶体结构特性

分子本身均有具体的几何构型，因此在形成晶体时，虽然堆积中要尽量使空隙减少，但堆积不像原子那样紧密，所以多数分子晶体结构对称性较低。这也是一般有机化合物晶体结构对称性不高的原因。图 3.36 为正烷烃分子、正-$C_{29}H_{60}$晶体中链状分子和尿素几种典型分子型晶体结构。

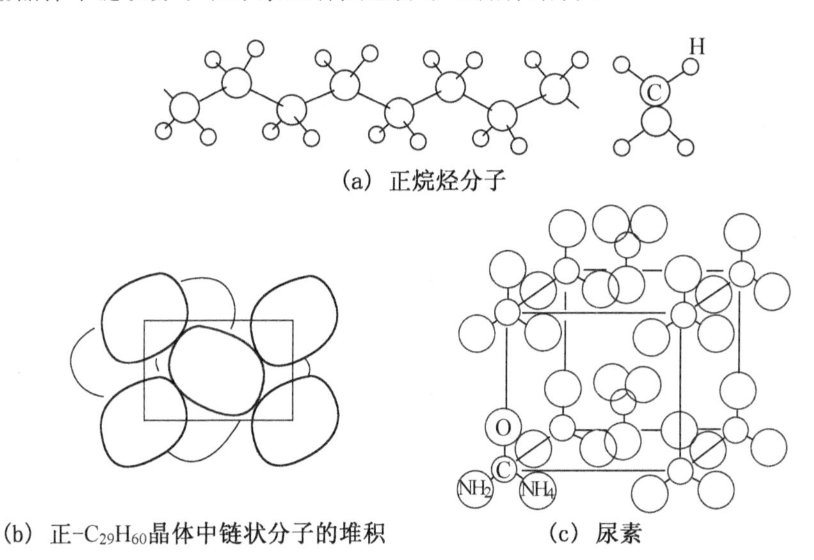

图 3.36 几种分子型晶体结构

3.6 氢键与氢键晶体结构特性

3.6.1 氢键

在一个化合物的分子中，一个氢原子与一个原子 X 键合的同时，由于电子对偏向于 X 原子，使得氢原子变成一个带正电的质子，因此还能与本分子内或其他分子内的一个电负性很强的 Y 原子相互作用，形成一个附加键，这种附加键叫做氢键。

若 X 原子和 Y 原子都是电负性较大、半径又较小的原子，如 F、N、O 等，则在 X—H…Y 之间可以形成氢键，如 F—H…F，O—H…O，N—H…O 等等，式中“—”为共价键，“…”表示氢键。

氢键有两大类：分子内氢键和分子间氢键。

分子内氢键是分子内形成的氢键，如邻位硝基苯酚中的烃基 O—H 可以与硝基的氧原子生成分子内氢键，如图 3.37 所示。

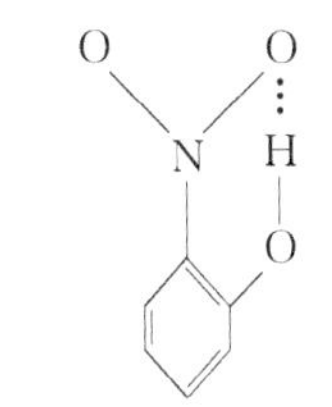

图 3.37　分子内氢键

由于受环状结构中其他原子键角的限制，使分子内氢键 X—H…Y 不能在同一直线上，一般键角在 150° 左右。在苯酚的邻位上有—COOH、$—NO_2$、—NO、$—CONH_2$、$—COCH_3$ 和—Cl 等取代基的化合物都能形成分子内氢键。在含氮的化合物中也有分子内氢键存在，如 $C_6H_4(OH)CH=NC_6H_5$ 等。

分子间氢键是分子之间形成的氢键。典型的例子是二聚甲酸$(HCOOH)_2$，如图 3.38 所示。

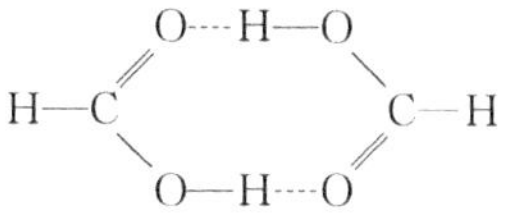

O···H—O
H—C　　C—H
O—H···O

图 3.38　分子间氢键

氢键形成的本质是因为 X—H 的电偶极矩很大，氢原子的半径很小(0.03 nm)且又无内层电子，所以可允许带有部分负电荷的 Y 原子充分地接近它，由此产生相当强的静电吸引作用而形成氢键。由于氢键是 X—H…Y 只能与一个 Y 原子结合，又因为 H 很小，Y 一般有孤对电子，其方向在可能的范围内要与氢键轴一致，同时 X—H 电偶极矩与 Y 相互作用时，只有当 X—H…Y 在同一直线上时才最强烈。根据上述两个原因，氢键就具有饱和性和方向性。氢键的能量，一般在 41.84 kJ/g 键以下，比化学键小得多，与分子间作用力的能量差不多。

3.6.2　氢键晶体一般特性

氢键的作用力虽不强，但对物质的性质产生明显的影响：分子间形成氢键会使物质的熔点、沸点增高；分子内形成氢键则会使物质的熔点、沸点降低。一般说来，氢键晶体具有配位数低、密度小、熔点低等特性。

3.6.3　氢键晶体结构特性

氢键晶体结构，有因分子间氢键而连接成的链状型氢键体系，如图 3.39(a)所示的$(HF)_n$ 晶体的链型氢键；有连成层状的层型氢键体系，如图 3.39(b)所示的 H_2SeO_3 晶体的层型氢键；有形成骨架型结构的三维氢键体系，如图 3.39(c)所示冰的四面体骨架型结构氢键。

冰中的氢键是四面体构型，由图 3.39(c)可以看出冰的结构中有相当多的空隙，所以冰的密度小，能浮于水面。

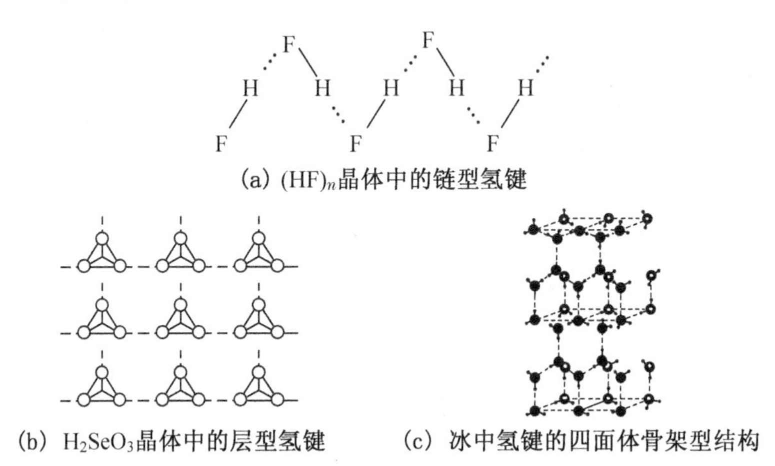

图 3.39 几种氢键型晶体的结构

3.7 混合键与混合键晶体结构特性

3.7.1 混合键

在实际晶体中，原子之间结合力——化学键，一般情况下不太可能是唯一的金属键或共价键、离子键、氢键和分子键中的一种，而是其中的几种。我们把晶体中这种包含两种或两种以上键型的称之为混合键。

3.7.2 混合键型晶体一般特性

在实际晶体中，金属晶体、共价晶体、离子晶体、氢键型晶体及分子晶体可以同时存在，这种包含两种或两种以上键型的晶体称为混合键型晶体。

不同的化学键自然使晶体具有不同的性质。因此，混合键型晶体一般特性是表现出固态物质的多重特性。例如，石墨是墨灰色有金属光泽的固体，其晶体是六角形鳞片状，它像云母一样可一层层地揭开。石墨的这种层状结构，每一层内的每一个碳原子以三个电子与邻近的三个碳原子以共价键结合，组成一大片六角形的平面蜂巢结构；另一个价电子则为该层内所有碳原子所共有，形成金属键；层与层之间则以范德华键相互作用。因此，石墨晶体中既包含有共价键，又包含有金属键和范德华键，从而使石墨表现出固态物质的多重性质，即质地柔软、光滑，容易磨碎，密度小，熔点高，不透明，有光泽，导电率高等。

3.7.3 典型混合键型晶体结构特性

石墨是典型混合键型晶体。石墨晶体有两种不同的结构型式，即三方石墨和六方石墨。六方石墨为层型结构(如图3.40所示)，空间群为$D_{6h}^4-P6_3/mmC$。六方晶胞参数为$a=0.246\ 12$ nm，$c=0.670\ 90$ nm(20℃)。层型分子内部，每个C原子通过sp^2杂化轨道以共价单键与其他3个C原子相连，形成六元环形的蜂窝式层型结构，C—C键的键长为0.142 10 nm。层型分子间的距离为0.335 45 nm，比同一层内C—C的距离要大得多，这只可能是范德华力。由于这种层间作用力比化学键弱得多，因此石墨易于滑动，即容易将层与层推开，利用这一特性常把它作固体润滑剂。又由于在每一层中原子的配位数为3，每个C原子只用去了一个s轨道、两个p轨道和3个价电子，还剩下一个垂直于层平面的p轨道和一个p电子，满足形成大π键的条件，因而可形成贯穿全层的多原子的大π键。原来每个C原子中的p电子成为大π键中的离域电子，可以沿着层平面自由运动，因此使得C原子层中的化学键具有金属键的某些特性，这样也使石墨晶体具有金属光泽，且有良好的导电性和导热性。由于石墨晶体的结构中同时含有共价键、范德华力和金属键三种不同的键型，因此它是一种典型的混合键型晶体。

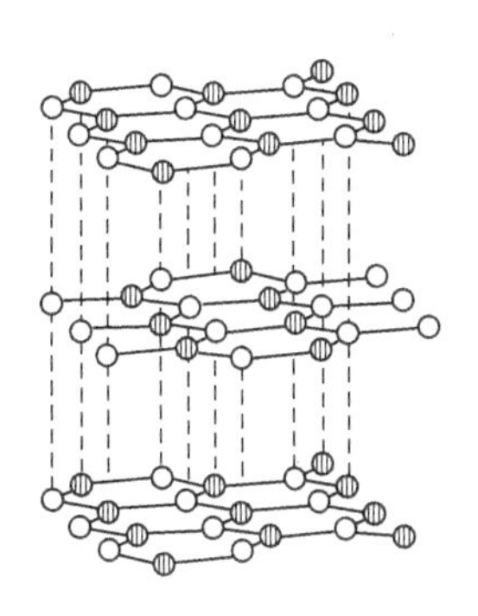
图3.40 石墨晶体结构

CdI_2晶体是AB_2型化合物混合键型晶体，CdI_2晶体的结构如图3.41所示。CdI_2层型分子如图3.41(a)所示。在晶体中I和Cd分别以密堆积排列成单层球，如图3.41(b)所示。在每一层型分子内，Cd与I间的键型为介于离子键与共价键之间的过渡键型，可称为“共价性离子键”或“强极性共价键”。实测的Cd—I键长为0.298 nm，而Cd^{2+}与I^-半径之和为0.323 nm，其共价半径之和为

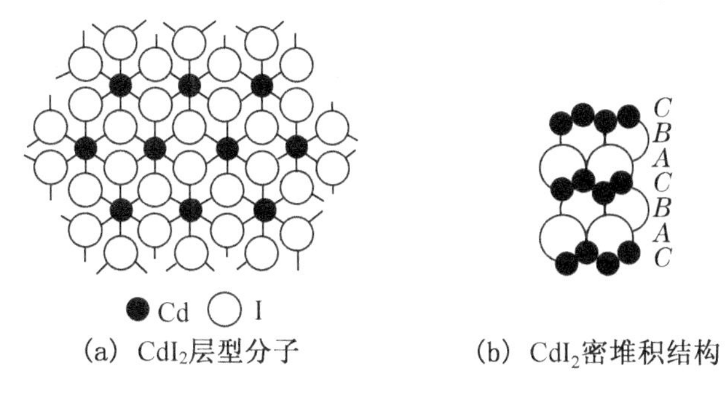

(a) CdI_2层型分子　　(b) CdI_2密堆积结构

图3.41 CdI_2的晶体结构

0.274 nm。由此可知,Cd—I键长正好介于两者的离子半径和与共价半径和之间,说明Cd—I键只能是介于离子键与共价键之间的过渡键型。在每两层之间即一层*A*位置上的I圆球与下一层*A*位置上的I圆球之间,由于层间距离较大,以范德华力互相联结,因此整个晶体为一种混合键型的晶体。

综上所述,我们可以将离子晶体、共价晶体、金属晶体和分子晶体的一般性质和结构特征归纳于表3.6。

表3.6 几类晶体的一般特性和结构特征

晶体类型	离子晶体	共价晶体	金属晶体	分子晶体
结构特征	正、负离子相间地最密堆积,靠静电力结合,键能较高,约800 $kJ \cdot mol^{-1}$	组成原子之间靠共价键结合,键有方向性和饱和性。键能由中到高,约为80 $kJ \cdot mol^{-1}$	正离子最密堆积,以自由电子为结合力,键无方向性,配位数高。键能约为80 $kJ \cdot mol^{-1}$	组成分子之间靠范德华力结合,键能低,为8～40 $kJ \cdot mol^{-1}$
举例	NaCl,CaF_2,Al_2O_3	Si,InSb,PbTe	Na,Cu,W	Ar,H_2,CO_2
热学性质	熔点高	熔点高	熔点由低到高,传导性良好	熔点低,热膨胀率高
力学性质	强度高,硬度高,质地脆	强度和硬度由中到高,质地脆	具有各种强度和硬度,压延性好	强度低,可以压缩硬度低
电学性质	低温下绝缘,某些晶体有离子导电现象,熔体导电	绝缘体或半导体,熔体也不导电	固体和熔体均为良导电体	固体和熔体均为绝缘体
光学性质	多为无色透明,折射率较高	透明晶体具有高折射率	不透明,高反射率	呈现组成分子的性质

3.8 固溶体及其特性

我们知道,液体中有纯净液体和含有溶质的液体之分,固体中也有纯晶体和含有外来杂质原子的固体溶液之分。我们把含有外来杂质原子的晶体称为固体溶液,简称固溶体(solid solution)。为了便于理解,可以把原有的晶体看作溶剂,把外来原子看作溶质,这样可以把生成固溶体的过程,看作是个溶解过程。如果原始晶体为AC和BC,生成固溶体之后,化学式可以写成$(A_xB_y)C$。例如,

MgO 和 CoO 生成固溶体，可以写成($Mg_{1-x}Co_x$)O。

3.8.1　固溶体分类

固溶体分类，可按杂质原子在固溶体中的位置分类，也可按杂质原子在晶体中溶解度划分，还可以从取代离子的角度划分。

(1) 当按杂质原子在固溶体的位置分类时，杂质原子进入晶体之后，可以进入原来晶体中正常格点位置，生成取代(置换)型的固溶体(substitutional solid solution)，也可以进入溶剂晶格中的间隙位置，生成填隙型固溶体(interstitial solid solution)。

目前发现的固溶体，绝大部分是取代(置换)型的固溶体。在金属氧化物中，主要发生在金属离子位置上的置换。例如，MgO-CoO，MgO-CaO，$PbZrO_3$-$PbTiO_3$，Al_2O_3-Cr_2O_3 等。属 NaCl 型结构的 MgO 和 CoO 两种晶体，结构相同，离子半径相差不多，Mg^{2+} 的半径为 0.066 nm，Co^{2+} 的半径为 0.072 nm，MgO 中的 Mg^{2+} 位置可以无限制的被 Co^{2+} 占据，生成无限互溶的取代型固溶体。MgO-CoO 体系固溶体结构如图 3.42 所示，MgO-CoO 体系相图如图 3.43 所示。

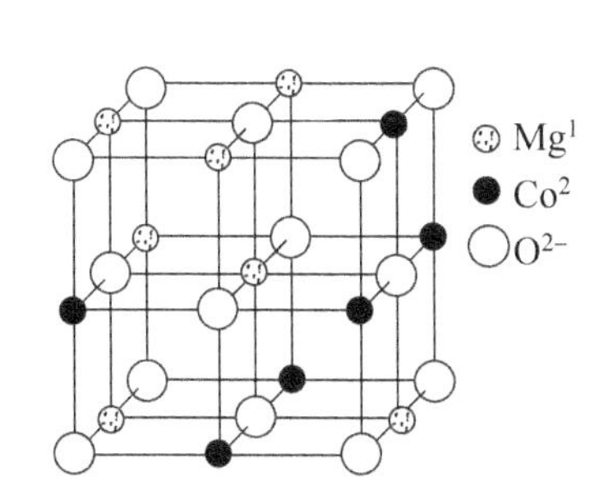

图 3.42　MgO-CoO 体系固溶体结构

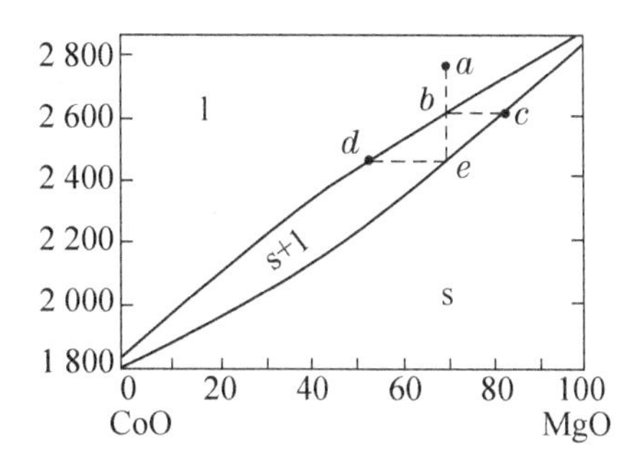

图 3.43　MgO-CoO 体系相图

在固溶体中，也会出现离子空位的结构，它们是由于异价的离子取代或生成填隙离子引起的，不是一种独立的固溶体类型。例如，Al_2O_3 在 MgO 中有一定的溶解度，当 Al^{3+} 进入 MgO 晶格时，它占据 Mg^{2+} 的位置，Al^{3+} 比 Mg^{2+} 高出一价，为了保持电中性和位置关系，在 MgO 中就要产生 Mg 空位 V''_{Mg}，反应如下：

$$Al_2O_3 \xrightarrow{MgO} 2Al^{\cdot}_{Mg} + V''_{Mg} + 3O_O$$

显然这是一种取代型固溶体。又例如，在 TiO_{2-x} 中，存在着氧空位，为了保持电中性，晶体中必须有部分 Ti^{4+} 变成 Ti^{3+}。这样，晶体中虽然都是钛离子，但价态不同。具有这样缺陷的晶体，可以看成部分 Ti^{3+} 取代 TiO_2 中的 Ti^{4+} 生成的固溶体。

（2）当按杂质原子在晶体中的溶解度划分时，依据溶解度可以分为无限固溶体和有限固溶体两种类型。无限固溶体是指溶质和溶剂两种晶体可以按任意比例无限制地相互溶解。例如，在 MgO 和 NiO 生成的固溶体中，MgO 和 NiO 各自都可以当作溶质也可以当作溶剂，如果把 MgO 当作溶剂，而 MgO 中的 Mg 可以被 Ni 部分或完全取代，它们的化学式可以写成(Ni_xMg_{1-x})O，其中 $x=0\sim1$。当 $PbTiO_3$ 与 $PbZrO_3$ 生成固溶体时，$PbTiO_3$ 中的 Ti 可全部被 Zr 取代，属无限互溶的固溶体，化学式可以写成 $Pb(Zr_xTi_{1-x})O_3$，$x=0\sim1$ 连续变化。所以无限固溶体又称为连续固溶体或完全互溶固溶体。如果杂质原子在固溶体中的溶解度是有限的，存在一个溶解度极限，那么这样的固溶体就是有限固溶体，也称为不连续固溶体或部分互溶固溶体。如果两种晶体结构不同或相互取代的离子半径差别较大，只能生成这种固溶体。例如 MgO－CaO 体系，虽然两者都是 NaCl 结构，但离子半径相差较大，Mg^{2+} 的半径为 0.027 nm，Ca^{2+} 的半径为 0.1 nm，取代只能到一定限度，故生成有限固溶体。MgO－CaO 体系相图如图 3.44 所示。

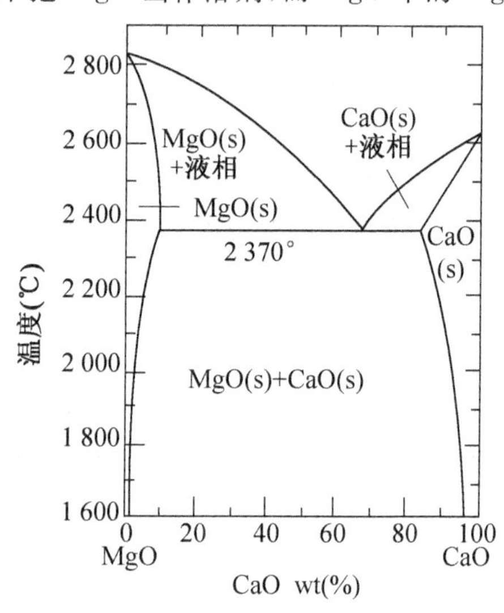

图 3.44 MgO-CaO 体系相图(有限固溶体)

（3）固溶体还可以从取代离子的角度划分为两大类型，即等价取代固溶体和异价(不等价)取代固溶体。在等价取代中，一个离子被另一个带相同电荷的离子所取代，不需要额外的变化来保持电荷平衡。在异价取代中，一个离子被另一个带不同电荷的离子所取代，此时，需要额外的变化来保持电荷平衡。

3.8.2 固溶体与化合物、机械混合物和原始晶体的区别

固溶体普遍存在于无机固体材料中，材料的物理化学性质随着固溶体的生成在一个很大的范围内变化。材料设计方法中，常采用生成固溶体的方法来提高材料性能。例如，$PbTiO_3$ 与 $PbZrO_3$ 生成的锆钛酸铅压电陶瓷 $Pb(Zr_xTi_{1-x})O_3$ 固溶体；Sn^{4+} 在 $ZrTiO_4$ 中生成的固溶体(ZrSn)TiO_4；高温结构材料中有一种叫塞龙(sialon)的材料(基于 Si_3N_4 母体结构的 Si-Al-O-N 体系)，它就是 Si_3N_4 与 Al_2O_3 的形成的固溶体。

固溶体像溶液一样，它是一个均匀的相。它不同于溶剂（原始晶体），也不同于机械混合物，更不同于化合物。

（1）固溶体与化合物之间有本质的区别。首先，当A和B形成化合物时，A和B之间的物质的量存在着严格确定的比例。而当A和B形成固溶体时，A和B之间不存在确定的物质的量比，A和B之间的物质的量比可在一定的范围内浮动。其次，在结构上也有区别，对于化合物来说，从概念上应是理想的不含杂质的、也不存在缺陷的结构。它不同于A的结构也不同于B的结构。而固溶体的结构一般和原始晶体即溶剂的结构保持一致。再者，固溶体的组成有一变化范围，因此它的物性也会随组成的不同而变化。而化合物的性质则是确定不变的。

（2）固溶体与机械混合物不一样。A和B形成固溶体时，成为均匀的单相，它的结构与溶质的结构无直接的关联，其性质与原始晶体也有显著的不同。而A和B的机械混合物则是多相体系，各相保持着各自的结构和性质。

（3）固溶体与原始晶体不等同。固溶体与原始晶体即溶剂都是均匀的单相，其基本结构相同。不同之处在于，原始晶体是单元的，而固溶体是多元的。固溶体的晶体结构相对于原始晶体的结构来说，发生局部畸变，晶胞参数随组成的变化而变化。

3.8.3　固溶体的性能

固溶体，也可以说是含有杂质原子的晶体。这些杂质原子的引入使原始晶体的性质发生了很大变化，即晶格常数、密度、电性能、光学性能都可能发生变化。

1. 卫格定律（Vegare's law）与雷特格定律（Retger's law）

卫格（Vegare）和雷特格（Retger）对固溶体的晶格常数与杂质的浓度和组元晶格常数关系作出了描述，这就是著名的卫格定律（Vegare's law）与雷特格定律（Retger's law）。

在固溶体中，晶胞的尺寸随着组成连续地变化，对于立方结构的晶体，晶格常数与组成的关系可以表示为：

$$(a_{ss})^n=(a_1)^n c_1+(a_2)^n c_2 \tag{3-15}$$

式中：a_{ss}，a_1，a_2 分别表示固溶体及两个构成固溶体组元的晶格常数；c_1 和 c_2 是两个组元的浓度；n 是描述变化程度的一个任意幂。卫格提出，对于许多物质来说，$n=1$。而雷特格指出，对于体积的加和性，$n=3$。前者为卫格定律，后者则为著名的雷特格定律。要确定 n 值，需要精确的实验。由于 a_1 和 a_2 之差大于15%，就很难生成固溶体，所以通常在固溶体中，a_1 和 a_2 相差不大，这样虽然卫格定律在某些情况下不能精确地相符，但仍然和大多数的实验数据相吻合。当 $n=1$ 时，(3-15)式就变成：

$$a_{ss}=a_1c_1+a_2c_2 \tag{3-16}$$

式(3-16)即为表示固溶体的晶格常数与杂质的浓度和组元晶格常数的乘积成线性关系的卫格定律表达式。

关于 $Ba(Zn_{1/3}Nb_{2/3})O_3$-$PbTiO_3$ 体系的组成与晶格常数的关系，有图3.45所示结果。

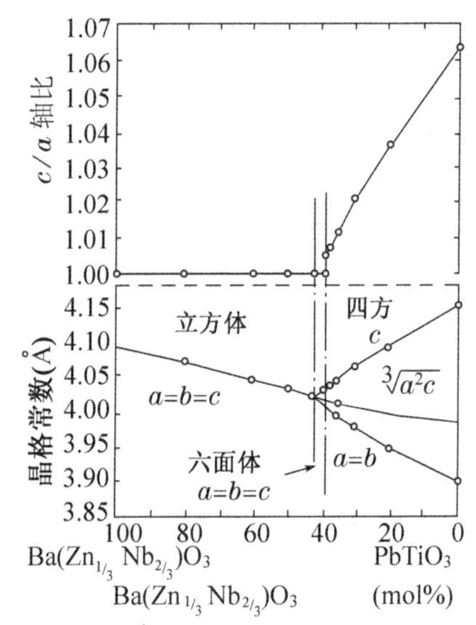

图 3.45 $Ba(Zn_{1/3}Nb_{2/3})O_3$-$PbTiO_3$ 系的晶格常数及 c/a 轴比

(引自张克立，2005)

由图可知，在同一种晶体结构区，特别在立方结构区，组成与晶格常数呈直线关系。在 Al_2O_3-Cr_2O_3 体系中也得到类似的结果。但在另外一些场合下，雷特格定律与实验相符。例如在 KCl-KBr 体系中，是阴离子的体积的加和性关系，而不是晶格常数的加和性关系。即：

$$(a_{ss})^3=a_1{}^3c_1+a_2{}^3c_2 \tag{3-17}$$

式(3-17)即雷特格定律的表达式。在 $ZrTiO_4$-$SnO_2 \cdot TiO_2$ 中，Sn 进入单斜 $ZrTiO_4$ 中生成固溶体 $(Zr_{1-x}Sn)TiO_4$，固溶体的晶胞体积与 x 值呈线性关系，也符合雷特格定律。

利用组成与晶格常数的这种关系，如果预先作出 $(Zr_{1-x}Sn_x)TiO_4$ 曲线，就可以用来对未知组成的固溶体进行定量分析，这对于无损检测是有实用意义的。只要用X射线衍射仪测定样品的晶格常数，即可确定组成。此外，在不同结构中晶格常数不呈加和性，因此从转折点上可明确相变边界。

2. 固溶体的电性能

以压电陶瓷为例可以说明固溶体的电性能情况。

$PbTiO_3$ 是一种铁电性材料，将单一的 $PbTiO_3$ 制成压电陶瓷时，发现其烧结性能相当差，烧结过程中晶粒迅速长大，晶粒之间结合力很弱，居里点为490℃，发生相变时晶格常数发生剧烈变化，一般在常温下也会开裂。鉴于 $PbZrO_3$ 是一种反铁电性材料，居里点为230℃左右，而 $PbZrO_3$ 和 $PbTiO_3$ 结构相同，且 Zr^{4+}、Ti^{4+} 尺寸相差不大，为此人们将两者制成连续的固溶体 $Pb(Zr_xTi_{1-x})O_3$ $(x=0\sim1)$ 压电陶瓷。该压电陶瓷称为PZT压电陶瓷，其性能

优于纯粹的 $PbTiO_3$ 和 $PbZrO_3$ 的陶瓷材料。随着组成的不同,在常温下将出现不同晶体结构的固溶体。晶体结构为 $Pb(Zr_{0.54}Ti_{0.46})O_3$ 压电陶瓷,其压电性能、介电常数都达到最大值。图 3.46 所示为 $PbTiO_3$-$PbZrO_3$ 系的介电常数及径向机电耦合系数在相界附近出现极大值。图 3.47 是某些固溶体类陶瓷高温材料的电导率与温度的关系,从图中可以看到添加了 10% Y_2O_3 的 ZrO_2,在 1 000℃下,比纯氧化锆的电导率约提高了两个数量级。复合添加的氧化锆固溶体已被用为高温发热体,在空气中可在 1 800℃的高温下使用。

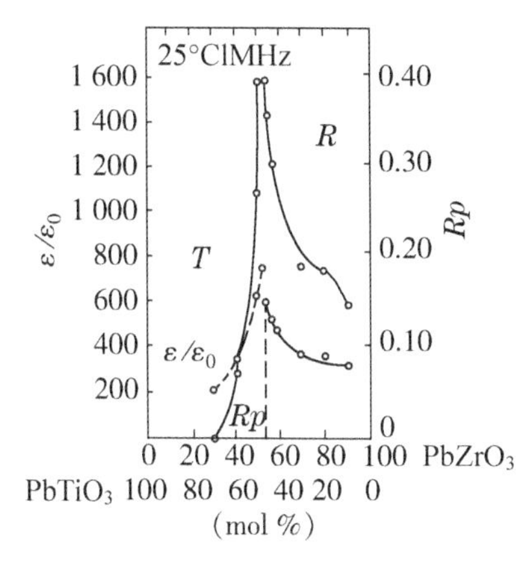

图 3.46　$PbTiO_3$-$PbZrO_3$ 系的介电常数及径向机电耦合系数在相界附近出现极大值

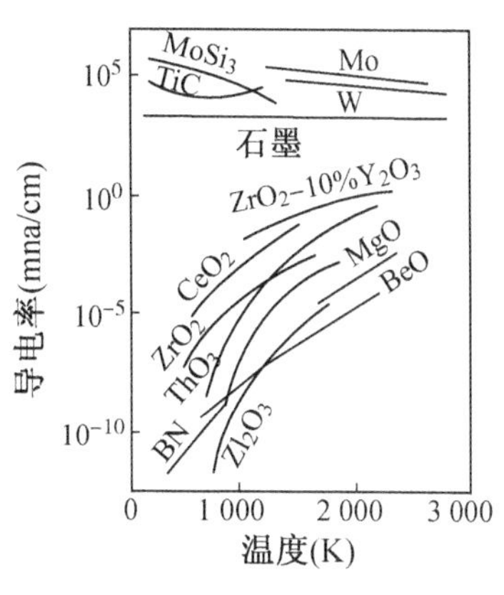

图 3.47　某些陶瓷的导电率随温度的变化

3. 固溶体的光学性质

以透明的压电陶瓷为例可以说明固溶体的光学性能情况。

通过在晶体中引入杂质离子的方法,可对固溶体光学性能进行调节或改变。例如,PZT 采用一般烧结方法达不到透明目的。当在 PZT 中加入少量的 La_2O_3 时,可生成所谓 PLZT 陶瓷,它就是一种透明的压电陶瓷材料。该透明压电陶瓷基本配方为:$Pb_{1-x}La_x(Zr_{0.65}Ti_{0.35})_{(1-x/4)}O_3$,式中,$x=0.9$。PLZT 可用热压烧结或在高 PbO 气氛下通氧烧结而达到透明。图 3.48 是某些透明陶瓷在红外波段的透过率。

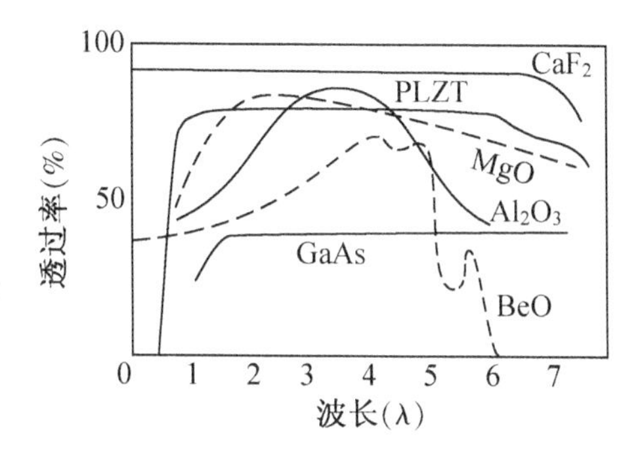

图 3.48　某些透明陶瓷的红外透过率

为什么 PZT 用一般烧结方法达不到透明,而 PLZT 能透明呢?陶瓷达到透明的主要关键在于消除气孔，如果能做到没有气孔，就可以做到透明或半透明。烧结过程中气孔的消除主要靠扩散。我们注意到在 PZT 中，因为是等价取代的固溶体，因此扩散主要依赖于热缺陷，而在 PLZT 中，由于异价取代，La^{3+} 取代 A 位的 Pb^{2+}，为了保持电中性，不是在 A 位便是在 B 位必须产生空位，或者在 A 位和 B 位都产生空位。这样 PLZT 的扩散，主要将通过由于杂质引入的空位而扩散。这种空位的浓度要比热缺陷浓度高出许多数量级。扩散系数与缺陷浓度成正比，由于扩散系数的增大，加速了气孔的消除，这是在同样有液相存在的条件下，PZT 不透明，而 PLZT 能透明的根本原因。

思考题

3.1 对于 NaCl 型的 KCl 晶体，已知 $R_{K^+} = 133$ pm，$R_{Cl^-} = 188$ pm，求晶格能。

3.2 从负离子的立方密堆积出发，试讨论下列情况各产生什么结构类型？

(1) 正离子填满所有四面体位置；

(2) 正离子填满一半四面体位置；

(3) 正离子填满所有八面体位置；

(4) 正离子填满八面体位置的交替层。

3.3 请说明下列图形晶体各为何种类型结构晶体？

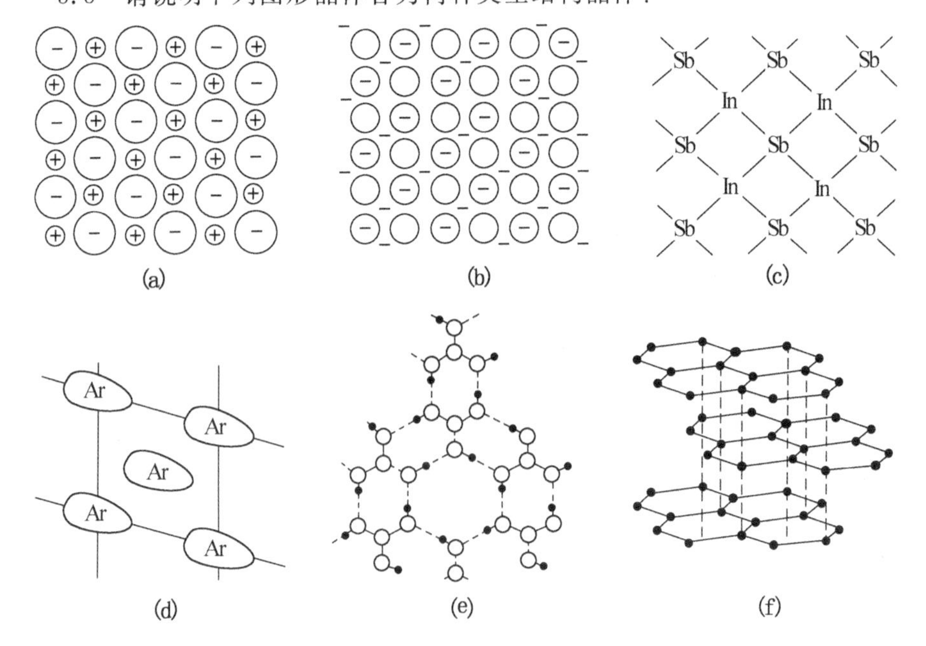

3.4　$SrTiO_3$ 为钙钛矿结构，其点阵类型是什么？当 $a=0.3905$ nm 时，计算：

(1) S—O 键长；

(2) Ti—O 键长；

(3) $SrTiO_3$ 的密度。

3.5　金属金和铂都有面心立方晶胞，其边长分别为 0.408 nm 和 0.391 nm。计算金原子和铂原子的金属半径。

3.6　说明为何 NiAs 结构常出现在金属型化合物中，而在离子型化合物中不出现。

3.7　在负离子-负离子和正离子-负离子直接接触的两种情况下，比较 NaCl 和 CsCl 结构的堆积密度。

3.8　从岩盐结构出发，由以下操作产生什么结构类型？

(1) 移去一种类型的全部原子或离子；

(2) 移去一种类型的一半原子或离子，其方式是使层交替存在；

(3) 由一套在四面体位置相等数目的正离子置换所有在八面体位置的正离子。

3.9　从化学组成、相组成考虑，试比较固溶体与化合物、机械混合物的差别。

3.10　说明为什么只有取代固溶体的两个组分之间才能相互完全溶解，而填隙固溶体则不能？

第4章　晶体的缺陷

为便于对晶体的研究，我们假定了晶体是严格按格子状周期性排列的、无任何缺陷的理想晶体，实际晶体是存在着各种各样的缺陷。晶体缺陷是固体化学关注的焦点。

4.1　晶体缺陷存在的普遍性

1895年德国物理学家伦琴(W. C. Rontgen)发现了X射线，1912年德国学者劳埃(Max Von Laue)就采用X射线衍射法来研究晶体结构，这使人们对晶体结构认识有了新的飞跃。理论上晶体都是空间点阵式的结构，但实际上晶体的某些性能并不能完全用晶体的点阵结构来解释，有许多的固体化合物并不符合定比和倍比定律。例如$Fe_{1-x}O$，Fe与O的原子数之比是一个分数，就不是整数。就其根本原因，是实际晶体无论天然的还是合成的都存在有缺陷。

实际晶体，由于形体上总有一定大小，因此会构成表面缺陷；由于含有杂质或间隙原子，就会形成点缺陷；由于点阵某个位置上缺少应有的质点，就会形成空位缺陷；由于在结构中沿着某一维方向存在位置错动，就会存在线缺陷；由于在结构中沿着二维方向存在位置的错动，就会造成面缺陷；由于热运动的结果，就会形成体缺陷，即三维缺陷(包括第二相粒子、空位团等)。天然矿物晶体，在生长过程中由于地质的物理化学环境条件变化，不可能没有缺陷。晶体缺陷存在性是普遍的。图4.1为晶体点缺陷示意图，其中图4.1(a)为完整晶体；图4.1(b)为替代杂质；图4.1(c)为填隙杂质；图4.1(d)为形成空位的肖特基(Schottky)缺陷；图4.1(e)为形成一个空位和一个间隙原子的弗仑克尔(Frenkel)缺陷。图4.2为单质硅的透射电子显微图像，它说明了单质硅晶体缺陷大量存在。图4.3为$W(Ta)O_{2.975}$晶体的高分辨结构显微图像，结构中存在着多种类型的缺陷，箭头所指处为点缺陷。

晶体缺陷存在的客观性，还体现在固体中物质的输运。固相间晶格的扩散和固相化学反应等之所以能够发生，其原因就在于缺陷的存在。

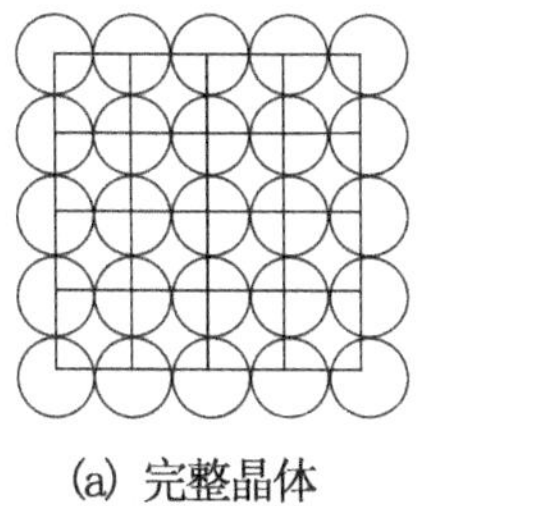

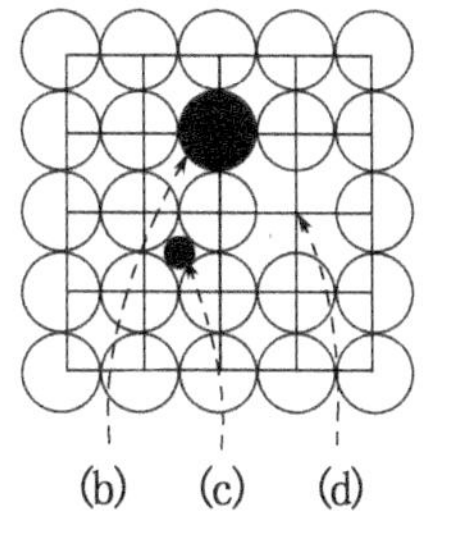

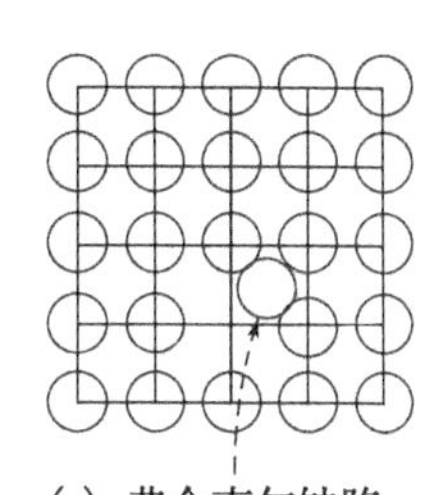

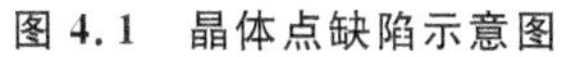

图 4.1　晶体点缺陷示意图

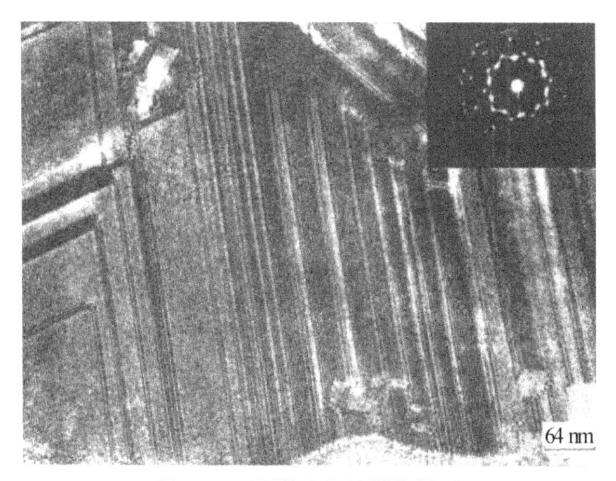

图 4.2　单质硅中的晶体缺陷

(引自吴自勤译.现代晶体学.第一卷,1990)

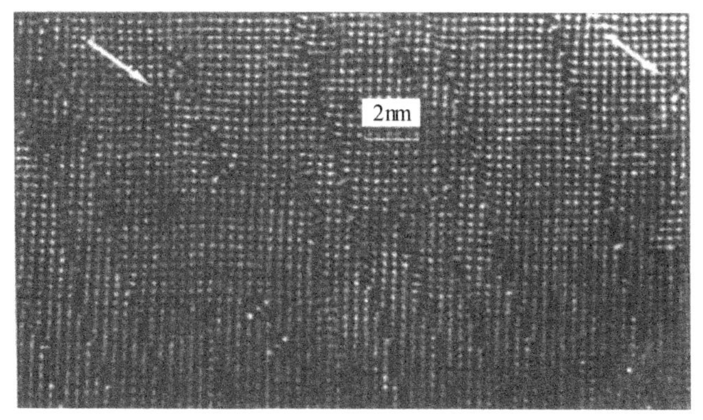

图 4.3　$W(Ta)O_{2.975}$ 晶体的高分辨结构像

(引自吴自勤译.现代晶体学.第一卷,1990)箭头所指处为点缺陷

4.2 晶体缺陷的主要类型

晶体的各种性能,无不与其存在的各种不同的缺陷相关。晶体存在各种缺陷实际上包括着从原子、电子水平的缺陷到亚微观以至显微观等各个层面的缺陷。

晶体缺陷的种类繁多,分类方法各异,现有文献给出的分类主要有:

(1) 按缺陷成因分为物理缺陷和化学缺陷两大类:物理缺陷包括应变、位错、晶粒间界、孪晶面和堆垛层错等,是由热运动和外界应力引起的。化学缺陷是由外来杂质以及化合物组成与化学比偏离引入间隙原子(或离子)和空位形成的缺陷。

(2) 按整比缺陷和非整比缺陷分类:整比缺陷是指单质或整比化合物晶体中的缺陷,它不会改变晶体的组成;非整比缺陷是指非整比化合物中,与晶体组成变化有关的一类缺陷。这种分类方法有时不易划清整比化合物与非整比化合物的界限。

(3) 按缺陷的三维尺寸分类:例如将三维均是原子大小的缺陷称为零维缺陷或点缺陷;把比三维均是原子大小的缺陷更小的缺陷称为电子缺陷;把比两维很小而一维很大的缺陷称作一维缺陷或线缺陷,如位错;把比一维很小而两维很大的缺陷称作二维缺陷或面缺陷;把三维均较大的缺陷称为三维缺陷或体缺陷。

也有人将点缺陷和线缺陷称为结构缺陷,而将面缺陷和体缺陷称为显微缺陷。在半导体晶体材料缺陷的讨论中还引入微缺陷的概念。

通常,人们是根据缺陷在空间分布几何形状和尺寸大小来作出分类:

(1) 点缺陷,即零维缺陷。其特征是在所有的方向上的尺度都很小,偏离理想点阵结构的部位仅为一个原子或几个原子的尺度。典型的点缺陷有空位缺陷、间隙原子缺陷、杂质原子缺陷、色心缺陷等。

(2) 线缺陷,即一维缺陷。其特征是偏离理想点阵结构的部位为一条线,在其他二维方向上的尺度比较小。典型的线缺陷有各种类型的位错。

(3) 面缺陷,即二维缺陷。其特征是偏离理想点阵结构的部位为二维尺度比较大的面。典型的面缺陷有晶界、相界(表面、界面)、堆垛层错等。

(4) 体缺陷,即三维缺陷。其特征是在三维方向上的尺度都比较大。典型的体缺陷有空洞、包藏杂质、沉淀物等。

(5) 电子缺陷,即半导体晶体中缺陷。是指半导体晶体导带中的电子和价带中的空穴缺陷。

据此,晶体缺陷归纳分类如图 4.4 所示。

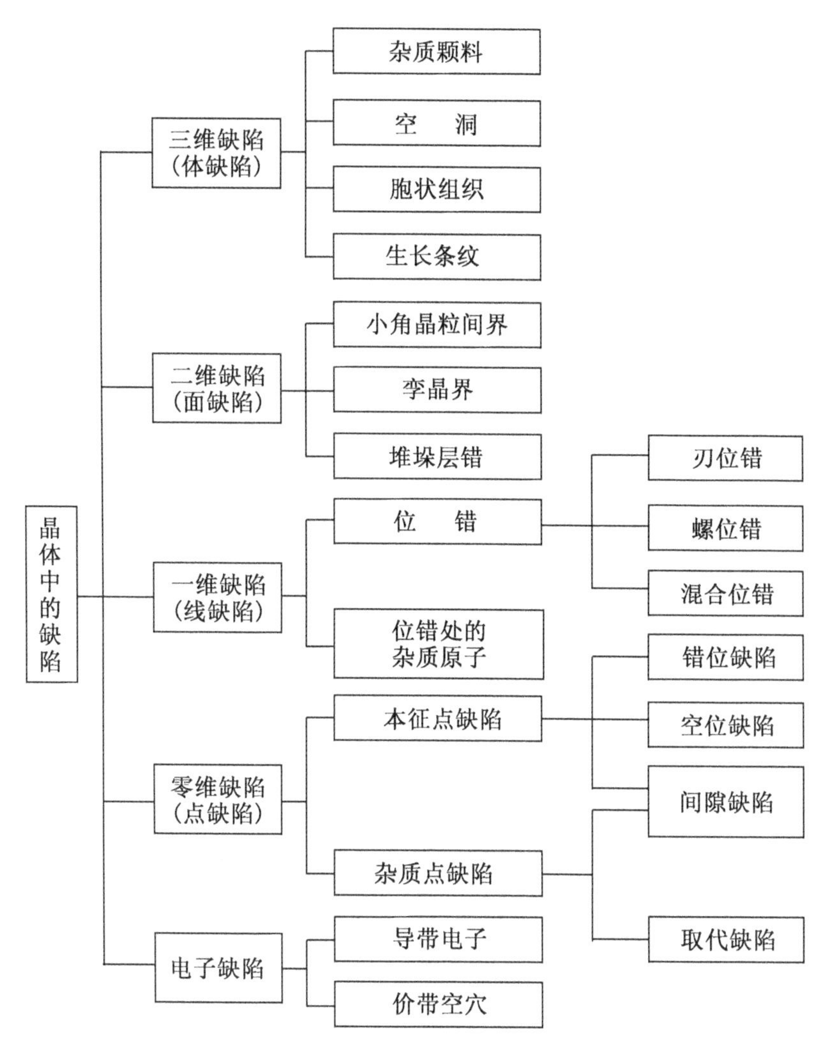

图 4.4 晶体缺陷的分类

4.3 点缺陷(零维缺陷)

4.3.1 点缺陷(零维缺陷)的基本特征

点缺陷是晶体中尺度很小(原子大小)的零维缺陷，属于原子范围的微观缺陷。它在晶体中可以呈热平衡状态存在，而其他缺陷如位错和晶界，其热力学状态是不稳定的。

点缺陷最早是1926年由弗仑克尔(Frenkel)为了解释离子晶体导电的实验现象而提出的。1942年塞兹(Seitg)等为了阐明扩散机制,研究了金属中点缺陷的一些基本性质。20纪50～60年代,由于原子反应堆技术的进展,高能粒子对固体的辐照效应引起了人们的重视,进一步推动了对晶体中点缺陷的深入研究。20世纪70年代,由于点缺陷与位错的交互作用对半导体的性能有很大影响,引起了人们对半导体材料中点缺陷的注意,并采用核磁共振等现代测试技术对点缺陷周围的状态(特别是电子结构状态)进行了深入研究。

点缺陷的基本特征是晶体中的一些原子被外界原子所代替,或者留有原子空位等,这些变化破坏了晶体规则的点阵周期性排列,并引起质点间势场的畸变,这样造成的晶体结构不完整性仅仅局限在原子位置上,所以称为点缺陷。

常见的点缺陷有:晶格位置缺陷(点阵空位、间隙原子)、杂质原子和原子周期序列错位等。在离子晶体中,点缺陷还常伴随电子结构缺陷,如点缺陷俘获电子或空穴造成色心。点缺陷间交互作用还可能造成更复杂的缺陷,如点缺陷对、点缺陷群等。

需要说明的晶格位置缺陷,一般指空位和间隙原子所造成的点缺陷。当晶体的温度高于绝对零度时,原子吸收热能而发生运动,运动形式是围绕一个平衡位置作振动。当温度愈高时,平均热能就越大,振动的幅度亦越大,其中有些原子获得足够大的能量,便脱离开它的平衡位置,成为间隙原子,这样在原来的位置上形成了一个空位。这种由于原子热振动而产生的缺陷又称之为热缺陷。弗仑克尔(Frenkel)和肖特基(Schottky)对这类缺陷开展了深入研究。

4.3.2 点缺陷(零维缺陷)的表征符号

1. 点缺陷表征的各种符号含义

点缺陷(零维缺陷)的表征符号有克罗格-文克(Kroger-Vink)符号、瑞斯(Rees)符号、瓦格纳(Wagner)符号和肖特基(Schottky)符号等,其中克罗格-文克符号是较常用的符号,其表达形式如下:

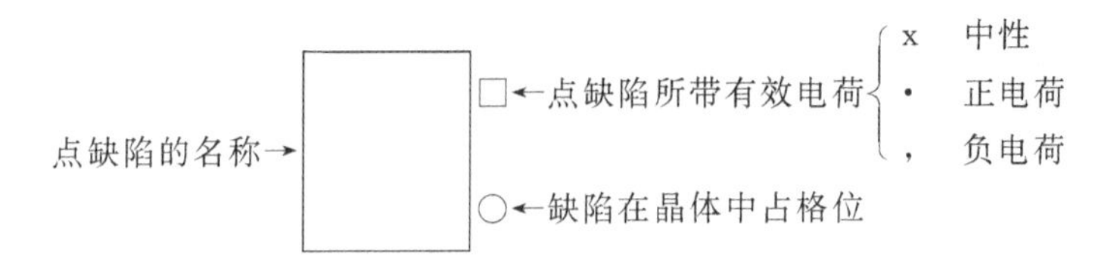

上述点缺陷的名称栏目中符号表示为：① 空位缺陷，用字母 V(Vacancy)表示，例如在有序构造的 Cu_3Au 合金中，如果合金中存在 Cu 或 Au 的空位，则可分别表示为 V_{Cu} 和 V_{Au}；② 杂质缺陷，用该种原子的元素符号表示，例如 Cu 原子占据了 Au 原子应占的格位，则可表示为 Cu_{Au}；③ 电子缺陷用小写字母 e(electron)表示；④ 空穴，用小写字母 h(hole)表示。缺陷符号右下角的字母标志着缺陷在晶体中所占位置：用被取代原子的元素符号表示缺陷是处在该原子格位上；用小写字母 i(interstitial)表示缺陷是处于晶格的间隙位置上；例如，Cu 或 Au 原子占据了晶格中的间隙位置，则可表示为 Cu_i 或 Au_i。缺陷符号右上角的标志是表示缺陷所带有效电荷的符号：其中，符号“x”表示缺陷是中性的；符号“·”表示缺陷带有一个单位的正电荷，“··”表示缺陷带两个单位的正电荷，依次类推；符号“,”表示缺陷带一个单位的负电荷，“,,”表示缺陷带两个单位的负电荷……。需要说明，有效电荷不同于实际电荷，有效电荷相当于缺陷及其四周的总电荷减去理想晶体中同一区域的总电荷之差。对于电子和空穴缺陷而言，其有效电荷与实际电荷一致。在单晶硅、锗晶体中，正常格位上的原子不带电荷，所以带电荷的取代杂质的有效电荷与该杂质离子的实际电荷相等。在化合物晶体中，缺陷的有效电荷往往不等于其实际电荷。例如，从含有少量 NdF_3 杂质(如1%)的 BaF_2 熔体中生长出来的 BaF_2 晶体中，有少量的 Nd^{3+} 取代了 Ba^{2+}，同时为了实现电荷平衡，在晶体中同时形成 Ba^{2+} 空位。这两种缺陷可分别表示为 $Nd_{Ba}^{\cdot}$ 和 V_{Ba}''。

关于克罗格-文克符号表示还规定：在晶体中加入或去掉一个原子时，可视为加入或去掉一个中性原子，这样可以避免判断键型的工作；而对于离子则认为分别加入或去掉电子。例如，从 NaCl 晶体中取出一个 Na^+，根据上述规则，必然在原来 Na 的位置上留下一个电子。以二元化合物 MX 为例，克罗格－文克符号点缺陷的表示方法如下：

(1) 空位(vacancies)。用 V_M 和 V_x 分别表示 M 原子空位和 X 原子空位。下标 M、X 表示原子空位所在的位置。必须注意，这种符号表示的是原子空位。对于 NaCl 离子晶体，被当做原子晶体处理。Na^+ 被取走时，一个电子同时被取走，留下的是一个 Na 原子空位。Cl^- 被取走时，仍然是以 Cl 原子的形态出去，并不把多余的一个电子带走。因此，在这样的空位上是不带电的。

(2) 填隙原子。M_i 及 X_i 分别表示 M 及 X 处在间隙的位置。

(3) 错位。M_X 表示 M 原子被错放到 X 位置上。在此，下标总是表示缺陷所在的位置。

(4) 溶质。L_M，S_X 分别表示 L 溶质处在 M 位置，S 溶质处在 X 位置。例如，$CaCl_2$ 在 KCl 中的固溶体，Ca_k 表示钙离子处在 K 位置；L_i 表示 L 溶质处在间隙位置;Zn_i 表示 Zn 原子处在间隙位置。

(5) 自由电子及电子空穴。在强离子性的固体中,通常电子是局限在特定的原子位置上,这可以用离子价来表示。但在有些情况下,有的电子并不一定属于某一特定位置的原子,在某种光、电、热的作用下,可以在晶体中运动,这些电子我们用符号 e'表示。同样也可能出现缺电子的情况,也就是存在电子空穴,用符号 h'表示。它们都不属于某一特定的原子位置。

(6) 带电缺陷。离子化合物由离子构成,在 KCl 离子晶体中,取走一个 K^+ 和取走一个 K 原子相比,少取了一个电子。因此,钾空位必然和一个带有电荷的附加电子相联系。此附加电子写成 e',这里上标“$'$”表示一个单位负电荷。如果这个附加电子被束缚在 K 空位上,就可以把它写成 V'_k。同样,如果取走一个 Cl^-,即相当于取走一个氯原子加上一个电子,那么在氯的空位上,就留下一个电子空穴 $h^\cdot$,上标“·”表示一个单位正电荷。因此,氯空位可记为 $V^\cdot_{Cl}$。用反应式表示为:

$$V'_k = V_k + e'$$

$$V^\cdot_{Cl} = V_{Cl} + h^\cdot$$

其他的带电缺陷,可以用类似的方法表示。例如,Ca^{2+} 进入 NaCl 晶体,取代 Na^+,因为 Ca^{2+} 比 Na^+ 高出一价,因此与这个位置应有的电价相比,它高出一个正电荷,写成 $Ca^\cdot_{Na}$。如果 CaO 和 ZrO_2 生成固溶体,Ca^{2+} 占据 Zr^{4+} 则写成 Ca''_{Zr},表示带有两个单位负电荷。其余的 V_M,V_X,M_i,M_x,$(V_M V_X)$,都可加上对应于原点阵位置的有效电荷。

(7) 缔合中心。一个点缺陷也可能与另一种带有相反符号的点缺陷相互缔合成一组或一群。表示这种缺陷通常是把发生缔合的缺陷放在括号内。例如,V_M 和 V_X 发生缔合,可以记为$(V_M V_X)$,类似地可以有$(X_i M_i)$。在存在肖特基缺陷及弗仑克尔缺陷的晶体中,有效电荷符号相反的点缺陷之间,存在着一种库仑力,当它们靠得足够近时,在库仑力的作用下,就会产生一种缔合作用。在 NaCl 晶体中,最邻近的 Na 空位和 Cl 空位就可能缔合成空位对,形成缔合中心。反应可以表示如下:

$$V'_{Na} + V^\cdot_{Cl} = (V'_{Na} V^\cdot_{Cl})$$

有关克罗格-文克符号、肖特基符号和瓦格纳符号的表示,如表 4.1 所示。

表4.1 克罗格-文克符号、肖特基符号和瓦格纳符号的表示(MX化合物)

缺陷	克罗格-文克符号	肖特基符号	瓦格纳符号
填隙正离子	$M_i^{\cdot}$	$M_O^{\cdot}$	M_Z^{+}
正离子空位	V_M'	$M_W^{\cdot}$	$\square_{(M+)}$
填隙负离子	X_i'	X_O'	X_Z^{-}
负离子空位	$V_X^{\cdot}$	X_W'	$\square_{(X-)}$
溶质原子	L_M	$L\cdot_{(M)}$	
	Ca_k	$\mathrm{Ca}\cdot_{(k)}$	
自由电子	e'	$\ominus$	
电子空穴	$h^{\cdot}$	$\oplus$	

2. 点缺陷的浓度表征

固体中各类点缺陷以及电子与空穴的浓度通常以体积浓度$[D]_V$表征，即以每立方厘米的固体中含有某种点缺陷的个数表示：

$$[D]_V = \text{缺陷 } D \text{ 的个数}/\mathrm{cm}^3$$

此外，也可以用格位浓度$[D]_G$表示点缺陷的浓度，即

$$[D]_G = \frac{1\ \mathrm{mol}\ \text{固体中缺陷 } D \text{ 的数目}}{1\ \mathrm{mol}\ \text{固体中所含的原子数或分子数}} = \frac{M}{\rho \cdot N_A}[D]_V$$

式中：ρ是该固体的密度($\mathrm{g/cm^3}$)；M是固体的摩尔质量(g/mol)；N_A是阿佛加德罗常数(6.02×10^{23})；$[D]_v$是固体缺陷的体积浓度($1/\mathrm{cm^3}$)。对于一种二元化合物AB而言，缺陷的浓度$[D]_G$也可以表示为：

$$[D]_G = \frac{1\ \mathrm{mol}\ \text{固体中缺陷 } D \text{ 的数目}}{1\ \mathrm{mol}\ \mathrm{AB}\ \text{中 A 或 B 的亚晶格格位数}}$$

例如，纯硅Si的$\rho \cdot N_A/M = 5\times10^{22}$个原子/$\mathrm{cm^3}$，如果其中含有$10^{-6}$的杂质缺陷$B^{3+}$时，则杂质的浓度可以表示为：

$$[B_{Si}']_V = \frac{\rho \cdot N_A}{M}\times10^{-6} = 5\times10^{16}\ \text{个原子}/\mathrm{cm}^3$$

$$[B_{Si}']_G = \frac{5\times10^{16}}{5\times10^{22}} = 1\times10^{-6}$$

目前可以制得的高纯硅，其杂质含量可以低于10^{13}个原子/$\mathrm{cm^3}$。

需要指出，表示电子和空穴浓度时，分别用符号n(negative)和p(positive)，而不用$[e']$和$[h^{\cdot}]$。

4.3.3 几类典型的点缺陷

1. 本征缺陷(native defects)

本征缺陷是指不是由外来杂质引起的,而是由晶体本身结构的不完整所产生的各种缺陷,具体包括有:

(1) 晶体的组成偏离了化学整比性;

(2) 点阵格位上缺少某些原子(空位缺陷);

(3) 点阵格位间隙处存在间隙原子;

(4) 一类原子占据了另一类原子应占据的格位(错位缺陷)。

例如:① 结构式为 $Fe_{1-\delta}O$ 的晶体,是一个偏离了化学整比性的典型实例,在其点阵结构中存在着正离子空位和被束缚的空穴;② 结构式为 $NaCl_{1-\delta}$ 晶体,也是一种偏离了化学整比性的的典型实例,在其点阵结构中存在着负离子空位和被束缚的电子;③ 结构式为 $\delta-TiO_{1\pm\delta}$ 晶体,明显是偏离了化学整比性,其组成有很大的可变区域,在其点阵结构中既有正离子空位又有负离子空位,且正、负离子空位数不平衡,而电子和空穴被束缚在相应的空位处;④ 结构式为 $Zn_{1+\delta}O$ 晶体,同样也是偏离了化学整比性,在其点阵结构中有间隙正离子和被束缚的电子;⑤ 结构式为 KCl 晶体,是具有肖特基缺陷的,即在其点阵结构中有相同数目的正离子空位和负离子空位,但其组成仍符合化学整比性;⑥ 结构式为 AgBr 晶体,是具有弗伦克尔缺陷的,即在其点阵结构中有相同数目的间隙正离子和正离子空位,而其组成仍符合化学整比性。对于①、②、③、④情况下的这类本征缺陷,因其都偏离了化学整比性,在固体化学中属于化学缺陷。而⑤和⑥情况下的这类本征缺陷,因其仍然保持化学整比性,在固体化学中属于物理缺陷。

2. 弗仑克尔(Frenkel)缺陷

晶体中一个原子从正常的点阵结构位置上跳到间隙位置上去,这样同时产生了一个空位和一个间隙原子,这种点缺陷便称为弗仑克尔缺陷。

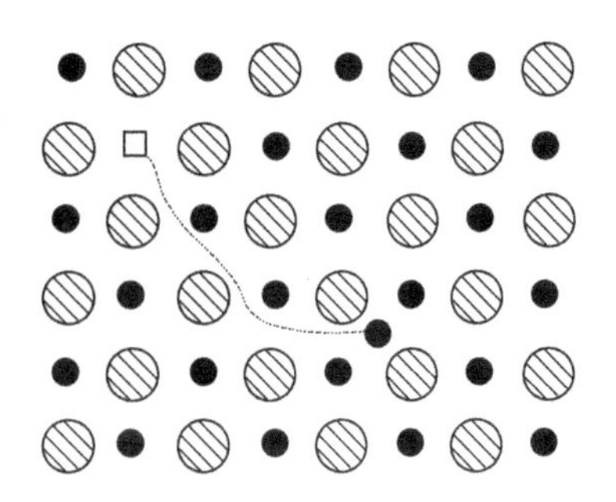

图 4.5 弗仑克尔(Frenkel)缺陷

弗仑克尔缺陷是由一个间隙原子(或离子)和一个空位成对出现的一种缺陷,如图 4.5 所示。当晶体处于较高温度时,由于原子热运动的振辐较大,位于正常点阵结构位置上的原子(或离子)就有可能跳到间隙位置上去而形成这种缺陷,因此这种缺陷又称为热缺陷。

实际上晶体由于受空隙空间大小的限制，出现弗仑克尔缺陷的机会一般来说都较少。在离子晶体中，只有当正负离子半径相差较大时，半径较小的正离子才较易进入空隙位置而产生弗仑克尔缺陷。

弗仑克尔缺陷的浓度 c_F 可表示为：

$$c_F=\frac{n_F}{(N\cdot N_i)^{\frac{1}{2}}}=\exp(\frac{\varepsilon_F}{2kT})$$

式中：n_F 为弗伦克尔缺陷的数目；N 为格位数；N_i 为间隙数；ε_F 为形成一对空位和间隙原子所需要的能量。

3. 肖特基(Schottky)缺陷

在晶体表面上某一原子聚集了足够大的动能，开始由原来的位置迁移到表面上另一个新的位置上去，因而在表面上形成一个空位，这个空位可以由热运动逐步地扩散到晶体内部去，形成内部的空位，这种缺陷称为肖特基缺陷。

肖特基缺陷是由晶体内部的空位置组成的缺陷，如图 4.6 所示。肖特基缺陷可以存在于同一个原子组成的晶体中，也可以存在于离子晶体、共价晶体和分子晶体。

由于肖特基缺陷不受几何条件的限制，故放出的几率高于弗仑克尔缺陷。

肖特基缺陷的浓度 c_s 可表示为：

$$c_s=\frac{n_s}{N}=\exp(\frac{-\varepsilon_s}{2kT})$$

式中：n_s 为弗伦克尔缺陷的数目；N 为格位数；ε_s 为空位的生成能。

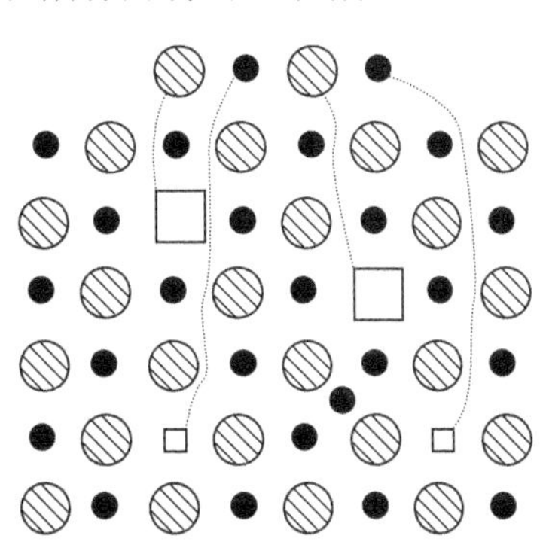

图 4.6　肖特基(Schottky)缺陷

4. 杂质缺陷

杂质缺陷分为两类：取代杂质原子(substituted impurity atoms)或离子缺陷；间隙杂质原子(interstitial impurity atoms)或离子缺陷。

(1) 取代杂质原子或离子缺陷。取代杂质原子或离子缺陷，是指外来杂质原子或离子取代了晶格中某种原子或离子形成的缺陷，例如三价硼取代四价硅形成的带负有效电荷的缺陷(记为 B'_{Si})，五价磷取代四价硅形成带正有效电荷的缺陷(记为 $P^{\cdot}_{Si}$)。B'_{Si} 缺陷使晶体缺少电子称为受主杂质，$P^{\cdot}_{Si}$ 缺陷使晶体增加电子称为施主杂质。受主杂质形成空穴，由空穴导电的半导体称 p 型半导体。施主杂质产生额外电子，由额外电子导电的半导体称为 n 型半导体。取代的外来杂质原子，也包括在固体化合物 AB 中部分的原子互相错位，即 A 原子占据了 B 原子的位置，B 原子占据了 A 原子的位置，或者说在亚晶格点阵上存在有错位原子和变价的离子。

(2) 间隙杂质原子或离子缺陷。有些杂质原子或离子不是取代阵点位置上的原子或离子，而是进入晶体点阵的间隙中，称为间隙杂质原子或离子缺陷。间隙杂质原子缺陷符号是在右下角注入字母 i(interstitial)来表征。例如 $Li_i^{\cdot}$ 表示晶体中存在 Li^+ 间隙缺陷。

5. 色心

色心，这一名词术语是指晶体缺陷对可见光选择性的吸收产生的颜色，原来专指碱金属卤化物晶体中固有的各类点缺陷的缔合体，现在已泛指使绝缘体着色的包括杂质在内的所有缺陷。色心之所以能产生颜色，是由于光子使得价电子向激发态跃迁吸收能量的结果。

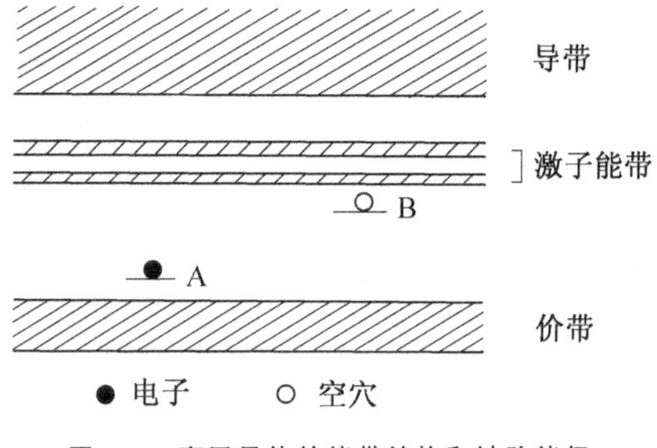

图 4.7 离子晶体的能带结构和缺陷能级

按图 4.7 所示的离子晶体能带结构和缺陷能级来描述色心概念：正离子空位在价带以上产生一个已为电子所占据的能级 A，负离子空位则在导带以下产生一个空着的电子能级 B。如果在晶体中引入电子或空穴，则由于它们与点缺陷之间的静电交互作用，将分别被带有正、负有效电荷的点缺陷所俘获，形成多种俘获电子中心或俘获空穴中心，同时产生新的吸收带。由于部分中心的吸收带位于可见光范围内，使晶体呈现出各种不同的颜色，故称这类中心为色心。部分吸收带位于近紫外区，它虽不能使晶体着色，但这些吸收带也是吸收光的基因，因此也称之为色心。

由一个负离子空位和一个受此空位电场束缚的电子构成的色心称 F 心(来自德文 Farbenzentre)，它是最简单的色心。F 心为电中性，一般在电场作用下不发生移动，但在一定温度下，部分 F 心发生离解。解离的电子和空位分别带负电荷和正电荷，在电场作用下将向正、负电极移动，引起离子导电，使晶体逐渐褪色。

俘获电子的色心还有很多种：一个点阵空位俘获两个电子形成 F′心；两个相邻的负离子空位俘获一个电子形成 R 心；两个相邻的负离子空位和一个近邻的正离子空位俘获一个电子形成 M 心。二个近邻的 F 心构成 F_2 心，三个近邻的 F 心构成 F_3 心。各种色心均为点阵缺陷缔合而成，如图 4.8 所示。

F 心的反型体称为 V 心，即由一个正离子空位俘获一个空穴构成。F_2、R、

M心的反型体分别称为V_2、V_3、V_4心。它们的缔合体表示于图4.9中。

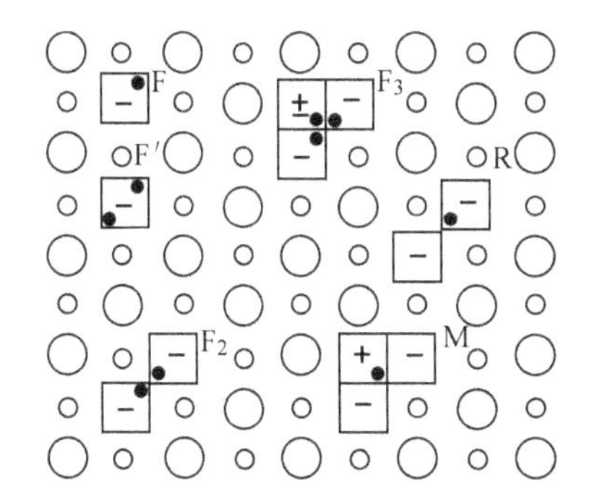

图4.8 离子晶体中各种空位俘获电子中心所形成的色心

○—负离子;○—正离子;·—电子

(引自张克从,1987)

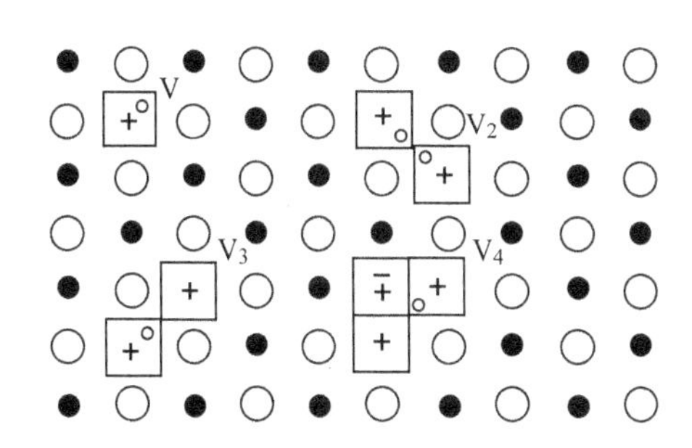

图4.9 离子晶体中各种空位俘获电子中心所形成的色心

○—负离子;○—正离子;·—空位

(引自张克从,1987)

色心的应用技术研究越来越受到人们重视。宝石改色研究,必须要研究其色心产生的机理;光敏材料的应用研究,必须要研究其不同颜色色心的产生,方能有效地获取其信息记录、信息显示和信息擦除;激光晶体材料研究,必须要研究其形成的特定的色心,只有通过激发特定的色心电子到激发态才能发射出激光;对于常用的光学材料研究,往往需要研究的是如何避免色心的产生。

6. 电荷缺陷

电荷缺陷属于一种点缺陷。

由于热能作用或其他能量传递,价带中电子得到能量E而被激发进入导带,此时在价带留下一个空穴,在导带中增加一个电子,如图4.10(a)。这种变化虽然没有破坏晶体空间点阵排列周期,但是由于空穴和电子分别带正、负电荷,在它们附近形成一个附加电场,从而引起周期势场的畸变,造成晶体的不完整性,由此带来的晶体点缺陷称之为电荷缺陷。

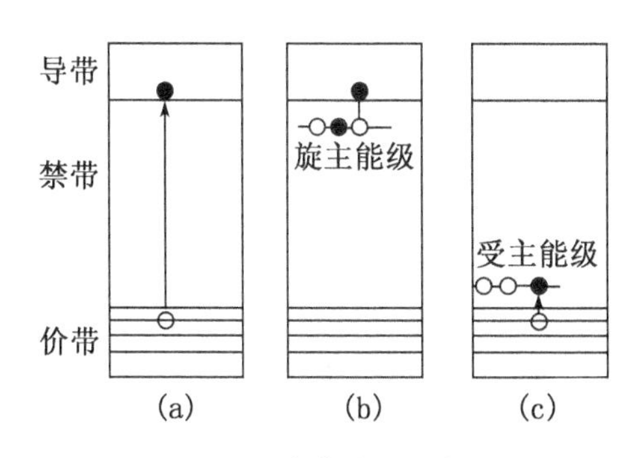

图4.10 电荷缺陷示意图

当高价或低价的杂质原子代替晶体中空间点阵中固有的原子,不仅形成了组成缺陷,而且也造成电荷缺陷。例如,纯硅中掺入磷和硼,从能量角度分析,磷比硅多了一个电子,因此磷在禁带中产生施主能,易使导带中产生电子缺陷,如

图 4.10(b);而硼比硅少了一个电子,因此在禁带中产生受主能级,易使价带中产生空位缺陷,如图 4.10(c)。

4.4 线缺陷(一维缺陷)

晶体内沿某一方向附近的原子或离子的排列偏离了理想晶体的点阵结构而形成的缺陷,称为线缺陷(一维缺陷)。

实际晶体在结晶时,受到温度、压力、浓度及杂质元素的影响,或由于晶体受到打击、切削、研磨、挤压、扭动等机械应力的作用,其内部质点排列变形,原子行列间相互滑移,即形成线状的缺陷。线缺陷(一维缺陷)亦称作位错。

我们说位错是一种线缺陷,但不是几何意义上的线。从微观角度,位错是有一定宽度的"管道"。位错必须在晶体中形成一个封闭的环,它不能终止在晶格中间,可终止在晶体表面或晶粒间界处。位错环是把晶体中变形程度不同的部分给分隔开。

晶体中位错分为刃型位错、螺型位错及混合型位错三种基本类型。混合型位错是刃型位错和螺型位错同时并存的一种形式的位错。含有刃型位错和螺型位错晶体的原子平面示意图如图 4.11 所示。

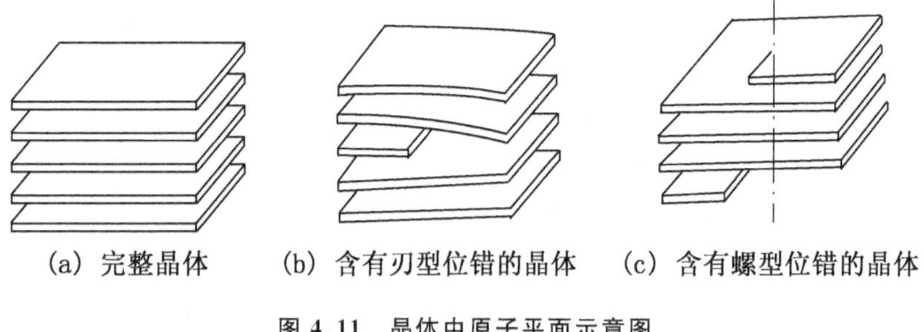

(a) 完整晶体　(b) 含有刃型位错的晶体　(c) 含有螺型位错的晶体

图 4.11 晶体中原子平面示意图

4.4.1 刃型位错

理想的晶体可看成是由一层一层的原子或离子紧密堆积而成,如果某一原子面在晶体内部中断,在原子面中断处就出现了一个位错,由于它处于该中断面的刃边处,故称为刃型位错。

图 4.12(a)是刃型位错的二维图像,图 4.12(b)是刃型位错的三维图像。可以把变形看成是由于在晶体的上半部分加入一额外的原子平面 AB 引起的。从图 4.12(a)可以看到晶体上半部分的平面,比起它们正常的平衡位置来要靠得

紧一些，它们是由于 AB 原子平面挤压插入造成压缩应变状态的。面晶体下半部分的平面，比起正常的平衡位置来则离得远一些，它们是由于 AB 原子平面挤压插入造成张力引起应变状态的。在位错附近，晶体必将处于高度应变状态。从图 4.12(b) 可以看到，插入一个多余的平面 $ABB'A'$，或者推 $CDEF$、拉 $GCFH$ 都可以使晶体产生刃型位错。AA' 是晶体中滑移部分和不变部分之间的边界，称作位错线。$ACFA'$ 叫作滑移面，它是晶体自身平行的部分，沿着晶体中的一个面平移的轨迹结果。平移的方向和大小由柏格斯(Burgers)矢量表示。在刃型位错中柏格斯矢量 **B** 垂直于位错线 AA'。

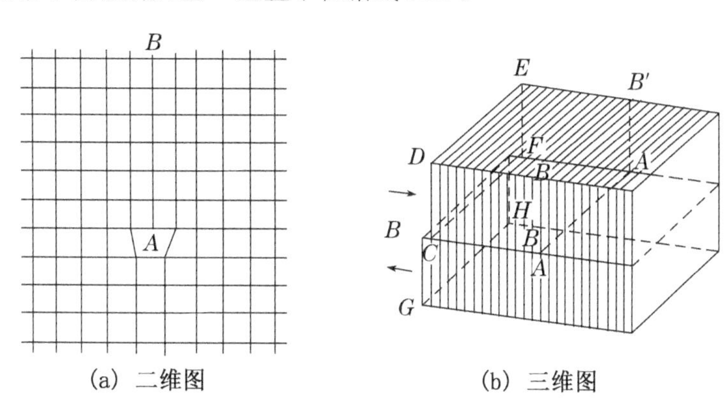

(a) 二维图　　(b) 三维图

图 4.12　刃型位错

图 4.13 为含 Na 的 β-刚玉的高分辨晶体结构像，它显示了刃型位错特征。

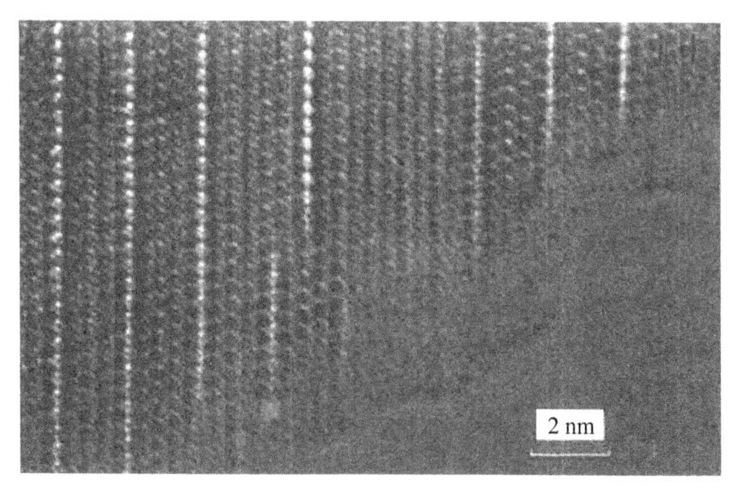

图 4.13　含 Na 的 β-刚玉的高分辨晶体中的刃型位错

(JEOL NEWS, Vol, 24E, 1986)

4.4.2 螺型位错

理想的晶体可看成是由一层一层的原子或离子紧密堆积而成，如果原子面在堆积过程中，它绕着螺旋轴旋转一周，就增加一个面网间距，于是就在螺旋轴处出现另一种类型的线缺陷，称螺型位错。

螺型位错如图 4.14 所示，位错线是从 A 点垂直于晶体板下移的线，滑移面是 a。

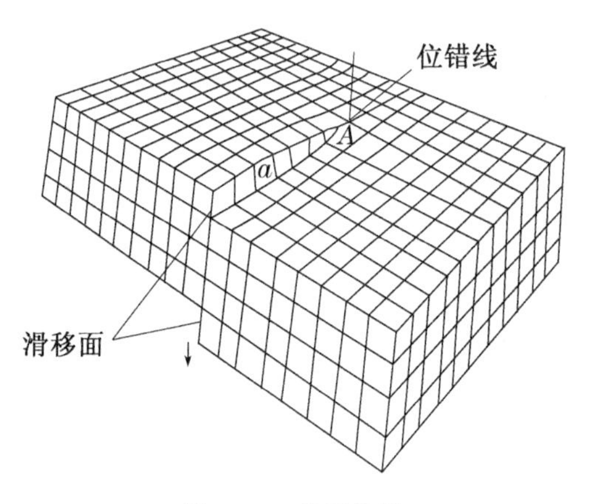

图 4.14 螺型位错

图 4.15 为高温合金螺旋凹凸生长台阶，是左右螺型位错综合生长的结果。图 4.16 为白云母螺型位错生长所反应出来的晶面生长纹。

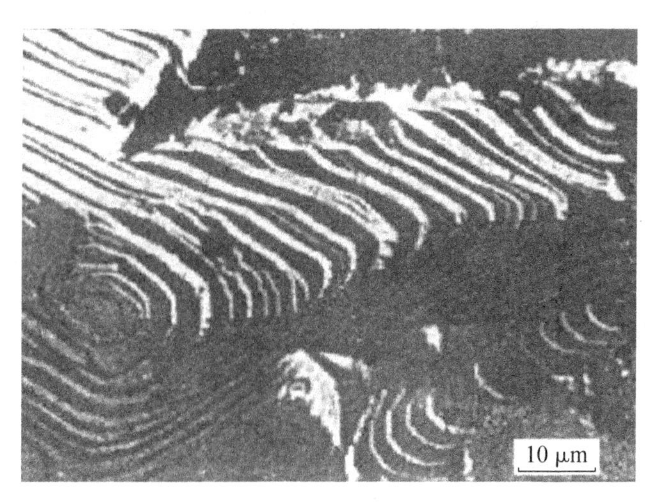

图 4.15 旋凹凸生长台阶×3000

（李玉清摄）

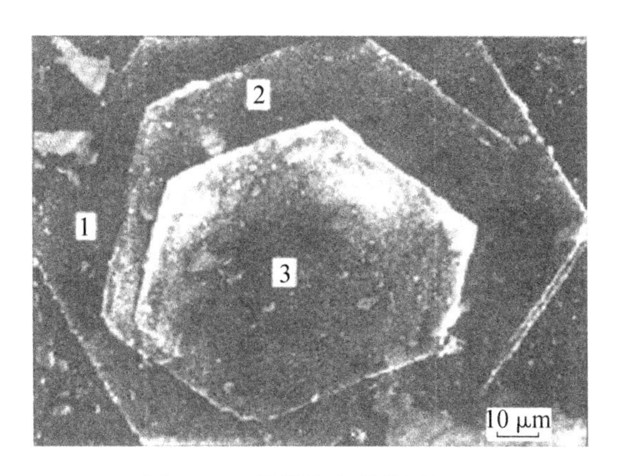

图 4.16　母螺旋生长纹×2400

（引自陈敬中主编.现代晶体化学）

4.4.3　混合位错

除了上述单纯位错外，实际晶体中还会出现刃型位错和螺型位错的混合型位错。在混合位错中，柏格斯矢量 **B** 在垂直和平行于位错线之间的各种位置上取向。图 4.17(a)和 4.17(b)分别为弯曲位错线 EF 的示意图和位错线周围原子排列的俯视图。在图中 E 处，位错线与滑移方向平行，是纯螺型位错；在 F 处，位错线与滑移方向垂直，是刃型位错。EF 线上，除 E、F 两处之外的部分，位错线与滑移方向既不平行又不垂直，属混合型位错，混合型位错的原子排列如图 4.17(b)，介于螺型位错与刃型位错之间，它们可以分解为螺型位错和刃型位错。

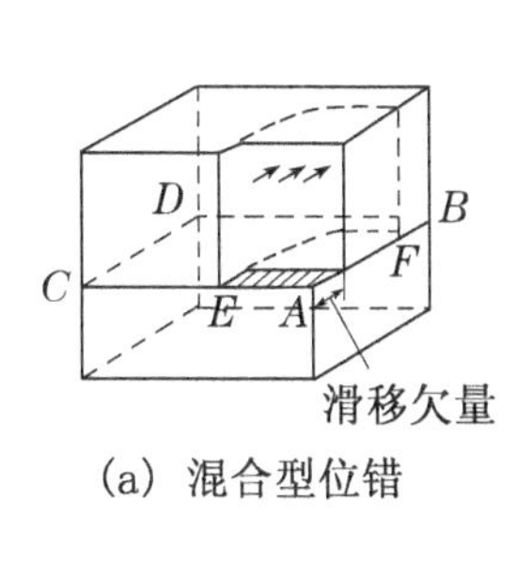

(a) 混合型位错

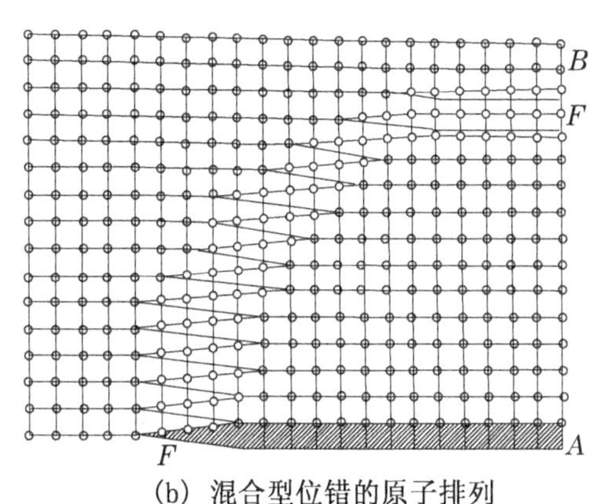

(b) 混合型位错的原子排列

图 4.17　混合型位错

4.5 面缺陷(二维缺陷)

面缺陷是二维缺陷，主要有小角度晶粒间界(简称“小角度晶界”)、孪晶、堆垛层错、亚晶粒界和反相畴界等。

4.5.1 小角度晶界

晶界结构与相邻两晶粒的位向差有关，当两晶粒的位向差 θ 小于 10°时，称为小角度晶界；大于 10°时，称为大角度晶界。

小角度晶界又可分为两类，即倾斜晶界和扭转晶界。倾斜晶界是指晶界两侧的晶体相互倾斜了一个小角度。根据晶界两侧晶体原子的排列情况又可分为对称倾斜晶界(如图 4.18)和非对称倾斜晶界(如图 4.19)。

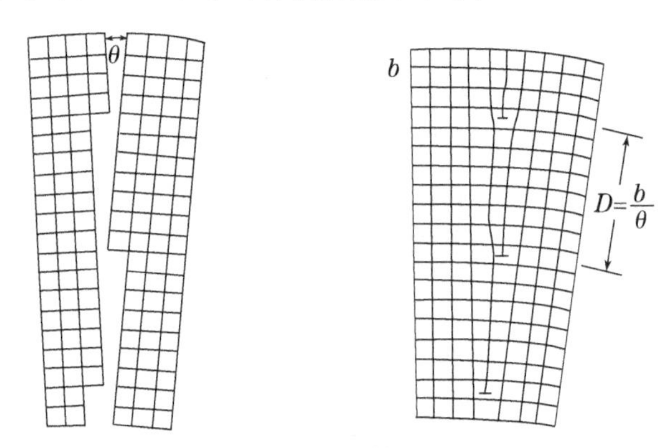

图 4.18 对称倾斜小角晶界

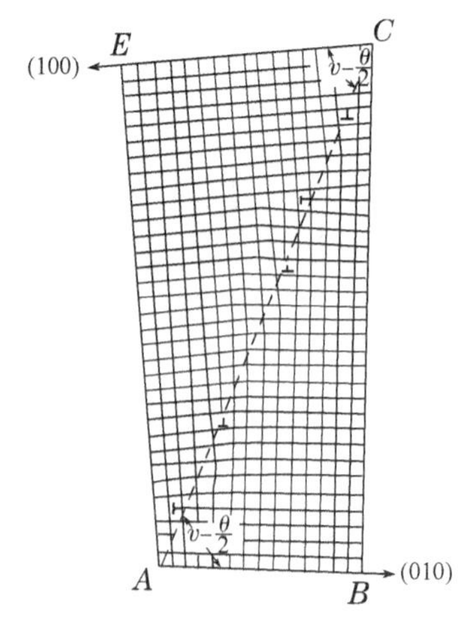

图 4.19 非对称倾斜小角晶界

单晶晶体并非是理想晶体，而是由许多结合得并不十分严密的微小晶粒构成的聚集体。这些晶粒边长约 10^{-3} cm，晶粒和晶粒之间不是公共面，而是公共棱，互相之间仅仅是以数秒至 0.5°的微小角度倾斜着，可以认为各晶粒互相取向基本上是平行的。单晶在生长过程中受热或机械应力或表面张力作用，形成"镶嵌构造"。很明显，这种构造也是一种缺陷，但与线缺陷不同，它可以看成由许多刃型错排列汇集成一个平面，称"镶嵌界面缺陷"或叫"小角度晶界"。图4.20表示界面处质点排列着一系列刃型位错。相邻的同号位错间距是 $D=\frac{b}{\theta}$（b 是伯格斯矢量的大小，θ 是一个小的旋转角）。

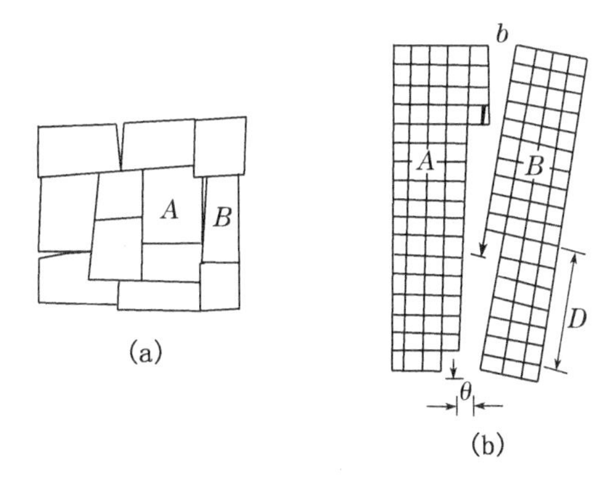

图 4.20　小角度晶粒间界

同样一颗晶粒绕垂直晶粒界面的轴旋转微小角度，也能形成螺型位错构成的扭转小角度的晶界。

在晶界中除了有小角度的晶界外，还有大倾角晶界。图4.21为大倾角晶界结构模型。

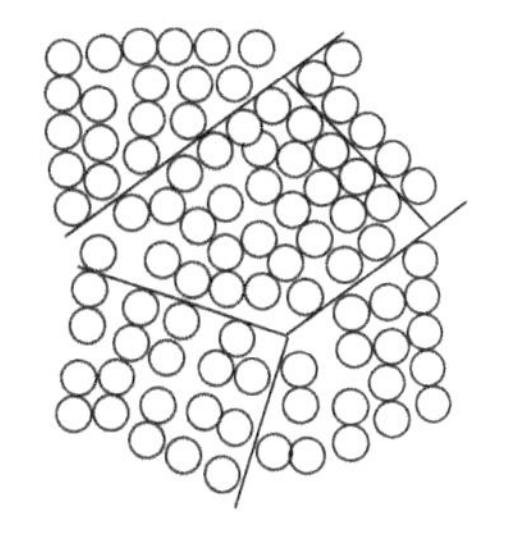

图 4.21　大倾角晶界结构模型

4.5.2　孪晶

两个或两个以上的同种晶体，彼此之间的层错按一定的对称关系相互联系成确定的结晶学关系，那么这种复合晶体就叫做孪晶。

孪晶个体之间的对称关系可通过反映、旋转或反伸操作来实现。借助对称操作，可使孪晶个体彼此重合和平行。根据对称关系，可将孪晶分为两种基本类型：接触孪晶和穿插孪晶。

1. 接触孪晶

两个孪晶个体之间以简单的平面相接触，与此同时其两部分的取向与它们的公共点阵平面形成反映关系，这种晶体称之为接触孪晶。

接触孪晶按孪晶个体接触多少、方位可分为简单孪晶、多重孪晶和环状孪晶，如图 4.22 所示。

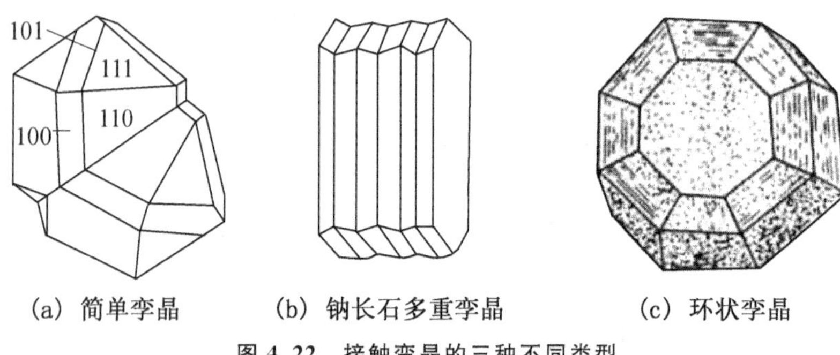

(a) 简单孪晶　(b) 钠长石多重孪晶　(c) 环状孪晶

图 4.22　接触孪晶的三种不同类型

图 4.23 为氧化镍孪晶颗粒垂直于[001]的孪晶结合的高分辨结构像。

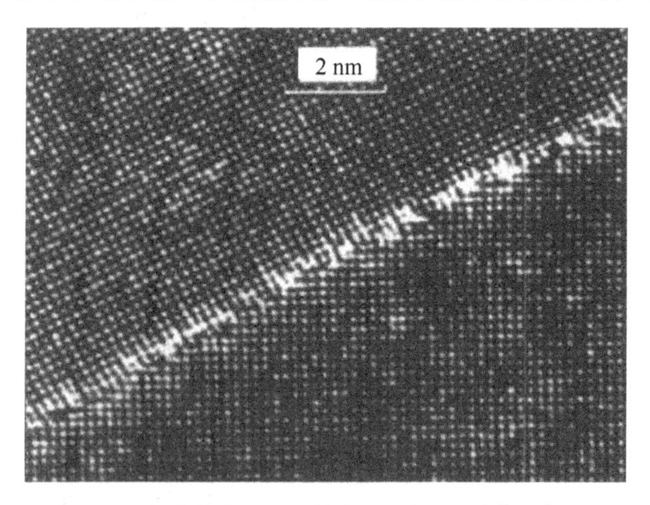

图 4.23　氧化镍孪晶界面的高分辨率结构像[001]投影

(引自 JEOL NEWS Vol. 24E，1986)

斜长石有许多类型的孪晶，如聚片多重孪晶、卡拉复合聚片孪晶等。图4.24为钠长石的聚片多重孪晶。

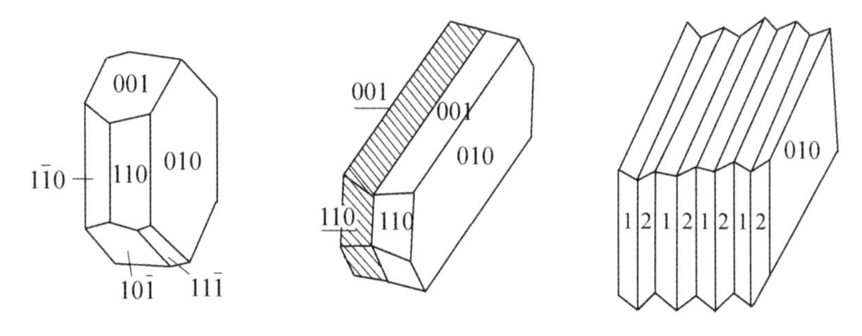

图 4.24　钠长石的多重复合孪晶

2. 穿插孪晶

相同晶体的个体互相穿插而形成的孪晶，称之为穿插孪晶。

图 4.25 为十字石的晶体和不同形式的穿插孪晶。在这些孪晶中，成孪晶的部分沿着某个结晶学方向呈旋转关系。

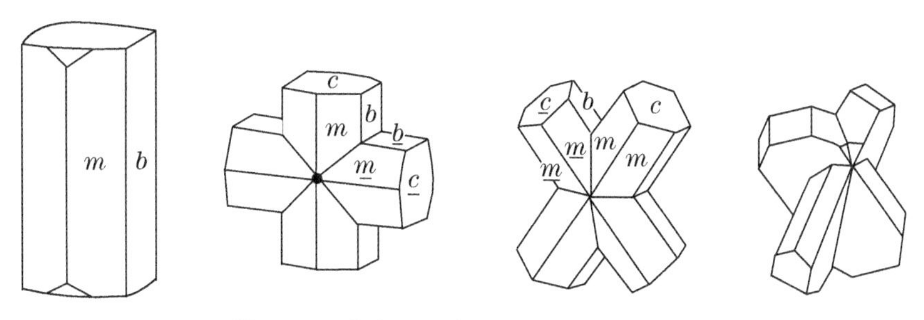

图 4.25　十字石晶体和十字石穿插孪晶

穿插双晶的双晶轴垂直于(111)，双晶面平行于(111)；穿插双晶(铁十字)双晶轴垂直于(110)，双晶面平行于(110)。图 4.26 为正长石孪晶。

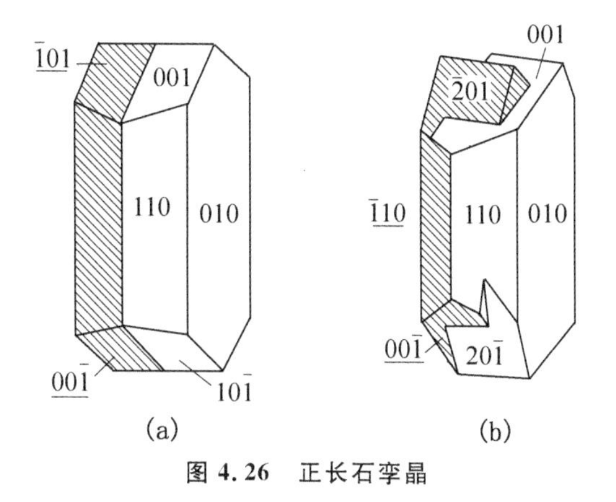

图 4.26　正长石孪晶

4.5.3 堆垛层错

在正常堆积顺序中引入不正常顺序堆积的原子面而产生的一类面缺陷，称之为堆垛层错。

堆垛层错有两种基本类型，即抽出型堆垛层错和插入型堆垛层错。以面心立方结构为例，前者是在正常层序中抽去一原子层，相应位置出现一个逆顺序堆垛层…*ABCACABC*…，即…△△▽△△△…；后者是在正常层序中插入一原子层，相应位置出现两个逆顺序堆垛层…*ABCACBCAB*…，即…△△▽▽△△△…，如图4.27所示。在此△表示顺顺序堆垛，即*AB*，*BC*，*CA*顺序时，用△表示；▽表示逆顺序堆垛，即*BA*，*CB*，*AC*顺序时，用▽表示。显然，堆垛层错处的一薄层晶体由面心立方结构变为密集六方结构，同样在密集六方结构的晶体中堆垛层错处的一薄层晶体也变为面心立方结构。这种结构变化并不改变堆垛层错处原子最近邻的关系（包括配位数、键长、键角），只改变次近邻关系，几乎不产生畸变，所引起的畸变能很小。但是，由于堆垛层错破坏了晶体中的正常周期场，使传导电子产生反常的衍射效应，这种电子能的增加构成了堆垛层错能的主要部分，总的说来，这是相当低的。因而，堆垛层错是一种低能量的界面。

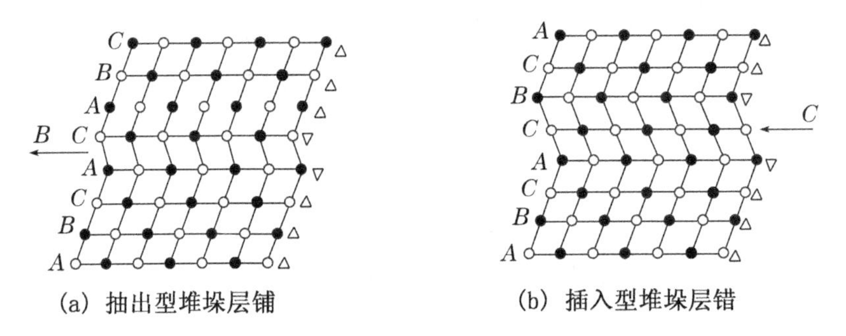

(a) 抽出型堆垛层铺　　(b) 插入型堆垛层错

图4.27 面心立方晶体中的堆垛层错

堆垛层错可以通过多种物理过程形成。首先，在晶体生长中，以六方密堆积面的堆积而生长晶体时，由于以正常和不正常顺序堆积时的能量相差很小，偶然因素很容易造成错误堆积而形成堆垛层错。其次，过饱和点缺陷在密排面上的聚集，再通过弛豫过程形成堆垛层错。空位聚集成盘状，通过崩塌式的弛豫形成的是抽出型堆垛层错；自填隙原子聚集成片，形成插入型堆垛层错。

堆垛层错通常发生在有层状结构的固体中，尤其是那些同时显示多型性的材料。二维或平面缺陷以及CS面都是堆垛层错的实例。金属中同时显示多型性和堆垛层错的是钴，它可以被制备成两种主要的形式（多型体），其中金属原子排列是立方密堆积(…*ABCABC*…)或六方密堆积(…*ABABAB*…)的。在这两种多型体中,结构在两个维度上即各层内是相同的,不同仅在于第三维上,即在各层的次序上。当正常的堆积次序由于存在"错位"层而在不规则的间隔处中断就发生了堆垛无序,如可示意表示为…*ABABAB BCA BABA*…。斜体字母表示完全错的层(*C*)或在任何一侧没有正常相邻层的那些层(*A* 和 *B*)。石墨是呈现多型体(通常是碳原子的六方密堆积但有时是立方密堆积)或堆垛无序(六方密堆积和立方密堆积的混合)的另一种单质。

4.5.4　亚晶粒界和反相畴界

晶粒之间的界面称为亚晶粒界。亚晶粒界是一种面缺陷。亚晶粒界涉及的基本上是同一晶体的两个部分之间相对取向角的差异。另一类型的晶界称为反相界,涉及的是同一晶体两个部分相对的横向位移,它也是一种低能量的面缺陷。

大约40年以前人们就在金属中发现了反相畴的存在,反相畴界也是一种面缺陷。

单质晶体中存在不完善性,是因为此种单质晶体中存在畴或嵌镶结构。在大小约为1 000 nm的畴内,晶体结构是相对完善的,但是在畴之间的界面处存在结构的失配,如图4.28所示。

有序晶体中的反相畴和界可以用二维晶体AB表示(其中"○"代表A;"●"代表B),如图4.29所示。越过反相界,有彼此相同的原子面,而…ABAB…次序(在水平行内)是相反的。这两个畴被称为彼此有反相的关系。这个名称的提出是由于,如果A和B原子被看做是一个波的正和负的部分,那么在间界处相位发生 π 的变化。

图4.28　单晶中的畴织构

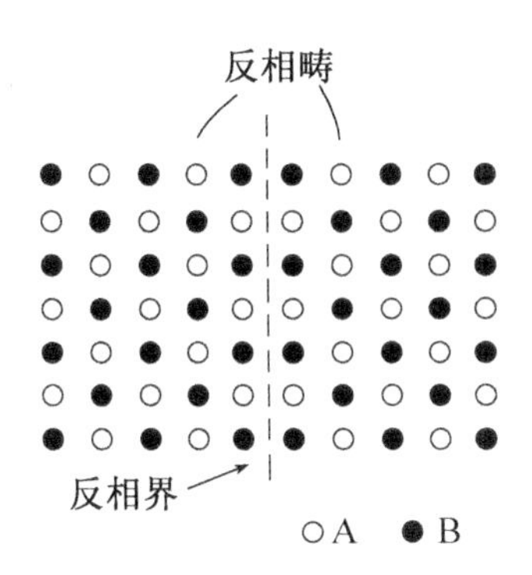

图4.29　有序晶体AB中的反相畴和界

4.6 体缺陷(三维缺陷)

体缺陷(三维缺陷)属于异相缺陷,它是三维空间上较大的缺陷。固体物质中包藏的杂质、沉淀和空洞以及固体物质的嵌镶结构、网格结构、系属结构、生长层、包裹体等均属于此范畴。限于篇幅,在此我们只叙及与包裹体有关的体缺陷。

包裹体,是晶体中某些与基质晶体不同的物相所占据的区域。由溶液生长的晶体,助熔剂法和提拉法生长的晶体,均会形成包裹体。像坩埚材料的铂、铱等都可以被包裹在晶体之中。常见的包裹体:

(1) 泡状包裹体,晶体中的那些大小不同的被蒸气或溶液充填的泡状孔穴。

(2) 负晶体,晶体中具有晶面的空洞。

(3) 幔纱,由微细包裹体组成的层状集合。

(4) 幻影,具有一定方向的幔纱。

(5) 云雾,微细的气泡或空穴所形成的云雾状的聚集。

(6) 固体碎片。

人们还常常把包裹体按出现的时间分类成原生包裹体和次生包裹体。原生包裹体是在晶体生长过程中出现的,而次生的则是在生长之后形成的。

关于包裹体的起源最初只不过是一些推测性的想法,后来借助显微镜对晶体生长进行现场观察,才对包裹体的形成机制有所认识。包裹体的形成机制大体有下列几种情况:

(1) 外来物质,如气泡、不能混溶的液体以及固体粒子的存在都可能阻碍溶液进入这些外来物质所在的那些位置,而生长的结果只能将它们裹夹在里面形成包裹体。晶体表面的吸附产生包裹体的情形,基本上也可归入这种情况。应当指出,固体粒子在成核过程中,进入晶核之中就形成包裹体。成核,常常是发生在溶液中的外来物质上,这些外来物质常常就是晶体借以成核的固体粒子。

(2) 沿生长表面过饱和度的变化所引起的晶体表面的低洼和突起,也是引起包裹体的原因。这种过饱和的变化是由扩散引起的。在低过饱和的溶液中,生长是借助于螺形位错产生的生长卷线进行的,其表面差不多是一平面。因为扩散,在晶体角落和边棱上比中心具有更大的过饱和度。如果生长很快,则过饱和度也会增大,直到最终在边角上足以产生新的生长层的二维晶核。既然边角比中心长得快,因而必定要导致中心低洼,四周突起。在极端情形下,生长成为枝蔓状。如果后来生长率减慢下来,则表面又可成为平面。于是就把溶液密封在里面,形成包裹体。

(3) 台阶生长也可导致包裹体的形成,如图4.30所示。晶体的台阶在伸展过程中相遇时,形成母液包裹体。

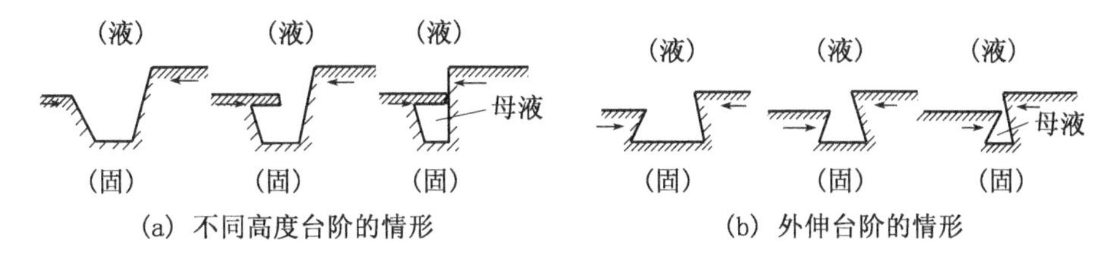

图4.30　m-CNB晶体合拢形成包裹体的示意图

(4) 溶解可使晶体表面产生蚀坑,紧接着晶体生长就有可能将这些蚀坑覆盖,由此便形成细微的包裹体。

(5) 组分在过冷的条件下,凝固界面存在形成网格结构的趋向,此时含杂质的熔体被捕获在网格结构的漕沟之中,一旦熔体凝固就产生了含杂质的泡状或念珠包裹体。

(6) 晶体生长过程中所排出的杂质,在某些条件下其浓度可能超过它在晶体界面附近的溶解度,如果这时杂质成核凝聚成新相,则此后再偏析出来的杂质就可能扩散到新相上,并使它长大起来,当这新相是黏附在晶体表面时,它就可能被裹夹进去,由此便形成包裹体,例如冰中的气泡和气管的形成。

(7) 流体动力学效应也可促使包裹体的形成。

包裹体一旦形成后,还常常经历许多变化。液体包裹体可能凝固,其他种类的晶体或气体也可能在液体包裹体中成核,而引起好几个相同时存在于包裹体中。包裹体的形状也可能发生变化,因为系统具有使表面自由能最小的趋向,这常常就会导致圆形或球形包裹体的出现。有时也可能导致那些互相接触的包裹体的合并,长的或扁平的液体包裹体也可以分裂成许多小珠,当增高温度时,有时还会导致具有晶面的包裹体,即负晶体的形成。

需要说明,许多纱幔包裹体都是由于开裂之后再愈合引起的。

还应指出,在晶体中还会发生包裹体的迁移,由一个地方移动到另一个地方,甚至移出晶体之外。

4.7　类质同像

谈到晶体的缺陷,不能不谈类质同像(isomorphsm)。

晶体结构中某种质点(原子、离子或分子)为其他种类似的质点所代替,仅使晶格常数发生不大的变化,而结构形式并不改变,这种现象称为类质同像(isomorphsm)。例如在菱镁矿 Mg[CO_3]和菱铁矿 Fe[CO_3]之间，由于镁和铁可以互相代替，可以形成各种 Mg、Fe 含量不同的类质同像混合物(混晶)，从而可以构成一个镁、铁含量为各种比值的连续的类质同像系列，如：

Mg[CO_3]-(Mg,Fe)[CO_3]-(Fe,Mg)[CO_3]- Fe[CO_3](菱镁矿-含铁的菱镁铁-含镁的菱铁矿-菱铁矿)。

在这个系列中矿物的结构型相同，只是晶格常数略有变化。

又如，闪锌矿 ZnS 中的锌，可部分地(不超过 40%)被铁所代替，在这种情况下，铁被称为类质同像混入物，富铁的闪锌矿被称为铁闪锌矿。铁代替锌可使闪锌矿的晶胞参数(a_0)增大。

类质同像混合物也称为类质同像混晶，它是一种固溶体。它可通过质点的代替而形成"代替固溶体"(即类质同像混晶)；也可通过某种质点侵入其他种质点的晶格空隙而形成"侵入固溶体"。由此可见，类质同像混晶并不是固溶体的全部，但通常把固溶体视为类质同像混晶的同义词。

在类质同像混晶中，若 A、B 两种质点可以任意比例相互取代，它们可以形成一个连续的类质同像系列，则称为完全类质同像系列(complete isomorphous series)。如上述菱镁矿一菱铁矿系列中镁、铁之间的代替；苦 A、B 两种质点的相互代替局限在一个有限的范围内，它们不能形成连续的系列，则称为不完全类质同像系列(incomplete isomorphous series)，如上述闪锌矿(Zn,Fe)S 中，铁取代锌局限在一定的范围之内。

根据相互取代的质点的电价相同或不同，分别称为等价的类质同像(isovalent isomorphism)和异价的类质同像(heterovalent isomorphism)。前者如上述的 Mg^{2+} 与 Fe^{2+} 之间的代替；后者如在钠长石 Na[$AlSi_3O_6$]与钙长石 Ca[$Al_2Si_2O_6$]系列中，Na^+ 和 Ca^{2+} 之间的代替以及 Si^{4+} 和 $A1^{3+}$ 之间的代替都是异价的，但由于这两种代替同时进行，代替前后总电价是平衡的。

类质同像是指质点的相互代替，它不能与两种晶体具有等同的结构形式(等型结构)相混淆，在后一种情况中，并不一定存在着类质同像的代替关系。例如，白云石 CaMg[CO_3]与方解石 Ca[CO_3]结构型相同，但在白云石 CaMg[CO_3]中，其 Ca、Mg 的原子数之比必须是 1∶1，不能在一定的范围内连续变化，故白云石并不是由于 Mg^{2+} 替代方解石 Ca[CO_3]中半数的 Ca^{2+} 所形成的类质同像混晶，而是不同阳离子间有固定含量比的复盐。再例如，锡石 SnO_2 与金红石 TiO_2 也是同型结构，但 Sn 与 Ti 之间也不存在类质同像代替关系。

在书写类质同像混晶的化学式时，凡相互间成类质同像替代关系的一组元素均写在同一圆括号内，彼此间用逗号隔开，按所含原子比例由高至低的顺序排列。例如，橄榄石(Mg,Fe)$_2$[SO_4]、铁闪锌矿(Zn,Fe)S 以及普通辉石(Ca,Na)

$(Mg,Fe^{2+},Fe^{3+},Al,Ti)[(Si,Al)_2O_6]$等等。

思考题

4.1 请说明为何结晶固体一般在升高温度时会生成更多缺陷？

4.2 弗仑克尔缺陷和肖特基缺陷各自的特点是什么？NaCl 和 CaF_2 晶体各自容易形成哪种缺陷？

4.3 在下述晶体中你预料哪类缺陷占优势？并写出缺陷表示式。

(1) 用 $MgCl_2$ 掺杂的 NaCl；

(2) 用 Y_2O_3 掺杂的 ZrO_2；

(3) 用 YF_3 掺杂的 YF_2；

(4) 用 As 掺杂的 Si；

(5) 一块已经捶击成薄片的铝；

(6) 在一种还原性气氛中加热过的 WO_3。

4.4 两个小角度倾斜晶界如果合并成一个晶界，其能量是增大还是降低？为什么？

4.5 氧化铁晶体 Fe_xO 中 $Fe^{3+}/Fe^{2+}=0.1$，试计算其中空位缺陷的百分数和 x 值。

4.6 你预期下列晶体中，在什么方向上最容易发生滑移？

(1) Zn； (2) Cu；

(3) α-Fe； (4) NaCl。

4.7 氯化钠晶体中产生一对 Na^+ 和 Cl^- 空位肖特基，所需要的能量为 2 eV，试计算在室温下晶体中所包含的肖特基缺陷的浓度。氯化钠中所包含的 Na^+ 或 Cl^- 的个数 $N=8.95\times10^{22}$ 原子/cm^3。

4.8 把 NaCl 晶体在钠蒸气中加热后，晶体呈黄色，如果用钾蒸气代替钠蒸气，可在相同波长处观察到光的吸收，试讨论这种晶体的显色机理。

4.9 将一个钠原子从钠晶体内部移至晶体表面，所需要的能量为 1 eV，计算 300 K 时晶体中肖特基空位缺陷的浓度。

4.10 如果对磁性硫化铁矿进行化学分析，结果表明 Fe/S 之比小于 1，那么可以把它的化学式写成 $Fe_{1-y}S$ 或者写成 FeS_{1+x}。但是实际上两式的含义是迥然不同的，前者表示晶体中有铁空位存在，而后者则意味着有过量的硫离子。试设计一个实验方法，以确定磁性硫化铁到底是具有哪种结构？

第5章　晶体缺陷的平衡

如果我们将电子、空穴、各种点缺陷以及缺陷的缔合体都看成是像原子、离子、分子一样的化学组元，那么它们之间的相互作用也就可以看作类化学反应(quasichemical reactions)，这样就可以用化学反应方程式来描述晶体缺陷的平衡。

5.1　晶体点缺陷的平衡理论

为了研究晶体中原子缺陷和电子缺陷的存在状态以及彼此之间的依存和转化关系，人们在统计热力学的基础上建立了点缺陷平衡理论。

点缺陷平衡理论是这样假设的：一个实在的晶体，可以看作是一个溶液体系，晶格点阵是体系中的溶剂，点缺陷是溶质，当点缺陷的数目和晶体的格位数目相比非常小时，即缺陷的浓度很低，或者说晶体溶液体系是无限稀释时，此时质量作用定律就可以应用于缺陷的平衡。当晶体中缺陷的浓度不超过百分之零点一个原子时，若考虑到格位上的离子与缺陷之间的相互作用和缺陷与缺陷之间的缔合作用，这一理论也被认为是正确的。

点缺陷平衡理论的基本出发点，是把点缺陷存在状态看成是平衡态，把含有各种点缺陷的晶体看成是理想固溶体。这样一来，点缺陷的形成与转化过程就可以看作是一种准化学反应过程，并可以写出它的化学反应方程式。因点缺陷平衡态属热平衡，依据统计热力学，在一定条件下化学平衡的质量作用定律适用于点缺陷平衡过程。由化学平衡的质量作用定律，我们就可以写出参加化学反应的各种点缺陷浓度与组分、蒸气压和温度关系的平衡方程式，然后将这些平衡方程式列成方程组，在一定的条件下(如电中性条件、杂质离子浓度守恒条件等)联立求解，或通过图解法求解，给出每种点缺陷浓度与组分蒸气压或温度的关系。以此分析点缺陷的形成与转化过程以及它们对晶体性能的影响。同时也可以用来解释实验结果，或为控制点缺陷提供理论依据。这种点缺陷理论虽然只是一种近似的半定量的理论，但在研究诸如氧化物半导体等材料的性能时，却起到了理论的指导作用。

5.2　晶体缺陷的化学反应方程式

如上所述，晶体缺陷化学反应方程式的书写是研究晶体缺陷平衡的基础。张克立先生在《固体无机化学》一书中指出书写晶体缺陷反应方程式时，必须遵守以下的基本原则：

(1) 位置关系。在化合物 M_aX_b 中，M 位置的数目必须永远与 X 位置的数目构成一个正确的比例。例如在 MgO 中，Mg∶O=1∶1；在 Al_2O_3 中 Al∶O=2∶3。只要保持比例不变，每一种类型的位置总数可以改变。如果在实际晶体中，M 与 X 的比例不符合位置的比例关系，表明存在缺陷。例如在 TiO_2 中，Ti 与 O 位置之比应为 1∶2，而实际晶体中是氧不足，即 TiO_{2-x}，那么在晶体中就生成氧空位。

(2) 位置增殖。当缺陷发生变化时，有可能引入 M 空位 V_M，也有可能把 V_M 消除。当引入空位或消除空位时，相当于增加或减少 M 的点阵位置数。但发生这种变化时，要服从位置关系。能引起位置增殖的缺陷有：V_M，V_X，M_M，M_X，X_M，X_X 等。不发生位置增殖的缺陷有：e'，$h^{\cdot}$，M_i，L_i。例如，晶格中原子迁移到晶体表面，在晶体中留下空位时，增加了位置数目；当表面原子迁移到晶体内部填补空位时，减少了位置的数目。

(3) 质量平衡。和化学方程式一样，缺陷方程式的两边必须保持质量平衡。这里必须注意，缺陷符号的下标只是表示缺陷的位置，对质量平衡没有作用。

(4) 电中性。晶体必须保持电中性，只有电中性的原子或分子才可以和被研究的晶体外的其他相进行交换。在晶体内部，中性粒子能产生两个或更多的带异号电荷的缺陷。电中性的条件要求缺陷反应两边具有相同数目的总有效电荷，但不一定等于零。例如，TiO_2 中失去部分氧，生成 TiO_{2-x} 的反应可用如下的方程式表示：

$$2TiO_2-\frac{1}{2}O_2\rightarrow 2Ti'_{Ti}+V_O^{\cdot\cdot}+3O_O$$

$$2TiO_2\rightarrow 2Ti'_{Ti}+V_O^{\cdot\cdot}+3O_O+\frac{1}{2}O_2\uparrow$$

$$2TiO_2+4O_O\rightarrow 2Ti'_{Ti}+V_O^{\cdot\cdot}+3O_O+\frac{1}{2}O_2\uparrow$$

氧气以电中性的氧分子的形式从 TiO_2 中逸出，同时，在晶体内产生带正电的氧空位和与其符号相反的带负电荷的 Ti'_{Ti} 来保持电中性，方程两边总有效电荷都等于零。

(5) 表面位置。表面位置不用特别表示。当一个 M 原子从晶体内部迁移到表面时，M 位置数增加。例如，MgO 中 Mg^{2+} 从内部迁移到表面，在内部中留下空位时，Mg^{2+} 的位置数目增大。

以上规则，可用于描述固溶体的生成和非化学计量化合物的反应。现以 $CaCl_2$ 在 KCl 中溶解过程为例，说明怎样用这些规则来描述其缺陷的化学反应。

当引入一个 $CaCl_2$ 分子到 KCl 中时，也就带进来两个 Cl 原子和一个 Ca 原子。两个 Cl 原子处在 Cl 的位置上，一个 Ca 原子处在 K 位置上。但作为基体的 KCl 中，K∶Cl=1∶1，因此，根据位置关系，一个 K 位置是空的，当作原子取代时有：

$$CaCl_{2(s)} \xrightarrow{KCl} Ca_K + V_K + 2Cl_{Cl}$$

→号上面的 KCl 表示溶剂，溶质 $CaCl_2$ 进入 KCl 晶格。式中 Ca_K，V_K 都是不带电的。实际上，$CaCl_2$ 和 KCl 都是强离子性的固体，考虑到离子化，溶解过程可表示为：

$$CaCl_{2(s)} \xrightarrow{KCl} Ca_K^{\cdot} + V_K' + 2Cl_{Cl}$$

在离子晶体中，每种缺陷如果把它当作化学物质来处理，那么固体中的缺陷就是带电的缺陷，但总有效电荷等于零，保持了晶体的电中性。上面两个过程都符合上述原则，而第二个过程也可能是 Ca 进入间隙位置，Cl 仍然在 Cl 位置，为了保持电中性和位置关系，产生两个 K 空位：

$$CaCl_{2(s)} \xrightarrow{KCl} Ca_i^{\cdot\cdot} + 2V_K' + 2Cl_{Cl}$$

上述三个过程都符合缺陷反应方程的规则。究竟哪一个是实际上存在的，则需根据固溶体生成的条件及实际加以判别。

在书写缺陷反应方程式时，欲使缺陷反应方程式平衡，除了要使方程式左、右两边的每一种原子的总数和有效电荷数相等外，还要求反应前后晶体点阵结构中所特有的各类位置数目的比值不变，如 AgBr 晶体中弗仑克尔缺陷的生成反应式：

$$Ag_{Ag} + V_i \longleftrightarrow Ag_i^{\cdot} + V_{Ag}'$$

因反应与溶液的电离类似，故可由质量作用定律求得平衡常数：

$$K_p = \frac{[Ag_i^{\cdot}] \cdot [V_{Ag}']}{[V_i] \cdot [Ag_{Ag}]}$$

式中：K_p 为弗仑克尔缺陷平衡常数。

在缺陷浓度很小时，即 $[V_i] \approx [Ag_{Ag}] \approx 1$，则 $K_p = [Ag_i^{\cdot}] \cdot [V_{Ag}']$。

晶体缺陷反应方程式的书写，是将晶体与溶液作类比来处理的。

关于本征半导体和杂质半导体电离生成电子与空穴的反应，可类比为弱电解质反应；本征半导体受热或受光辐射产生电子和空穴，可类比为纯水的电离；

杂质半导体电离给出电子或电离给出空穴，也可类比为弱碱或弱酸的电离。这样一来，电解质溶液反应的一些规律，如质量作用定律、同离子效应、平衡的形成和移动等，都可以用于讨论固体化学中的电子和空穴参加的反应。例如，在常温下水的电离：$H_2O \rightleftharpoons H^+ + OH^-$，水的的电离度很小，电离生成的 H^+ 和 OH^- 浓度很低。我们再看本征半导体中的电离反应，本征半导体中的电离反应可以表示为 $0 \rightleftharpoons h^{\cdot} + e'$，生成的电子与空穴浓度也很低。在纯水中有$[H^+]=[OH^-]$；在本征半导体中也有$[h^{\cdot}]=[e']$，或 $p=n$，其中 p 表示空穴的浓度，n 为电子的浓度。在含有微量的酸或碱的水中，$[H^+]\gg[OH^-]$或$[OH^-]\gg[H^+]$；在含有微量施主杂质或受主杂质的固体材料中，$n\gg p$ 或 $p\gg n$。在一定温度下，水的离子积可以表示为：$K_w=[H^+]\cdot[OH^-]$；同样在一定温度下，固体中电子浓度与空穴浓度的乘积为一常数，可以表示为：$K_g=n\cdot p$。K_g 随温度 T 而变化，即：

$$K_g=K_0\exp\left(-\frac{E_g}{kT}\right)$$

式中：E_g 为相应晶体的能隙宽，它相当于化学反应的活化能；K_0 为比例常数；k 为波兹曼常数。对于一些本征半导体，$n=p=K_g{}^{1/2}$，这样求得载流子浓度随$1/T$的变化呈直线关系，各条直线斜率的差别决定于各物质的 E_g 值。

固体对杂质的溶解度，也可以同水溶液中溶质的溶解度加以类比。在水中加酸可以降低$[OH^-]$并促使碱的溶解，加碱则可以降低$[H^+]$并增大酸的溶解度。例如，在氨水中加酸可以降低$[OH^-]$并促使碱的溶解；加碱可以降低$[H^+]$并增加酸的溶解度：

$$NH_4OH \rightleftharpoons NH_4^+ + OH^-$$
$$HCl \rightleftharpoons Cl^- + H^+$$
$$\downarrow$$
$$H_2O$$

在半导体中施主的存在，可以增大受主在半导体中的掺入量；而受主的存在，又可以促使更多的施主掺入固体，如：

$$D \rightleftharpoons D^{\cdot} + e'$$
$$A \rightleftharpoons A' + h^{\cdot}$$
$$\downarrow$$
$$0$$

实验证明，将混合有 Cu^+ 盐的 ZnS 在 H_2S 气氛中长时间地焙烧，并不能得到 ZnS：Cu^+ 发光体，这表明在这样的条件下 Cu^+ 不能溶解到 ZnS 晶体中去形成 Cu'_{Zn}缺陷。但是如果将它在 HCl 气氛中或者用 NaCl 作助熔剂加以焙烧，则可以得到发绿光的材料。这是因为在这种条件下,Cl^- 同时也进入 ZnS 晶体中,生成 Cl'_S 施主缺陷,它可以促使 Cu^+ 作为受主缺陷 Cu'_{Zn} 溶解到 ZnS 中去,这时电子与空穴复合,保持了晶体的电中性。

晶体缺陷反应方程式的具体书写,可先写出准化学反应式,然后再引用质量作用定律写出相应的方程式。洪广言先生在《无机固体化学》一书中阐述道:使用质量作用定律书写晶体点缺陷反应方程式的前提是不考虑点缺陷之间相互作用的,点缺陷的浓度必须小到它们之间的相互作用可以忽略不计。他指出的前提条件:一是化学计量比的偏离足够小;二是电子(或空穴)是非简并的。当以"[ ]"表示浓度时,$[V_M^x]$则表示子晶格 M 的中性空格点浓度,$[M_i]$则表示单电离的填隙 M 原子的浓度,电子浓度则用小写字母 n 表示,空穴浓度则用小写字母 p 表示。反应式的具体书写遵守下列规则:

(1) MO 晶体的子晶格 M 中的格点数目应等于子晶格 O 中的格点数目,当然格点的总数是可以变化的。

(2) 为符合规则(1),在某些情况下应该加入一些虚反应。例如,氧原子从气相中进入 MO 晶体的反应式为:

$$\frac{1}{2}O_2(g) \longrightarrow O_O^x$$

上式表示氧原子晶格的格点数增加了 1 个,而子晶格 M 的格点数没有增加,这就违反了规则(1),因此上式是一种虚反应。为了符合真实的反应,必须补充下列的虚反应:

$$零 \rightarrow V_M^x$$

将上两式综合起来可得:

$$\frac{1}{2}O_2(g) \rightarrow O_O^x + V_M^x$$

可见,子晶格 O 的格点数和子晶格 M 的格点数同时增加了 1 个,这就符合了晶体中存在的真实变化。因此,在考虑形成缺陷的真实反应时,可用两个虚反应综合起来代表它。

(3) 写缺陷反应式时必须遵守质量守恒条件,即反应式两边的质量总和应相等。空格点的质量为零。

(4) 如果晶体中存在填隙原子,为了准确起见,应在反应式中引入填隙空格点 V_i^x。例如,原子 M(g)从气相进入 MO 晶体的填隙位置,则相应的反应式可写为:

$$M(g) + V_i^x \longrightarrow M_i^x$$

如果晶体中没有填隙原子,则不需要引入填隙空格点。

(5) 在描述电离原子缺陷和电子缺陷所形成的准化学反应时,必须符合晶体中的电中性条件,即晶格中带负电荷的质点总数应和带正电荷的质点总数相等。例如,晶格中单电离的 M 原子空格点数为$[V'_M]$,双电离的 M 原子空格点为$[V''_M]$,单电离的 O 原子空格点数为$[V_O^{\cdot}]$,双电离的 O 原子空格点数为$[V_O^{\cdot\cdot}]$,准自由电子数为 n,准自由空穴数为 p,则其电中性条件为:

$$n+[V'_M]+2[V''_M]=p+[V_O^{\cdot}]+2[V_O^{\cdot\cdot}]$$

根据上述规则,MO 晶体倾向于在子晶格 M 中形成填隙原子和空格点,在填隙原子和空格点的形成及电离时,可写出下列反应式:

(1) 当 M 原子由气相进入填隙位置时

$$M(g)+V_i^x \rightleftharpoons M_i^x$$

(2) 当 M 原子由正常晶格位置进入填隙位置时

$$M_M^x+V_i^x \rightleftharpoons M_i^x+V_M^x$$

(3) 当中性填隙原子电离时

$$M_i^x \rightleftharpoons M_i^{\cdot}+e'$$

(4) 当 M 原子空格点电离时

$$V_M^x \rightleftharpoons V'_M+h^{\cdot}$$

(5) 考虑到价带电子的本征激发时

$$零 \rightleftharpoons e'+h^{\cdot}$$

把质量作用定律应用于以上过程,可列出下列方程式:

$[M_i^x]/([V_i^x]\cdot p_M)=K_1$ (此处:p_M 为 M 在气相的分压)

$[M_i^x][V_M^x]/([M_M^x][V_i^x])=K_2$

$[M_i^{\cdot}]n/[M_i^x]=K_3$

$[V'_M]p/[V_M^x]=K_4$

$n\cdot p=K_5$

此外,考虑到电中性条件,还可以列出方程式:

$$n+[V'_M]=p+[M_i^{\cdot}]$$

根据这些方程式,就可以计算在平衡条件下各种点缺陷浓度与组分蒸气压或温度之间的关系。

5.3 晶体缺陷的热力学平衡

从化学热力学观点看,实际晶体中的空穴和间隙原子等点缺陷在晶体中无序分布可以产生构型熵,体系内能增加,即熵也增加了,熵效应正是晶体产生点缺陷的主要动力。因此,点缺陷在晶体中的出现以及随温度升高而剧烈增加的情况，则反应出晶体缺陷变化的热力学规律性。

根据化学热力学的规则，任何一个在恒温恒压下进行的自发过程，反应体系的自由能一定是降低的：

$$\Delta G=\Delta H-T\Delta S<0 \tag{5-1}$$

式中：ΔG、ΔH 和 ΔS 分别是体系的自由能、焓和熵随过程的变化。因为在固相中，随着点缺陷的生成，晶体的体积基本不变，即 $\Delta V\approx 0$，所以

$$\Delta H=\Delta U+P\Delta V\approx\Delta U \tag{5-2}$$

$$\Delta G=\Delta U-T\Delta S \tag{5-3}$$

当体系处于热力学平衡时，体系的自由能具有最小值，即

$$\Delta G=0$$

在晶体中生成 1 mol 缺陷时所引起的自由能的改变如下式所示：

$$\Delta G_{\mathrm{f}}=\Delta H_{\mathrm{f}}-T\Delta S_{\mathrm{v}}-T\Delta S_{\mathrm{k}} \tag{5-4}$$

式中：ΔH_{f} 为 1 mol 缺陷的生成焓（热）；ΔS_{v} 为位于 1 mol 缺陷周围的原子的振动熵的变化；ΔS_{k} 是指由于体系混乱度的增大所引起的结构熵的变化（即混合熵）。

如果晶体中生成点缺陷是一个自发过程，因此（5-4）式中的 ΔG_{f} 必须小于零。那么问题就在于（5-4）式中的右边各项中，哪一项是能够决定 ΔG_{f} 的符号的因素？因为在晶体中要把点阵上的一个原子或离子去掉，或者将一个原子或离子引进到点阵的格位位置或间隙位置，总是需要一定外界能量的，因此 $\Delta H_{\mathrm{f}}>0$。而 ΔS_{v} 表示振动熵变，它是由缺陷周围原子或离子的振动频率值和正常格点周围原子或离子的振动频率值之差所规定，可以用下式表示：

$$S_{\mathrm{v}}=xk\ln\frac{\nu}{\nu'} \tag{5-5}$$

式中：ν 和 ν' 分别代表晶体中正常格位周围原子和缺陷周围原子的振动频率；x 是一个缺陷周围配位的原子数；k 是波兹曼常数。当缺陷是一个空位时，$\nu'<\nu$；当缺陷是一个间隙原子或间隙离子时，则 $\nu'>\nu$。因此，振动熵是随着缺陷种类的不同，既可能为负值，也可能是正值。当晶体中的缺陷是同时存在的等当量的空位和间隙原子（如弗仑克尔缺陷），ΔS_{v} 可以等于零。一般说来，振动熵变很小，每摩尔不超过十几个焦耳。因此，决定（5-4）式中 ΔG_{f} 符号的是结构熵变那一项 ΔS_{k}。结构熵 S_{k} 代表着体系趋向最大的混乱度（即最大的热力学几率）的程度：

$$S_{\mathrm{k}}=k\ln W \tag{5-6}$$

式中：W 为热力学几率。晶体中生成缺陷总是导致结构熵的增大，$\Delta S_{\mathrm{k}}>0$。因此，体系的自由能的变化是由体系中的 ΔH_{f} 和 ΔS_{k} 这两个因素决定的，而这

两个因素随缺陷浓度的变化趋势又是恰恰相反，如图5.1所示。

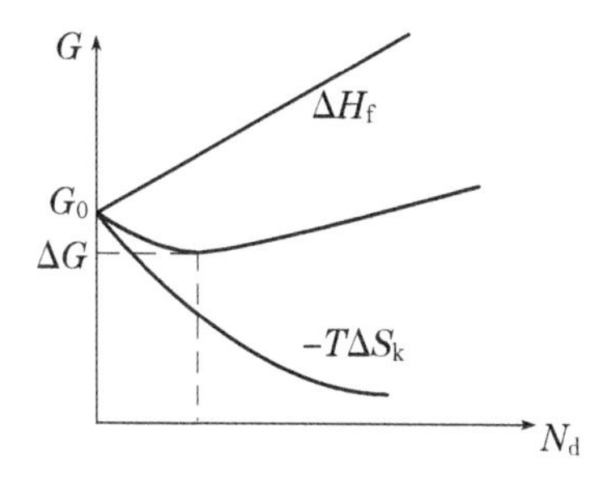

图 5.1　晶体自由能随点缺陷浓度的变化

由此图可以看到，当晶体中有缺陷生成时，晶体的能量增大($\Delta H_f > 0$)，但是同时又由于熵的增加($-T\Delta S_k$)而放出能量。因此，在0 K以上，由于混乱度的增大，理想的完善的晶体变得不稳定，而极易生成带缺陷的晶体。但是随着混乱度的增大，熵增大的趋势逐渐变小，而形成缺陷所需的能量保持不变。换言之，随着晶体中缺陷浓度 n 的增加，晶体的能量线性地增大，而结构熵却是缺陷浓度 n 的指数函数。因此造成的结果是：晶体自由能随着缺陷浓度的增大，先是降低：

$$\left|\frac{\mathrm{d}(\Delta H_f)}{\mathrm{d}n}\right| < \left|\frac{\mathrm{d}(T\Delta S_k)}{\mathrm{d}n}\right|$$

随即趋向一最小值：

$$\left|\frac{\mathrm{d}(\Delta H_f)}{\mathrm{d}n}\right| = \left|\frac{\mathrm{d}(T\Delta S_k)}{\mathrm{d}n}\right|$$

然后就继续增大：

$$\left|\frac{\mathrm{d}(\Delta H_f)}{\mathrm{d}n}\right| > \left|\frac{\mathrm{d}(T\Delta S_k)}{\mathrm{d}n}\right|$$

很明显，ΔG 的极小值对应于晶体中缺陷的平衡浓度。

5.4　非整比化合物的化学平衡

5.4.1　关于化学整比与非化学整比化合物

很久以来，道尔顿(Dalton D.)化合物的定组成定律或组成的整比性(stoichiometry)，被认为是肯定化合物的判据和准则。道尔顿定组成定律的确可以圆满地解释有机化合物中分子晶体的许多问题，但后来也发现用来说明原子或离子晶体化合物时就不一定正确。根据实验研究，贝托莱(Berthollet C. L.)就指出，在原子或离子晶体化合物中，同一种物质，其组成可以在一定范围内变动，并不一定都遵守定组成定律。由于当时人们的注意力主要放在有机化学上，尽管有机化学也遇到单键、双键、叁键、链状或环状化合物结构解释方面的问题，但加以修正后道尔顿理论还是适用的，因此贝托莱的观点在当时未受到应有的重视。

1912 年库尔纳可夫(Kyphakob H. C.)学派在研究二元和多元金属体系的状态图及其他性质-组成图时，发现金属体系中普遍存在着两类化合物：一类是道尔顿体(Daltonide)；另一类是贝托莱体(Berthollide)。道尔顿体是一类具有特定组成的化合物，相应于在状态图的液相线和固液相线上有一个符合整比性的极大点，如图 5.2(a)所示，而且在其性质-组成的恒温图上都有一奇异点(singular point)。贝托莱体是一类具有可变组成的固相，反映在状态图上是在液相线和固液相线上没有一个符合整比性的极大点，如图 5.2(b)所示，而且在性质-组成的等温线图上，也没有一个奇异点。

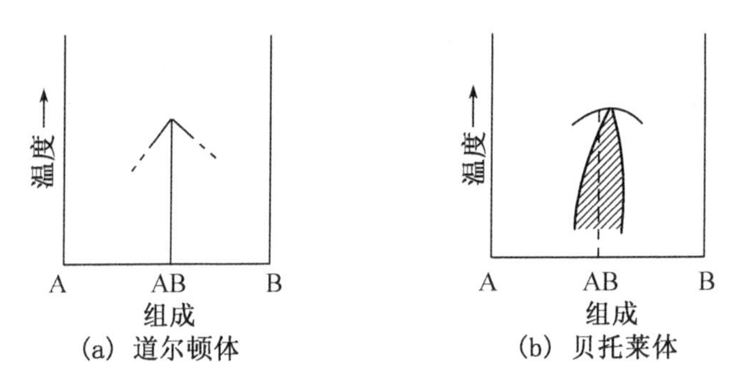

图 5.2 典型温度-组成图

1930 年，申克(Schench R.)和丁曼(Dingmann T.)关于 Fe－O 体系的研究，以及比尔兹(Biltz W.)和朱萨(Juza R.)关于二元化合物分解平衡压的研究，都表明了在许多离子化合物或分子化合物中，组成在一定的范围内可变的情况是广泛地存在着的。例如，对方铁矿(Wustite)的物相的研究表明，它的组成是 FeO_{1+x}，$0.09<x<0.19$(900℃)。又如，黄铁矿(FeS)的组成也是 FeS_{1+x}。

同时，瓦格纳(Wagner C.)和肖特基(Schottky W.)对实在晶体和晶格缺陷的统计热力学研究指出，在任何高于 0 K 的温度时，任何一种固体化合物均存在着组成在一定范围变动的单一物相，而严格地按照理想化学整比组成的或由单纯的价键规则导出的化合物，并无热力学地位。

近代的晶体结构的理论和实验研究结果也表明，具有化学整比和非化学整比的化合物都是普遍存在的，但非整比化合物的存在更为普遍些。

随着科学技术的发展，非化学整比化合物(或称为非化学计量比化合物)越来越显示出它重要的理论意义和实用价值。由于各种缺陷的存在，往往给材料带来了许多特殊的光、电、磁、力和热性质，使它们成为很好的功能材料。目前氧化物陶瓷高温超导体的出现就是一个极好的例证。为此，人们认为非化学整比性是结构敏感性能的根源。

对于非整比(non-stoichiometry)化合物，可以从两个方面加以规定：

(1) 纯粹化学的定义所规定的非整比化合物，是指用化学分析、X射线衍射分析和平衡蒸气压测定等手段能够确定其组成偏离整比的均一的物相，如FeO_{1+x}、FeS_{1+x}、PdH_x等过渡元素的化合物。这一类化合物的组成偏离整比较大。

(2) 从点阵结构上看，点阵缺陷也能引起偏离整比性的化合物，其组成的偏离是如此之小，以至于不能用化学分析和X射线衍射分析观察出来，但是可以由测量其光学、电学和磁学的性质来研究它们。这类偏离整比化合物具有重要的功能特性，正引起人们的极大关注。

不含外来杂质的纯净固体化合物中的非整比性，是由物相中存在有各种本征缺陷造成的，如空位缺陷、间隙原子、位错等。在以CdTe中由于存在有间隙的Cd离子或Cd空位，就会导致生成富Cd的CdTe或富Te的CdTe。固体CdTe中，Cd或Te的格位数为1.5×10^{22}个/cm^3，已经制得的偏整比(1∶1)最多的CdTe试样中含有约10^{17}个/cm^3，这相当于含有约万分之几的过量Te或Cd。

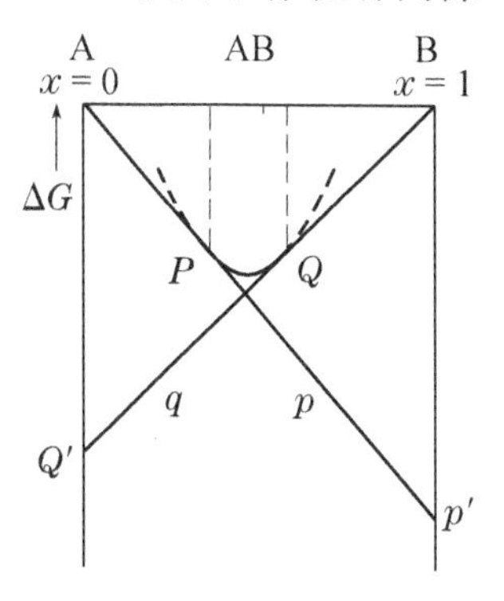

图5.3　非整比化合物组成的生成自由能

非整比化合物之所以会存在，可由图5.3表示的每1 mol生成吉布斯(Gibbs J W.)自由能的图来直观地理解。图5.3中化合物$A_{1-x}B_x$的生成自由能曲线，在点P,Q处向各自两端成分A,B引直线，与点P,Q相连，则在P,Q范围的组成内就会有均相存在。另外，当A和AB,B和AB共存时的A,B的化学势可由各自的点Q'、P'给出。

由统计热力学研究已经表明，严格地按照理想的化学整比组成的或由单纯的化学键规则形成的化合物在热力学上是不稳定的。

5.4.2　非化学计量比化合物化学平衡

我们首先考虑一个纯的二元化合物，其化学成分为A原子和B原子，按B∶A=b∶a的比例组成，可以用化学式A_aB_b表示。这是没有缺陷的具有完整点阵结构的理想晶体。若以$[L_A]$、$[L_B]$分别表示理想晶体单位体积内A原子和

B原子的数目，则有B原子与A原子的浓度之比为：

$$\gamma_L = [L_B]/[L_A] = b/a \tag{5-7}$$

但在实际晶体中，B与A的比值是或多或少地偏离 $b:a$，即 $B:A \neq b:a$，这就是非化学计量比化合物(nonstoichiometric compoud)或偏离整比的化合物(compound deviated from stoichiometry)，它的组成可以用化学式 $A_aB_{b(1+\delta)}$ 来表示，δ 是一个很小的正值或负值。若用[A]、[B]分别表示实际晶体单位体积内A原子和B原子的数目，则在这个化合物中，B原子与A原子的浓度之比为：

$$\gamma_c = [B]/[A] = \frac{b(1+\delta)}{a} \tag{5-8}$$

那么偏离于整比的值 Δ 可以由(5-8)和(5-7)两式之差求出：

$$\Delta = \gamma_c - \gamma_L = \frac{b(1+\delta)}{a} - \frac{b}{a} = \frac{b}{a}\delta \tag{5-9}$$

下面我们把偏离值 Δ 与几种原生的本征缺陷(primary native defects)的浓度联系起来加以讨论。

(1) 肖脱基缺陷与偏离值 Δ 的关系：当两种主要的原生本征缺陷是肖特基缺陷时，即在晶体中A和B的格位上，主要被A和B原子所占据之外，也还存在有少量的空位 V_B 和 V_A。则格位的浓度为：

$$[L_B] = [B] + [V_B] \tag{5-10}$$

$$[L_A] = [A] + [V_A]$$

即

$$\Delta = \gamma_c - \gamma_L = \frac{[L_B] - [V_B]}{[L_A] - [V_A]} - \frac{b}{a} \tag{5-11}$$

当组成符合整比性时，$\Delta = 0$，即

$$\frac{[L_B] - [V_B]}{[L_A] - [V_A]} = \frac{b}{a}$$

将(5-7)式的 $a[L_B] = b[L_A]$ 代入上式化简得：

$$a[V_B] = b[V_A] \tag{5-12}$$

此式说明了，晶体虽然存在有空位缺陷，但其组成仍符合化学计量比。

晶体中肖特基缺陷可能带有各种不同的有效电荷，如 $[V_A^x]$、$[V_A']$、$[V_A'']$ 和 $[V_B^x]$、$[V_B^{\cdot}]$ 等。晶体中还存在有电子和空穴。这些带电组元必须符合电中性原理，而且各组元浓度要保持化学整数比的关系，才能符合化学整比性。例如：

$$[V_A'] + 2[V_A''] + n = [V_B^{\cdot}] + P$$

(2) 弗仑克尔缺陷与偏离值 Δ 的关系：当主要缺陷是弗仑克尔缺陷时，即晶体中存在着 V_A 和 A_i 缺陷对，或 V_B 和 B_i 缺陷对(如在卤化银中的 V_{Ag} 和 Ag_i；在 CaF_2 中的 F_i 和 V_F；在CdFe中的 V_{Cd} 和 Cd_i 等)，可以列出下列关系式并从中求

出弗仑克尔缺陷与偏离值Δ的关系：

$$[B]=[L_B]$$

$$[A]=[L_A]-[V_A]+[A_i]$$

故有

$$\Delta=\gamma_O-\gamma_L=\frac{[B]}{[A]}-\frac{[L_B]}{[L_A]}=\frac{[L_B]}{[L_A]-[V_A]+[A_i]}-\frac{b}{a}$$

当组成符合化学整比性时，$\Delta=0$，即

$$\Delta=\frac{[L_B]}{[L_A]-[V_A]+[A_i]}-\frac{b}{a}=0 \tag{5-13}$$

又 $a[L_B]=b[L_A]$，代入上式化简得：

$$[V_A]=[A_i] \tag{5-14}$$

以上是晶体中存在着 V_A 和 A_i 的情况，若晶体中存在着 V_B 和 B_i，则有

$$[B]=[L_B]-[V_B]+[B_i]$$

$$[A]=[L_A]$$

故

$$\Delta=\gamma_O-\gamma_L=\frac{[B]}{[A]}-\frac{[L_B]}{[L_A]}=\frac{[L_B]-[V_B]+[B_i]}{[L_A]}-\frac{b}{a}$$

当组成符合化学整比性时，$\Delta=0$，即

$$\frac{[L_B]-[V_B]+[B_i]}{[L_A]}=\frac{b}{a}$$

又 $a[L_B]=b[L_A]$，代入上式化简得：

$$[V_B]=[B_i] \tag{5-15}$$

(5-14)式和(5-15)式表明，当晶体中的空位缺陷与间隙原子缺陷浓度相等时，偏离值为零。这时晶体中虽然有缺陷，但是仍然保持组成的化学整比性。由于弗仑克尔缺陷总是满足(5-14)式或(5-15)式的，因此晶体中存在弗仑克尔缺陷并不影响其组成的化学整比性。例如在卤化银晶体中的 V_{Ag} 和 $Ag_i^{\cdot}$ 在 CaF_2 晶体中的 V_F 和 F_i 等都属于这种情况。

(3) 错位原子(misplaced atom)缺陷与偏离值Δ的关系：当晶体中的主要缺陷是错位的原子 A_B 和 B_A，这类缺陷又叫做反结构缺陷(anti-stlucture disorder)，可以列出以下关系式并求出反结构缺陷的浓度与偏离值的关系：

$$[B]=[L_B]-[A_B]+[B_A]$$

$$[A]=[L_A]-[B_A]+[A_B]$$

$$\Delta=\frac{[L_B]-[A_B]+[B_A]}{[L_A]-[B_A]+[A_B]}-\frac{b}{a}$$

当组成符合化学整比性时，$\Delta=0$，即

$$\frac{[L_B]-[A_B]+[B_A]}{[L_A]-[B_A]+[A_B]}=\frac{b}{a}$$

又 $a[L_B]=b[L_A]$，代入上式化简得：

$$[A_B]=[B_A] \tag{5-16}$$

(5-16)式表明：只有当错位原子缺陷 A_B 和错位原子缺陷 B_A 的浓度相等时，才能保持组成的化学整比性。只有当组成原子 A 和 B 的电负性相差不大的化合物中才会出现这种反结构缺陷。例如在 Bi_2Te_3、Mg_2Sn 和 CdTe 等金属间化合物中能有这种情况。

(4) 空位和取代原子缺陷与偏离值 Δ 的关系：当晶体中的缺陷是空位和取代原子 V_A 和 A_B 或 V_B 和 B_A 时，可列出下列关系式并导出它们的浓度与偏离值的关系：

$$[B]=[L_B]-[A_B]$$

$$[A]=[L_A]+[A_B]-[V_A]$$

$$\Delta=\frac{[L_B]-[A_B]}{[L_A]+[A_B]-[V_A]}-\frac{b}{a}$$

当组成符合化学整比性时，$\Delta=0$，即

$$\frac{[L_B]-[A_B]}{[L_A]+[A_B]-[V_A]}=\frac{b}{a}$$

又 $a[L_B]=b[L_A]$，代入上式化简得：

$$[V_A]=[A_B]+\frac{a}{b}[A_B] \tag{5-17}$$

(5-17)式表明：只有当两种主要缺陷的浓度满足上述关系时，才能保持组成的化学整比性。NiAl 晶体是以 V_A 和 A_B 为主要缺陷的实例。当晶体中两种主要缺陷是 V_B 和 B_A 时，也可作类似的讨论。

(5) 两种主要缺陷都是间隙原子 A_i 和 B_i，以及缺陷是间隙原子和取代原子，如 A_i 和 B_A 或 B_i 和 A_B，均未发现有实例。

综上所述，在化合物中如果只存在有一种缺陷，会导致一种组分过量或另一种组分短缺。因此，要保持化学上整比的组成，必然要有两种或两种以上缺陷同时存在，它们对化学整比产生恰恰相反的影响，并具有相同的浓度，这成对出现的缺陷叫做缺陷对或共轭缺陷。

5.5 晶体中缺陷生成的化学平衡

非化学整比化合物晶体中本征缺陷的浓度(或偏离值 Δ)，可借助于相平衡的原理加以控制。

相律指出：只受外界温度和压力影响的相平衡物系，它的自由度数和构成物系的独立组分数以及构成物系的相数之间有如下的关系：

$$f=C-P+2 \tag{5-18}$$

式中：f 为自由度数；C 为独立组分数；P 为相数；2 为表示温度和压力这两个独立变数。

5.5.1　单质晶体的相平衡

对于一种单质晶体，例如硅晶体，组分数为 1，相数为 1，所以体系的自由度数 $f=2$。它表示规定体系状态的热力学变量有两个，如温度和压力，当温度和压力都固定时，硅的状态就完全被确定了。而硅的各种性质及具有不同电荷的本征缺陷的浓度、准自由电子和空穴的浓度等都与硅的状态有关，所以在给定的温度和压力下，这些变量也完全被确定了。应当指出，只有晶体中的各种点缺陷及电子空穴才是与体系状态有关的平衡缺陷。固体中的位错及表面缺陷等与点缺陷不同，它们是非平衡缺陷，不能用热力学方法来处理。对于固体来说，温度和压力这两个变量的地位是不一样的。在通常情况下，压力对固体状态的影响很小，因此它不是一个重要的变量。而温度则是一个重要的变量，对单质固体来说，其状态和各种性质主要取决于温度。

5.5.2　二元化合物晶体的相平衡

对于一个固体二元化合物如 NaCl 晶体，自由度数为 2。当要固定 NaCl 晶体的状态和性质时，必须固定温度和另一个强度变数。最方便的是以钠或氯的化学势作为这个强度变数，这是因为它们的数值可以由与其保持平衡的气相分压 p_{Na} 和 p_{Cl_2} 来加以确定。因为：

$$Cl \rightleftharpoons \frac{1}{2}Cl_2 \quad \mu_{Cl}=\frac{1}{2}\mu_{Cl_2}$$

故有：

$$\mu_{Na}(气)=\mu_{Na}^0(T)+kT\ln p_{Na}$$

$$\mu_{Cl}(气)=\frac{1}{2}\mu_{Cl_2}(气)=\frac{1}{2}\mu_{Cl_2}^0(T)+\frac{1}{2}kT\ln p_{Cl_2}$$

由于 μ^0 仅是温度的函数，因此化学势在给定的温度和气相分压 p_{Na} 和 p_{Cl_2} 时是固定的。在平衡时，固相和气相组分的化学势相等。即

$$\mu_{Na}(固)=\mu_{Na}(气)=\mu_{Na}^0+kT\ln p_{Na}$$

$$\mu_{Cl}(固)=\mu_{Cl}(气)=\frac{1}{2}\mu_{Cl_2}^0+\frac{1}{2}kT\ln p_{Cl_2}$$

5.5.3 NaCl晶体中缺陷生成的化学平衡

NaCl晶体中空位缺陷生成的化学平衡可以描述为：一个Na原子由气相进入NaCl晶体中，便在晶体中同时产生一个Cl^-空位$V_{Cl}^{\cdot}$，其反应式为：

$$(1-\delta)NaCl(固)+\delta Na(气)\rightleftharpoons NaCl_{(1-\delta)}(V_{Cl})_{\delta}(固)$$

按照质量作用定律，可以写出上述反应的平衡常数k_1的表达式：

$$k_1=\frac{[V_{Cl}^{\cdot}]}{p_{Na}} \tag{5-19}$$

同理，可以写出一个Cl原子由气相进入NaCl晶体时的反应式及平衡常数表达式：

$$(1-\delta)NaCl(固)+\frac{\delta}{2}Cl_2(气)\rightleftharpoons Na_{1-\delta}(V_{Na})_{\delta}Cl(固)$$

$$k_2=\frac{[V_{Na}']}{p_{Cl_2}^{\frac{1}{2}}} \tag{5-20}$$

NaCl晶体在高温下还会发生离解反应：

$$NaCl(固)\rightleftharpoons Na(气)+\frac{1}{2}Cl_2(气)$$

其平衡常数为：

$$k_3=p_{Na}\times p_{Cl_2}^{\frac{1}{2}} \tag{5-21}$$

式中表示的p_{Na}和p_{Cl_2}不是两个互相独立的变量，只要确定其中一个的值，另一个值也就确定。

由于在一定温度下，k_1、k_2和k_3均为常数，因此将(5-19)式、(5-20)式和(5-21)式相乘，得

$$k_s=k_1\times k_2\times k_3=[V_{Na}']\cdot[V_{Cl}^{\cdot}] \tag{5-22}$$

(5-22)式说明：在一定温度下，晶体中两种肖脱基缺陷的浓度$[V_{Na}']$和$[V_{Cl}^{\cdot}]$的乘积是一个常数。因此，其中一种缺陷浓度的增加，必然导致另一种缺陷浓度的减少。由(5-19)式和(5-20)式可以看出，在晶体中一种组元空位缺陷的浓度和另一种组元在气相中的分压成正比。因此，只要增加p_{Cl_2}就能提高晶体中Na离子空位缺陷V_{Na}'的浓度；若增加p_{Na}就能提高Cl离子空位缺陷$V_{Cl}^{\cdot}$的浓度，反之亦然。这说明利用增加或减少与固相成平衡的气相中各组元的分压，便可以控制固相中缺陷的浓度。

5.5.4 填隙原子缺陷生成的化学平衡

碱金属卤化物晶体中填隙原子缺陷生成可以表示为：

$$MX(固)+\delta M(气) \rightleftharpoons M(M_i)_\delta X(固)$$

按照质量作用定律，上述反应的平衡常数的表达式为：

$$k_1=\frac{[M_i]}{p_M} \tag{5-23}$$

同样有：

$$MX(固)+\frac{\delta}{2}X_2(气) \rightleftharpoons MX(X_i)_\delta(固)$$

$$k_2=\frac{[X_i]}{p_{X_2}^{\frac{1}{2}}} \tag{5-24}$$

MX 晶体在高温时的分解反应为：

$$MX(固) \rightleftharpoons M(气)+\frac{1}{2}X_2(气)$$

$$k_3=p_M \times p_{X_2}^{\frac{1}{2}} \tag{5-25}$$

将(5-23)式、(5-24)式和(5-25)式相乘得：

$$k_J=k_1\times k_2\times k_3=[M_i][X_i] \tag{5-26}$$

(5-26)式表明：在一定温度下，固体中两种弗仑克尔缺陷即填隙原子缺陷的浓度的乘积也是一个常数。因此，增加其中一种缺陷的浓度必定导致另一种缺陷浓度的减少。同样，也可由(5-24)式和(5-25)式可知，借助于增加或减少与固相成平衡的气相中各组分的分压，便可控制固相中缺陷的浓度。

5.5.5　电子和空穴缺陷生成的化学平衡

半导体材料的研究涉及到电子和空穴缺陷，这类缺陷对半导体材料开发研究意义重大。因此，对其化学平衡讨论极为重要。

我们知道，固体材料的能带如图 5.4 所示。当温度 $T=0$ K 时，晶体中的电子均位于最低能级，此时价带(valence band)中的能级完全被占据，导带(conduction band)中没有电子。而当 $T>0$ K时，一些电子将被激发到导带的能级中，用符号 e' 表示这些被激发到导带中的自由电子。此时价带中原来被电子占据的轨道就腾空了，这些腾空的轨道表现为可移动的正电荷，称为空穴(holes)，用符号 $h^\cdot$ 表示。一个电子由价带进入导带，同时在价带中产生一个空穴，即同时产生一个电子一空穴对(electron-hole pair)，其所需的能量相当于禁带(forbidden band)宽度的能量 E_g。反之，也可能发生一个导带的电子返回价

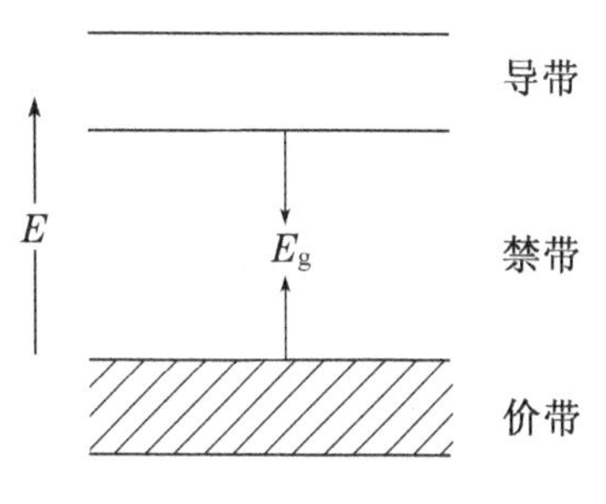

图 5.4　固体的能带示意图

带空穴处，这样一个相反的过程叫做电子-空穴复合（election-hole rocombination）。在平衡时，电子-空穴对的产生和复合的速度相等。因此，在一定温度下，导带中有一定浓度的电子，而在价带中也有相同浓度的空穴。

半导体是介于典型金属和典型绝缘体之间的一类材料，其电阻率一般在 $10^{-2} \sim 10^{7}\ \Omega \cdot cm$ 之间。半导体通常分为元素半导体和化合物半导体。典型的元素半导体是具有金刚石结构的 C、Si 和 Ge 单晶。从能带论的角度看，C、Si 和 Ge 晶体从价带到导带间的带隙分别为 5.33 eV、1.14 eV 和 0.67 eV。在 0 K 时，半导体中的导带是空的，所以此时半导体的性质像绝缘体。当温度升高时，由于热运动，晶体中产生点缺陷，同时产生数量相同的电子或空穴，呈现一定的导电性。绝缘体和本征半导体都属于非导体，两者的区别在于：本征半导体中价带和导带之间的带隙（band gap）较窄，价带中的少量电子有可能被激发越过带隙而进入导带，因此呈现出不同程度的本征导电性；而绝缘体带隙较宽，在一般条件下，价带中的电子不能被激发到导带，因此，不具有可能观察的导电性。一旦将杂质引入半导体时，即可导致其产生电子或空穴，便可改变半导体的能带结构，从而对半导体特性产生重大影响。

当将 VA 族元素 As 渗入 Ge 的晶体中形成取代杂质缺陷 As_{Ge} 时，由于 As 的价电子数比 Ge 多一个，这样当电子完全填满了价带之后，还多出一个电子。这个电子虽然仍受到 As 原子实正电中心的束缚，相当于（$As_{Ge}{}^{+} + e^{-}$），但 As 原子缺陷处的势场要比正常点阵格位错原子处的势场要弱一些，因此对这个额外电子的束缚并不太强。也就是说，这个电子的能量要高于一般价带中其他的电子，因而这个与缺陷 As_{Ge} 相联系着的电子的能级不是在价带之中，而是在导带底以下的禁带之中。缺陷 As_{Ge} 上的这个电子很容易受激发而电离并跃迁到导带中，成为准自由电子，这样在缺陷 As_{Ge} 处便形成一个正电中心。即原来杂质 As 原子缺陷是一个中性的缺陷，其符号和有效电荷应写成 $As_{Ge}^{\times}$，它的能级位于导带底以下 0.012 7 eV 处，缺陷平衡方程式为：

$$As_{Ge}^{\times} + E_{D} \longrightarrow As_{Ge}^{\cdot} + e'$$

式中，E_D 是使 $As_{Ge}^{\times}$ 激发给出一个电子所需要的能量，称施主电离能。E_D 实验值为 0.012 7 eV（纯硅和锗的能带隙 E_g 分别是 1.09 eV 和 0.71 eV）。E_D 值很小，表示 $As_{Ge}^{\times}$ 杂质缺陷的能级距离导带底很近。$As_{Ge}^{\times}$ 这种能给出电子的缺陷，称施主缺陷（donors），它所在的能级称施主能级。这种缺陷构成的局域能级以及缺陷的电离如图 5.5 所示。掺有微量 As 的 Ge 晶体是一种 n 型半导体。

当将Ⅲ族元素 B 掺入 Si 晶体形成取代缺陷 $B_{Si}^{\times}$ 时，B 原子只有三个价电子，与邻近的 Si 原子形成共价键时（sp^3 杂化成键轨道）尚缺一个电子，也就是说尚有一个空轨道，即该杂质点缺陷的负电中心束缚着一个带正电荷的空穴，$B_{Si}^{\times}$ 电

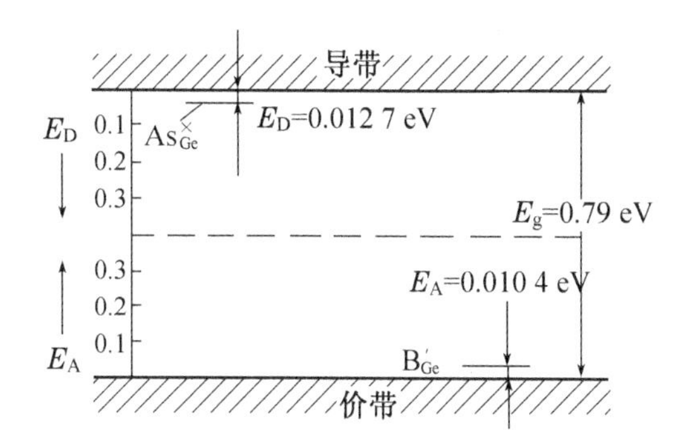

图 5.5　Ge 晶体中掺入 As 或 B 时所形成的局域能级

离时，把一个空穴电离到价带，缺陷平衡方程写作：

$$B_{Si}^{\times}+E_A \longrightarrow B'_{Si}+h^{\cdot}$$

式中，E_A 称为空穴电离能。$E_A \approx 0.045$ eV，说明 B'_{Si} 缺陷的局域能级位于价带顶之上 0.045 eV 的禁带中。此时，周围 Si 原子上的价电子不需要增加多大的能量就可以较容易地来填补 B 原子周围的空轨道(空穴)。这就在 Si 价带上缺少了一个电子而出现一个空穴，而 B 原子则因接受了一个电子而成为负离子。这类杂质因能接受电子而被称为受主，其空穴电离能也就称为受主电离能。含有受主点缺陷的半导体称之为 p 型半导体，故掺杂Ⅲ族元素的 Si、Ge 等单晶为 p 型半导体。

当将 V 族元素 P 掺入 Si 晶体形成取代缺陷 $P_{Si}^{\times}$ 时，P 有五个价电子与周围的 Si 通过 sp^3 杂化成键轨道结合后，尚余一个价电子。该电子仍受到 P 原子实正电中心的束缚，相当于($P_{Si}^{\cdot}+e^-$)。显然 P 原子周围这个多余电子要比周围其他成键电子被束缚的松得多，即这个电子的能量要比其他价带电子的能量高一些。故该富余电子的能级不是在价带之中，而是在导带底之下的禁带之中。缺陷 $P_{Si}^{\times}$ 上这个束缚电子很容易受激发而进入导带中，成为准自由电子，这就在取代缺陷 $P_{Si}^{\times}$ 处便产生了一个正电中心。该缺陷的电离方程式为：

$$P_{Si}^{\times}+E_D \longrightarrow P_{Si}^{\cdot}+e'$$

式中：E_D 为施主电离能；$P_{Si}^{\times}$ 为缺陷发出一个电子所需要的能量，实验测得其值为 0.045 eV。这个数值也较小，表明该杂质缺陷的能级离导带底很近。缺陷 $P_{Si}^{\times}$ 称为施主缺陷。表 5.1 给出了 Si、Ge 中杂质缺陷的能级。图 5.6 为 Si 晶体中掺入 B 和 P 时形成的局域能级。

表 5.1 Si、Ge 中杂质缺陷的能级

半导体＼杂质	施主(E_D/eV)		受主(E_A/eV)				
	P	As	Sb	B	Al	Ga	In
Si	0.045	0.049	0.039	0.045	0.057	0.065	0.16
Ge	0.012	0.013	0.009 6	0.01	0.01	0.011	0.011

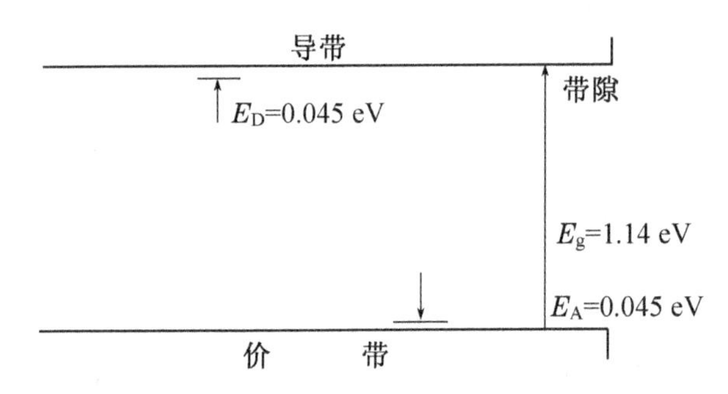

图 5.6 Si 晶体中掺入 B 和 P 时形成的局域能级

化合物半导体中的缺陷结构和杂质效应与 Si 和 Ge 中的情况有所不同，施主能级和受主能级均可在其两种亚晶格中引入。例如，将 CdS 在真空中加热，少量 S 原子便会从晶格中失去，晶体中留下 S 离子空位，且在 S 离子空位处留下两个被松弛地束缚着的电子($V_S^{\times}+2e^-$)，该缺陷的符号可以写作 V''_S。这两个电子很容易被激发到导带中，其电离反应方程式为：

$$V''_S + E_{D_1} \longrightarrow V'_S + e'$$

$$V'_S + E_{D_2} \longrightarrow V_S^{\times} + e'$$

式中，E_{D_1} 和 E_{D_2} 分别为该施主缺陷的第一电离能和第二电离能，其能级位于导带底之下。所以，V''_S是一个施主缺陷，有 S 离子空位的 CdS 晶体是一种 n 型半导体。如果将 CdS 置于 S 蒸气中加热，则会造成晶体中的 S 含量大于其化学计量比，相当于在晶体中形成 Cd 离子空位。该 Cd 离子空位松弛地束缚着两个带正电的空穴，缺陷符号为 $V_{Cd}^{\cdot\cdot}$。该缺陷上的两个空穴很容易从价带中俘获两个电子，或者说这两个空穴的能级被激发而降至价带，缺陷电离方程式为：

$$V_{Cd}^{\cdot\cdot} + E_{A_1} \longrightarrow V_{Cd}^{\cdot} + h'$$

$$V_{Cd}^{\cdot} + E_{A_2} \longrightarrow V_{Cd}^{\times} + h'$$

式中，E_{A_1} 和 E_{A_2} 分别为该受主缺陷的第一电离能和第二电离能，其能级位于价带顶之上。因此，$V_{Cd}^{\cdot\cdot}$ 缺陷是一个受主缺陷，含有 Cd 原子空位的 CdS 晶体是一种 p 型半导体。

如果在纯Ge晶体中掺入Li原子于点阵的间隙位置，便形成$Li_i^{\times}$。虽然它是一个正电中心，束缚着一个电子，这个电子的能级仍然要高于价带，而存在于禁带之中。实验测定这个间隙$Li_i^{\times}$杂质缺陷的能级位于禁带的最上端，距离导带底的能量差只有0.009 3 eV，即$E_D=0.009\,3$ eV。缺陷的电离过程可表示为：

$$Li_i^{\times}+E_D \longrightarrow Li_i^{\cdot}+e'$$

故在纯Ge中掺入Li原子形成间隙杂质缺陷后，使Ge成为n型半导体。

应该指出的是，本征半导体中受激发产生的导带电子和价带空穴并不是完全自由的，它们之间在一定程度上互相关联地形成一个电子空穴对而运动着，要么构成激子(excitons)，或者复合而放出能量。在杂质半导体中由缺陷能级受激发产生的导带电子或价带电子，也不是完全自由的，而是准自由的电子和空穴，它们在某种程度上受着缺陷的束缚，即局域在缺陷的附近。这些电子或空穴的导电过程是从一个缺陷原子跳向另一个缺陷原子，其导电机理模型被称之为跳跃电子模型。

5.5.6 PbS晶体缺陷的生成反应及其平衡常数方程

由于人们对PbS研究得比较完善，以PbS为例来讨论其缺陷的生成反应和相应的反应平衡常数方程具有实际意义。PbS存在着下列几种缺陷的生成反应和相应的反应平衡常数方程。

肖特基缺陷的生成：

$$PbS \rightleftharpoons Pb(V_{Pb}^{\times})S(V_S^{\times}) \quad [V_{Pb}^{\times}][V_S^{\times}]=K_S \tag{5-27}$$

$V_{Pb}^{\times}$的电离：

$$V_{Pb}^{\times} \rightleftharpoons V'_{Pb}+h^{\cdot} \quad [V'_{Pb}]p/[V_{Pb}^{\times}]=K_A \tag{5-28}$$

$V_S^{\times}$ 的电离：

$$V_S^{\times} \rightleftharpoons V_S^{\cdot}+e' \quad [V_S^{\cdot}]n/[V_S^{\times}]=K_D \tag{5-29}$$

电子-空穴对的产生：

$$0 \rightleftharpoons h^{\cdot}+e' \quad n\cdot p=K_i \tag{5-30}$$

PbS的热解反应：

$$PbS \rightleftharpoons PbS_{1-\delta}(V_S^{\times})_{\delta}+\frac{\delta}{2}S_2 \quad [V_S]p_{S_2}^{\frac{1}{2}}=K_S \tag{5-31}$$

固体PbS中还存在下列电中性关系：

$$[V'_{Pb}]+n=[V_S^{\cdot}]+p \tag{5-32}$$

将上述(5-27)～(5-30)式合并，可得：

$$[V_S^{\cdot}][V'_{Pb}]=K_AK_DK_S/K_i=K'_S \tag{5-33}$$

K'_S 即生成一对电离化了的肖特基缺陷的反应平衡常数。如果将上述各平衡常数方程联解，便可求出各类缺陷的浓度及电子和空穴的浓度，以及它们随平衡气相分压 p_{s_2}（或 p_{Pb}）的变化关系。由于很难解出这些方程，为此克罗格(Kroger)和文克(Vink)采用了一种近似方法，他们把 P_{s_2} 的值分成三个区间，如表 5.2 所示，在各区间内令电中性条件作不同的近似的改变，求出各类缺陷的浓度随 P_{s_2} 变化的函数关系，得到的 PbS 晶体中各类缺陷的浓度随 P_{s_2} 变化的 1 000 K 等温线图，如图 5.7 所示。

表 5.2 PbS 中各类缺陷浓度对 P_{s_2} 的依赖关系

区间 / 缺陷	Ⅰ $n=[V_S^{\cdot}]$	Ⅱ $n=p$	Ⅲ $p=[V'_{Pb}]$
$[V_S^{\cdot}]$	$K_D^{\frac{1}{2}} K_g^{\frac{1}{2}} p_{S_2}^{-\frac{1}{4}}$	$K_D K_i^{-\frac{1}{2}} K_g p_{S_2}^{-\frac{1}{2}}$	$K_D (K_A K_S)^{\frac{1}{2}} K_i^{-1} K_g^{\frac{1}{2}} p_{S_2}^{-\frac{1}{4}}$
$[V_{Pb}^{\cdot}]$	$K_A K_S K_D^{\frac{1}{2}} K_i^{-1} K_g^{-\frac{1}{2}} p_{S_2}^{\frac{1}{4}}$	$K_A K_S K_i^{-\frac{1}{2}} K_g^{-1} p_{S_2}^{\frac{1}{2}}$	$(K_A K_S)^{\frac{1}{2}} K_g^{\frac{1}{2}} p_{S_2}^{\frac{1}{4}}$
n	$K_D^{\frac{1}{2}} K_g^{\frac{1}{2}} p_2^{-\frac{1}{4}}$	$K_i^{\frac{1}{2}}$	$K_i (K_A K_S)^{-\frac{1}{2}} K_g^{\frac{1}{2}} p_{S_2}^{-\frac{1}{4}}$
p	$K_i K_D^{-\frac{1}{2}} K_g^{-\frac{1}{2}} p_{S_2}^{\frac{1}{4}}$	$K_i^{\frac{1}{2}}$	$(K_A K_S)^{\frac{1}{2}} K_g^{-\frac{1}{2}} p_{S_2}^{\frac{1}{4}}$
$[V_S^{\times}]$		$K_g p_{S_2}^{-\frac{1}{2}}$	
$[V_{Pb}^{\times}]$		$K_S K_g^{-1} p_{S_2}^{\frac{1}{2}}$	

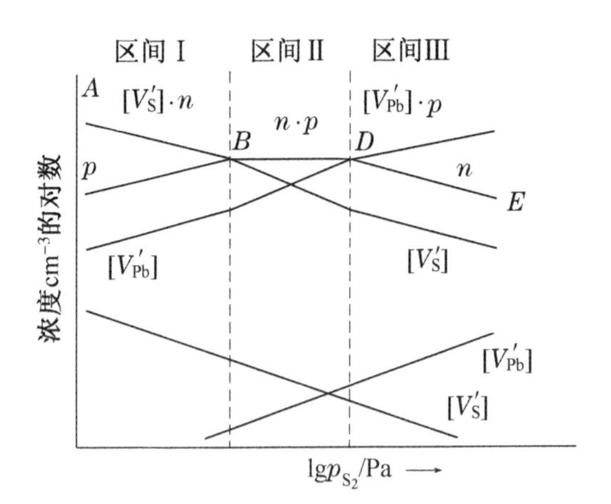

图 5.7 高温下 PbS 中各种本征缺陷浓度随 p_{s_2} 的变化

可以根据图 5.7 中各线段的趋向，定性地判读各类缺陷的浓度随 p_{s_2} 变化的关系。在区间Ⅰ中，PbS 是 n 型半导体；在区间Ⅱ中，PbS 是真半导体；在区间Ⅲ中，PbS

是p型半导体。随着 p_{s_2} 的增大，固体PbS的电导率沿 $ABDE$ 作折线变化。

可以用同样的方法来处理PbS中各类缺陷随温度变化的关系。PbS组成偏离整比的程度可以用 $[V_S^{\times}][V_{Pb}^{\times}]$、$[V_S^{\cdot}][V_{Pb}']$ 以及 $n \cdot p$ 等这些乘积来量度，并且每一个乘积都是 T 的函数，都和 T 呈指数形 $\exp(-A/kT)$ 的关系。因此当温度降低时，偏离比程度也减小，当 $T=0$ K时，如果能建立平衡的话，则偏离程此度就等于0，缺陷便消失了。

在区间Ⅰ中：

$$[V_S^{\cdot}]/[V_S^{\times}]=(K_D/[V_S^{\times}])^{\frac{1}{2}} \tag{5-34}$$

其中 $K_D=N_c\exp(-E_D/kT)$。根据在室温下测定霍尔效应的结果，布洛姆求得了 E_D 和 E_A 均大约是0.01 eV。在1 000 K，$\exp(-E_D/kT)=0.89$，$N_C=9.06\times10^{14}T^{\frac{3}{2}}=0.3\times10^{20}\ \text{cm}^{-3}$［注：$N_C$ 是导带中的电子浓度，$N_C=n(L_e')/V=2(2\pi m\cdot kT/h^2)^{\frac{3}{2}}$，取PbS中的有效电子质量是自由电子质量的0.34倍］，这样求得 $K_D=0.27\times10^{20}\ \text{cm}^{-3}$。因此，$[V_S^{\cdot}]>[V_S^{\times}]$，除非 $[V_S^{\times}]$ 变得大于 $0.27\times10^{20}\ \text{cm}^{-3}$ 才改变。因为PbS的格位浓度 $[L]=1.9\times10^{22}\ \text{cm}^{-3}$，所以要使 $[V_S^{\times}]>0.27\times10^{20}\ \text{cm}^{-3}$ 就必须使 $[V_S^{\times}]/[L]\geqslant0.27\times10^{20}/1.9\times10^{22}=1.4\times10^{-3}$。而实际上PbS中空位的浓度远远小于此数，因此，S空位作为一个施主，几乎完全以电离化的 $[V_S^{\cdot}]$ 形式存在。既然在区间Ⅰ中 p_{s_2} 很小、S空位浓度较高的情况下，$[V_S^{\cdot}]\geqslant[V_S^{\times}]$；那么在其他区间小，当然更是 $[V_S^{\cdot}]\geqslant[V_S^{\times}]$。在室温下 $N_C=0.5\times10^{19}\ \text{cm}^{-3}$，$[V_S^{\times}]$ 更小，S空位当然就更会全部地电离为 $V_S^{\cdot}$。同理，Pb空位作为受主缺陷，也几乎全部地电离为 V_{Pb}'。

根据(5－11)式，$\Delta=\dfrac{[L_B]-[V_B]}{[L_A]-[V_A]}-\dfrac{b}{a}$，可以求得PbS中偏离化学整比的值Δ：

$$\Delta=\frac{1.9\times10^{22}-[V_S^{\cdot}]}{1.9\times10^{22}-[V_{Pb}']}-1=\frac{[V_{Pb}']-[V_S^{\cdot}]}{1.9\times10^{22}} \tag{5-35}$$

因为 $[V_{Pb}']\ll[L]$，在区间Ⅰ中，$[V_S^{\cdot}]\geqslant[V_{Pb}']$，则

$$\Delta=-[V_S^{\cdot}]/1.9\times10^{22} \tag{5-36}$$

在区间Ⅲ中 $[V_{Pb}']\geqslant[V_S^{\cdot}]$，所以 $\Delta=[V_{Pb}']/1.9\times10^{22}$。由表5－1中知道，$[V_{Pb}']=p=(K_AK_S)^{-\frac{1}{2}}K_g^{-\frac{1}{2}}p_{S_2}^{\frac{1}{4}}$，所以

$$\Delta=(K_AK_S)^{\frac{1}{2}}K_g^{-\frac{1}{2}}p_{S_2}^{\frac{1}{4}}/1.9\times10^{22} \tag{5-37}$$

因此，在区间Ⅰ，PbS中含Pb较多；在区间Ⅲ中，含S较多；在区间Ⅱ中，p_{s_2}：具有一单一的位，$[V_S^{\cdot}]=[V_{pb}']$ 是很确切的。由电中型原则，当然 $n=p$。由此而求出区间Ⅱ中点处：

$$p_{s_2}=K_D^2K_g^2(K_S'K_i)^{-1} \quad (5-38)$$

由此可以知道，只是在区间Ⅱ的中点处 PbS 才呈现严格的化学整比组成，而在中点的左边或右边，PbS 则分别的富 Pb 或富 S。

综上所述，像 PbS 这样的二元化合物的化学整比性，可以借助于固定温度 T 和固定气相中一个组分的分压来加以控制。

5.6 晶体缺陷平衡常数的测定

固态化学无论是理论研究还是应用研究尚处在发展阶段，涉及到缺陷平衡常数的数据目前甚少，上述化学平衡方程式的理论计算也主要适用于对体系的平衡状态作定性的讨论。能否采用实验的方法来测定晶体缺陷平衡常数？布洛姆在对 PbS－S 体系进行实验研究时，采用如图 5.8 所示实验装置，将 PbS 晶体和 S 分别放置在一支抽空密封的管子两端，两端处于两个不同的加热温度区，通过控制 S 源区的温度 T_2 控制了气氛中硫蒸气(S_2)的分压 p_{s_2}，在不同的 p_{s_2} 条件下分别对 PbS 样品进行较长时间的灼烧，通过灼烧后样品“冷却”(或称之为“淬火”)，来测量其载流子类型和浓度。实验结果获得的 PbS“淬火”至室温下空穴浓度与 $\lg p_{s_2}$ 关系曲线如图 5.9 所示。由曲线可见，当 $p_{s_2}<100$ Pa 时，材料为 N 型；当 $p_{s_2}>100$ Pa 时，材料为 p 型；当 $p_{s_2}\approx100$ Pa 时，可得到基本上满足化学计量比为 1∶1 的本征 PbS 材料。因此，在普通的合成条件下制备的 PbS 晶体，一旦组分 S 不足时，则呈 n 型导体。

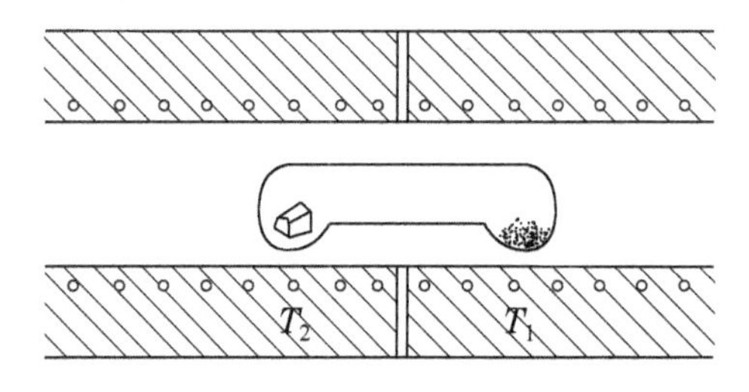

图 5.8 高温下用硫蒸气处理 PbS 晶体的装置

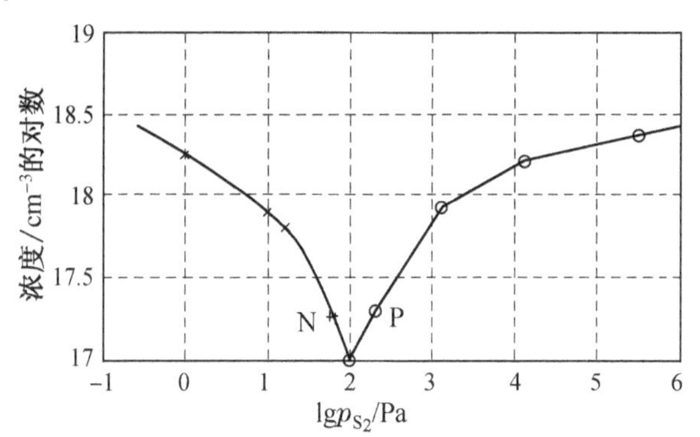

图 5.9 PbS“淬火”至室温下空穴浓度与 $\lg p_{s_2}$ 关系曲线

将 PbS 置于高温区，S 置于低温区，以温度分别为 1 000 K、1 100 K、1 200 K 开展实验。硫蒸气压是由低温区的温度 T_1 来控制，达到气固相平衡需要时间为：1 200 K 时需 20 min；1 000 K 时需 7h；800 K 时需 60 h。将平衡了的 PbS 试样"淬火"至室温，测定其霍尔系数和电导率，可求得试样中载流子(电子或空穴)的浓度。测定结果曲线如图 5.10 所示。该实验曲线与图 5.11 的理论计算值曲线比较，实验曲线与理论计算值曲线十分相近。

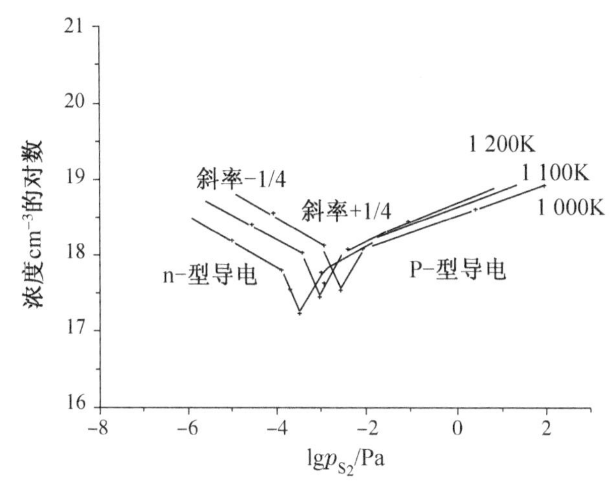

图 5.10　在 1 000 K、1 100 K 和 1 200 K 分别用不同分压的硫蒸气处理过的 PbS"淬火"后在室温下测得的室温空穴的浓度随 $\lg p_{S_2}$ 的关系

上述 PbS 晶体缺陷测量结果描述，是指在高温状态下淬火至室温下的测量，因为只有在高温下才能迅速建立固态中的平衡。既然如此，测量理应在同样的高温下进行才是，然而高温下的物理化学测量极其困难，所以通常是将在高温下达到平衡的样品快速地"冷却"或"淬火"到室温，然后在室温下进行研究。这样做是简单地认为这一"冷却"或"淬火"可以把本征的和杂质的缺陷"冻结"起来(除非扩散才能破坏这种"冻结"状态，但原子在室温下扩散进行得很慢)。但这一做法也存在迁移问题，由于电子和空穴具有较高的迁移速度，它们则将按照低温下的平衡在所有可利用的能态上重新分配它们自己。例如，固体中的本征缺陷在高温下电离，给出自由电子和空穴，表现为施主和受主。在低温下这些电离了的缺陷能俘获电荷载流子，这样不仅能够降低电荷载流子的浓度，而且能够改变缺陷的有效电荷状态。因此，尽管可以假定在淬火后，固体中缺陷的总浓度保持恒定不变，但是各种荷电状态的缺陷浓度的比值却是改变了。以 PbS 为例，我们知道它的施主和受主电离能 E_A 和 E_D 很小，均约为 0.01 eV，所以可以认为即使是在室温下，其中所有的本征空穴缺陷也都是电离化了的。因此，在室温下只考虑 PbS 小的 $V_S^{\cdot\cdot}$、V'_{Pb}、e'和 $h^{\cdot}$ 等缺陷。PbS 的中性条件是：

$$[V_S^{\cdot\cdot}]+p=[V'_{Pb}]+n \tag{5-39}$$

在区间Ⅰ内，我们可以认为由高温“冻结”下来的试样中$[V_S^{\cdot\cdot}]$保持不变，则由中性条件可得$[V_S^{\cdot\cdot}]=n$。同理在区间Ⅲ内，试样中的$[V'_{Pb}]$也和高温下的相同，$[V'_{Pb}]=p$。但是在区间Ⅱ中，高温下的中性条件是$n=p$，在室温下并不一定$n=p$，在区间Ⅱ的中点处$[V_S^{\cdot\cdot}]=[V'_{Pb}]$，那么根据上述中性原则，$n=p=K_i^{\frac{1}{2}}$。因为$K_i=N_C N_V \exp(-E_g/kT)$，$K_i$在室温下要比在高温下小得多，因此，$n$和$p$具有很小的值。在中心点的左边(即$p_{s_2}$值较低的那边)，室温下近似的中性条件将是$[V'_{Pb}]=p$。在高温下，PbS 与不同$p_{s_2}$平衡后，冷冻到室温试样中各种荷电缺陷浓度随$p_{s_2}$即变化的关系如图图 5.11 所示。

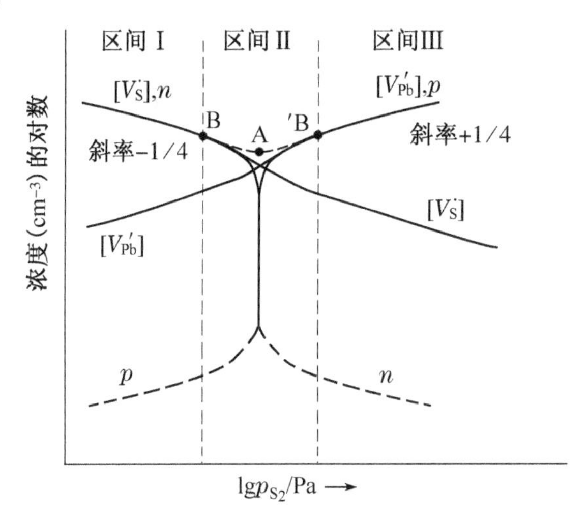

图 5.11 经高温平衡后冷冻到室温的 PbS 中荷电缺陷浓度随硫蒸气分压变化关系

根据实验测定值以及E_D和E_A(均等于 0.01 eV)，还可以导出平衡常数K_D、K_A和K_i以及K_g和K'_s。K_A、K_D的计算式为：

$$K_A=K_D=9.06\times10^{14}T^{\frac{3}{2}}\exp(-0.01/8.62\times10^{-5}T) \tag{5-40}$$

表 5.3 为 PbS 的$K_A(=K_D)$的计算值。表 5.4 为 PbS 的K_i、K_s、K_g的计算值。

表 5.3 PbS 的 $K_A(=K_D)$ 的计算值

温度/K	$N_V=N_C/cm^3$	$K_A=K_D/cm^{-3}$
1 000	0.30×10^{20}	0.27×10^{20}
1 100	0.35×10^{20}	0.31×10^{20}
1 200	0.40×10^{20}	0.36×10^{20}

[注]取 $E_D=E_A=0.01$ eV，电子和空穴的质量为自由电子质量的 0.34 倍。

表 5.4 PbS 的 K_i、K_s' 和 K_g 的计算值

温度/K	K_i/cm^{-6}	K_S'/cm^{-6}	K_g/cm^{-3}
1 000	1.0×10^{36}	4.0×10^{34}	2.3×10^{14}
1 100	3.2×10^{36}	3.2×10^{35}	3.6×10^{15}
1 200	6.3×10^{36}	1.0×10^{36}	1.5×10^{16}

综上所述，我们可以借助于控制温度和硫分压的办法来控制 PbS 中本征载流子浓度，这是一个典型的实例，这种理论分析和实验方法适合于所有二元化合物。

5.7 晶体缺陷的种类和浓度的实验测定

对晶体开展缺陷的种类和浓度测定是相当困难的一件事，这是因为像点缺陷的浓度极小(0.01%以下)，而且必须是在晶体与外界温度、压力以及组分分压等处于热力学平衡的情况才好进行测定，也就是说必须在高温下，缺陷平衡能迅速建立的情况下进行实验测定。此外，与缺陷运动相关的自扩散和化学扩散的实验测定也非常困难。尽管如此，但目前认为采用化学分析法、微质量法、密度测定法、示踪原子法及标记物法、电导率、X 射线衍射及中子衍射等一些实验方法，不失为是一种可行的和有效的方法。

5.7.1 化学分析法

一般情况下，定量分析误差为$\pm10^{-3}$，而带有本征缺陷的晶体偏离整比的组成一般都小于 10^{-3}，所以用化学分析方法直接确定非化学计量比化合物的组成很困难。但是用化学分析法测定非化学计量比化合物中金属的过量或欠量是可能的，因为非化学计量比化合物往往是一种多组分的固溶体，其中的各组分具有不同的价态。例如，$ZnO_{1-\delta}$中含有过量的锌，可看作是 $Zn^{2+}O$ 和 Zn^0 的固溶体；

$FeO_{1-\delta}$可以看作是 $Fe^{2+}O$ 和 $Fe_2{}^{3+}O_3$ 的固溶体或 Fe_2O_3 和 Fe^0 的固溶体。这种类型化合物的偏离值可以从直接测定其中非正常价态的原子的浓度来求得。例如，在隔绝空气和氧的条件下，将 $FeO_{1+\delta}$溶解，生成含有大量 Fe^{3+}、少量 Fe^{2+} 的溶液，其中 Fe^{2+} 的含量可以用 $Ce(SO_4)_2$ 来滴定。$Cu_{2-\delta}O$ 中铜的欠量可以通过将试样溶解于盐酸溶液中，测定 Cu^{2+} 的浓度来确定，也可借助于将试样溶解在 HCl+KI 中，测定溶液中产生的碘量来确定。除了测定试样中金属的浓度外，也可以用化学分析法测定氧或硫的含量。如 BaO 中过量的氧，可由其和水反应时生成的氧来确定。

5.7.2 微重量法

微重量法广泛地应用于测定晶体中缺陷的种类和浓度。晶体中主要缺陷的浓度直接与偏离化学计量比的程度相关。在 $M_{1-y}X$ 晶体中，M 偏离整比的量就等于阳离子空位的摩尔分数。在 $M_{1+y}X$ 中，M 的超过化学计量比的量等于间隙阳离子的摩尔分数。而在真正的 MX_{1-y} 晶体中，y 就等于阴离子空位的摩尔分数。故而用实验方法测定晶体组成偏离整比的程度，是可以确定主要缺陷的种类、浓度，而且可以计算出缺陷生成的热焓、熵变以及电离度等。

微重量法是测量试样随反应条件的改变所发生的质量变化。当把试样 MX 在适当的高温下和给定的 X_2 分压下加热，经过一段时间，$MX-X_2$ 体系达到热力学平衡，试样的质量趋于恒定。这时表明，在给定的反应条件下，试样的化学组成稳定了，这时试样的偏离整比值 y 也一定。如果反应体系的参数之一改变了，试样就会再吸收一些或放出一些 X 组分，直到建立新的平衡为止。在新的平衡下，试样的质量和试样偏离整比的程度具有不同于前一平衡态的新特征值。例如，当降低 $M_{1-y}X$ 试样周围的 P_{X_2} 时，下列反应向左移动：

$$\frac{1}{2}X_2(g) \rightleftharpoons V_M + X_X$$

$$V_M \rightleftharpoons V_M' + h^{\cdot}$$

这样就使得 MX 部分地分解出 X_2，进入气相，试样质量减少。被游离出的金属离子和电子分别填充在空位 V_M' 和空穴处，这相当于阳离子空位 V_M' 浓度降低，即偏离整比的程度也降低。同理，当把 MX_{1+y} 试样周围的 p_{X_2} 降低时，由于相应地减少了间隙阴离子 X_i 的浓度，也会导致偏离整比性的降低。

对于 $M_{1+y}X$ 晶体而言，如果降低试样周围 p_{X_2} 的分压，试样的质量将会减少，下列平衡向右移动：

$$MX \rightleftharpoons M_i + \frac{1}{2}X_2(g)$$

$$M_i \rightleftharpoons M_i^{\cdot} + e'$$

这样便增大了间隙阳离子浓度，从而使偏离整比程度增加。同时，当降低 MX_{1-y} 试样上的 p_{X_2} 时，也会导致同样的结果。因此，当我们已知在给定温度和 p_{X_2} 值下的晶体 MX 中的 y 值时，用微重量法测定试样质量的变化，就可以直接得到 MX 中主要缺陷的种类和浓度的信息。为此可以先从纯金属 M 试样开始，在一个可以在恒温恒压下测定试样质量变化的装置中进行实验，如图 5.12 所示。

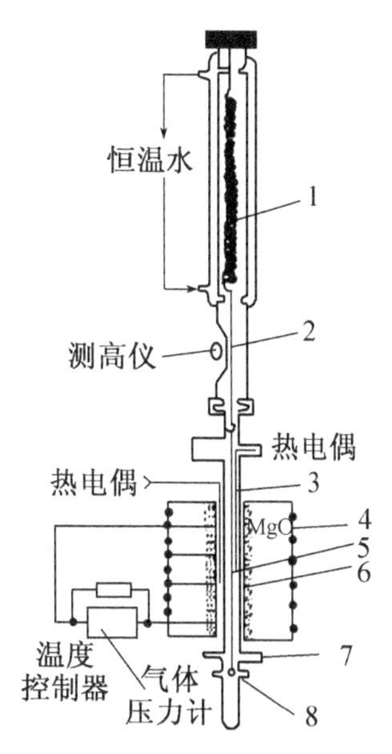

图 5.12　石英弹簧微量热天平

1. 石英弹簧；2、3. 铂丝；4. 恒温水套；5. 试样；6. 刚玉炉管；7. 气体导入管；8. 阻尼

该微量热天平中的石英弹簧秤，在试样总质量为 1 g 时，称量精度可达 10^{-8} g 。一个光滑的金属表面包含的原子个数为 $10^{15}/cm^2$，如果每一个金属原子和一个氧原子结合，形成一个氧化物单层，则由于氧化而增加的质量为 3×10^{-8} g/cm^2。如果试样表面积为 10 cm^2，则增量为 3×10^{-7} g，这样就可以利用石英弹簧秤测出伴随氧化物晶面的生成或分解所发生的质量的变化。首先使 M 完全氧化成 MX，并达到恒量，从试样 M 的质量增加可以计算出化合物 MX 中 M 和 X 的摩尔分数，从而求出偏离整比值 y。在不同的实验平衡条件下，可以求出一系列的 y 值，进而得到各温度下的 y 值和 $p_{X_2}^{1/n}$ 之间的关系。对于 $M_{1-y}X$ 或 MX_{1+y} 类型的化合物，这种关系的函数式可以表示为：

$$y = C \cdot p_{X_2}^{1/n} \tag{5-41}$$

而对 $M_{1+y}X$ 或 MX_{1-y} 类型的化合物，这种关系的函数式为：

$$y = C / p_{X_2}^{1/n} \tag{5-42}$$

式中的 C 为常数。取上述函数式的双对数作图，可以得到一套 $\lg y$ 值随 $\lg p_{X_2}$ 变化的等温直线，直线的斜率就给出了指数 $1/n$ 的值。利用 $1/n$ 值可以确定缺陷的浓度。实验也可以在等压变温的条件下进行，测得一套 $\lg y \propto f(1/T)$ 函数的等压直线。由这些直线的斜率，可以求出缺陷的生成焓；由直线在纵坐标上的截距，可以求出缺陷生成过程的熵变，这是因为：

$$y = N_d = C \cdot \exp\left(-\frac{E_f}{RT}\right)$$

而

$$E_f = \frac{2}{n}\Delta H_f, C = \exp\left(\frac{\frac{2}{n}\Delta S_f}{R}\right)$$

以氧化亚铜为例，Cu_2O 中主要缺陷是阳离子亚晶格中的铜离子空位，其组成应表示为 $Cu_{2-\delta}O$，因此，偏离整比值便是缺陷浓度的直接量度。可以用微质量法在高温下测定 Cu_2O 试样质量随平衡氧分压的变化。实验条件应该安排在温度范围 900～1 100℃，氧分压为 10^{-4}～0.1 MPa。$p_{O_2}^{1/n}$ 太低时，Cu_2O 分解过快；$p_{O_2}^{1/n}$ 过高时，则要生成 CuO。$T<900$℃时，CuO 的吸氧或脱氧反应难以进行，试样质量变化太小；$T>$ 1 100℃时，Cu_2O 显著地蒸发。实验开始时取一块纯铜作试样，在一定温度下加热，同时通入 O_2，当试样达到恒量时，再改变 $p_{O_2}^{1/n}$ 变化的关系值，再在恒定中测定 $p_{O_2}^{1/n}$ 试样质量随温度的变化关系值。

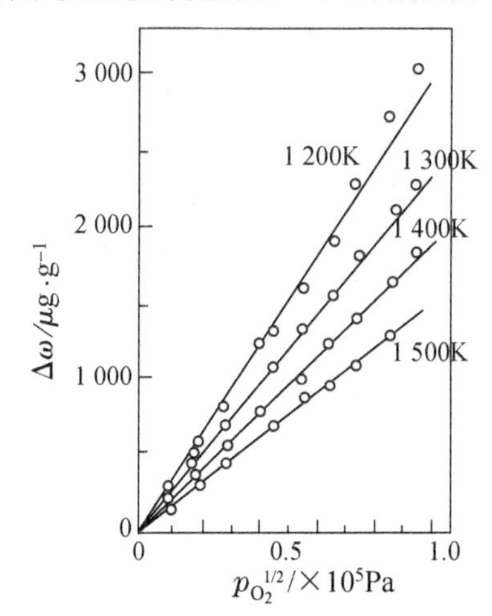

图 5.13 BaO 的过量氧

采用微质量法测定 BaO 中过量氧浓度，其结果如图 5.13 所示，其中过量氧浓度原点是用化学分析方法来确定的。由图可知，$\delta\propto p_{O_2}^{1/n}$，可以推知，缺陷种类是 V_{Ba}^{X} 或 O_i^{X}。

5.7.3 密度测定法

用密度测定法可以更直接地测定缺陷浓度。如果将晶体的实测相对密度同根据晶格常数计算所得的 X 射线密度进行对比，不仅可以确定缺陷的浓度，而且可以确定缺陷的种类。图 5.14(a)为在 Y_2O_3 中掺杂 ZrO_2 时的实测相对密度与根据 O_i 模型或 V_Y 模型，用晶格常数计算出来的 X 射线密度进行对比的结果，可以推出 Y_2O_3 中的点缺陷主要是 O_i。

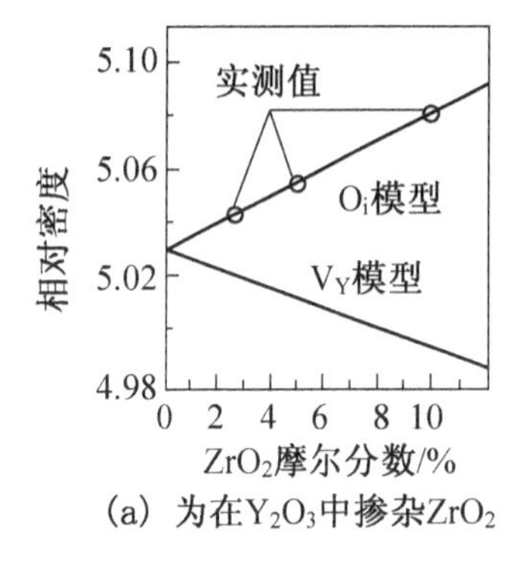

(a) 为在 Y_2O_3 中掺杂 ZrO_2

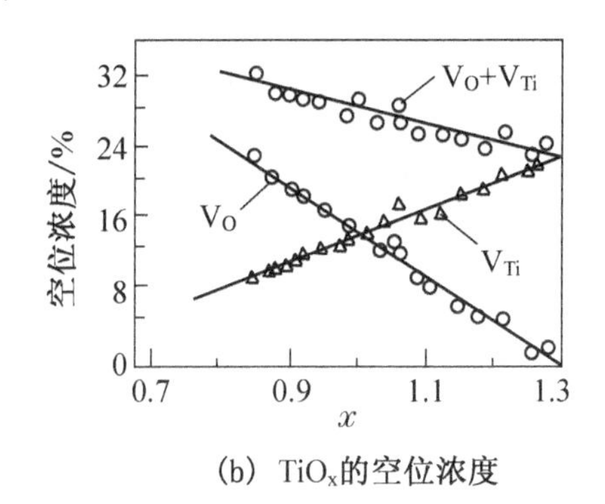

(b) TiO_x 的空位浓度

图 5.14 由实测相对密度确定的缺陷浓度

将 TiO、VO 等的实测相对密度和 X 射线密度相比较，发现实测相对密度比 X 射线法的值要低 15%。根据这个事实，可认为 TiO、VO 具有包含 15%空位的肖特基缺陷结构。5.14(b)表示了在组成为 $TiO_{0.8}$～$TiO_{1.3}$的非化学计量化合物中所得的空位浓度。

5.7.4　示踪原子法和标记物法

缺陷类型可以通过利用放射性或稳定同位素示踪原子的方法，测定组分原子 M 或 X 在晶体 MX 中的扩散系数来确定。如果 $D_M \gg D_X$，则表明扩散主要是沿着 M 离子的亚晶格进行，因此缺陷是存在于 M 晶格中，是空位缺陷 V_M 或间隙缺陷 M_i。如果 $D_M \ll D_X$ 则表明缺陷主要是存在于 X 亚晶格中的 X 离子的空位缺陷 V_X。

也可以利用标记物法(marker method)来测定晶体中缺陷的种类。通常选择惰性金属作为标记物，它在实验中不和被测金属及其他化合物发生反应，也不会被它们溶解。标记物可以极细的丝或多孔薄膜的形式紧密地放置在被测金属的表面上。例如，可将一段细金属丝压入试样表面，然后用蒸镀法或电解法在试样表面沉积一薄层(10 nm)的贵金属(可用放射性同位素)，便于以后测量标记物在晶体中的位置。标记物法测定缺陷的具体方法是：先将试样放置在反应容器内，容器保持一定的反应物蒸气分压(如 O_2、S_2 等)，如图 5.15(a)所示；然后在给定的温度下，使金属 M 与氧化剂 X_2(如 O_2 或 S_2 等)之间发生锈蚀反应，直到生成物 MX 层的厚度至少大于标记物厚度的 10 倍；取出试样，测量标记物与反应界面之间的距离。如果反应的结果是标记物位于反应生成物 MX 层的里面，如图 5.15(b)所示，表明反应在 X_2 - MX 界面间进行，M 向外扩散，MX 晶体中含有阳离子空位或阳离子间隙缺陷，MX 的组成应该写作 $M_{1-y}X$ 或 MX_{1+y}；如果标记物位于氧化物层的外面，如同图 5.15(c)那样，则表明反应在 MX - M 界面上进行，X_2 向内扩散，MX 晶体中主要存在阴离子空位缺陷，其组成可表示为 MX_{1-y}或 $M_{1+y}X$：例如，铁的氧化和铜的硫化反应属于图 5.15(b)情况，分别生成 $Fe_{1-y}O$ 和 $Cu_{2-y}S$，而钛的氧化则属于图 5.15(c)的情况，生成 TiO_{2-y}。

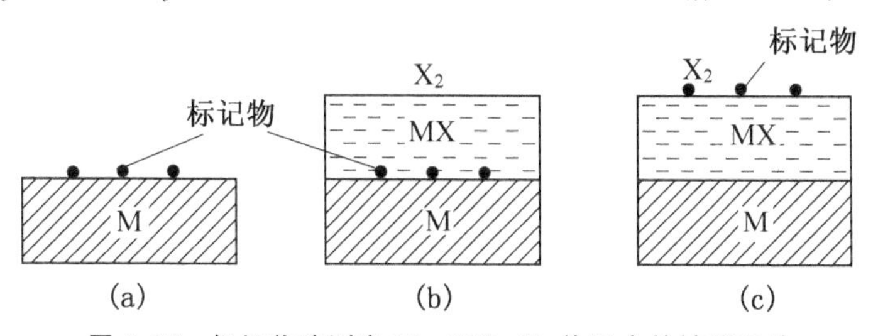

图 5.15　标记物法测定 M - MX - X_2 体系中的缺陷运动

标记物法还广泛地应用于研究金属和合金的氧化机理、金属中的扩散机理、固相反应的机理等，特别是用于研究尖晶石、铁氧体的生成、粉末烧结过程等。

5.7.5 电导率测定法

晶体中原子与离子的迁移跟点缺陷的运动有关。例如，由于浓度梯度而引起的原子或离子的迁移（即扩散作用）和由于电势梯度而引起的离子在电场内的迁移（即离子电导）都可以看作是中性的或带电的缺陷的运动。通过浓度的变化可测得扩散系数，通过电介损耗可测得由于带电缺陷运动所产生的电导率。

电导率的测定对于氧化物、硫化物等半导体的点缺陷鉴定是非常有用的，在 M_mX_n 型化合物中，若金属离子不足，X_i、V_M 提供受主能级。由于这种缺陷的浓度依赖于气氛，在金属过剩的条件下，电子浓度和电导率与 $p_{X_2}^{-1/n}$ 成正比；在金属量不足的条件下，空穴浓度和电导率与 $p_{X_2}^{1/n}$ 成正比。因此，随着 p_{X_2} 的增大，电导率的变化是在 n 型区减少，在 p 型区域增加，取电导率最小值的组成就成为真半导体，基本上是化学计量比组成，其余情况则为非化学计量比。

CoO 虽具有 NaCl 型结构，但在高温的氧化气氛中，则为以金属离子空位为主的缺陷结构。由于 CoO 的电导率与电子或空穴的浓度成正比，测定电导率与氧压的依赖关系就可以知道半导体的类型与 p_{O_2} 的关系，如图 5.16 所示。从其中可得到这样的结论，在氧分压低的区域内，电导率 σ 与 $p_{O_2}^{1/6}$ 成正比，V''_{Co} 和 $h^{\cdot}$ 是主要的缺陷；而当氧分压升高时，σ 与 $p_{O_2}^{1/4}$ 成正比，可以认为 V'_{Co} 和 $h^{\cdot}$ 是主要缺陷。V''_{Co} 和 V'_{Co} 的浓度依赖于气氛氧的压强。这就意味着，存在于 CoO 晶体中的 Co 和 O 并不是严格的 1∶1的关系，其组成应该以 $Co_{1-\delta}O$ 来表示，占值依气氛氧的压强而定。CoO 是一种非化学计量比化合物。

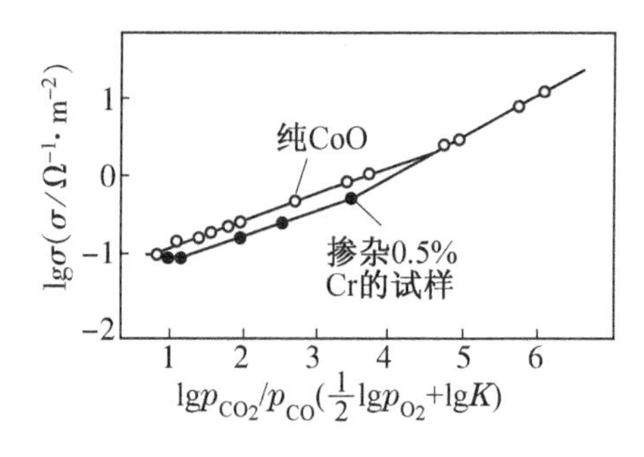

图 5.16 CoO 晶体的电导率

（1 073℃时电导率与氧压的依赖关系，K 是反应 $CO_2 \rightleftharpoons CO + 1/2O_2$ 的平衡常数）

5.7.6 X 射线衍射和中子衍射法

由定量的 X 射线衍射数据进行结构分析，就会得到有关缺陷结构的信息。根据晶格常数与组成的依赖关系，我们可以了解到一度认为由均匀的、非化学计量比化合物物相所构成的非化学计量比化合物，原来是由一系列组成范围很窄的化合物构成的。

用中子衍射法能获得有关缺陷存在状态。

除上述方法外，目前利用超高倍电子显微镜和原子力显微镜已经能直接观察到缺陷的存在及其部位。

思考题

5.1 实验证明：当某些晶体（例如氧化锌）在加热时，表面上发生下列热分解反应：

$$ZnO(固) \rightleftharpoons Zn + \frac{1}{2}O_2(气)$$

留在表面上的锌原子向晶体内部扩散，“溶解”在晶格中，占据间隙的位置，生成一种金属离子过量的非整比化合物 $Zn_{1+y}O$，它是一种 n 型半导体材料，反应的整个过程可以用下列的一个通式表示：

$$MX \rightleftharpoons M_i + e' + \frac{1}{2}X_2$$

讨论这类 MX 晶体中各种点缺陷的生成平衡，并推导出晶体中缺陷的总浓度和电子浓度随气相分压 p_{X_2} 的变化关系。

5.2 某些固体（如氧化镍、氧化钴等）可以从气相中吸附阴离子组分的气态分子 X_2（如 O_2、Cl_2 等），随即这些气态分子又转变为化学吸附原子，这样在表面上便生成 X-和相应的阳离子空位 V_M，晶体变成了一种阳离子短缺的非整比化合物 $M_{1-y}X$，它是一种 p 型半导体材料。(1) 试讨论这种晶体中各种缺陷 V_M、V'_M、V''_M 以及空穴 $h^{\cdot}$ 生成的机制；(2) 写出缺陷反应的方程和相应的平衡常数方程；(3) 推导出晶体中空穴的浓度以及缺陷总浓度随气相分压 p_{X_2} 的变化关系；(4) 讨论当 p_{X_2} 逐渐增大时，空穴和各类缺陷浓变化的趋势。

5.3 在高温和氧分压较低的情况下 ZrO_2 和 Nb_2O_5 这类氧化物也可能发生热分解反应，分解出少量的氧，生成阴离子短缺的非整比化合物 ZrO_{2-y} 和 Nb_2O_{5-y}，从微观上看氧原子离开表面的格位，在原格位处留下一个空位 $V_O^{\cdot\cdot}$ 和两个电子（可表示为 $V_O^{\cdot\cdot}+2e'$ 或 $V_O^{\times}$），表面上的 $V_O^{\times}$ 和体相内的 $O_O^{\times}$ 可以互相扩散，晶体成为一种 n 型材料。晶体中存在有下列缺陷平衡：

$$O_O^{\times} \rightleftharpoons V_O^{\times} + \frac{1}{2}O_2$$

$$V_O^{\times} \rightleftharpoons V_O^{\cdot} + e'$$

$$V_O^{\cdot} \rightleftharpoons V_O^{\cdot\cdot} + e'$$

试讨论晶体中电子浓度随氧分压变化的关系。

5.4 在晶体 MX_2 中存在有本征的弗仑凯尔缺陷 $M_i^{\cdot\cdot}$ 和 V_M''，当少量的三价离子 N^{3+} 的化合物 NX_3 掺杂到晶体中，在晶体中将产生取代杂质缺陷 $N_M^{\cdot}$，反应式可以表示为：

$$NX_3 \rightleftharpoons N_M^{\cdot} + V_M'' + 3X_X$$

试从弗仑凯尔缺陷中生成平衡和晶体中的电中性关系，讨论本征缺陷浓度随杂质浓度 $N_M^{\cdot}$ 的变化。

5.5 如果在上述 MX_2 晶体中掺入少量一价离子 N^+ 的化合物 NX，则下列反应，生成取代杂质缺陷 N_M' 和间隙 M 离子 $M_i^{\cdot\cdot}$：

$$2NX \rightleftharpoons 2N_M' + M_i^{\cdot\cdot} + 2X_X$$

试讨论晶体中本征缺陷浓度随杂质浓度变化的关系。

5.6 实验测得在 1 200℃时氧化镍的电导率随平衡氧气压力而变化的关系式是 σ=常数 · $p_{O_2}^{1/6}$。试根据这一实验结果：(1) 推断氧化镍是 n 型还是 p 型半导体；(2) 试写出氧化镍中可能存在的缺陷及其反应平衡常数方程；(3) 验证上述实验结果的正确性。

5.7 利用 $\sigma_{本征} = \sigma_0 \exp(-E_g/2kT)$ 方程以及下列数据，计算锗的能带隙 E_g。

T/K	333	385	435	556	714
$\sigma/\Omega^{-1} \cdot m^{-1}$	7.4	36	164	770	4 400

5.8 化学比偏离的主要原因是什么？如何得到本征态的 PbS 材料？

5.9 质量作用定律可以用于分析低缺陷浓度体系的缺陷平衡，如果这一方法被用于高缺陷浓度的体系，多半会遇到什么样的困难？

5.10 假定在 NaCl 中肖特基缺陷的生成焓是 2.3 eV，并且空位相对于已占格位的比例在 750℃时是 10^{-5}，请估算在 300℃和 25℃时 NaCl 中肖特基缺陷的平衡浓度。

第6章 固体的扩散与迁移

与气体、液体能扩散一样，固体也会发生原子的迁移(输运)和不断混合的扩散现象。扩散是由热运动所引起的杂质原子、基质原子或缺陷的一种迁移(输运)过程。固体的扩散由于固体中原子之间有很大的内聚力，其扩散速度要比气体中原子的扩散慢几百万倍乃至几十亿倍。

6.1 固体的扩散与迁移现象

不论何种聚积状态(气态、液态、固态)的物质，由于热运动，均能观察到原子或分子的迁移(输运)，物质这种因热运动而引起的原子或分子的迁移(输运)过程称为扩散。

在固体中，原子或离子只要分布不均匀，就存在着浓度梯度，由此就会产生使浓度趋向于均匀的扩散。我们熟知的将两种不同的金属紧密接触在一起，经过一定时间的高温加热之后，便在接触界面上出现两种金属原子相互混合的现象。例如，将两块表面磨平抛光的铜板和锌板互相紧密接触，在220℃下放置12 h以后，就可以发现接触面上形成约0.3 mm厚的两种原子相互混合的扩散层。铜制件表面上的渗碳工艺过程，以及半导体p-n结和外延膜的形成等，都是利用固体的扩散这一作用原理。

图6.1所示是利用固体的扩散原理制作半导体化合物PbSe的实验装置。为改变PbSe单晶表面的组成和电性，以生成所需求的p-n结，先把一块富Se的含有1×10^{18}空穴/cm^3的p型PbSe单晶放在一支石英安瓶的一端，同时把含有40%摩尔分数的Se、Pb混合粉末放在另一端，然后将安瓶抽真空后熔封。当把安瓶加热至600℃时，根据Pb-Se体系的相图，粉末将部分地熔融形成一个含40%摩尔分数Se的液相和一个富Pb的PbSe固相。当安瓶两端各物相上的Pb和Se的蒸气分压分别达到该温度下相应的饱和蒸气压值时，各相之间由于存在着浓度梯度便产生定向的物质扩散流。右边混合物上的Pb蒸气分压大于左边PbSe单晶上的，因而浓度梯度就推动Pb蒸气由右向左扩散，使PbSe单晶上的Pb蒸气处于过饱和状态，从而促使大量的Pb原子由气相经由单晶表面向晶体内部扩散，同时也有Se原子由单晶内向表面扩散。如果在600℃下让这种

扩散过程连续进行 400 h，单晶表面 2 mm 厚的一层将转变为富 Pb 的含 4×10^{18} 电子/cm^3 的 n 型 PbSe 单晶。同理，如果增大混合物中 Se 的含量，并改变温度，也可以在富 Pb 的 n 型 PbSe 单晶上生成富 Se 的 p 型 PbSe 层。用同样的方法，也可以在 PbS、PbTe 中形成 p－n 结。由此可知，利用固体的扩散我们就可以不必将晶体熔融便可以把某种过量的组分掺到晶体中去，或者在晶体表面生长另一种晶体。半导体固体器件的制作正是利用这一作用方式。

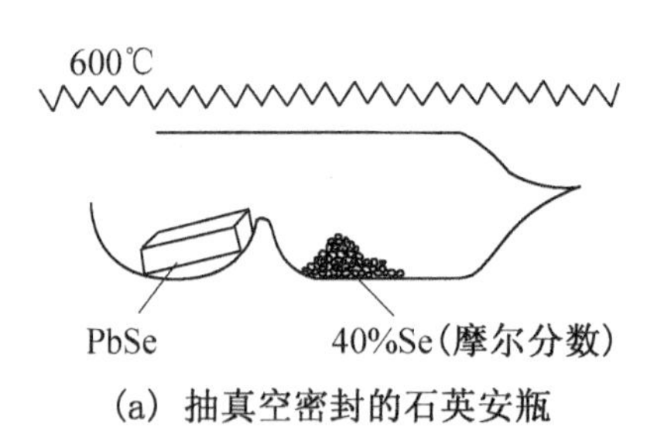

(a) 抽真空密封的石英安瓶

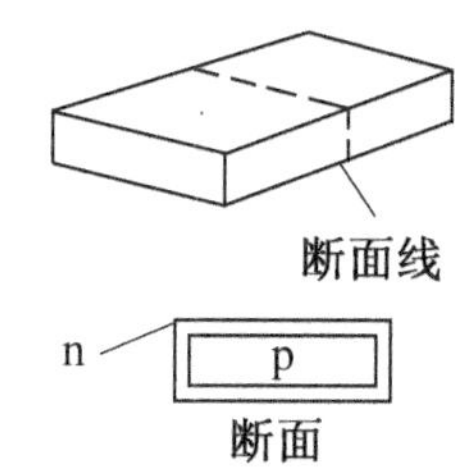

(b) 在原来p型PbSe单晶上的示意切割线和生成p-n结以后的实际切割截面

图 6.1 改变 PbSe 单晶表面的组成，以生成 p－n 结的实验装置示意图

6.2 固体的扩散机理

固体的扩散，源于固体体系内存在的化学势或电化学势梯度。由于固体体系内存在的化学势梯度便发生原子或离子的定向流动和互相混合过程。扩散的最终结果是消除这种化学势或电化学势梯度，它是在没有外界势场的作用下最后达到体系内组分浓度的均匀分布。

扩散，实际上是原子或分子作无规则的运动而逐渐远离原来位置的现象。原子或分子若只限于一个方向运动时(如原子束)不叫扩散。在发生无规则的运动时，若扩散的途中有某些障碍物，就会改变扩散原子、分子移动的方向，而这种障碍物越大，数目越多，原子或分子无规则运动所需要的时间就越长，扩散速度也就越慢。

晶格点缺陷的扩散，是由于晶格点阵的热振动结果。点缺陷一直是在运动中，这种与周围原子处于平衡状态的缺陷的无规行走就叫做自扩散。有杂质原子参加的扩散，叫做杂质扩散。在多晶体中，原子的扩散不仅限于晶体内点缺陷的运动(即体扩散)，而且还包含有物质沿晶面、位错以及晶粒间界的输运，扩散机理比较复杂。当晶粒增大或者温度升高时，体扩散要比晶粒间界扩散更为重要。在气体中，扩散分子或原子在互相碰撞之前是以高速沿直线运动的($\overline{v}=$

$\sqrt{8kT/\pi M}$)。碰撞使得分子和原子运动的方向杂乱化。在常温常压下,气体分子的平均自由程为 10^{-6} cm,所以碰撞是在分子运动了平均约 10^{-5} cm 的距离之后发生的。而在固体中,原子、分子或离子排列的紧密程度要高得多,它们是被晶体势场束缚在一个极小的区间内,在其平衡位置的附近振动,具有均方根的振幅,振幅的数值决定于温度和晶体的特征,其数量级约为 10^{-9} cm。振动着的原子互相交换着能量,偶而某个原子或分子可能获得高于平均值的能量,因而有可能脱离其格点位置而跃迁到相邻的空位上去。在这个新格位上,它又被势能陷阱束缚住,直到再发生下一次的跃迁,这种原子跃迁是一种活化过程。

图 6.2 示意了间隙原子的运动。如图所示,间隙原子在间隙位置上处于一个相对的势能极小值,两个间隙之间存在势能极大的“势垒”,用 ε 表示。平常间隙原子就在势能极小值附近作热振动,振动频率 $\nu = 10^{12} \sim 10^{13}\ \mathrm{s}^{-1}$,平均振动能 $E \approx kT$。间隙原子要跃迁到相邻的间隙,必须要越过势垒。实验推断,势垒 ε 相当于几个 eV 的量级,即便在 1 000℃的高温下,原子的振动能也只有 1/10 eV。因此,间隙原子的跳跃必须靠着偶然性的统计涨落在获得大于势垒 ε 的能量时才能实现。分析表明,获得大于 ε 的能量的涨落几率可以写成 $e^{-\varepsilon/kT}$,将它乘以振动频率,便可以得到一个原子的跃迁几率 W 为:

$$W = \nu e^{-\varepsilon/kT} \tag{6-1}$$

式(6-1)表明,间隙原子的运动将随温度升高而成指数关系迅速地加剧。原子从一个格位跃迁到另一个相邻的空格位,或者从一个格位跃迁到相邻的一个间隙位置上,所要越过的势垒,如图 6.2 和图 6.3 所示。能量涨落的几率,以及原子跃迁的几率等,都具有类似的指数形式。

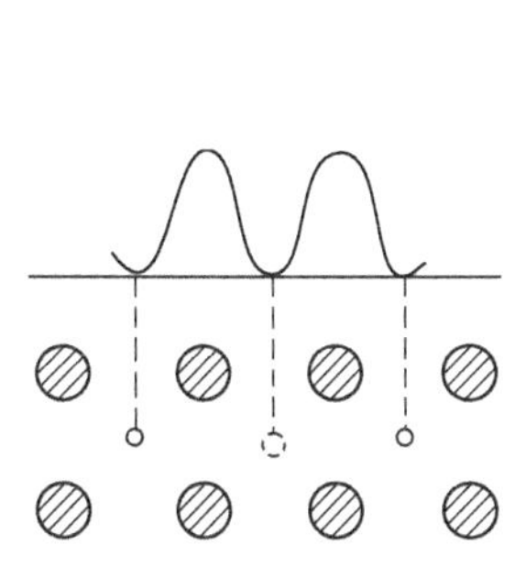

图 6.2　间隙原子的势垒

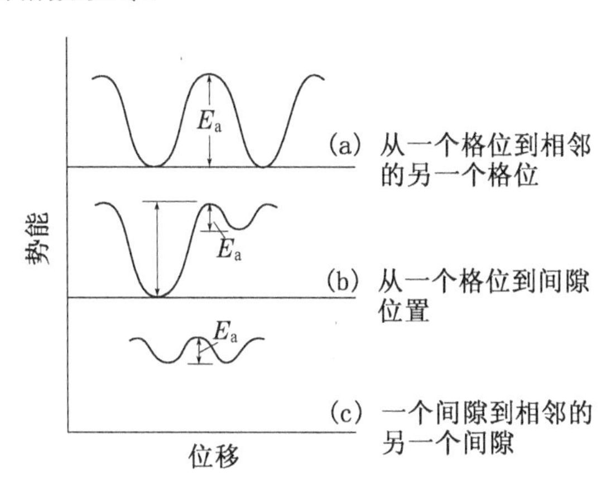

图 6.3　原子迁移的势能(E_a 代表活化能)

温度对扩散系数的影响很大，实验发现，扩散系数 D 与温度的关系为：

$$D=D_0 e^{-E_a/RT} \tag{6-2}$$

式中：E_a 为扩散过程的活化能；D_0 为常数；R 为气体常数。

表 6.1 为某些固体中扩散的实验数据，由实验结果可以看出：温度愈高，扩散现象愈显著；活化能愈小，扩散系数愈大。

表 6.1 某些固体中扩散的实验数据

材料	扩散元素	D_0 /(cm²/s)	活化能 E_a /(kJ/mol)	D /(cm²/s)	实验温度 /℃
γ-Fe	Fe	3.0×10^4	322.7		715～887
	C(间隙原子)	1.67×10^{-2}	120.0		800～1 100
	H(间隙原子)	1.65×10^{-2}	38.5		
	C(间隙原子)			3.0×10^{-7}	925
Cu	Cu	1.1×10	239.1		750～950
	Cu			4.0×10^{11}	850
	Zn	5.8×10^{-4}	175.6		641～884
Ag	Ag	7.2×10^{-4}	188.1		
	Ag(间界扩散)	9.0×10^{-2}	89.9		
Ge	Ge	8.7×10	309.3	8.0×10^{-15}	800
	Sb	4.0	234.1	2.0×10^{-1}	800
	Li(间隙原子)	1.3×10^{-4}	44.3	8.6×10^{-7}	800

当研究同一晶体的离子迁移率时，发现纯离子的电导率与温度之间的关系也表现为阿仑尼乌斯(Arrhehius)型的方程，即

$$\sigma=\sigma_0 \exp(-E/RT) \tag{6-3}$$

式中的 E 为活化能，与上述扩散活化能 E_a 相等。这表明固体中的扩散的确是通过原子在晶格势垒间的跃迁来进行的。

按照式(6-2)中扩散系数与温度的关系式，取其对数可得

$$\ln D=-\frac{E_a}{RT}+A \tag{6-4}$$

将 $\ln D$ 对 $\frac{1}{T}$ 作图，得到一直线，从直线的斜率可以求得活化能 E_a。由于固体中扩散机理的不同，直线的斜率可能差别很大。同一体系中，在不同的温度区间，由于扩散机理的改变，$\ln D-\frac{1}{T}$ 关系图可由两根斜率不同的直线所组成(图

6.4)。例如,在低温区直线的斜率绝对值小,活化能 E_a 较低,表明扩散是沿着晶粒间界进行的。只有在高温下,晶格点阵中的扩散才能进行,因为它所需要的活化能较大。由晶粒间界扩散过渡到体相扩散的转折温度叫做塔姆曼(Tammann)温度,相当于2/3熔点。

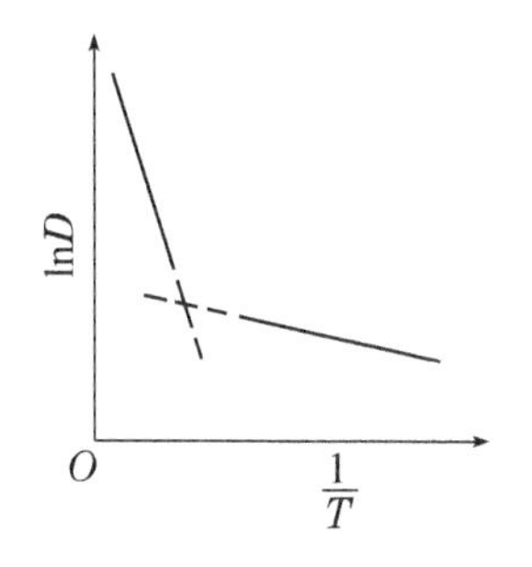

图6.4　扩散系数与温度的关系

在结构完整的晶体中,扩散是难以进行的。但在实际晶体中,存在着各种缺陷,扩散可以容易地通过点缺陷,沿着位错、晶粒间界、微晶表面进行。

通常,人们是从两方面来研究固体中的扩散问题:一是对扩散的表象学的认识,即对扩散的宏观现象的研究,如对物质的流动和浓度的变化进行实验的测定和理论的分析,利用所得到的物质输运过程的经验的表象规律,定量来讨论固相中的各种反应过程,如固体的烧结、分解、锈蚀、晶体的生长、相变、离子晶体的导电、金属与合金的热处理等;二是对扩散的微观机理的认识,把扩散与晶体内原子缺陷的运动联系起来,建立起某些扩散机理的模型。固体扩散机理模型有图6.5所示的四种情况:

(1) 晶格间隙机理,如图6.5(a)所示。晶格间隙机理是氢和碳这类小的原子在金属晶格间既作无规则运动又产生移动的模型。扩散速度取决于在单位时间内所测得的通过单位面积的原子或分子数,与其他机理相比,按这种机理进行扩散的原子或分子运动的速度非常快。

(2) 空位机理,如图6.5(b)所示。原子由于热激发或添加杂质而产生了既与相邻空位交换位置又作无规则的运动。对金属晶体,热激发是产生空位的唯一来源,但对于离子晶体,热激发和添加杂质都能生成空位。例如,在NaCl中由热激发能产生 Na^+ 空位与 Cl^- 空位对,即产生肖特基缺陷,添加 $SrCl_2$ 能产生 Na^+ 的空位,且能促进 Na^+ 的扩散。

(3) 离解机理或亚晶格间隙机理,如图6.5(c)所示。是由晶格间隙机理和空位机理组合起来的一种机理。这种机理的实例有Ge中Cu的扩散,AgCl中 Ag^+ 的扩散。

(4) 环形机理,如图6.5(d)所示。该机理不需要有晶体缺陷存在。原子与邻近的原子(或原子团)形成环形,相互交换位置,并按序地往返交换,使原子进行扩散。构成的环形有二原子环及四原子环。

以上提出的是固体内原子或分子扩散机理的模型。但扩散不仅只在固体的内部,也在固体的表面及界面上发生。固体内部的扩散称为体相扩散。与此相

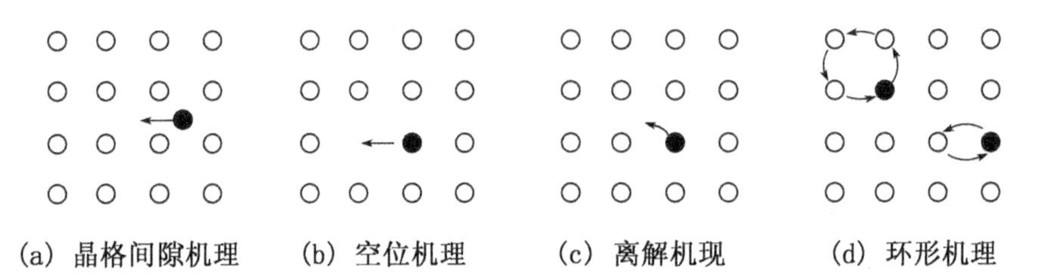

图 6.5 扩散机理(●扩散原子)

应,在表面及晶界面上的扩散分别称为表面扩散及晶界扩散。这些扩散过程的活化能的顺序为:$E_{体相}<E_{晶界}<E_{表面}$。对于大的单晶因为表面和晶界小,所以可以忽略表面扩散及晶界扩散。但对于粉体与多晶表面,其晶界的面积就不能忽略,表面扩散速度及晶界扩散速度对整个扩散速度起很大的作用,甚至在某些情况下能超过体相扩散。

6.3 固体的扩散定律

固体中扩散的规律性在本质上与流体中的扩散类同。人们对流体扩散规律的认识先于固体,这是因为流体的扩散一般都较快且显著的缘故。当固体中存在有不均匀分布的杂质原子或空位缺陷时,杂质原子或空位缺陷会沿着晶格流动。单位时间内通过单位截面向一定方向扩散的物质束流与浓度梯度成正比关系:

$$\frac{\mathrm{d}m}{\mathrm{d}t}=\boldsymbol{J}=-D\frac{\mathrm{d}c}{\mathrm{d}x} \tag{6-5}$$

式中:$\frac{\mathrm{d}m}{\mathrm{d}t}$为单位时间内通过单位截面的物质流量($\mathrm{mol\cdot cm^{-2}\cdot s^{-1}}$);$\boldsymbol{J}$ 为矢量,即单位时间内通过单位截面流动物质的摩尔数;c 为浓度($\mathrm{mol\cdot cm^{-3}}$);$x$ 为距离(cm);D 为扩散系数($\mathrm{cm^2\cdot s^{-1}}$);负号表示扩散的方向是朝着减小浓度梯度的方向进行。扩散系数 D 可以看作是衡量一个具有单位浓度梯度体系的扩散速率的参数。扩散系数原本是上述扩散方程中的一个比例常数,但它也是表征固体结构和物性的一个参数,是物质所具有的一个特性值。在温度区间 20~1 500℃范围内,固体的扩散系数约在 $10^{-2}\sim10^{-4}\ \mathrm{cm^2/s}$。

式(6-5)即费克(Fick)第一定律表达式。它的含义很清楚,但求其解却很困难。它只适用于恒稳态的扩散,即 $\mathrm{d}c/\mathrm{d}x$ 不随时间而变化。而实际的体系中,实验所规定的边界条件是在变动的,即 c 和 $\mathrm{d}c/\mathrm{d}x$ 均在变化,它们都是 $\mathrm{d}x$ 和时间的函数。

随着扩散时间的继续而产生的浓度的空间分布，可由 Fick 第一定律导出：

$$\frac{\partial c}{\partial t}=D\frac{\partial^2 c}{\partial x^2} \tag{6-6}$$

式(6-6)即费克(Fick)第二定律表达式。

需要指出，在费克定律中的扩散系数原本定义为比例常数，但在固体扩散中固体的扩散系数往往成为物质的固有值，它可为固体的物性或微观结构提供关键信息。

6.4 固体的扩散系数表征

固体的扩散系数不仅与温度有关，更与构成晶体的物质和晶体结构有关。假定固体中原子的扩散运动是独立的且无规则的，原子的跃迁几率 v 与浓度或浓度梯度无关，则根据推算，可将费克第一定律写为：

$$\boldsymbol{J}=-\frac{va_0^2}{2}\cdot\frac{\mathrm{d}c}{\mathrm{d}x} \tag{6-7}$$

式中：a_0 为晶面间距；$\frac{va_0^2}{2}$为扩散系数。

如果在固体中空位扩散机理占主要地位，则跃迁几率应该与晶面上存在的空位数有关。经推导可得：

$$\boldsymbol{J}=\frac{vZa_0^2}{2S}\left(c\frac{\mathrm{d}c_\mathrm{V}}{\mathrm{d}x}-c_\mathrm{V}\frac{\mathrm{d}c}{\mathrm{d}x}\right) \tag{6-8}$$

式中：c_V 为空位浓度；S 为晶体的格位浓度；Z 为该原子配位圈内的空位数。

一般情况下 S 可看做是一个常数，这样则有：

$$c+c_\mathrm{V}=S \tag{6-9}$$

$$\frac{\mathrm{d}c}{\mathrm{d}x}=-\frac{\mathrm{d}c_\mathrm{V}}{\mathrm{d}x} \tag{6-10}$$

将式(6-9)和式(6-10)代入式(6-8)可得：

$$\boldsymbol{J}=-\frac{vZa_0^2}{2}\cdot\frac{\mathrm{d}c}{\mathrm{d}x} \tag{6-11}$$

式(6-11)表示一个原子的跃迁几率与存在于该原子配位圈内的空位数相关。扩散原子流与浓度梯度之间的比例常数就是扩散系数，即

$$D_\mathrm{V}=-\frac{vZa_0^2}{2} \tag{6-12}$$

式(6-12)中的 D_V 称为空位扩散系数。

固体中存在着自扩散(self-diffusion)。所谓自扩散，实际上是一种由热振

动所引起的扩散，是指固体组分原子以热运动为推动力而进行无规则行走，是向着特定方向的原子位移，也就是说在整个化学组成中不存在有浓度梯度或化学势梯度的原子的扩散。自扩散系数(self-diffusion coefficient)就是与自扩散相对应的扩散系数。为了测定自扩散系数，通常采用同位素作示踪原子，测定在没有化学浓度梯度的状态下的示踪原子的扩散量，故又称为示踪原子的自扩散。

对于多组分体系，只要是在无浓度梯度的情况下进行的扩散，也称为自扩散。通常，把自扩散系数只用于单一成分的情况下用示踪原子方法测出的扩散系数，叫做内扩散系数。

若假定示踪原子的扩散是以空位扩散机理占主导，原子的跃迁是独立且互不相关，并且在整个化学组成中不存在有浓度梯度，也就是说空位的浓度是一个常数，与位置无关，此时示踪原子和正常原子的浓度之和也是一个常数，式(6－8)可改写为

$$\boldsymbol{J}^*=\frac{vZa_0^2}{2S}\left(c^*\frac{\mathrm{d}c_\mathrm{V}}{\mathrm{d}x}-c_\mathrm{V}\frac{\mathrm{d}c^*}{\mathrm{d}x}\right) \tag{6－13}$$

式中：c^* 是示踪原子的浓度。因 c_V 为常数，则可简化为：

$$\boldsymbol{J}^*=-\frac{vZa_0^2}{2}\cdot\frac{c_\mathrm{V}}{S}\cdot\frac{\mathrm{d}c^*}{\mathrm{d}x} \tag{6－14}$$

$$D^*=\frac{vZa_0^2}{2}\cdot\frac{c_\mathrm{V}}{S}=\frac{c_\mathrm{V}}{S}D_\mathrm{V} \tag{6－15}$$

式中：D^* 表示用示踪原子方法测定的自扩散系数，D^* 与晶体中空位含量的分数成正比。由式(6－15)可知，自扩散系数恰好是空位扩散系数的 $\left(\frac{c_\mathrm{V}}{S}\right)$ 倍。晶体中空位的分数大概是 10^{-3} 数量级以下，因此有浓度梯度的扩散速度要比自扩散速度快得多。

在一个二元化合物 MN 中，当其组分的分压恒定时空位浓度 c_V 随温度的变化呈指数关系。参照表示跃迁几率 W 随温度变化的关系式，可将自扩散系数 D^* 写为：

$$D^*=A\exp[-(g_\mathrm{m}+g_\mathrm{V})/kT] \tag{6－16}$$

式中：g_m 为原子迁移时所需要的活化自由能；g_V 为造成一个空位时所需要的额外自由能；A 为原子跃迁的频率因子，它是格位间距 a_0、空位浓度 c_V 等因素的函数。式(6－16)可简化为：

$$D^*=D_0\exp(-E_\mathrm{a}'/kT) \tag{6－17}$$

对于一个二元化合物 MN 来说，空位浓度 c_V 并不是恒定不变的，而是随着晶体组成的改变而改变。通常，当温度升高或固相的组分偏离整数比较多时，空位缺陷的浓度相应增加，自扩散系数也随之增大。

上述处理问题的方式简单，有一定的局限性。如将示踪原子的自扩散看作是完全独立的，这样假定不符合实际，因为它与晶体结构中周围配位原子的几何位置有关，即必须考虑相关系数的问题。另外，对于二元固溶体中的扩散，有两种原子在格位上存在互相移动，因此必须考虑两种原子的互扩散。

6.5　固体的互扩散与相关系数

柯肯德尔(kirkendall)使用标记物技术，研究了纯铜与黄铜之间的互扩散。如图6.6所示，在一块长立方形的黄铜上、下两面上平行地放置几根钼丝作为标记物，然后在黄铜块上镀上厚厚的一层纯铜。在高温下把试样退火一段时间，然后沿垂直于钼丝的面切割试样。测量两排钼丝之间距离的变化，发现退火之后钼丝间的距离比初始时的距离缩短了，缩短的距离和退火时间的平方根成正比。钼丝的移动是由于铜和锌相向扩散的束流不相等造成的。单位时间内，锌从黄铜向纯铜中扩散的原子数大于铜从纯铜向黄铜中扩散的原子数，导致在纯铜一边的金属原子的量增加了，并形成了新的晶面；与此同时，在黄铜一边的金属原子数和晶面数相应地减少，从而使两排钼丝间的距离缩短，这种现象叫做柯肯德尔效应。

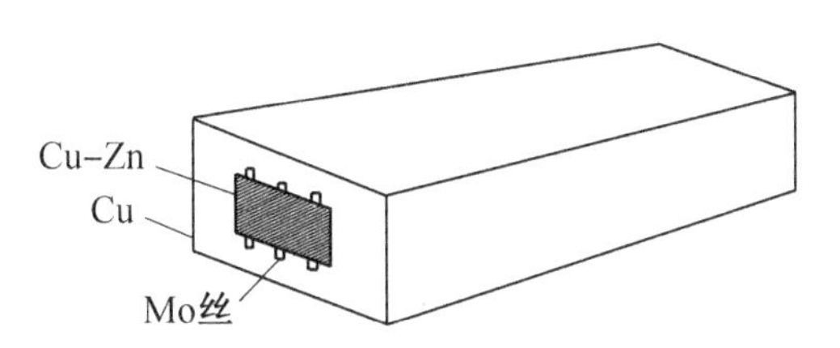

图6.6　柯肯德尔效应实验示意图

柯肯德尔效应的发现，证明在这种情况下固体中的扩散是按照空位机理进行的，而不是按照环形机理或间隙机理进行，因为环形机理或间隙机理的扩散不会导致新晶面的生成。其次，这个效应证明体系中各组分的扩散系数并不相同。因此，就导出了二元固溶体中各组分分别具有各自部分的扩散系数(partial diffusion coeffident)的概念。各组分的各自部分的扩散系数的总和便是体系的化学扩散系数，或互扩散系数，它可以表示为：

$$D=D_A N_B+D_B N_A$$

式中：N_A 和 N_B 为体系组分A和B的摩尔分数。当体系非常稀时，即当 $N_B \to 0$，$N_A \to 1$ 时，体系的互扩散系数 D 就接近于溶质B的部分扩散系数 D_B，即 $D \to D_B$。但是人们发现在金属—金属的互扩散体系中，除了柯肯德尔效应之外，同时常常还伴随有弗仑克尔效应的发生。在金属－金属或合金－金属体系的退火过程中，在分界面附近往往产生收缩现象和出现空洞，面收缩和空洞总是发生在单位时间内扩散出原子数较多的一边。例如，在黄铜-纯铜体系中，在接近界面的黄铜一边出现收缩和空洞，这证明 $D_{Zn}>D_{Cu}$，两种组分的扩散束流不相等，同时也进一步证明了这种扩散是通过空位的移动而进行的。在这个体系中，在单位时间里，有较多的 Zn 原子由黄铜一边扩散到纯铜一边，同时也有较多的空位由纯铜那一边扩散到黄铜一边。因此，引起界面附近黄铜一侧的收缩和出现空洞。柯肯德尔效应伴随有弗仑克尔效应的现象，不仅在金属体系中存在，而且在其他固相扩散中也普遍存在。

上述的扩散机理，均是假定晶体内各原子的跃迁是完全自由的、独立的、无规的，也就是说在第 n 次跳动和以前的 $n-1$ 次跳动之间并没有任何联系。说原子的跃迁是独立的，意即说原子从一个晶面跃迁到邻近的晶面上的数目，是由跃迁的几率和单位面积晶面上原子数的乘积所决定的。当晶体内空位的浓度很小，只有一种组分原子沿着晶格或亚晶格运动进行浓度梯度扩散时，以上的假定是很好的。因为每一个空位最邻近的配位圈内几乎是没有空位的，并且配位原子都是相同的原子，因此空位的跃迁在任何方向都具有相同的几率。这样原子的跃迁当然也是无规律的。但示踪原子的自扩散情况却不是这样。设想一个示踪原子刚刚跃迁了一次，在它自己原来的格位上留下一个空位，如图 6.7 所示。

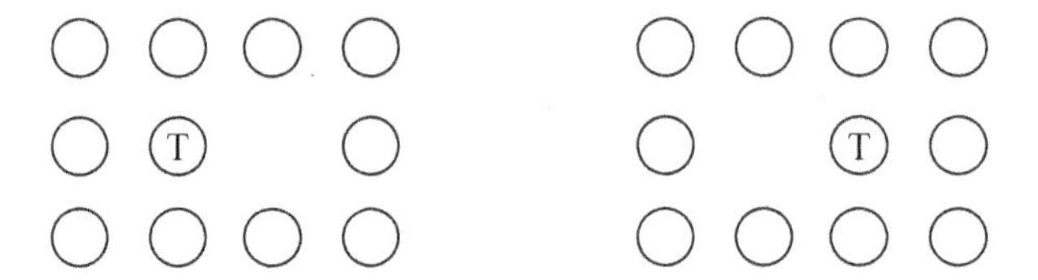

图 6.7　一个示踪原子按照空位扩散机构连续两次跃迁之间的相关图解

空位将以相同的几率向它周围任一格位跃迁，示踪原子本身也跟着进行扩散，很可能再跳回到这个空位里（因为示踪原子周围存在其他空位的几率是很少的）。这样来回跃迁两次的结果是示踪原子没有产生位移，也有可能另一个正常原子跳到这个空位里，从而把空位从示踪原子身边移开。因此，在考虑原子沿特定方向的扩散时，这样跃迁所造成的结果，是示踪原子自扩散系数只相当于独立的无规的扩散系数的一个分数。为此，式(6－15)必须改写为：

$$D^{*}=f\cdot\frac{vZa_0^2}{2}\cdot\frac{c_V}{S}\qquad(6-18)$$

式(6－18)中的系数 f 就叫做相关系数（或相关因数）。f 的值是由晶体结构的几何学以及扩散机理所决定的。自扩散机理有两种：① 纯单质中示踪原子的自扩散;② 有序化合物 MN 中示踪原子的自扩散。其中 M 原子不会迁移到 N 格位上,N 原子也不迁移到 M 格位上。已经计算出一些晶体的相关因数列于表 6.2。

表 6.2 示踪原子自扩散的相关因数

(1) 空位扩散机理

扩散机理	结 构	配位数	相关因数 f
空位	金刚石	4	1/2
空位	简单立方	6	0.653 1
空位	体心立方(bcc)	8	0.727 2
空位	面心立方(fcc)	12	0.781 5
空位	六方密堆积(hcp)	12	$f_x=f_y=0.781\,2$,$f_z=0.781\,5$

(2) 氯化钠结构中间隙扩散机理

扩散机理	跃迁距离	示踪原子位移距离电荷位移距离(在一次跃迁中)	相关因数 f
直线间隙式	$a_0/2$	1	1
间接直线间隙式	$\sqrt{3}a_0/2$	1/2	2/3
间接非直线间隙式	$\sqrt{2}a_0/2$	3/4	0.969 7

计算时假定只有最近邻原子的跃迁才是允许的。如表中数据所示,配位数越大,即在一次跃迁中一个空位能达到的原子数越多,则相关因数越近于 1。对于一个无序的固溶体 AB,原子 A 和原子 B 处于同样的格位上,并在同样的格位之间跃迁,它的空位扩散相关因数比较复杂,取决于 A 和 B 的相对跃迁频率和晶体的几何结构。

当一个间隙位置被占据而构成一个点缺陷、而其周围的间隙位置未被占率近于 1 时,则直接间隙扩散机理的相关因数等于 1。在这种情况下,紧邻着一个间隙原子周围的间隙几乎完全是空的。此种情况下,间隙原子的跃迁方向就和前一次的跃迁无关。

6.6 固体中的离子扩散

分析固体中的离子扩散机理我们可以知道,假设离子扩散为环形机理,显然是不恰当的,因为离子晶体邻接的离子是异种离子,不能构成环形;假设为晶格间隙机理，很明显晶格间隙机理是不适用于离子晶体的；由于离子晶体中存在着各种类型的空位，对应于空位浓度的变化，离子的扩散速度也变化，所以离子的扩散实属空位机理。

由于离子晶体的阴、阳离子特性不同，一般两者的自扩散系数是不相等的。既使两个离子的电价相同，扩散机理也相同，仅离子半径不同，但两者移动所需要的活化能还是不相同的。肖特基缺陷是随着温度上升，两个离子的空位浓度呈一定比例增加；而弗仑克尔缺陷的生成，只有其中一种离子的空位增加，在两种离子的空位浓度之间并没有直接的对应关系。这些差别源于两种离子的自扩散系数与温度的关系的不同。

实际上，决定自扩散系数的主要因素是固体结构。以由二价阳离子组成的 NaCl 型立方晶体为例，若二价阳离子与氧离子的扩散机理相同，当其阳离子半径比氧离子小时一般阳离子的自扩散活化能小，此种情况下自扩散系数的绝对值有变大的倾向。除 NaCl 型晶体以外，类似的结果在 $\alpha-Al_2O_3$ 尖晶石和其他许多氧化物中也能观察到。例如，对刚玉型结构的氧化物 $\alpha-Al_2O_3$ 和 $\alpha-Cr_2O_3$ 的阴、阳离子扩散系数测定结果表明，$\alpha-Al_2O_3$ 和 $\alpha-Cr_2O_3$ 中的阳离子自扩散系数较氧离子的大。图 6.8 中 D_{Al}表示 Al^{3+} 的扩散系数；D_O（多晶）表示多晶中的 O^{2-} 的扩散系数；D_O（单晶）表示单晶中的 O^{2-} 的扩散系数。氧离子在同一单晶中呈现本征的扩散系数为 $D=1.9\times10^3\exp(-152.0/RT)(cm^2\cdot s^{-1})$，非本征的扩散系数为 $D=6.3\times10^{-8}\exp(-57.6/RT)(cm^2\cdot s^{-1})$。

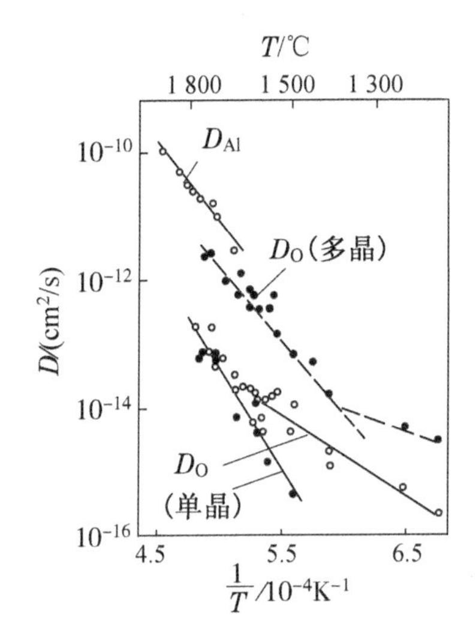

图 6.8　$\alpha-Al_2O_3$ 中的 O^{2-} 和 Al^{3+} 的扩散系数

在 $\alpha-Al_2O_3$ 晶体结构中，由于离子半径大的 O^{2-} 处于近乎密堆积状态，故可认为其扩散机理是由肖特基型缺陷而造成的空位扩散机理。

尖晶石结构的 O^{2-} 大体上是密堆积的，阳离子占据了存在于其间的四面体位置的1/8 和八面体位置的 1/2。由于点阵内存在着较多间隙，因此可以预料阳离子的自扩散系数比 O^{2-} 大。

表 6.3 为氧化物中各组分离子的自扩散系数的测定值。

表 6.3　氧化物中各组分离子的自扩散系数

物　质	扩散种	D_0/(cm²/s)	E_a/(kJ/mol)	温度范围/℃
MgO	Mg(s)	2.49×10^{-1}	330.2	1 400～1 600
	Mg(s)	1.2×10^{-5}	154.2	1 450～1 752
	O(s)	2.5×10^{-6}	260.8	1 300～1 750
CaO	Ca(s,p)	0.4	338.6	900～1 600
	Ca(s)	3.08×10^{-8}	117.9	1 000～1 400
NiO	Ni(s)	4.77×10^{-2}	254.1	1 180～1 760
	O(s)	6.2×10^{-4}	240.4	1 100～1 560
CoO	Co(p)	2.15×10^{-3}	144.2	800～1 350
	O(s)	50.0	397.1	1 175～1 560
CdO	O(s)	3.8×10^{6}	384.6	630～855
$Fe_{1-x}O$	Fe(p)	0.118	124.1	700～1 000
α - Al_2O_3	Al(p)	28.0	476.5	1 670～1 905
	O(s)	1.9×10^{3}	635.4	1 600～1 800
	O(s)	6.3×10^{-8}	240.8	1 200～1 600
α - Fe_2O_3	Fe(p)	1.3×10^{6}	418.8	950～1 050
	O(p)	1×10^{11}	610.3	1 170～1 250
α - Cr_2O_3	Cr(p)	0.137	255.4	1 045～1 550
	O(p)	15.9	422.2	1 100～1 450
$MgAl_2O_4$	Mg	2.0×10^{2}	359.5	
	O(s)	0.89	438.9	1 432～1 740
$NiCr_2O_4$	Ni(p)	1.5×10^{-3}	256.7	860～1 277
	Cr(p)	7.4×10^{-1}	303.1	950～1 400
	O(p)	1.7×10^{-2}	273.4	1 200～1 550
Fe_3O_4	Fe(s)	6.0×10^{3}	351.1	850～1 075
BeO	Be(s)	1.27×10^{-3}	267.5	1 490～1 760
	Be(s)	1.23×10^{-6}	150.5	1 760～2 000
	O(s)	2.95×10^{-5}	286.3	1 300～1 700
ZnO	Zn(s)	4.8	305.1	900～1 025
	O(s)	6.5×10^{11}	689.7	1 100～1 300

续表

物　质	扩散种	$D_0/(cm^2/s)$	$E_a/(kJ/mol)$	温度范围/℃
$(Zr,Ca)O_{2-x}$	Zr(p)	3.5×10^{-2}	386.7	1 700～2 150
	Ca(p)	4.44×10^{-1}	418.8	1 700～2 150
	O(s,p)	1.8×10^{-2}	130.4	800～1 097
$UO_{2.00}$	U(s)	6.8×10^{-5}	410.9	1 620～2 010
	O(p)	0.26	247.9	780～1 250
$UO_{2.10}$	O(p)	2.7×10^{-4}	89.9	500～800
CeO_2	O(s)	1.9×10^{-4}	103.7	850～1 150
$CeO_{1.8}$	O(s)	6.2×10^{-6}	15.0	850～1 150

注：s 为单晶体；p 为多晶体。

某些离子晶体，例如碱金属卤化物和银的卤化物能够导电，主要是由于离子的扩散运动引起的。能够导电的离子晶体中的电子和空穴导电所占的比例小，甚至可以忽略不计。能够导电的离子晶体中离子迁移数很大，而载流子迁移数极小，离子的电导率和缺陷的自扩散系数之间关系由能斯特-爱因斯坦(Nernst-Einstein)方程给出：

$$\frac{\sigma_d}{D_d}=\frac{c_d q_d^2}{kT} \tag{6-19}$$

式中：σ_d 为晶体中对导电有贡献的阳离子或阴离子运动所产生的分电导率；D_d 为与 σ_d 相对应的缺陷的自扩散系数；c_d 为缺陷的浓度；q_d 为缺陷的电荷；k 为玻耳兹曼常数；T 为热力学温度。其中 c_d 可以表示为 $c_d=N_d c$，N_d 为缺陷的摩尔分数，c 为与扩散有关的阳离子或阴离子的总浓度，将 $c_d=N_d c$ 代入式(6-19)，并利用 $D=D_d N_d$，式(6-19)可变换为：

$$\frac{\sigma_d}{D}=\frac{c q_d^2}{kT} \tag{6-20}$$

式(6-20)把两个可以用实验方法测定的物理化学性质(电导率和扩散系数)联系起来了。借助于式(6-20)利用放射性示踪原子测得晶体的自扩散系数，就可以计算出晶体的电导率；测得了晶体的电导率，也可以计算出晶体的扩散系数。还可以利用式(6-20)确定扩散的机理。但是这时必须考虑到点阵原子的自扩散系数 D 和示踪原子扩散系数 D^* 之间的差别，需要在式(6-20)中加上一个校正系数，即相关系数 $f=\frac{D^*}{D}$，这样便把式(6-20)转变成一个更为普遍的方程：

$$f=\frac{D^* c q_d^2}{\sigma_d kT} \tag{6-21}$$

6.7 固体中的短程扩散

上述固体中的扩散，主要讨论了以晶体内部的空位或间隙原子等点缺陷作为媒介的原子的迁移（输运）运动，原子的这种运动叫做体扩散或内扩散 D_b。除此之外，还有以其他缺陷为媒介的扩散途径。如沿着固体表面进行的表面扩散（surface diffusion）D_s，沿着多晶体内部晶粒间界进行晶界扩散（grain boundary diffusion）D_g，以及通过位错线的管道进行的位错扩散（dislocation diffusion）D_d 等。这些扩散与内扩散不同，一般其扩散速度较快。图 6.9 表示在金属银中各类扩散的扩散系数随温度的变化。由此可算出银的体扩散 D_b 的活化能为192.2 kJ/mol；银的晶界扩散 D_g 的活化能为 84.4 kJ/mol；银的表面扩散 D_s 的活化能为 43.1 kJ/mol。

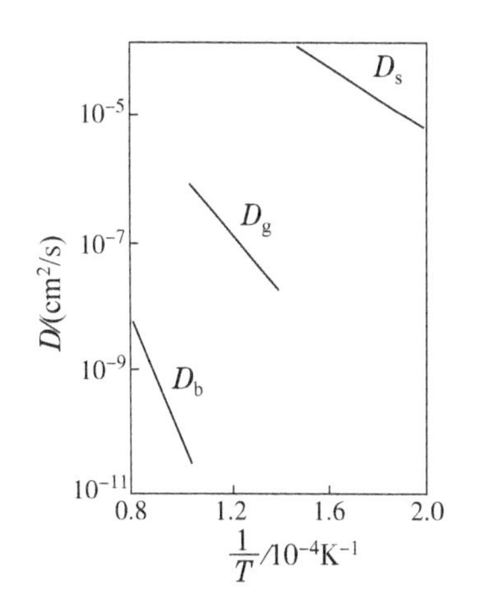

图 6.9 银的内扩散系数、晶界扩散系数和表面扩散系数

可以推测，在位错线上点阵的紊乱程度比在晶界上更甚，因此位错线上的原子迁移要比晶粒间界上的迁移更容易，故 D_d 将大于 D_g。资料给出，银的位错扩散活化能为 82.3 kJ/mol。但实际上，体系内的位错密度也对扩散系数产生一定的影响。

多晶体中不同方向的晶粒相接合构成晶粒间界。与单晶内规则的原子排列相比，在晶界内原子的排列是相当紊乱的，这种原子排列紊乱的二维宽度就是晶界。不仅在金属体系中有很多晶界扩散比内扩散大，而且在离子晶体中也有同样情况。晶界扩散并不一定对阴、阳两种离子都很明显，往往是一种离子的晶界扩散明显，而另一种离子不明显。例如在 KCl、KBr、KI、NaCl 和 CsCl 中，卤素阴离子的晶界扩散都很明显，而阳离子的扩散并不显著，仅 CsCl 中的 Cs^+ 显示出明显的晶界扩散。又如在具有 NaCl 构型的氧化物 MgO 中，O^{2-} 显示出晶界扩散，而 Mg^{2+} 则不明显。

在晶界扩散比内扩散显著大的晶体中，扩散先沿着晶界快速地进行，然后由晶界向着晶粒部转移到内扩散，如图 6.10 所示。在这种情况下，晶界扩散对总扩散的贡献程度可用 $D_g \cdot \delta/(D_b \cdot d)$来表示，式中 δ 为晶界宽度，d 为晶粒的直径。在 $D_g \cdot \delta/(D_b \cdot d)$比值很大的多晶体中，由于晶界内扩散物的浓度在短时间内饱和，此种情况下全部扩散可统一归结为从晶界到晶粒内的内扩散。

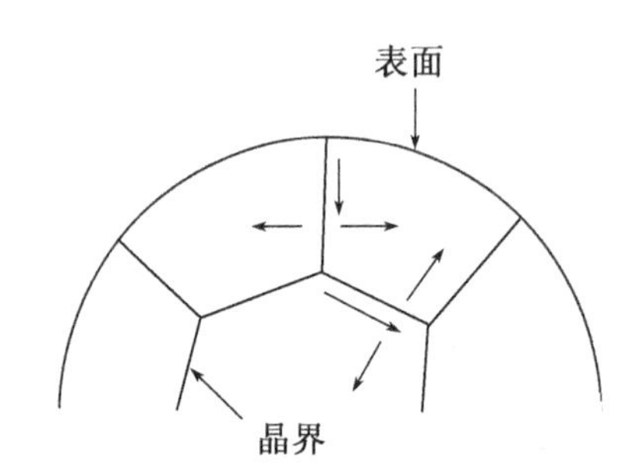

图 6.10 晶界扩散和晶粒扩散的示意图

6.8 固体扩散系数的实验测定

固体扩散系数的实验测定，从技术原理上说是假定了扩散服从费克定律，根据实验得到的边界条件求解而获得的计算结果。在实验方法上，通常都是测定扩散物质在固体试样中的浓度分布及其对时间和温度的依赖关系。可以采用各种物理的或化学的方法直接来测定扩散物质的浓度分布状况，例如用发射光谱、质谱、X 射线荧光光谱、光电子能谱以及示踪原子和化学分析法等；也可以间接地测量扩散杂质掺入固体后所引起试样各部分性质的变化情况，例如通过测定电导率、显微硬度、光谱等性质的变化来得到扩散物质在固体中的浓度分布。

例如上述谈到的，在 p 型 PbSe 单晶上可以由表及里地扩散生成一层 n 型 PbSe 单晶。在 600℃，由于气固相之间，以及固相内部的原子输运，Pb 和 Se 原子沿着一定的浓度梯度方向在单晶中扩散，因而在扩散的前沿形成电子-空穴结(p-n 结)。用热电子探针实验，可以确定这个 p-n 结的边界，求出边界移动的速度对于扩散退火的温度和时间的依赖关系，从而可以计算得到 Pb 和 Se 在 PbSe 单晶中的扩散系数。

也可以采用放射性同位素示踪法求得扩散系数。但自扩散系数的测定，必须是在没有化学浓度梯度的条件下进行。因此，需要用待测原子成离子的同位素作示踪原子，经过一定的处理后测出示踪原子的浓度梯度，再计算自扩散系数。例如，将放射性同位素金属附着在固体试样的一边，在一定温度下经过一段时间的扩散退火之后，将试样切割成薄片，分别测定各片中的放射性，以确定示踪原子的浓度沿扩散距离变化的关系，从而求得它的自扩散系数。

利用同位素 ^{18}O 和固体氧化物中 ^{16}O 的交换反应，也可以测定氧在氧化物中的扩散系数。气相-固相同位素交换法如图 6.11 所示。

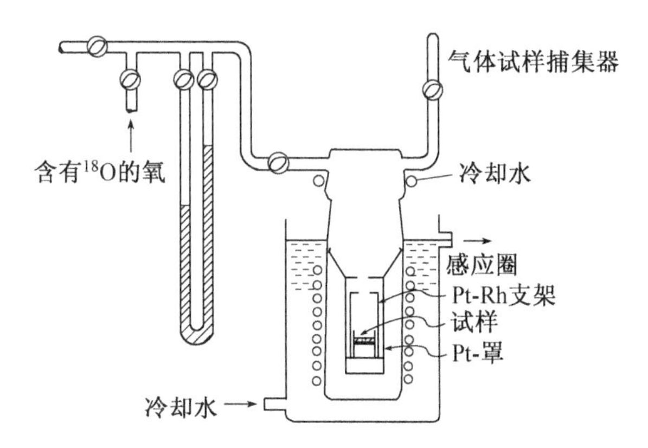

图 6.11　气相-固相同位素交换法的示意图

同位素^{18}O和固体氧化物中^{16}O的交换反应如下：

$$^{16}O(s)+{}^{18}O(g)\longrightarrow{}^{16}O(g)+{}^{18}O(s) \tag{6-22}$$

式(6-22)中的同位素交换反应的速度，决定于^{18}O在固体试样中与^{16}O之间的互扩散速度，可以用质谱计来测定气相中和固相中的$^{18}O/^{16}O$同位素的浓度比，从而计算得到氧原子的扩散系数。测定固相中两种同位素的浓度比，可计算得到氧原子的扩散系数。测定固相中两种同位素的浓度比时，是将试样各部分氧化物中的氧转变为 CO，再经铁催化剂氧化为 CO_2，将 CO_2 导入质谱计，测定其中($C^{18}O^{16}O$)$CO_2(46)/CO_2(44)$之比，求出$^{18}O/^{16}O$之比，最后计算得到^{16}O在固体氧化物中的扩散量和扩散系数。

需要说明，自扩散系数和互扩散系数的测定，必须区别测定条件。自扩散系数必须是在没有化学浓度梯度的条件下测定，故需要某种示踪原子。对可测定的原子或离子以同位素作为示踪原子时，就可在没有化学浓度梯度的情况下给出示踪原子的浓度梯度。正确地说，在这个条件下可测定出两个同位素之间的互扩散系数。在计算自扩散系数时，需要对同位素间的质量加以修正，但是根据测定误差的大小，有时会失去修正的意义。对于氧化物中金属离子的自扩散系数，可由与金属体系相近似的方法进行测定，在氧化物试样的一面，附着放射性同位素，在指定温度下加热到指定时间，进行扩散退火，然后测定放射性，求出同位素的浓度分布。放射性强度和扩散距离关系的测定方法有：

(1) 分割(Sethening)法。在扩散退火后的示踪原子的浓度分布测定方法中，这是一种最普通的方法。从试样表面向着扩散方向每隔指定的距离分割试样，然后再分别测定切片的放射性强度。

(2) 表面活性(surface activity)法。这个方法是在扩散退火后试样不进行分割的简便方法。在扩散退火前后，测定试样表面上的示踪原子的放射性强度，由其比值和扩散时间来计算 D 值。这个方法的缺点是，由于试样表面粗糙或在退火过程中示踪原子的蒸发损失等能引入较大的测定误差。

(3) α-谱衰减(α-spectrum degradation)法。这是适合于用 α 放射性同位素作为示踪原子时的特殊方法。试样可不经切削而以数百埃(Å)为间隔，测定出同位素浓度—距离的关系。

互扩散系数的测定，按其定义来讲，是把具有不同给定组成的两种试样结合起来作为扩散对，在指定的温度和时间下进行扩散退火，测定浓度—距离的关系，从浓度-距离曲线计算互扩散系数。互扩散系数测定方面有化学方法或物理方法等多种，在这些方法中 X 射线微量分析法能测 100 μm 以下范围的浓度分布，因而得到广泛的应用。

思考题

6.1 氢很容易在金属钯中扩散，工业上可以利用这种性质制取高纯氢。试考虑通过什么方法可以确定氢在钯中是以原子的形式扩散的?

6.2 试讨论在钠玻璃中 Si^{4+} 和 Na^{+} 的扩散。

6.3 引起晶体中原子自扩散的原因有哪些?

6.4 在 800℃，锂和铟在锗晶体中的扩散系数分别是 10^{-5} cm²/s 和 10^{-12} cm²/s。

(1) 试考虑两者为什么有这样大的差别?

(2) 如果根据 $\sqrt{Dt}$ 来估算扩散深度，试求在 1 h 后锂和铟在锗晶体中的扩散深度各是多少?

6.5 由 MgO 和 Fe_2O_3 之间的固相反应来制备 $MgFe_2O_4$ 时，如果在两块反应物之间的界面上放置一种惰性标记物，试考虑以下几种情况中标记物应该是怎么样移动的?

(1) 如果是由于 Mg^{2+} 和 Fe^{3+} 的互扩散而进行反应；

(2) 只是由于 Fe^{3+} 和 O^{2-} 同时向 MgO 中的扩散；

(3) 伴随有铁离子的氧化还原反应，Mg^{2+} 和 Fe^{3+} 之间互扩散。

6.6 从离子电导率求得的扩散系数和用示踪原子法求得的扩散系数之间数值上有较大的差别，原因何在?

6.7 试计算在 1 000℃时铜中的自扩散系数。已经得知 E_a = 200.6 kJ/mol，D_0 = 0.2 cm²/s。

6.8 在 1 100℃时，在 γ-铁(面心立方)中氢的扩散系数比碳的扩散系数大三个数量级。试说明其原因。

6.9 碳在 α-铁(体心立方)和 γ-铁(面心立方)中的扩散系数分别是:

$$D=0.007\,9\exp\left[-\frac{83\,680\ \text{J/mol}}{RT}\right]\text{cm}^2\cdot\text{s}^{-1};$$

$$D=0.21\exp\left[-\frac{141\,419\ \text{J/mol}}{RT}\right]\text{cm}^2\cdot\text{s}^{-1}。$$

试计算 800℃时的扩散系数各是多少,并解释差别。

6.10 根据下表所列数据,求出 800℃时铜、银、锌在铜中的扩散系数。

扩散元素	扩散介质	扩散常数 $D_0/\text{cm}^2\cdot\text{s}^{-1}$	扩散活化能 $\Delta E_a/\text{kJ}\cdot\text{mol}^{-1}$
Cu	Cu	1.1×10	239.33
Ag	Cu	2.9×10^{-2}	155.65
Zn	Cu	3.7×10^{-6}	92.05

6.11 从下表所列数据看,金属在自身的氧化物中的扩散活化能 E_a,以 Fe 在 FeO 中和 Co 在 CoO 中为最低,分别为 96.23 kJ/mol 和 104.60 kJ/mol,试解释其原因。(提示:Fe 和 Co 都是多价态元素)

扩散体系	活化能 $E_a/\text{kJ}\cdot\text{mol}^{-1}$	扩散体系	活化能 $E_a/\text{kJ}\cdot\text{mol}^{-1}$
Fe 在 FeO 中	96.23	Mg 在 MgO 中	347.27
Na 在 NaCl 中	171.54	Ca 在 CaO 中	322.17
U 在 UO_2 中	317.98	Cr 在 $NiCrO_4$ 中	317.98
Co 在 CoO 中	104.60	Ni 在 $NiCrO_4$ 中	271.96
Fe 在 Fe_2O_3 中	200.83	O 在 $NiCrO_4$ 中	225.94

6.12 假定扩散活化能的数值:$E_{a晶界}\approx\frac{1}{2}E_{a体相}$,试画出体相扩散和晶界扩散的 $\ln D$ 随 $\frac{1}{T}$ 变化的图解。在什么温度范围,晶界扩散超过体相扩散。你的回答将说明一个一般的原则:活化能大的扩散过程在高温下是主要的,活化能小的扩散过程在低温时是主要的。

第7章　固相反应

提起化学反应，我们了解更多的是气相、液相化学反应，这就是我们常说的反应在凝聚相中开始，在气相中结束。然而固相反应则不同，反应是在晶体物相中发生物质的局部输运时而产生，反应表现为组分原子、离子在化学势场或电化学势场中的扩散、迁移。

7.1　固相反应概述

固相反应是指那些有固态物质参加的反应。一般说来，反应产物之一必须是固态物质的反应，才称得上是固相反应。

固相反应与固相合成在内涵上是不一样的，固相合成可以由固态物质参加，如 $BaCO_3(s)+TiO_2(s) \longrightarrow BaTiO_3(s)+CO_2(g)$，也可以没有固态物质参加，如溶液中的沉淀反应，$BaCl_2(l)+H_2SO_4(l) \longrightarrow BaSO_4(s)+2HCl(l)$，或某些气相反应 $SiCl_4(g)+2H_2(g) \longrightarrow Si(s)+4HCl(g)$，但只要反应产物之一是固态就称为固相合成；而固相反应，它的反应产物之一必须是固态。根据反应物的状态，固相反应则包括有：

(1) 一种固态物质的反应，如固体的热解、聚合；

(2) 单一固相内部的缺陷平衡；

(3) 固态和气态物质参加的反应；

(4) 固态和液态物质之间的反应；

(5) 固-固相反应；

(6) 固态物质表面上的反应，如固相催化和电极反应等。

研究固相反应的目的是要，认识固相反应的机理，了解影响反应速度的因素，控制固相反应的方向和进行程度。在有些情况下，希望固体物质的反应活性越高越好，例如，火箭用的固体推进剂、固相催化剂的反应等。但是在另一些情况下，研究的目的是为了尽可能地降低固体物质的反应活性，减慢其反应速度，例如，烟火用的延期药、金属材料的锈蚀和氧化等，我们希望能抑制这类反应，使它进行得愈慢愈好。还有第二种情况，是在制作固体电子器件时，人们希望一种特定的化学反应在固体表面的某一指定的地点上发生，进行到一定的深度，并且希望控制反应进行到所需要的程度，如集成电路制作中的外延、p-n 结、隔离层、掩模、光刻等工艺步骤中所包含的化学反应。固相反应的热力学和动力学就是以探索固相反应的规律性为目的而进行的研究工作。

从经典的角度来看，一种固相反应总是在晶体物相中发生物质的局部输运时产生的。这时晶格点阵中原子的电子构型有明显的改变，这种改变是与晶体组分 i 的化学势（偏摩尔自由能 μ_i）的局域变化有关。因此，固相化学反应就表现为组分原子或离子 i 在化学势场 μ_i 或电化学势场 η_i 中的扩散。化学势和电化学势的定义为：

$$\mu_i = \overline{G_i} = \left(\frac{\partial G}{\partial n_i}\right)_{P,T,n_i \neq n_j} \tag{7-1}$$

$$\eta_i = \mu_i + z_i \Phi F \tag{7-2}$$

式中：G 为体系的自由能；n_i 为组分 i 的摩尔数；z_i 为组分离子 i 的电荷数；Φ 为电势；F 为法拉第常数 96 500 A · s。因此，离子的化学势的局域变化便是固相反应的推动力。扩散速率与推动力成正此，比例常数就是扩散系数。

固相反应与气相反应或液相反应相比，最显著的不同是，固相反应不可能达到原子或分子水平的均匀混合，参与反应的固相界面只有接触后才引起化学反应，反应是要产生晶核，反应需要有一个物质和能量的扩散或传输过程才使固相反应继续进行。需要指出，在固相反应中组分的化学势梯度或电化学势梯度并非是固相反应的唯一推动力，其他因素，如温度、外电场、表面张力等也可以推动固相反应的进行。例如一个初始是均匀的固溶体体系，在温度梯度的作用下，可以发生分离或脱溶（demix）现象，即热扩散作用；离子晶体中的离子在电场的作用下发生迁移或电解；烧结过程中固体趋向最小表面积，因而使原子从表面曲率大的地方向曲率小的地方扩散等等。

我们知道，谈到液相反应或气相反应的动力学问题时，必须强调它们的反应物浓度问题，因为它们的反应动力学是反应物浓度变化的函数。但是对于固体物质参与的固相反应而言，反应物的浓度是没有多大意义的，因为参与反应的组分的原子或离子不能自由地运动，而是受到晶体内聚力的限制，它们参加反应的机会是不能用简单的统计规律来描述的。对于固相反应来说，在固相反应中物质和能量的传递是通过晶格振动、缺陷运动和离子与电子的迁移来进行的。因此，决定固相反应的因素是固态反应物质的晶体结构、内部的缺陷、形貌（粒度、孔隙度、表面状况）以及组分的能量状态等等。在这些因素中，有些是内在的因素，例如，晶体的结构和缺陷，物质的化学反应活性和能量等；另外有一些是外部的因素，例如反应温度，参与反应的气相物质的分压，电化学反应中电极上的外加电压,射线的辐照,机械处理等。有时外部因素也可能影响到甚至改变内在的因素,例如,对固体进行某些预处理时,如辐照、掺杂、机械粉碎、压团、加热、在真空或在某种气氛中反应等等,均能改变固态物质内部的结构和缺陷的状况,从而改变其能量状态。

与气相或液相反应相比较,固相反应的机理是比较复杂的。固相反应的过程中,通常包括四个基本步骤:

(1) 吸着现象,包括吸附和解吸;

(2) 在界面上或均相区内原子进行反应;

(3) 在固体界面上或内部形成新物相的核,即成核反应;

(4) 物质通过界面和相区的输运,包括扩散和迁移。

不论是哪一类固相反应,分解反应也好,合成反应也好,都可以把反应过程分为几个步骤。例如,对于一个固态化合物的分解反应,可以认为反应最初发生在某一些局域的点上,随后这些相邻近的星星点点的分解产物聚积成一个个新物相的核,然后核周围的分子继续在核上发生界面反应,直到整个固相分解。实验证明,NH_4ClO_4 晶体的热分解的过程的确如此。当在 478 K 加热 NH_4ClO_4 晶体 15 min 后,晶体的[210]晶面上出现一些孤立的核,特别是沿解离面附近尤为明显。从[001]晶面上可以看出这些孤立的核呈现无规律分布。再经过 478 K下加热 40 min 之后,发现最初的核停止生长,但是又出现了一些新的核。因为 NH_4ClO_4 的热分解产物是气体,所以核就表现为热腐蚀小坑,可以利用扫描电子显微镜很清楚地观察到。又如某些金属的氧化反应,开始的时候是在金属表面上吸着氧的分子,并发生氧化,在表面上生成氧化物的核,并逐步形成氧化物的膜。如果这层氧化物膜阻止氧分子进入到金属表面的话,那么进一步的反应就要依靠在金属与氧化物以及氧化物与氧之间的界面上进行界面反应了,也要依赖于物质通过氧化膜的扩散和输运作用。在各个步骤中,往往有某一个反应步骤进行得比较慢,那么整个反应过程的反应速度就受这一步反应所控制,叫做控速步骤(rate-determining step)。

我们可以用方框图来概括固相反应的类型、反应步骤和决定反应的各种因素,如图 7.1 所示。

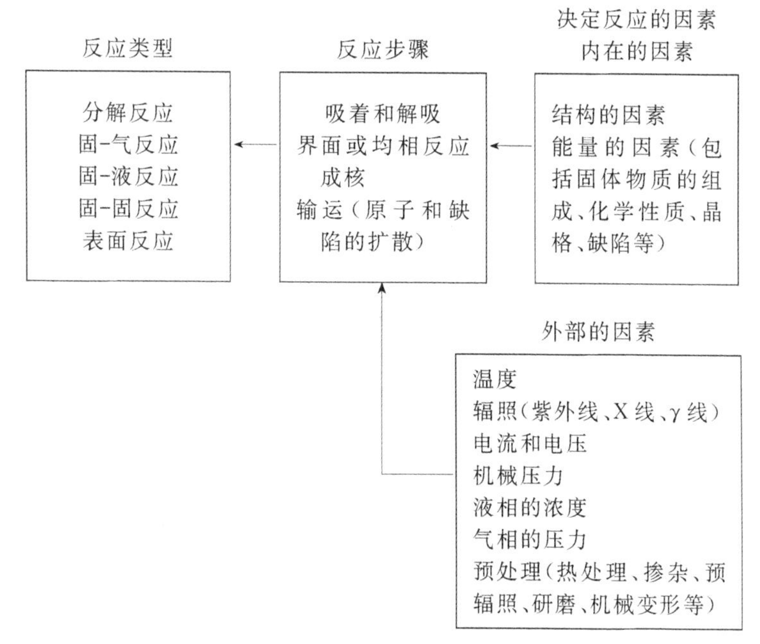

图7.1　固相反应的类型、步骤和决定因素

7.2　单一固态物质的反应

单一固态物质的反应，包括单一物相中的反应、相变反应、离溶与透明消失反应、固体的热分解反应等。

7.2.1　单一物相中的反应

如果按照反应物的物相数以及物相的均匀性来区分固相反应，可以把固相反应分为单一相反应（Reactions in a single phase system）和多相反应（Heterogeneous reactions）。单一相反应又可以区分为均相反应（Homogeneous reactions）和非均相反应（inhomogeneous reactions）。

1. 均相反应

均相反应，是指在单一的固相中结构组元发生的局域的重排过程。例如，由于温度和压力的改变所引起的晶体内Frenkel缺陷的产生、湮灭和缺陷平衡的移动。又如，镍铝尖晶石（$NiAl_2O_4$）中的氧离子亚晶格构成四面体和八面体两种间隙，Ni^{2+}和Al^{3+}在两种间隙中分布状态是随温度而变化的。

已经证明缺陷的平衡是随温度和压力而变化的。因此一个原来处于热力学平衡状态的均相晶体，一旦温度和压力发生改变，则其缺陷的浓度就发生变化，从而建立新的平衡。根据缺陷类型不同，晶体内建立新的平衡反应可能如下：

(1) 缺陷之间的反应；

(2) 缺陷和晶体中可以继续生长处的格点上原子之间的反应，此处所说的晶体中可以继续生长之处，是指晶体的内界面和外界面，以及位错等处；

(3) 缺陷和晶体外界面上组分之间的反应。

实际上，建立新的平衡反应只有(1)属于均相反应，(2)和(3)应该是非均相反应。通常我们把晶体内缺陷浓度重新建立平衡所需的时间，称为弛豫时间(τ)。弛豫时间决定于缺陷的迁移速度以及缺陷源和缺陷阱的几何排列。不论是缺陷的产生，还是缺陷之间或缺陷与组分原子之间的反应，都需要一定的活化能。

点缺陷之间的反应可能有以下四种不同的情况：

(1) 由于异种缺陷的无规运动或它们之间的引力，而使它们碰在一起，并结合成为正常的点阵粒子。例如溴化银中 Frenkel 缺陷之间的反应就属于这种情况。

(2) 两个相似或不相似的缺陷碰在一起生成缺陷的缔合体。例如在碱金属卤化物中，掺入的碱土金属离子和空位之间可以发生缔合反应：$Ca_K^{\cdot} + V_K' = [CaV]^X$。

(3) 处于不同亚晶格上的离子互换位置的反应：$A_A + B_B = A_B + B_A$，即所谓错位反应。

(4) 离子电荷发生改变：$A_A^{n+} + B_B^{m+} = A_A^{(n-1)+} + B_B^{(m+1)+}$。

以上(3)和(4)这两种反应，在制备具有可控电学和磁学性质的铁氧体过程中，起着重要的作用。

离子晶体通常是在高温下制备的。高温下缺陷的平衡能够迅速达到，但当由高温冷却到室温时，缺陷平衡被冻结在某一点上。我们知道晶体的光学、电学、磁学以及催化性能是由其中的点缺陷所规定的，因此弄清楚晶体中缺陷的弛豫过程，选择合适的晶体退火温度程序，对于制备具有指定性能的晶体是非常重要的。

我们以镍铝尖晶石为例来看亚晶格上离子的错位反应：

$$Ni_A^{2+} + Al_B^{3+} = Ni_B^{2+} + Al_A^{3+}$$

式中，注脚 A 和 B 表示氧离子的面心立方紧密排列时所形成的四面体和八面体中的空隙位置。这种错位反应所带来的离子错位重排，可能是由于温度的突然变化引起的。错位反应的平衡常数为 $K(T) = \exp(-\Delta G^{\ominus}/RT)$，显见它是随温度而变化的。由光吸收实验测得 Ni_A^{2+} 和 Ni_B^{2+} 的浓度，可求得 $\Delta G^{\ominus}$ 约为

-10.9 kJ。

2. 非均相反应

非均相反应,是指在单一的固相中结构组元和化学成分发生局域流动。例如,由于氧分压的改变而引起 FeO 中空位和电子浓度的变化;又如在一些赝二元体系中发生化学的或交互的扩散过程,如 Ag-Au、MgO-NiO、AgBr-NaBr 等体系在退火时组分的扩散和平衡;在一些基质晶体中掺入少量同晶型的同类杂质的情况,也属于非均相反应。

当温度和压力突然变化时,晶体内部的点缺陷与处于晶体的内界面、外界面或位错面上的格点原子之间发生反应。例如在一个具有 Schottky 缺陷的晶体里,可能发生下列反应:

$$V_m' + V_X^{\cdot} + MX_{(\text{面缺陷处})} = M_M^x + X_X^x$$

此式的意思是,晶体内部过量的 Schottky 缺陷和晶体面缺陷处的格位原子作用,生成正常格位离子。

若 KCl 晶体的温度突然下降,则晶体内部的 Schottky 缺陷数目变成过饱和,通过类似上述的反应可以达到新的缺陷平衡。

$$V_K' + V_{Cl}^{\cdot} + KCl_{(\text{面缺陷处})} = K_K^x + Cl_{Cl(KCl\text{中})}^x$$

另一种情况是当初始与晶体 MX 处于平衡的 X_2 的分压突然改变时,晶体表面上就形成新的缺陷浓度。其结果是由表及里地在晶体内形成缺陷浓度梯度变化,最后由于扩散作用,这种浓度梯度逐渐变得均匀。以上两种情况都属于单一物相中的非均相反应。

7.2.2 相变反应

相变反应,是指某组成的晶体产生变态时在各种形态之间发生的转变。同一种固态物质中发生相变的现象是很多的,例如在同一种元素(例如铁)的固态中发生 α-Fe(体心立方)$\xrightleftharpoons{910℃}$$\gamma$-Fe(面心立方),这种相变过程也称为多形性转变。在常压下 SiO_2 相变的变态和稳定性如图 7.2 所示。由图可见,1 713℃为 SiO_2 的熔点,发生 SiO_2(l)$\rightleftharpoons$方石英(四方晶系);在 1 470℃时,方石英(四方晶系)$\rightleftharpoons$磷石英(正方晶系);在 870℃时,鳞石英(正方晶系)$\rightleftharpoons$$\beta$-石英(六方晶系)均为慢速反应相变,而在 575℃时,β-石英$\rightleftharpoons$$\alpha$-石英为急速反应相变。

从热力学观点来看,相变可分为一级相变和二级相变。一级相变时化学势相等,即 $\Delta F = \Delta U - T\Delta S = 0$。发生一级相变时体积和潜热均发生变化,即 $\Delta V \neq 0$、$\Delta S \neq 0$。例如晶体的熔化、升华,或液体的凝固、气化,以及固态中的大多数多形性转变(α-Fe$\rightleftharpoons$$\gamma$-Fe)、脱溶反应、共晶反应、包晶反应,以及一部分有

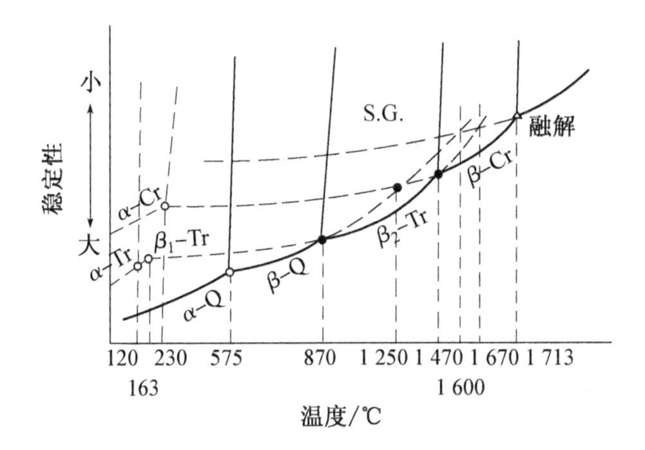

图 7.2 SiO_2 相变的变态和稳定性(○急速逆转变,●慢速逆转变,△熔点)

序无序转变等均属于一级相变。二级相变进行时无熵和体积的突变,即 $\Delta S=0$,$\Delta V=0$。例如,一般合金的有序-无序转变、铁磁性与顺磁性转变、超导体变为超导态的转变等都属于二级相变。

许多物质的相变特征既有一级的也有二级的,例如 $BaTiO_3$、KH_2PO_4 既有微小的潜热,也有 C_p 的突变。另外,α-石英⟶β-石英(570℃)相变反应中在相变点处发散($C_p\to\infty$),C_p-T 曲线呈 λ 型称为 λ 相变。

一般来讲,一级相变可能有热滞现象,而二级相变(包括 λ 型相变)则不存在热滞。因而石英的 $\alpha\to\beta$ 转变温度常被用作温度定点。

7.2.3 离溶与透明消失反应

高温下的 NaCl-KCl 固溶体,在低于其生成温度的低温条件下,析出富有对方组分的相,而成为在该温度下的二相平衡体系,这一现象称之为离溶反应,是对固溶体而言的。

由骤冷产生玻璃化的相,往往可借再加热而析出晶相,这就是透明消失反应,即玻璃的失透现象(devitrification)。例如,含氟的苏打石灰玻璃在受热发生透明消失反应析出 NaF 或 CaF_2 的过程中,往往产生乳白化。此反应已用于玻璃陶瓷的制备。

以上两种反应发生,其原因是在高温处具有较宽的固溶区或玻璃化区,当温度下降时区域变窄。若把在高温处固溶或玻璃化的固体物质保持在稍低的温度,或将一度冷却到常温的高温相固定后,将它再加热并保持在比开始的高温稍低的温度,就析出了与相变反应相似的稳定相。但是与相变反应相比,离溶反应和透明消失反应中原子的移动和原子的改变程度要大得多。然而，这种情况仍然是微小的，对其认识并不容易，机制分析也较困难。但此类反应已在玻璃、陶瓷生产中获得应用。

7.2.4　固体的热分解反应

无机或有机固态化合物，在受热或受辐照时发生分解、聚合反应，这是一种常见的、且获得广泛应用的固相反应。石灰石加热分解成 CaO 和 CO_2 就是固体的热分解反应的典型例子。有些分解反应从热力学看是可能的，加热或辐照只是提供给它活化能以引发反应，而有些反应则需要从外界不断地供给能量。

固体的热分解反应往往开始于晶体中的某一点上，在这一点上首先形成反应的核。晶体中易成为初始反应核的位置，就是晶体的活性中心。活性中心总是位于晶体结构中缺少对称性的位置上，例如，晶体中那些存在着点缺陷、位错、杂质的地方。晶体表面、晶粒间界、晶棱等处，也缺少对称性，因此，也容易成为分解反应的活性中心，这些都属于所谓局部化学因素（topochemical factors）。用中子、质子、紫外线、X 线、γ 射线等辐照晶体，或者使晶体发生机械变形，都可以增加这种局部化学因素，从而能促进固相的分解反应。核的形成速度以及核的生长和扩展的速度，决定了固相分解反应的动力学。核的形成活化能大于生长活化能，因此，一旦核形成，便能迅速地生长和扩展。在一定温度下，测定反应容器中分解产物的蒸气压随时间的变化即可得一个固相分解反应的动力学曲线，如图 7.3 所示。

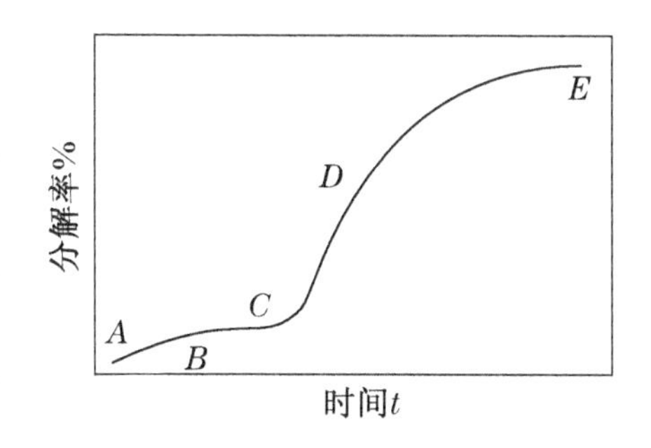

图 7.3　固相分解反应的动力学曲线

图示下列等温分解过程：

$$A(固)\longrightarrow B(固或气)+C(气)$$

纵坐标表示某一时刻分解压与完全分解后总压之比，即分解的百分率（%），横坐标为时间。这种 S 形的图形是固相分解反应的典型动力学曲线。如果利用热重法测定等温下试样的质量变化，也可以得到类似的曲线。曲线的 AB 段相当于与分解反应无关的物理吸附气体的解析，BC 段相当于反应的诱导期，这时发生着一种缓慢的、几乎是线性的气体生成反应。在 C 点反应开始加速，反应速度迅速上升到最大值 D 点，然后反应速度又逐渐减慢，直到 E 点反应完成。BE 间的 S 形曲线对应于三个阶段，即 BC 对应于核的生成，CD 对应于核的迅速长大和扩展，DE 对应于许多核交联一起后反应局限于反应界面上。因此，分解反应受控制于核的生成数目和反应界面的面积这两个因素。

热分解反应的过程十分复杂，现举例说明。

(1) Ag_2CO_3 的热分解。$Ag_2CO_3 \rightleftharpoons Ag_2O + CO_2$ 是一个可逆反应，为使分解反应进行，可用 CO_2 的吸收剂。热分解的 $\alpha - t$ 曲线为 S 型，初期有诱导期。但若在 $AgNO_3$ 溶液中先加入 1%(摩尔分数) $Y(NO_3)_3$，再加 Na_2CO_3，沉淀所得的掺 Y 的 Ag_2CO_3 则无诱导期，初始的分解速度就很高。这是由于晶体内部产生应变，促进 Ag_2O 核生成的缘故。另外，有水蒸气存在时，分解速度也显著提高。Wydeven 认为这是因为 Ag_2O 对 H_2O 的吸附性比它对 CO_2 的强，H_2O 可置换吸附的 CO_2，故阻碍了逆反应的发生。Barnes 发现，由不同方法制备的 Ag_2CO_3 分解性能亦不同。如在 $AgNO_3$ 的氨溶液中分别注入 CO_2、添加 Na_2CO_3 (0.05 mol/L) 溶液，加入 $NaHCO_3$ (5 mmol/L) 溶液，获得相应沉淀Ⅰ、Ⅱ、Ⅲ，如图 7.4 所示。将三种方法沉淀出的 Ag_2O_3 在 100℃红外灯下进行真空干燥。Ⅰ为约 1 mm 长的针状结晶，Ⅱ、Ⅲ在表现上为无定形，颗粒大小大体上相同。比较它们的热稳定性时，发现Ⅲ试样非常容易分解，这可能是由于用 $NaHCO_3$ 沉淀时，有 HCO_3^- 介入分解反应。

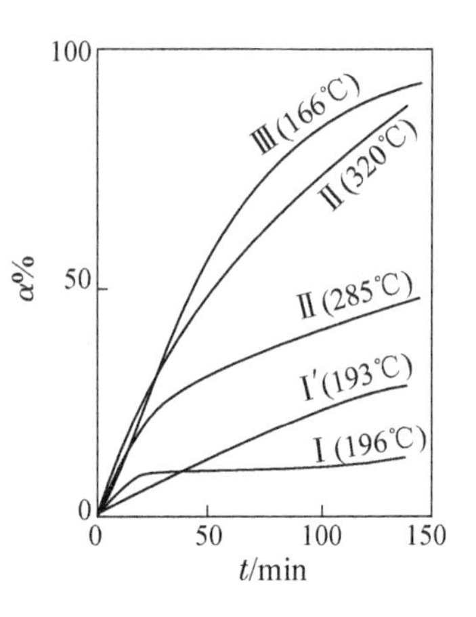

图 7.4 Ag_2CO_3 分解曲线

Ⅰ、Ⅱ、Ⅲ即为文中由不同制备方法所得的沉淀；Ⅰ由 0.015 mol/L溶液沉淀，Ⅰ′由 0.004 mol/L 溶液沉淀；数字为分解温度

(2) $MgCO_3$ 的热分解。在一些碱土金属碳酸盐中，机械地混入少量碱金属盐时，其分解温度降低的情况居多。例如，当在约为 200 目筛的 $MgCO_3$ 中分别添加(混合)2%(摩尔分数)的 Li、Na、K、Rb、Cs 的碳酸盐时，DTA 的吸热峰由未添加试样时的约 650℃，下降为 600℃、575℃、530℃、530℃、545℃。将它们保持在各自的温度加热 30 min，由生成的 MgO 的 X 射线衍射半峰宽求出晶粒的尺寸，未添加的试样为 137 Å，添加后的分别为 177 Å、218 Å、265 Å、309 Å、413 Å，这表明添加碱金属碳酸盐对 MgO 晶体生长有显著影响。

(3) 草酸盐的热分解。草酸盐结构是在平面状的 $C_2O_4^{2-}$ 排列中，由邻近的 $C_2O_4^{2-}$ 的 O 所连接而成，一般阳离子进入稍微弯曲的八面体中央。草酸的 $\alpha - t$ 曲线是 S 型，其主要反应部分与 Avrami-Erofeev 公式相符。Dollimore 等将阳离子的种类和它们在空气中分解温度的关系进行比较，结果显示，对于正二价离子，随着离子半径的增加，分解温度几乎成直线下降。另外，对稀土草酸盐而言，在真空中 340℃原子序数越大，分解的诱导期越短，^{58}Ce的诱导期可达约 90 min，

然而 ^{64}Gd 的诱导期几乎见不到。$NiC_2O_4 \cdot 2H_2O$的诱导期特别长，图 7.5 显示出了反应初期的结果。图中①是把$\alpha \leqslant 0.012$部分放大，该曲线为凸的减速型，但当$\alpha \approx 0.01$后成为直线；图中②是分解曲线。

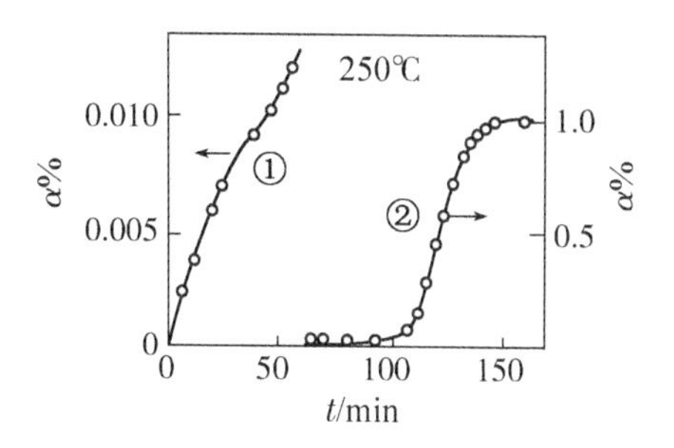

图 7.5 $NiC_2O_4 \cdot 2H_2O$ 的分解曲线

需要说明，由热分解所得的固体生成物的化学种类及其物性、反应性等，即使是同一起始物质，亦受加热时的温度、气氛、添加物的影响而发生变化；另外，即使为同一化学种类的生成物，其性质受原始物的影响而有差异的情况也不少。

另外，洪广言利用反相胶束微乳液法制备出了由十六烷基三甲基溴化铵作为表面活性剂的含镧和铁的前驱体，经灼烧后发现，当采用慢速升温预烧时所得产物主要是 $LaFeO_3$；而采用快速升温时所得产物主要为 LaOBr。

人们在研究热分解反应时，还根据实验条件的不同提出了不同的反应机理与反应速度公式。

7.3 固-固相反应

固-固相反应是指两种或两种以上的固态反应物相互作用生成一种或多种生成物物相的反应。这类反应包括有：加成反应和交换反应，它们都属于多相体系中的反应。

7.3.1 加成反应

加成反应是指固相 A 和固相 B 作用生成一个固相 C 的反应。A 和 B 可以是单质，也可以是化合物。A 和 B 之间被生成物 C 所隔开，在反应过程中，原子或离子穿过各物相之间的界面，发生了物质的输运。所谓物质输运，是指原来处于晶格结构中平衡位置上的原子或离子在一定条件下脱离原位置而作出的无规则的行走，形成移动的物质流。这种物质流的推动力是原子和空位的浓度差以及化学势梯度。物质输运过程受扩散定律的制约。这一固-固相反应的过程，可以用图 7.6 表示。

图 7.6 示意的是固-固相反应过程中物质宏观形貌上的变化。若要从微观上认识这个过程，还必须研究其反应过程中物质的晶体结构、晶体形态和取向的变化、晶体的化学组成及其分布、物质的输运过程等等。无论宏观也好，微观也好，固相反应与均相的气体或溶液中的反应是有本质上不同的。当两种反应物

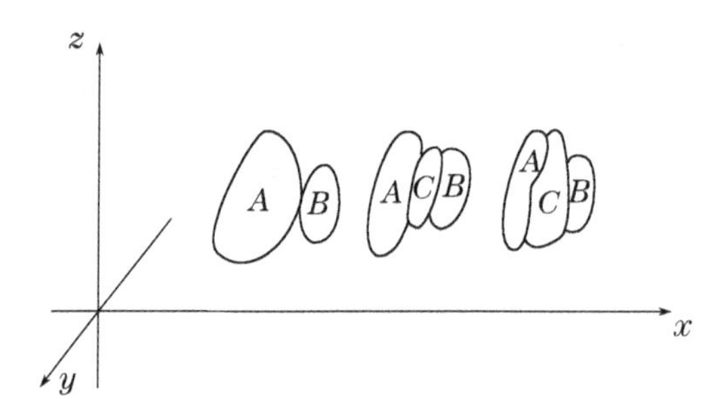

图 7.6 固-固相反应过程的示意图

都是单晶时，反应熵很小，反应界面也很小，反应速度慢，单位时间放热也很小，可以认为该情况下的反应是等温反应。但是反应界面较大的粉末物质的反应则大不相同，由于反应放热多，而使反应速度加快，反应热一部分传导到晶体的内部，一部分通过辐射或对流传导到周围的气相中。

必须清楚地了解，固-固相反应是难以发生的。

基本原理：在室温下经历一段合理的时间，固-固相一般并不相互反应，为使反应以显著速度发生，必须将它们加热至高温。例如 MgO 和 Al_2O_3 生成尖晶石($MgAl_2O_4$)的反应，通常是加热至 1 200～1 500℃。但如此之高的温度，并未达到反应物 MgO(熔点为 2 852℃)与 Al_2O_3(熔点为 2 050℃)的熔点温度，也未达到生成物 $MgAl_2O_4$(熔点为 2 100℃)的熔点温度，这说明固-固反应可以在远低于反应物和生成物熔点的情况下进行。热力学与动力学两种因素在固态反应中极为重要：热力学通过考虑一个特定反应的自由能变化来判断该反应能否发生；动力学因素决定反应发生的速度。

下面我们以物质的量为 1∶1 的 MgO 和 Al_2O_3 生成尖晶石 $MgAl_2O_4$ 的反应为例来说明之。

MgO 和 Al_2O_3 生成尖晶石 $MgAl_2O_4$，其固-固反应发生的第一要素是热力学反应条件，在常温下 MgO 和 Al_2O_3 固-固反应速度极慢，只有温度超过 1 200℃时才开始有明显的反应，在 1 500℃下粉末状的 MgO 和 Al_2O_3 混合物加热数天反应才能完全。满足热力学条件后，MgO 和 Al_2O_3 生成尖晶石 $MgAl_2O_4$ 固-固反应第二要素就是反应发生的速度动力学问题，它与反应物和生成物的结构相关。生成物尖晶石 $MgAl_2O_4$ 和反应物 MgO、Al_2O_3 的晶体结构有其相似性和相异性，在 MgO 和尖晶石 $MgAl_2O_4$ 结构中，氧离子均为立方密堆积排列，而在 Al_2O_3 结构中，氧离子为畸变的六方密堆积排列；另一方面，Al^{3+} 在 Al_2O_3 和尖晶石 $MgAl_2O_4$ 结构中均占据八面体格位，而 Mg^{2+} 在 MgO 结构中占据八面体格位，在尖晶石 $MgAl_2O_4$ 结构中却占据四面体格位。MgO、

Al_2O_3、$MgAl_2O_4$ 的这些结构性能直接影响着它们的固-固反应动力学特性。

为何固态反应难以进行？基于热力学性质，$MgO(s)+Al_2O_3(s)=MgAl_2O_4(s)$完全可以进行。但实际上，在1 200℃以下几乎观察不到反应的进行，只有在1 500℃下将粉末状的MgO和Al_2O_3混合物加热数天反应才能完成。这类反应为什么对温度的要求如此高，这可从图7.7的图示中得到解释。MgO与Al_2O_3紧密接触，形成一个反应原始接触面，如图7.7(a)所示。加热后，在接触面上局部反应生成一层$MgAl_2O_4$尖晶石，如图7.7(b)所示。反应的第一阶段是接触面上形成$MgAl_2O_4$晶核。这种晶核的形成是比较困难的，这是由于：① 反应物MgO、Al_2O_3与产物$MgAl_2O_4$的结构有明显差异；② 形成产物相$MgAl_2O_4$晶核时，涉及大量结构重排，其中包括结构中键的断裂和重新结合，MgO和Al_2O_3晶格中Mg^{2+}和Al^{3+}的脱出、扩散和进入缺位；③ Mg^{2+}和Al^{3+}要作相当大距离的(原子尺寸上)迁移等，MgO中的Mg^{2+}和Al_2O_3中的Al^{3+}本来是被束缚在它们固有的格点位置上，欲使它们跳入邻近的位置是困难的。只有在相当高的温度下，这些离子才可能具有足够高的能量，跳出正常格位，并通过晶体扩散实现固相反应。尖晶石$MgAl_2O_4$的成核可能包括这样一些过程：氧离子在未来的晶核位置处重排，与此同时，Mg^{2+}和Al^{3+}通过MgO和Al_2O_3晶体的接触面互相交换。

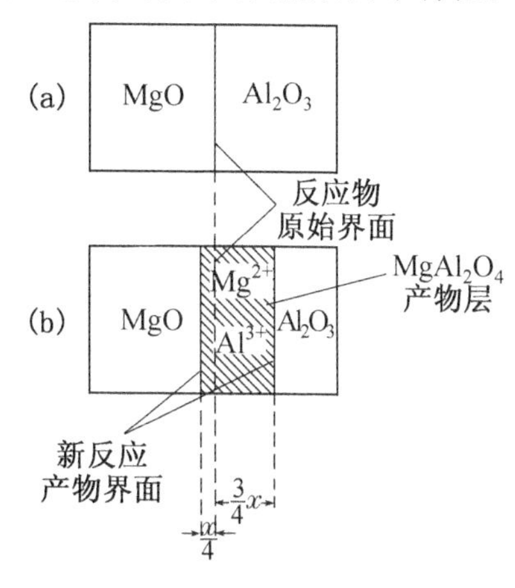

图7.7　MgO和Al_2O_3生成尖晶石$MgAl_2O_4$反应机制示意图

虽然成核过程是困难的，但随后进行的反应(包括产物层的增长)则更为困难。由于反应进一步进行，$MgAl_2O_4$产物层的厚度不断增加，Mg^{2+}和Al^{3+}必须通过已存在的$MgAl_2O_4$产物层，同时必须穿越MgO和$MgAl_2O_4$之间以及$MgAl_2O_4$和Al_2O_3之间的两个反应界面，才能正确地发生相互扩散到达新的反应界面。决定此反应的控制步骤应该是晶格中阳离子Mg^{2+}和Al^{3+}的扩散，而升高温度有利于晶格中离子的扩散，因此促进了反应。显然，整个反应是随着反应物层厚度的增加，反应速度随之而减慢。实验研究已证实阳离子通过尖晶石产物层的扩散是反应的控速步骤。有人详细地研究过$NiAl_2O_4$尖晶石的固相反应动力学关系，发现与$MgAl_2O_4$尖晶石的固相反应动力学关系一样，阳离子Ni^{2+}、Al^{3+}通过$NiAl_2O_4$产物层的内扩散是反应的控制步骤。通过对$NiAl_2O_4$尖晶石的固相反应动力学详细地研究认为，离子扩散在通过一个简单的平面层情况下，扩散速度遵循抛物线规律：

$$\frac{dx}{dt}=kx^{-1}$$

$$x=(k't)^{\frac{1}{2}} \tag{7-3}$$

式中：x 是 $NiAl_2O_4$ 产物层的厚度；t 是时间；k、k'是反应速率常数。

图 7.8 为 $NiAl_2O_4$ 在不同温度下的反应动力学 x^2 与 t 的线性关系。速率常数 k 可从直线的斜率求得，反应活化能可从 $\lg k'-T^{-1}$ 作图算出。同样，从实验结果来看 $MgAl_2O_4$ 的生长速度(x)和时间(t)的关系也符合上述规律。

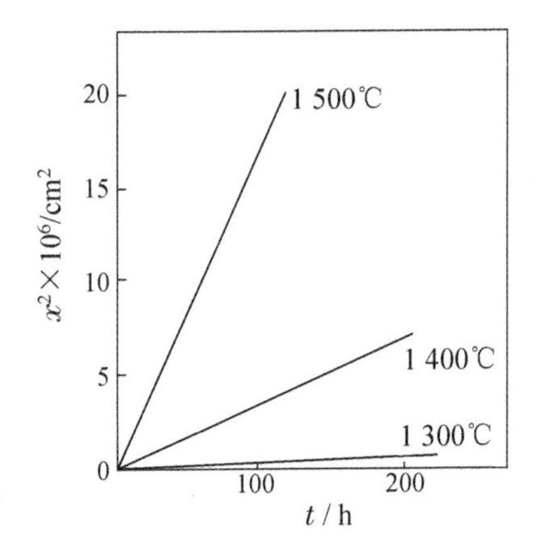

图 7.8　$NiAl_2O_4$ 在不同温度下的反应动力学 x^2-t 关系

关于 MgO 和 Al_2O_3 的反应机理，涉及 Mg^{2+} 和 Al^{3+} 通过产物层的相对扩散，及随后在两个反应物—产物界面上的继续反应。为使电荷平衡，每 3 个 Mg^{2+} 扩散到右边界面，就必须有 2 个 Al^{3+} 扩散到达左边的反应界面，如图 7.7(b)所示。理想情况下，在两个界面上进行的反应可写成如下形式：

(1) 在 $MgO/MgAl_2O_4$ 界面上的反应

$$2Al^{3+}-3Mg^{2+}+MgO\longrightarrow MgAl_2O_4$$

(2) 在 $MgAl_2O_4/Al_2O_3$ 界面上的反应

$$3Mg^{2+}-2Al^{3+}+4Al_2O_3\longrightarrow 3MgAl_2O_4$$

总反应：

$$4MgO+4Al_2O_3\longrightarrow 4MgAl_2O_4$$

可以看出反应(2)形成的尖晶石产物相当于反应(1)的 3 倍。人们在观察由 MgO 和 Fe_2O_3 反应生成 $MgAl_2O_4$ 尖晶石时，发现两界面以 1∶2.7 的比率移动，接近于 1∶3 的理论比值。

基于上述，可以看出有三个因素影响固-固反应速度：① 固体之间的接触面积及表面积；② 产物相的成核速度(影响成核速度的主要因素是产物相与反应物相之间的结构差异及温度等)；③ 离子通过各物相特别是产物相的扩散速度受温度、晶体结构和缺陷控制的。

7.3.2 交换反应

固相交换反应的形式是：反应物①＋反应物②＝产物①＋产物②。例如：

$$ZnS + CuO = CuS + ZnO$$

$$PbCl_2 + 2AgI = PbI_2 + 2AgCl$$

根据反应体系的热力学、各种离子在各物相中的迁移度以及各反应物质的交互溶解度，我们可以认识固相交换反应的机理。乔斯特（Jost）和瓦格纳（Wagner）规定了交换反应的两个条件：在 $AX + BY = BX + AY$ 这个类型的反应中，参加反应的各组分之间的交互溶解度很小；阳离子的迁移速度远远大于阴离子的迁移速度。他们提出反应的模型如图 7.9 所示。

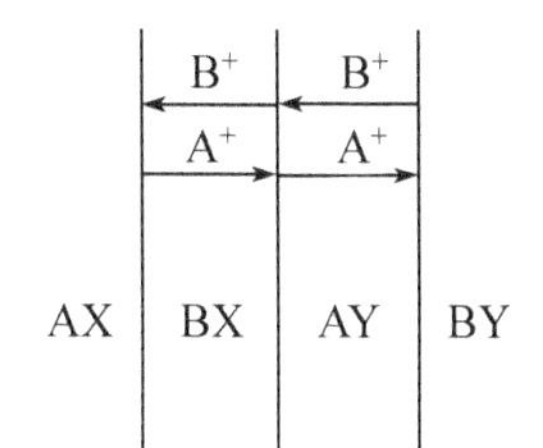

(a) 乔斯特提出的双层模型

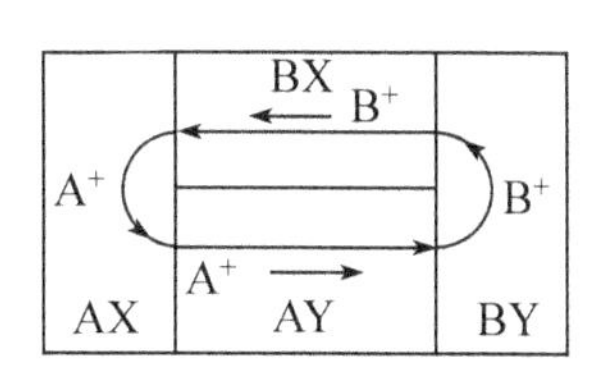

(b) 瓦格纳提出的镶嵌式模型

图 7.9 固态交换反应的机理

图 7.9(a)为 Jost 提出的双层模型。他认为，反应物 AX 和 BY 是被产物 BX 和 AY 所隔开。由于阳离子扩散得比较快，因此，BX 形成一致密的层紧贴在 AX 上，AY 形成一致密层紧贴在 BY 上。只有当 A 能在 BX 层中溶解并能在 BX 层中迁移时，B 能在 AY 层中溶解并迁移时，反应才能继续进行。要想定量地讨论这个机理是比较困难的。例如，如果 BX/AY 物相界处于局域的平衡，那么就有四个组分和两个物相，这就意味着在给定的温度和静压力下，还需要再确定两个独立的热力学变量，才能推导出扩散流的方程，评价其反应动力学。在 AX/BX 或 AY/BY 界面的平衡中，则只需要再确定一个独立的变数。乔斯特利用这种模型研究过下列反应：

$$PbS + CdO = CdS + PbO$$

$$ZnS + CdO = CdS + ZnO$$

$$AgCl + NaI = NaCl + AgI$$

Wagner 提出了另一种镶嵌式模型，即交换反应所生成的两个产物构成两个镶嵌块，如图 7.9(b)所示。Wagner 指出：在 AY 中一个杂原子 B 的溶解度和迁移率均很小，同样，在 BX 中杂原子 A 的溶解度和迁移率也很小，因此乔斯特模型的反应速度是很低的。而镶嵌式模型规定阳离子只在它自己所组成的晶体中运动，因此扩散速很快。下列置换反应符合这种反应模型：

$$Cu + AgCl = Ag + CuCl$$

$$Co + Cu_2O = 2Cu + CoO$$

还有一种固体电化学反应的模型，如图 7.10 所示。它解释了下列两个固体反应，其中第一个反应还有气体产物产生：

$$Cu_2S + 2Cu_2O = 6Cu + SO_2(\text{气})$$

$$Ag_2S + 2Cu = Cu_2S + 2Ag$$

这两个反应都伴随有电化学反应，原电池的电势是反应的推动力。

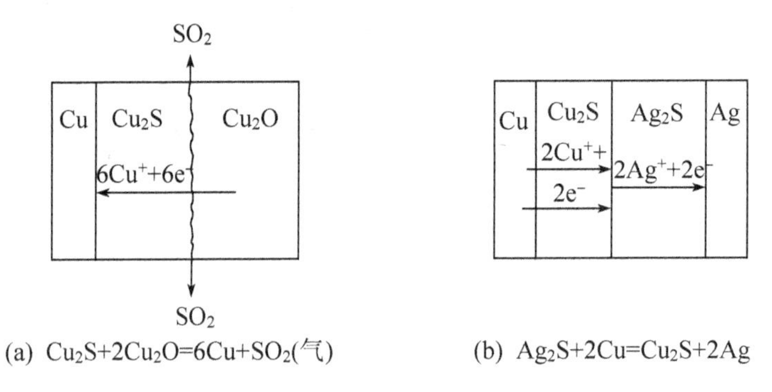

图 7.10 两个固体电化学反应的模型

固-固反应的例子很多，像钢铁的高温热处理、表面的渗碳(carburization)和脱碳(decarburization)均属于这类反应。这类反应与固体的物理和机械性能有很大的关系。

7.3.3 粉末反应

我们研究固-固反应时往往以单晶体为研究对象，这样可以使固相反应的初始条件和边界条件尽量简化，便于了解反应的机理，从而获得固-固反应一般性的指导结论。但实际上单晶体之间的固-固反应很少发生。事实上，在生产和科研中经常遇到有重要实际意义的是金属或无机非金属材料粉末之间的反应。粉末间发生的固相反应，其动力学影响因素有很多，如颗粒尺寸、粒度分布及其形貌、物料混合的均匀性、接触面积，反应物及产物相的数量与时间、粉体的蒸气压与蒸发速率等。

1. 粉末反应的机理分析

粉末反应的机理分析，可以图 7.11 来示意。假定固体粉末 A 和 B 反应生成 AB 固体产物，如果 A 和 B 两种反应物的挥发性很小，在反应温度下其蒸气压小到可以忽略不计，那么物质的传递将是沿着接触点进行相互扩散。由于粉末表面扩散系数大，如果在A颗粒表面生成产物层，则认为是B首先沿着A的表面扩散到整个A的表面上，生成产物层AB(在A表面上的反应是A和B的化学反应)。当产物层生成之后，反应要继续进行，就必须有B通过产物层扩散到A-AB的界面才能与A反应生成AB(界面上的反应也是化学反应)。可以认为粉末物质的迁移分三步进行：第一步，物质通过接触点以表面扩散的途径布满另一反应物的表面，或B蒸发通过气相传递到A的表面并进行反应；第二步，当产物层生成之后，B通过产物层扩散到A-AB的界面上；第三步，在A-AB的界面上进行反应。第一步进行得快，第二步最慢，即该反应是由通过产物层的扩散速度控制的。这时，反应的动力学用扩散动力学方程表示。大多数固体粉末间的反应都属于这种类型。若产物层质地疏松，或者产物一旦生成马上就脱离，那么B就能很快地到达A-AB界面，在A-AB界面上的反应速度将决定整个反应的速度。这时的反应过程称为受化学反应速度控制的过程。如果B升华到AB表面的速度慢于在AB层中的扩散速度，则反应是由升华速度所控制。在固体粉末反应中，大部分是扩散控制的反应，小部分是化学反应速度控制的。在固相反应中若有液相存在，就属于化学反应控制的反应。

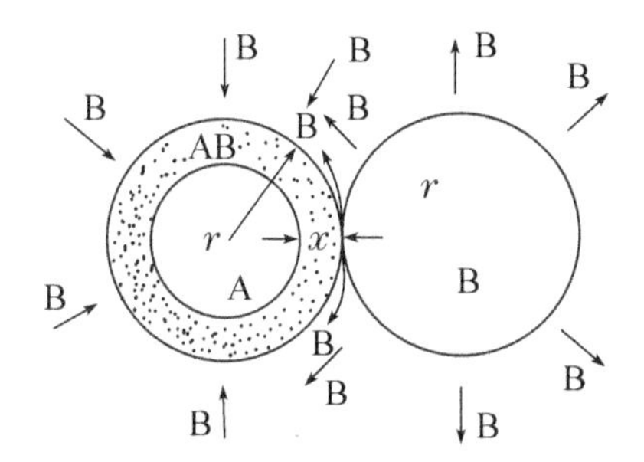

图7.11 固体粉末A和B反应生成AB固体产物的机理分析

2. 粉末反应的动力学方程

很多学者在研究粉末反应时提出了粉末反应的动力学方程，其中有著名的杨德尔(Jander)方程、卡特(Carter)方程和金斯特林格(Ginsterlinger)方程。

(1) 杨德尔方程。Jander为了推导出粉末反应的动力学方程，对反应体系做了一些简化处理，设想反应物A是半径为r的球形颗粒，其分散在连续的反应物B的介质中，并假定在A微粒的表面上产生厚度为x的反应产物层。假定反应是受扩散控制的，反应产物的增厚速率与厚度成反比：

$$dx/dt=k/x$$

积分得：

$$x^2=2kt \tag{7-4}$$

在时间 t 时，未反应物质的体积为：

$$V=(4/3)\pi(r-x)^3$$

$$V=(4/3)\pi^3(1-\alpha)$$

α 为已反应的原始球的分数。令上两式相等，得：

$$x=r[1-(1-\alpha)^{\frac{1}{3}}]$$

将 x 值代入，就得到著名的杨德尔方程：

$$[1-(1-\alpha)^{\frac{1}{3}}]^2=2kt/r^2=Kt \tag{7-5}$$

式中：k 是实际的抛物线速率常数。将 $[1-(1-\alpha)^{\frac{1}{3}}]^2$ 对 t 作图得到一直线。实验研究表明，Jander 方程适用于硅酸盐、钛酸盐以及其他许多无机非金属材料的固相反应。

(2) 卡特方程。虽然有不少实验证实了 Jander 方程的正确性，但 Jander 方程在推导过程中一些基本因素被忽略：① 抛物线增长适合于一维扩散控制反应，但并不一定适合球形对称的反应，最多它只能适用于反应初始阶段；② 推导过程中令方程的右边相等，实际上这两个体积相等，只有当由未反应的组元 A 部分和反应部分组成的总体积等于组元 A 的初始体积时才能成立。这种情况，在 $\alpha=0$ 时，即开始时或如果 1 mol 的组元 A 的体积和 1 mol 产物的体积相等时才能出现；③ A 分散在连续的反应物 B 的介质中这个假定，只是在 r_A/r_B 的比值很大时才能成立。Carter 考虑到 Jander 方程不完善的地方，提出了另一个反应模型，如图 7.12 所示。

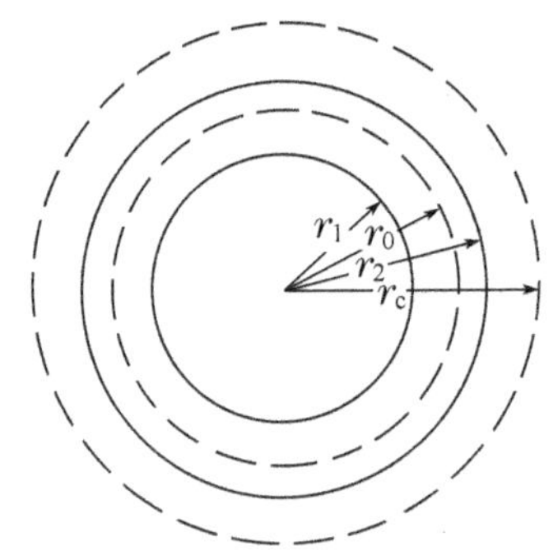

图 7.12 卡特(Carter)方程模型

图 7.12 所示模型设想一个半径为 r_0 的 A 组分的球，在整个球的表面上与很细的粉末反应，进一步的反应将受到扩散的控制。令 r_1 为组分 A 的临时半径，当 α 从零变到 1 时，r_1 必须从 r_0 减小到零。r_c 是当 $\alpha=1$ 时，反应产物球的半径。r_2 是未反应的组分 A 加上反应产物的球的临时半径。反应的结果，r_2 必须从 r_0 变到 r_c。最后用 z 表示消耗一个单位体积的组分 A 所生成的产物的体积，即等价体积比。根据该模型，Carter 导出了另一个粉末反应的动力学方程：

$$[1+(z-1)\alpha]^{\frac{2}{3}}+(z-1)(1-\alpha)^{\frac{2}{3}}=z+2(1-z)\frac{kt}{r_0^2} \tag{7-6}$$

式(7-6)就是卡特(Carter)方程。把方程的左边对 t 作图，应得到一条直线。图 7.13 表示下列反应的实验值和按 Carter 方程的计算值。结果证明卡特方程是正确的，甚至当反应进行到完全的程度($\alpha=1$)时，实验值和计算值也是吻合的。

$$ZnO + Al_2O_3 \rightleftharpoons ZnAl_2O_4$$

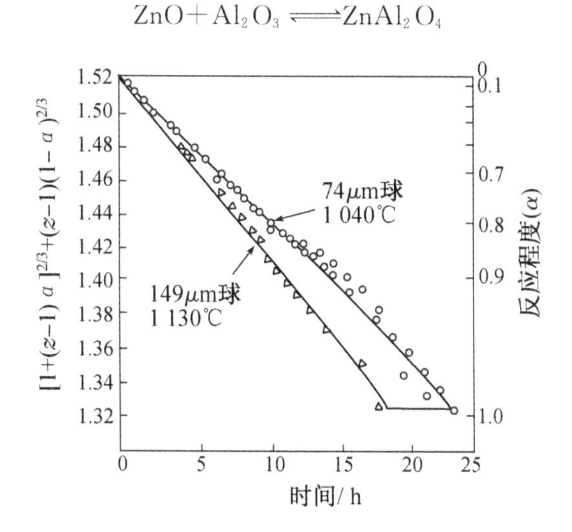

图 7.13　Carter 方程的证明，在 1 400℃ 和空气中 Al_2O_3 球形微粒与 ZnO 的反应

（○—r_A＝19 μm；△—r_A＝25 μm）

应该指出：这个反应是在 1 400℃ 的高温下，在充满 ZnO 的坩埚中悬浮一些大小相同的 $\alpha-Al_2O_3$ 微粒进行的，实际是当 Al_2O_3 微粒被活度 $\alpha_{ZnO}=1$ 的 ZnO 蒸气的包围下进行的，是一个气-固相反应。但是 Jander 或 Carter 方程的确能圆满地解释许多粉末反应；因此，就必须假定：在高温下，反应物的颗粒表面上扩散是很快的，或者反应物之一的蒸发速度很快，能保证其蒸气充分包围着另一反应物的表面，也就是说，粉末反应可能是按照气-固相反应的方式进行的。有人做了下面实验来证实粉末反应的这种机理，利用热天平将 Al_2O_3 单晶体悬浮在 ZnO 坩埚的里面，使得反应"ZnO(气)＋Al_2O_3(固)══$ZnAl_2O_4$(固)"仅仅是在 ZnO 的蒸气中进行：结果发现这样一个反应的速度常数，完全和固-固反应"ZnO(固)＋Al_2O_3(固)══$ZnAl_2O_4$(固)"的速度常数一致。从另一方面也可以证明，如果粉末反应中，不是由于表面上扩散迅速或通过气相输运，使得反应物之一的活度保持恒定，那么反应的动力学不仅要受 r_A/r_B 比值的影响，而且还要受 r_A 和 r_B 的绝对值的影响。因为当 r_A 大到超过一定限度时，A 颗粒本身就要互相接触，不再可能被 B 包围着，反应也就不能按照上述动力学方程进行了。在较低的温度下进行粉末反应时，反应物粒度的大小和粒度分布、装紧程度、接触面积等就变得重要了，在推导反应动力学方程时，必须考虑进去。

（3）金斯特林格方程。Ginsterlinger 针对 Jander 方程只能适用于反应程度不大的情况先于 Carter 对它进行了修改。Ginsterlinger 认为 Jander 方程之所以不能适用于反应程度大的情况，在于实际上反应开始后生成产物层是一个球面而不是一个平面，其次反应物与反应产物的密度是不同的，因此反应前后体积不等。Ginsterlinger 提出的反应模型如图 7.14 所示。当 A 和 B 反应生成 AB 时，认为在 B 表面上 A 可以通过接触 B 借助于表面扩散而布满 B 的表面，也可以通过气相而布满 B 的表面。当产物层生成之后，反应要继续进行，就必须有 A 通过产物层扩散到 B－AB 的界面才能与 B 反应，而且一到界面上立即生成 AB。因此在 B－AB 界面上 A 的浓度等于零，而在 AB 产物层的外表面上 A 的浓度不变。反应由通过产物层的扩散所控制。

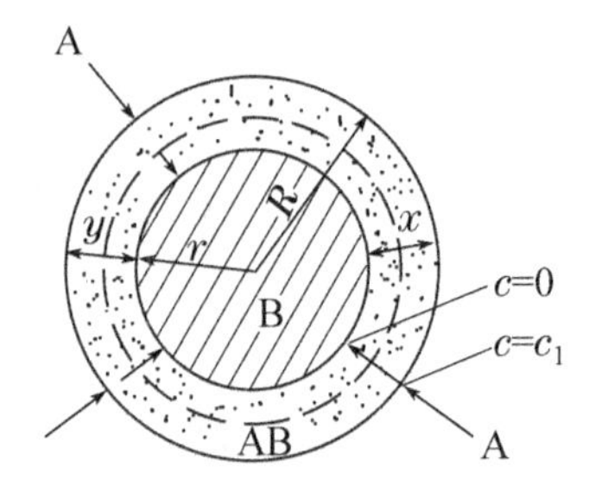

图 7.14　金斯特林格方程反应模型

根据这个反应模型，推导出了产物层厚度与反应时间的关系：

$$x^2\left(1-\frac{2x}{3R}\right)=kt \tag{7-7}$$

式(7－7)是 Ginsterlinger 方程的一种形式。当产物层厚度很小时即 $x=R$，上式就变成 Jander 的抛物线方程：

$$x^2=Kt$$

将产物层厚度改用反应分数 α 表示，经整理即得：

$$1-\frac{2}{3}\alpha-(1-\alpha)^{\frac{2}{3}}=\frac{K_2}{R}t=K't \tag{7-8}$$

式(7－8)就是著名的金斯特林格方程。Jander 方程可写为：

$$1+(1-\alpha)^{\frac{2}{3}}-2(1-\alpha)^{\frac{1}{3}}=Kt \tag{7-9}$$

实验结果证明，与 Jander 方程相比，Ginsterlinger 方程可适应于更大的反应程度。例如，Na_2CO_3 与 SiO_2 之间在 820℃下的固相反应，根据 Ginsterlinger 方程计算 K' 值，在较大的试验范围内，即 α 由 0.24～0.61 都无变化，均为 1.83×10^{-4}。而根据 Jander 方程计算的 K 值，则从 1.81×10^{-4} 变到 2.25×10^{-4}。

7.3.4　烧结反应

烧结反应(sintering)，是将粉末或细粒的混合材料，先用适当的方法压铸成型，然后在低于熔点的温度下焙烧，在部分组分转变为液态的情况下，使粉末或细粒混合材料烧制成具有一定强度的多孔陶瓷体的过程。烧结反应是我国古代已有的化学工艺技术，例如，陶瓷器皿、建筑用的砖瓦等的生产就是运用烧结反应。以硅酸盐为基质材料的陶瓷生产，是将天然陶土细粉掺水，和成面团，然后塑制成各种器皿或用具的形状，放入窑内，在适当温度下加热。这时混合物中的一部分组分(如粘土成分)转变为粘滞状态的液体，湿润着其余的晶态细粒的表面，经过物相之间物质的扩散，把细粒状态的成分黏结起来。冷却时，粘滞状态的液相转变为玻璃体。最后形成的陶瓷体的显微结构中包含有玻璃体、细粒晶体和孔隙。为了保证烧成的陶瓷器件具有足够的强度和致密度，并保持最初塑制时的形状，需要适当控制陶土的配料组成、粒度以及烧结温度和时间等。现代工业技术中使用的高熔点金属材料、硬质合金、高温耐热材料等也都是利用粉末烧结反应制备或合成的。

烧结过程中，物质在微晶粒表面上和晶粒内发生扩散。烧结反应的推动力是微粒表面自由能的降低。例如，两个互相接触的微粒，分别都具有较大的表面能，当它们被加热到熔点以下的温度时，颗粒内物质发生移动，表面能减少；当两个微粒互相熔合时，它们的总表面积逐渐减少，表面能也随之逐步降低，趋向于表面积达到极小，表面能也达到极小的状态，即两颗微粒最终熔合成一个颗粒的极限状态。但是在烧结温度而不是熔融温度的条件下，这种总表面积最小的极限状态是难以达到的。实际上经过烧结反应所得到的是一种亚稳态的烧结体，它是一种包含有大量晶态微粒和气孔的集合体，其中还存在有许多晶粒间界。烧结体的物理性质与单晶体或玻璃体完全不同。

固态素坯在烧结之前仍含有大量气孔，气孔率约为25%～60%，具体数值取决于材料自身的性质和成型的方法和技术。如果把固态素坯加热到某一温度，素坯中的原子或离子会发生迁移，气体会沿晶粒间界逸出，素坯将发生收缩。在烧结过程中微粒及气孔的尺寸和形状将发生变化，在烧结成完全致密体的最后阶段，气孔将从固体中几乎完全消失。

烧结导致材料致密化的基本动力是系统的表面能下降。原来能量较高的气-固界面逐渐消除而被能量较低的固-固界面代替。由于烧结过程涉及原子或离子的迁移，因而只有在较高的温度下，烧结才能有效地进行。烧结温度一般为材料熔点的0.3～0.9倍。固体素坯经过烧结后，宏观表面出现的变化为体积收缩、致密化与强度增大。

烧结过程大体上可分为初期、中期和后期三个阶段，由此提出了三个动力学模型分别是：① 描述球形颗粒之间接触面积的扩展及素坯收缩率为0%～5%阶段的初期模型；② 描述材料经过初期烧结之后，管状气孔沿三叉晶界排出烧结体的中期模型，这一阶段通常以气孔率降到5%为标志；③ 描述呈球形的气孔沿着四叉晶界排出烧结体，最终烧结体致密度达到或接近理论值阶段的后期模型。固态素坯在开始烧结时，颗粒之间的接触面扩大，素坯开始收缩。在该阶段，如图7.15所示，固态球形颗粒的表面与它的颈部区域之间的化学位差值为物质传递提供了一个推动力。

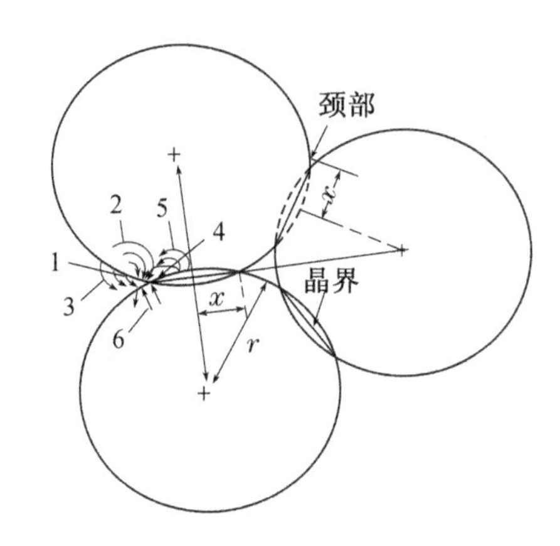

图 7.15 固态烧结初期阶段可能的传质途径(图中序号意义见表 7.1)

表 7.1 固态烧结初期阶段各种传质途径

图 7.15 中序号	传质途径	物质来源	物质抵达部位
1	表面扩散	表面	颈部
2	晶格扩散	表面	颈部
3	蒸发-凝聚	表面	颈部
4	晶格扩散	晶面	颈部
5	晶格扩散	晶面	颈部
6	晶格扩散	位错	颈部

在高温下,相互接触的球形颗粒之间可能的传质途径有:如果颗粒表面与其颈部之间有较大的蒸气压差,传质可以以蒸发-凝聚的方式进行;如果蒸气压差较低,则传质易通过固态进行,例如:表面扩散、晶界扩散或晶格扩散。在这些传质过程中,传质速率最大的一种可看作初期烧结时的传质。在各种以扩散为主的烧结中,扩散系数是影响烧结的重要因素之一。无论以哪一类机理为主的烧结,起始料粒的尺寸及其分布对烧结过程均有重要影响。

固态烧结的初期模型主要是描述相互接触的固体颗粒之颈部的生长特点。在扩散控制的中后期烧结过程中,晶粒开始生长,晶界上的气孔数量逐步减小。图 7.16 为典型的后期烧结显微组织。固态材料在经过初期烧结阶段之后,相互粘合在一起的晶粒开始长大。随着一些晶粒的生长,晶粒的平均尺寸将增加,即一部分晶粒长大,另一部分晶粒将缩小或消失。在烧结过程中,如何控制晶粒生长是十分关键的。

烧结反应中的热压烧结,是 20 世纪 60 年代初期根据粉末冶金以及一些特殊陶瓷烧结工艺的需要而发展起来的。热压烧结，就是在对固态素坯施加压力的条件下烧结。热压烧结的产品可以充分地排除气孔、提高陶瓷的密度。普通烧结很难达到理论密度的98%，而热压烧结可达理论密度的99%以上。由于热压烧结是施加压力条件下的烧结，有利于颗粒之间的接触和扩散，缩短烧结时间，增加陶瓷的致密度，与普通烧结方法相比，可以显著降低烧结温度，且通过控制热压条件，可以限制晶粒生长，减少孔隙度。

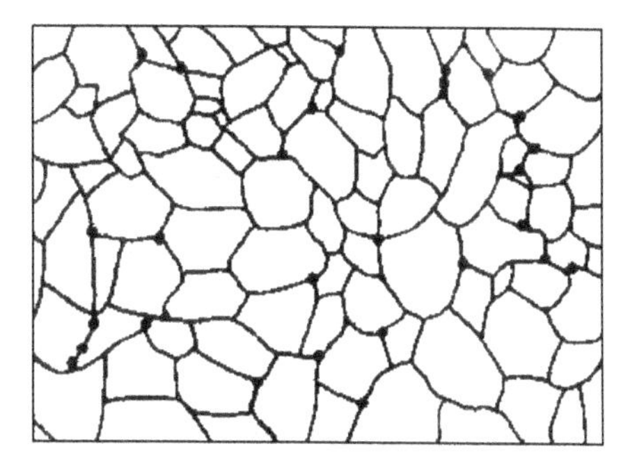

图 7.16　典型的后期烧结显微组织

热压烧结方法在制备性能特别优良的新型固体材料方面，已取得了显著的成就。例如，它可用于硬质合金工具、金刚石和立方氮化硼聚晶、复合片、刀头等的制造，还可用于 SiC、Si_3N_4、B_4C 和 Si－Al－O－N（赛隆）等结构陶瓷以及 $BaTiO_3$、PZT[$Pb(Zr_xTi_{1-x})O_3$]、PLZT[$Pb_{1-x}La_x(Zr_y,Ti_z)_{1-x/4}O_3$]等功能陶瓷材料的生产。热压烧结方法制备的新型透平机叶片、陶瓷发动机的许多部件，其耐高温特性和机械强度等方面都达到了实际应用水平；各种金刚石和立方氮化硼工具已在生产中广泛应用；PLZT、CaF_2 等光学材料的透光特性亦大大提高。图 7.17 表示一种利用热压烧结法制造 PLZT 透明铁电陶瓷的装置示意图。

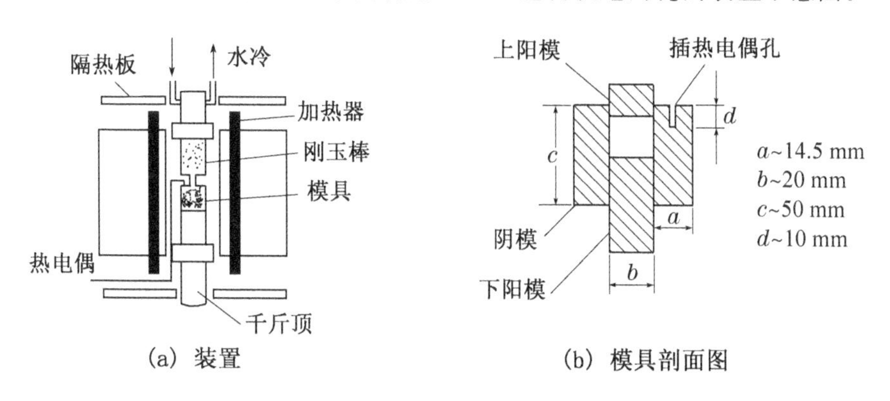

图 7.17　热压烧结的装置和模具

通常先把煅烧过的粉料冷压成素坯（压力为 200 kg/cm²），然后把素坯放入模具中央，素坯和模具内壁之间垫以 30～90 目粗细的、约 2～3 mm 厚的一层煅烧过的 MgO（或 ZrO_2）粉。在炉子加热过程中通入每分钟流量约 2.5 L 的氧气。PLZT 材料在承受压力情况下，在 900℃ 开始致密化，故在 900℃ 时就可以加上最终压力的一半压力。热压条件为：最高温度 1 200℃，最终压力 210 kg/cm²，保持 16 h。将热压好的熟料坯在炉中自然冷却到 300℃以下，取出模具，冷至室温，切割抛光后即可得到透明陶瓷。

实验发现，炉内氧气流量对最终烧结密度和陶瓷透光率有显著影响，这是由于残存在气孔中的氮气在热压过程中不易逸出。不同的材料需要不同热压温度、压力、气氛及时间等条件。具体的条件要由实验来确定。

7.4 固-气相反应

固-气相反应，主要有金属锈蚀或氧化反应。此外，固体表面的催化反应也是固-气相反应。

7.4.1 锈蚀反应

锈蚀反应是指气体作用于固体（金属）表面，生成一种固相产物，在反应物之间形成一种薄膜相的过程。在锈蚀反应的最初阶段，因为气体分子和金属表面可以充分接触，所以反应速度很快。但锈蚀产物（如氧化物）的物相层一旦形成，就会成为一种阻挡金属离子和氧离子互相扩散的势垒，反应的进展就决定于这个薄膜相的致密程度。如果它是疏松的，就不妨碍气相反应物穿过并达到金属表面，反应速度与薄膜相的厚度无关；如果是致密的，则反应将受到阻碍，受到包括薄膜层在内的物质输运速度的限制。锈蚀反应过程包括有气体分子扩散、金属离子的扩散、缺陷的扩散和电离、电子和空穴的迁移，以及反应物分子之间的化学反应等。锈蚀反应产物的薄层既起着一种固体电解质的作用，又起着一种外加导体的作用。金属的锈蚀反应可以表示为：

$$\mathrm{M(固)} + \frac{n}{2}\mathrm{X_2(气)} = \mathrm{MX}_n\mathrm{(固)}$$

式中，X_2 可以是氧、硫、卤素等电负性大的物质。锈蚀反应的反应速度所遵循的规律取决于：① 金属的种类；② 反应的时间阶段；③ 金属锈蚀产物的致密程度；④ 温度；⑤ 气相分压等因素。对于一维的实验几何模型来说，已经观察并总结出下列一些形式的反应速率公式，式中的 x 代表在反应时间 t 内锈蚀产物的质量。

对于薄层（层厚＜100 nm）生成而言，有四种规律：

（1）立方规律：

$$x^3 = K_c t \tag{7-10}$$

（2）对数规律：

$$x = K_1 - K_2 \ln t \tag{7-11}$$

(3) 对数倒数规律：

$$\frac{1}{x}=K'_1-K'_2\ln t \tag{7-12}$$

(4) 抛物线规律：

$$x=\sqrt{2At} \tag{7-13}$$

对于厚层(层厚>100 nm)生成而言，有两种规律：

(1) 直线规律：

$$x=Bt\left(\text{由}\frac{\mathrm{d}x}{\mathrm{d}t}=B\text{ 导出}\right) \tag{7-14}$$

(2) 抛物线规律：

$$x=\sqrt{2At}\left(\text{由}\frac{\mathrm{d}x}{\mathrm{d}t}=\frac{A}{t}\text{导出}\right) \tag{7-15}$$

这些规律也可以图解表示，如图 7.18 所示。

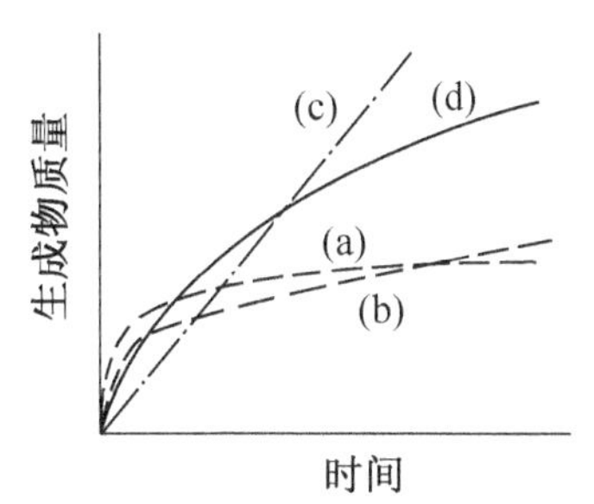

(a) 对数规律 (b) 对数倒数规律
(c) 直线规律 (d) 抛物线规律

图 7.18　气-固反应的几种速率规律图解

锈蚀反应理论必须能对这些反应速率与时间的关系作出解释，并且用简单的物理化学量表示出其中的速度常数。应该指出：这些关系式只是一些极限情况，而实际的反应情况要复杂得多，如果一个实际反应中包含有两个或更多的这些基本的过程在内，那么就不可能用一个简单的速率方程来表示它。例如，在反应进行时，锈蚀薄层产生裂隙或者局部发生剥落，则反应的速率就会改变。

金属氧化的抛物线型反应速率规律，是金属腐蚀反应的最普遍的动力学规律，即生成的金属氧化物膜的厚度 x 跟反应时间的关系为：

$$\Delta x^2=2kt \tag{7-16}$$

这个规律可以用 Wagner 锈蚀理论来阐明。Wagner 对金属氧化反应提出以下的假设模型：金属与外界的氧作用，生成一层致密的氧化物膜，牢固地附着在金属上。在整个氧化反应过程中，在 M/MO 和 MO/O_2(气)的两个界面上，以及在 MO 产物膜层中，始终保持着热力学平衡。在反应过程中，由于在两个界面处，各组分的化学势不同，推动了离子和电荷载流子(电子与空穴)穿过 MO 层而形成扩散流，产生物质的输运。又由于各组分的扩散速度不同，在 MO 层中形成扩散电势和电化学势梯度。反应机理示于图 7.19。

Wagner 利用式(7-17)扩散流方程：

$$J_i = -\frac{D_i c_i}{RT}\frac{d\eta_i}{dx} \qquad (7-17)$$

以及电中性条件(以消除扩散电势)推导出速率常数 k 的方程:

$$k = \frac{1}{Z_M F^2}\int_{\mu_{M(O_2)}}^{\mu_M^0} t_e(t_{离子} + t_O)\sigma d\mu_M \qquad (7-18)$$

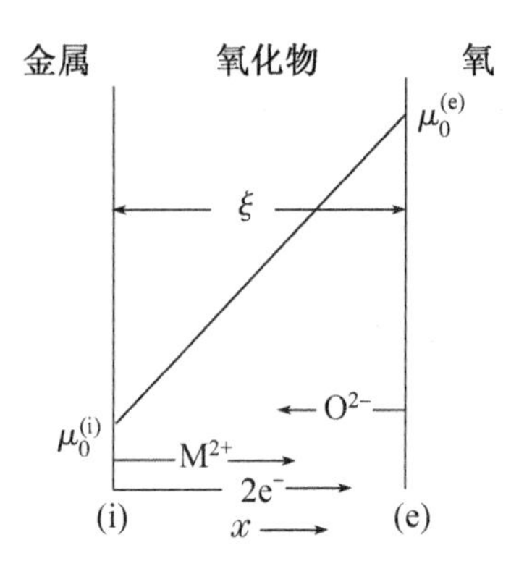

图 7.19 金属氧化反应的模型

式中:Z_M 为金属离子的价态;$t_{电子}(t_e)$,$t_{离子}$和 t_O 分别为电子、金属离子和氧离子的迁移数;σ 为 MO 层的总电导率。迁移数和电导率可以用扩散系数代替:

$$k = \frac{2}{RTV_{MO}}\int_{\mu_{M(O_2)}}^{\mu_M^0} t_e(D_M + D_O) d\mu_M \qquad (7-19)$$

对于二价过渡金属的锈蚀(生成 NiO、CoO、FeO 等),$t_{电子}=1$,因此,实际锈蚀反应的速率常数 $\overline{k}$ 为:

$$\overline{k} = \frac{1}{RT}\int_{u_{M(O_2)}}^{u_M^0} (D_M + D_O) d\mu_M \qquad (7-20)$$

阴离子的扩散比阳离子的扩散小得多($D_O \ll D_M$),可以忽略,因此,式(7-20)可以简化为:

$$\overline{k} = \overline{D}_M = \frac{|\Delta G_{MO}|}{RT} \qquad (7-21)$$

式中:$\overline{D}_M$ 为金属离子的平均扩散系数。式(7-21)表明,锈蚀反应的速率常数跟 $\overline{k}$ 控速组分的平均扩散系数与反应推动力(表示为氧化物生成自由能 ΔG_{MO})的乘积成正比。式中的 ΔG_{MO} 只是以和温度 T 的比值出现,这是因为离子沿化学势梯度的扩散流,只相当于温度所引起的离子无规运动的一部分。

以下用固体缺陷的理论,讨论锈蚀反应的实例。

对于 $2Cu + \frac{1}{2}O_2 = Cu_2O$ 这样一个锈蚀反应,在氧化膜 Cu_2O 中,以空穴导电为主,存在着 V'_{Cu} 和电子空穴,在 Cu_2O/O_2 的界面上,

$$O_2(气) \rightleftharpoons 4V'_{Cu} + 4h' + 2Cu_2O$$

在 Cu/Cu_2O 的界面上,

$$Cu + V'_{Cu} + h' \rightleftharpoons 0$$

0 在此是指无缺陷状态。根据质量作用定律,在 Cu_2O/O_2 的界面上反应的平衡常数式可写为:

$$[V'_{Cu}]^4 p^4 = K p_{O_2}$$

如果假定$[V'_{Cu}]=p$，则：

$$[V'_{Cu}] = p = 常数 \times p_{O_2}^{1/8}$$

因为 Cu_2O 中电导率与空穴浓度成正比，所以，可预测：

$$\sigma \propto p_{O_2}^{1/8}$$

Wagner 和格林瓦尔德(Grunewald)还对金属铜在 1 000℃ 和氧气压介于 $3.0\times10^{-4}\sim8.3\times10^{-2}$ atm 之间进行了表面氧化实验，测定了试样的电导率和迁移数，求得了氧化反应的速度常数和氧压的 1/7 次方成正比，如图 7.20 所示，图中 P 点是Cu/Cu_2O上氧的平衡压。这些实验结果均表明金属表面的氧化反应中，O_2 通过氧化物层的扩散是控速的步骤。

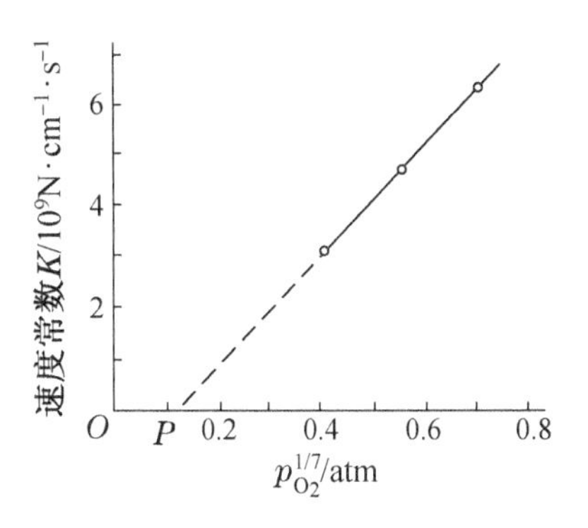

图 7.20 $2Cu+1/2O_2$ ══ Cu_2O 反应的速度常数与 p_{O_2} 的关系

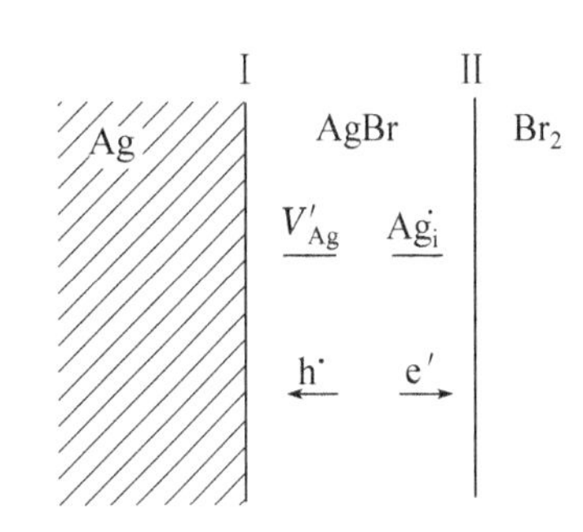

图 7.21 Br_2 在 Ag 上的锈蚀反应

图 7.21 给出了溴蒸气与金属银的反应。一块金属银在溴气作用下，表面生成一层AgBr膜。反应的继续进行与溴的气压、金属银中的本征缺陷和杂质缺陷以及电子空穴的运动有关。实验测定的结果表明：① 反应速度常数与 p_{Br_2} 的平方根成正比，即 $k\propto p_{Br_2}^{1/2}$；② 当金属银中掺杂有 Cd、Zn、Pb 等杂质时，反应速度要比纯银的反应速度慢；③ 当在 AgBr 物相层中压入一个铂网，并将铂网与银块之间短路时，锈蚀反应的速度约增大两个数量级。

因为 AgBr 是一个离子导体，可以用银的间隙缺陷 $Ag_i^{\cdot}$ 和空位缺陷 V'_{Ag}以及电子-空穴的存在和运动来说明上述实验结果。Br_2 与 Ag 可能发生下列反应：

$$\frac{1}{2}Br_2(气) = AgBr + V'_{Ag} + h^{\cdot} \quad K_1 = [V'_{Ag}] \cdot p / p_{Br_2}^{1/2} \qquad (7-22)$$

$$\frac{1}{2}Br_2(气) + Ag_i^{\cdot} = AgBr + h^{\cdot} \quad K_2 = p/[V_i^{\cdot}] \cdot p_{Br_2}^{1/2} \qquad (7-23)$$

在 AgBr 层中产生弗仑克尔缺陷：$0 = V'_{Ag} + Ag_i^{\cdot}$

$$K_F=[V'_{Ag}][Ag_i^{\cdot}] \qquad (7-24)$$

因为空穴不断地由界面Ⅱ向界面Ⅰ运动，$Ag_i^{\cdot}$ 不停地由界面Ⅰ向界面Ⅱ扩散，所以反应式(7-22)和式(7-23)就继续地进行。因为空穴扩散的速度较慢，所以是控速反应的步骤，空穴扩散的速度决定于界面Ⅰ和界面Ⅱ上 Br_2 的浓度差：$Ⅰ_{p_{Br_2}}-Ⅱ_{p_{Br_2}}$，假定在实验温度 300～400℃下，AgBr 中的弗仑克尔缺陷是主要的缺陷，那么由(7-24)式得：

$$[Ag_i^{\cdot}]=[V'_{Ag}]=K_F^{\frac{1}{2}} \qquad (7-25)$$

将(7-25)式代入(7-22)式，可得空穴浓度 p 和 Br_2 的分压 p_{Br_2} 的关系：

$$P=(K_1/K_F^{\frac{1}{2}})\cdot p_{Br_2}^{1/2} \qquad (7-26)$$

因此 Ag 与 Br_2 之间的反应的速率常数 k 为：

$$k\propto Ⅱ_p-Ⅰ_p=Ⅱ_{p_{Br_2}^{1/2}}-Ⅰ_{p_{Br_2}^{1/2}} \qquad (7-27)$$

因为 $Ⅰ_{p_{Br_2}^{1/2}}$ 的数值很小，所以：

$$k\propto Ⅱ_{p_{Br_2}^{1/2}} \qquad (7-28)$$

当 Ag 中掺有 2 价金属 Cd、Zn、Pb 时，$Cd_{Ag}^{\cdot}$、$Zn_{Ag}^{\cdot}$ 或 $Pb_{Ag}^{\cdot}$ 增多，为了保持金属银中的电中性，必定有更多的银空位 V'_{Ag} 产生。由(7-22)式和(7-23)式知道$[V'_{Ag}]$增大，必然导致 AgBr 层中的$[Ag_i^{\cdot}]$和空穴 p 减少，从而使锈蚀反应减慢。

当用导线将 Ag 与压入 AgBr 层中的铂网接通，使之短路时，电子在外电路上快速流动，代替了 AgBr 层中比较慢的空穴的移动，从而可以加快锈蚀反应的速度。后面这两种情况是属于局部化学反应。

7.4.2 催化反应

催化反应是固体表面反应的一个重要且有实际意义的领域。应用低能电子衍射方法研究催化反应得到如下一些结论：

(1) 金属晶面不同对催化作用的影响很大。例如，对氨的分解，钨的(100)及(112)有催化活性，而(110)为非活性；又如，对 CO 的氧化，Cu 的(100)和(110)的活性远比(111)大。

(2) 吸附相界面或不规则(patch)界面上的催化作用是重要的。气体吸附相并非均匀地存在于表面，而是具有畴结构，另外不规则界面有时形成岛状分布。存在着两种成分时，可出现以下三种情况：① 只吸附其中的一个成分；② 两种成分分别以固有的吸附相而混合存在(例如，在 Cu 上吸附的 CO 和 O 分别在各自的不规则界面上进行反应)；③ 两种成分"固溶"形成新的吸附相，而且新相的反应性能各不相同。

(3) 假如反应物质吸附性很强，则基底的金属原子偏离，以至于移动到与洁净面不同的位置上的可能性增大。这种原子位置的变化，可能对催化作用具有重要意义。

7.5 固-液相反应

固体同液体反应时，其反应产物在液体中可能溶解，也可能不溶解。如果不溶解，则在固体表面上形成一层遮盖层，阻碍液体与固体的进一步反应。这种情况下反应的进展将取决于液体和固-液反应物本身通过遮盖层的速度。如果溶解，即固-液反应产物是可溶的，其反应过程是物理化学的反应过程。这种情况下反应的固体质量随时间的变化率为：

$$-\frac{\mathrm{d}m}{\mathrm{d}t}=KS_e(c_0-c) \tag{7-29}$$

式中：S_e 为固体试样的有效表面积；c_0 为饱和浓度（或溶解度）；c 为接近表面的溶液层中的溶质浓度；K 为比例常数。固-液反应的固体表面通常被认为是外表面，且粗糙因素为1。对于立方体或球体样品其 S_e 与体积关系是：

$$S_e \propto 6\left(\frac{m}{\rho}\right)^{\frac{2}{3}} \tag{7-30}$$

式中：m 为未熔的剩余质量；ρ 为固体的密度。对于某些大小相同的、形状与“等维外型”相关不大的粉体，其颗粒的 S_e 有下列关系：

$$S_e \propto f\left(\frac{m}{\rho}\right)^{\frac{2}{3}} \tag{7-31}$$

式中：f 为形状系数。固-液反应速度取决于固体和液体的化学性质、固体表面形态、液体的浓度。位错、杂质、空位、间隙原子等缺陷的存在，将直接影响固-液反应的进程。

固-液相反应比固-气相反应复杂得多。固-液相反应形成膜层覆盖全部表面的情况，类似于固-气相反应。如果反应产物部分或全部地溶进液相，则为溶解反应，在无机化学教程中对此有详细的阐述。

值得注意的是，固体溶解在液体中的速度与所暴露的特殊晶面有关，如氧化锌在酸中溶解，含氧的$(000\bar{1})$面比含锌原子的(0001)面的溶解速度更快。固体的溶解也明显地受位错的影响。例如腐蚀点首先在晶体表面的位错处形成，正因为如此，腐蚀是实用的位错显现技术，甚至可用来测定位错的密度。

7.6 层间化学或嵌入化学反应

某些具有层状结构的固体（如石墨、硅酸盐、过渡金属二硫化物等）与一些金属、酸或碱之间形成插层化合物的反应也是一类固相反应。研究该类插层化合物的化学称为层间化学或称嵌入化学。由于插层化合物在超导、磁性、催化及电池电极材料等领域显示出许多独特的性质，因此，层间化学也是当前固态化学研究比较活跃的一个领域。

层间化合物的反应，系指外来物 G 插入基质晶体结构[HS]的一类固相反应。基质晶体为外来成分提供了可以利用的未被占据的层间位置□，即

$$x\mathrm{G}+\square_x[\mathrm{HS}]\rightleftharpoons \mathrm{G}_x[\mathrm{HS}]$$

层间反应可视为一种局部规整反应。因为在形成夹层的过程中，基质的结构和组成仍维持其完整性。习惯上，人们把层间反应看作是在层状物质基质中插入了另外一层物质，但现在人们已开始把不具有层状结构的基质中发生的类似反应，归纳为层间反应。

石墨是典型的层间反应的基质材料。当采用物理或化学方法将插层物质(如原子、分子、离子、原子团等)插入到天然鳞片状石墨(如图 7.22 所示)中，即制得一种石墨层间化合物(Graphite Intercalation Compound，简称 GIC)——可膨胀石墨。可膨胀石墨在高温下可以膨胀成数十倍、数百倍乃至上千倍的石墨产品——膨胀石墨("Expanded Graphite")。膨胀石墨呈"蠕虫"状，故膨胀石墨又称之为"石墨蠕虫"("Worm-like Graphite")，如图 7.23 和图 7.24 所示。

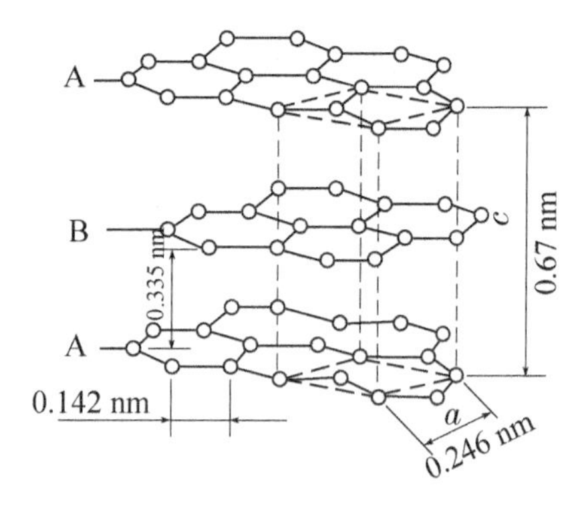

图 7.22 天然鳞片状石墨结构示意图

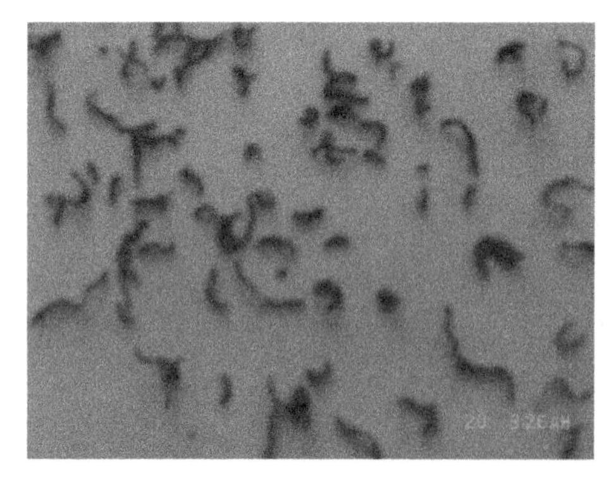

图 7.23 可膨胀石墨膨化后的形貌特征

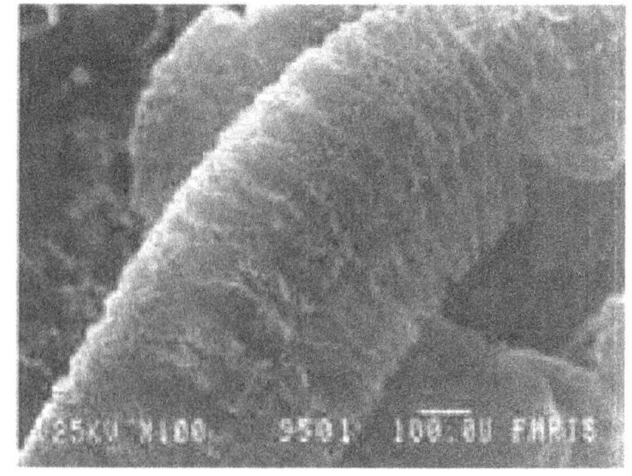

图 7.24 膨胀石墨的 SEM 形貌图

可膨胀石墨结构特性是由插层物质与石墨层面之间构型关系所决定的。插

层物质和石墨层面之间的构型，可以是失去电子的正离子施主型电子授受关系，也可以是获得电子的负离子受主型电子授受关系，还可以是没有电子授受的共价键结合型结构形式。可膨胀石墨在结构上具有鲜明的阶结构特性，当插层物质每隔1层或2层、3层插入到石墨层间时，即构成一阶、二阶、三阶的阶结构，如图7.25所示。可膨胀石墨的阶结构不同时，其特性亦不同。

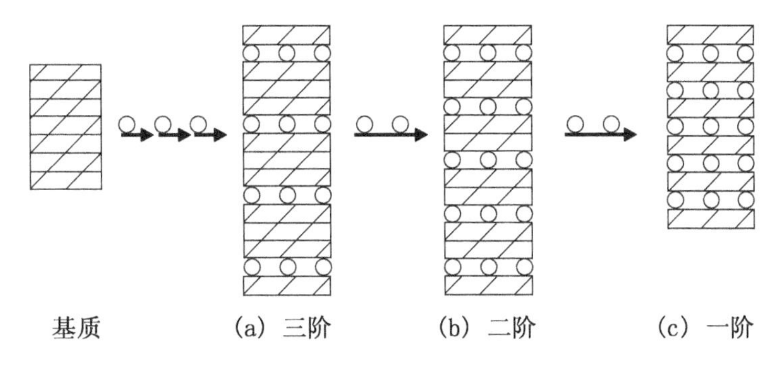

图7.25　可膨胀石墨阶结构示意图

在研究可膨胀石墨的膨胀特性时，用单位质量的膨胀容积来反映可膨胀石墨的膨胀特性。可膨胀石墨膨胀容积是与插层物质、粒度大小及其膨化温度诸因素相关。

当选用硫酸、硝酸、硝硫混酸、醋酸和铬酸插层物质的可膨胀石墨进行试验研究时，其膨胀容积有表7.2所示结果。

表7.2　不同插层的可膨胀石墨及其膨胀容积

牌号	主要插层物质	膨胀容积/mL・g^{-1}
Q－9932300	H_2SO_4	300
Q－9932230	HNO_3	230
QP350	HNO_3、H_2SO_4	350
JF－90	CH_3COOH、HNO_3	250
JF－150	$H_2Cr_5O_7$、HNO_3	330

不同粒度的可膨胀石墨其膨胀体积和蠕虫长度有很大的差异。一般随着可膨胀石墨粒度的减小，其膨胀容积减小，因此形成的膨胀石墨蠕虫长度也短小。当选用六种粒度的以硫酸为插层物质的可膨胀石墨进行试验时，其膨胀容积和蠕虫长度有表7.3所示结果。

表 7.3 不同粒度的可膨胀石墨的膨胀容积与平均蠕虫长度

粒度/μm	膨胀容积/mL·g^{-1}	平均蠕虫长度/mm
>900	342	14
450～900	336	9
300～450	330	5
200～300	280	3
150～200	231	2
<150	155	1

膨化温度对可膨胀石墨的膨胀体积影响十分显著。当采用硫酸插层的可膨胀石墨试验研究膨化温度与膨胀容积变化时，结果如图 7.26 所示。由图可见，随着温度升高，膨胀容积逐渐增大，当温度升至 700℃左右时，体积增加趋于平缓。

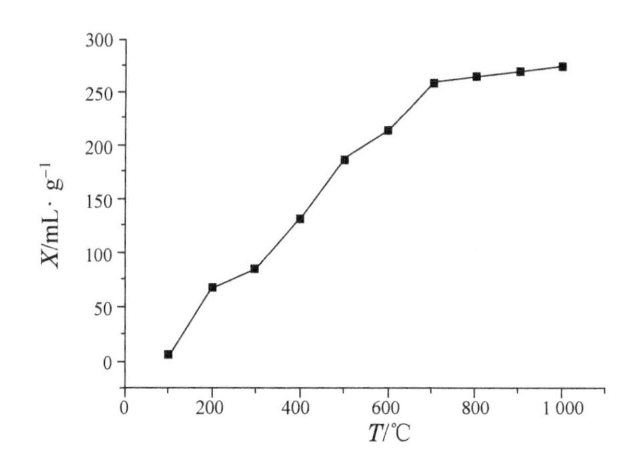

图 7.26 可膨胀石墨膨化温度与膨胀容积关系曲线

能与石墨形成插层化合物的物质如表 7.4 所示。进入层间的物质既可以是单质，也可以是化合物；既可以是电子施主，也可以是电子受主。研究得最多的碱金属是电子施主。较重的碱金属 K、Rb、Cs 的电离能低于石墨的电子亲和能(4.6 eV)，因此，它们都易于插入石墨的层间。碱金属的插入导致石墨结构沿 c 轴膨胀。相邻碳原子平面间的间隔取决于插入的碱金属原子的尺寸。例如，Li 插入石墨层之间以后，石墨的晶胞参数 c 增加了 0.38 Å；Na 插入使 c 增加 1.15 Å；K 插入使 c 增加 2.0 Å；Rb 插入使 c 增加 2.3 Å；Cs 插入使 c 增加 2.6 Å。除了晶胞参数的变化之外，与碱金属形成插层化合物后，石墨的电子迁移率也产生了很大变化，即沿 c 轴的电导率明显增加。许多研究表明，碱金属插入后，石墨被还原了。石墨与氢反应也可形成石墨与氢的插层化合物。石墨的碱金属插层化合物具有鲜明的颜色。

表 7.4 石墨插层化合物的种类

层间反应物质		导电类型	用途
碱金属 碱土金属 稀土类 碱金属汞齐 碱金属氢化物	Li, Na, K, Rb, Cs Ca, Sr, Ba Sm, Eu, Yb K-Hg, Rb-Hg K-H, Rb-H, Cs-H K-D	施主型	高电导材料、磁性、超导、贮氢材料及重水分离
过渡金属	Mn, Fe, Ni, Cu, Mo		
卤素 金属卤化物	F, Cl, Br, ICl, IBr $BeCl_2$, $MgCl_2$ $FeCl_2$, $FeCl_3$, $NiCl_2$ $AlCl_3$, $SbCl_5$ AsF_5, SbF_5, MoF_6 PF_5, AsF_5, SbF_5 MoF_6	受主型	电池电极材料及有机无机反应试剂、高电导材料
酸	HNO_3, H_2SO_4 H_3PO_4, $HClO_4$ HF		膨胀石墨及有机反应试剂
有机物-碱金属 氮-金属	K(THF), $K(C_6H_6)$ $K(NH_3)$, $Ca(NH_3)$		

许多电子受主材料，如 HSO_4^-、NO_3^-、CrO_2Cl_2、CrO_3、MoO_3、Br_2 及金属卤化物，如 MoF_6、$FeCl_3$、$FeCl_2$ 等也能进入石墨形成插层化合物。在这类插层化合物中，石墨是电子施主。

生成石墨插层化合物的一些典型反应及条件举例如下：

石墨 $\xrightarrow[25℃]{HF/F_2}$ 石墨氟化物 $C_{3.6}F$ 到 $C_{4.0}F$（黑色）

石墨 $\xrightarrow[450℃]{HF/F_2}$ 石墨氟化物 $C_{0.68}F$ 的 CF（白色）

石墨 + K（熔体或蒸气）$\longrightarrow$ C_8K（赤褐色）

$C_8K \xrightarrow[真空]{部分} C_{24}K$（青灰色）$\longrightarrow C_{36}K \longrightarrow C_{48}K \longrightarrow C_{60}K$

石墨＋H_2SO_4(浓)$\longrightarrow C_{24}^{+}(HSO_4)^{-}\cdot 2H_2SO_4 + H_2$

石墨＋$FeCl_3 \longrightarrow$石墨/$FeCl_3$ 插层化合物

石墨＋$Br_2 \longrightarrow C_8Br$

石墨-钾插层化合物 KC_8 在室温附近与氢起反应，生成插层化合物 KC_8H_x。KC_8H_{23}在 1 atm、250℃下分解放出氢。二元插层化合物 KC_{24}，在 63～90 K 附近物理吸附大量氢气，经加热或真空处理，发生可逆反应，急速解吸，解吸后的化合物晶胞参数几乎不变。石墨-钾插层化合物在吸附时起分子筛的作用，可用以使氢、氘、氚分离。

石墨插层化合物的另一特性是电阻率低。石墨-SbF_5，石墨-AsF_5 等插层化合物具有极高的电导率，可与 Ag 的电导率相匹敌。

石墨插层化合物还可用作有机反应催化剂。石墨-钾插层化合物可用于酮、烯烃的还原、从苯转变为联苯脱氢反应的催化剂。石墨-钾-过渡金属插层化合物可用作合成氨的催化剂。石墨-H_2SO_4 插层化合物可用作羧酸醋化、芳香族化合物的硝化等反应的催化剂。此外，石墨层间化合物在电池材料、超导及磁性材料方面也具有潜在的用途。

除了石墨外，还有层状过渡金属氧化物、硫化物、卤化物、卤氧化物、层状硅酸盐、沸石以及合金等无机固体，都可以用作层间反应的基质材料。形成插层的外来物质种类颇多，其中有氢、碱金属及卤素等单质，也有如水、氨、氧化胺、杂环有机化合物和有机金属络合物等。

过渡金属二硫族化合物 MX_2(M＝Ti、Zr、Hf、V、Nb、Ta、Mo 和 W；X＝S、Se)具有六方或三方层状结构，在每一层中过渡金属离子(或称原子)夹在两层硫族原子之间。MX_2 夹层内的化学键是离子-共价混合键，层与层之间靠较弱的范德华键维系在一起。就是这种弱的层间键及较大的层间空隙使这种过渡金属二硫族化合物能与层间反应物形成插层化合物。过渡金属原子 M 在 MX_2 夹层中处于两层硫族原子密堆积所形成的三方柱或八面体空隙中。已知 MX_2 化合物往往具有几种多形体，究竟属哪一种多形体取决于 M 原子是占据八面体位置还是三方柱位置，以及 MX_2 沿 c 方向堆积的模式。

根据层间反应物的不同，可以把过渡金属二硫族化物 MX_2 形成的插层化合物分为三类：① 层间反应物为含有路易斯碱型的分子，如：氨、n-烷基胺、吡啶等；② 层间反应物为金属阳离子或分子型阳离子，如：Li^+、Na^+、K^+ 等或$[(C_5H_5)_2Co]^+$；③ 层间反应物既有阳离子，又有中性的极性(溶剂化的)分子。

已知有许多过渡金属二硫族化物的有机插层化合物。二硫化物和二硒化物能形成稳定的插层化合物，而二碲化物则不能形成稳定的插层化合物。形成插层化合物的结果导致晶格沿 c 方向膨胀。

过渡金属二硫族化合物与有机化合物形成插层化合物的反应，是通过把过渡金属二硫族化合物与纯净的有机液体，或把有机物溶解在苯或甲苯中直接反应而完成的。例如，用 n-烷基胺($C_nH_{2n+1}NH_2$)作层间反应物，通过直接反应法可以得到 $n=1\sim18$ 一系列插层化合物。当 $n=1\sim4$ 时，c 轴膨胀较小，约膨胀 3 Å，这表明碳氢键平行地排列在二硫族化合物层中。当 n 较大时，将获得确定化学计量比的相——$A_{2/3}TaS_2$(其中 A 为烷基胺)，且随着烷基胺分子中碳原子数目的增加，其晶胞参数 c 也呈线性的增加。在这种情况下，烷基胺中的碳链与二硫化物层垂直或几乎垂直。通过化学分析和晶胞参数的确定，还发现在二硫化物层中存在双层烷基胺的结构，如图 7.27 所示。

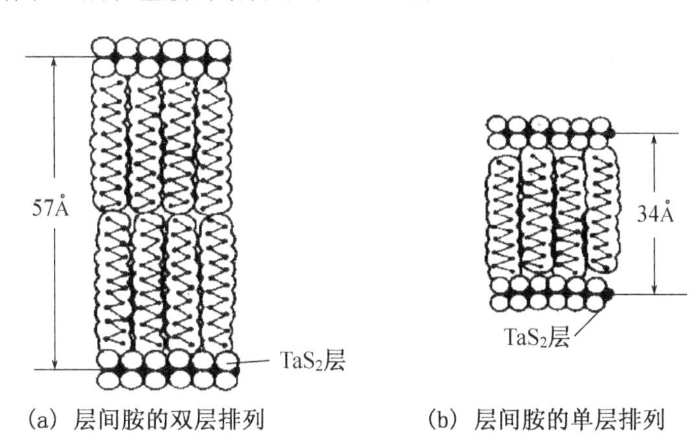

(a) 层间胺的双层排列　(b) 层间胺的单层排列

图 7.27　TaS_2-(n-烷基胺)插层化合物的结构

Ti、Nb、Ta 的二硫化物与吡啶形成的插层化合物的极限组成接近(吡啶)$_{0.5}MS_2$。在 450～475 K，干燥的吡啶与 $2HTaS_2$(TaS_2 的一种多形体)反应可产生 c 轴稍有差别(23.7 Å 和 24.1 Å)的两相。用 TaS_2 作为阳极在盐酸吡啶的甲醇溶液中进行电化学反应，可以形成晶胞参数 $c=23.7$ Å 的插层化合物并释放出氢气。这类吡啶插层化合物是一级的，即每个范德华间隙均被吡啶占据。二级 TaS_2-吡啶插层化合物可以通过控制吡啶的浓度来制备。

最近，在某些过渡金属二硫化物中超导性的发现，使这一领域的研究异常活跃。

除了具有层状结构的过渡金属二硫族化合物之外，人们还发现许多具有层状结构的无机固体有可能成为插层化合物的基质材料，例如：三硫磷金属化合物 MPS_3 及 $MPSe_3$ (M＝Fe、Mg、Mn 等)，金属的氯氧化物，例如：AlOCl、FeOCl、VOCl、CrOCl 等，以及层状硅酸盐。

除上述外，固相反应还有其他类型，如有机固体反应、多相催化反应(表面反应)、固气化学气相输运反应、无机微粒的气相合成反应等,均属固相反应,限于篇幅在此不一一介绍。

7.7 固相反应的影响因素讨论

与气、液相反应相比,固相反应多属于非均相反应,参与反应的反应物必须相互接触化学反应方可发生。影响固相反应的因素是多种多样。经研究,目前已认知的影响固相反应的因素主要有:参与固相反应的固体表面积大小(亦即颗粒大小);反应温度;压力与气氛;反应物的组成与结构;催化作用等。

7.7.1 固体表面积的影响

固体可以以细粉、粗粉、块体等形态存在,固体的表面积是由其颗粒大小所决定,一定量的固体其表面积的大小具有极大的差别。一个棱长为 a 的立方体,其表面积为 $6a^2$。当把这个立方体分割为棱长等于 $\frac{a}{n}$ 的小立方体时,可得到 n^3 个小立方体,每个小立方体的表面积为 $\frac{6a^2}{n^2}$,则其总表面积为 $\frac{6a^2}{n^2} \cdot n^3 = 6na^2$。由此可见,颗粒状物质的比表面(每单位质量的表面积)是与颗粒尺寸成反比的。表 7.5 列出了一定量的物质颗粒度不同时颗粒总表面积的数值。

表 7.5 立方体棱长与总表面积的关系

立方体棱长/cm	1	1×10^{-1}	1×10^{-2}	1×10^{-3}	1×10^{-4}	1×10^{-5}	1×10^{-6}	1×10^{-7}
立方体总表面积/cm^2	6	6×10	6×10^2	6×10^3	6×10^4	6×10^5	6×10^6	6×10^7

由于颗粒的总表面积可大致限定反应固体细粒之间接触的总面积,所以反应固体表面积对反应速度影响很大。反应固体细粒之间在接触时,实际上接触面积要比总表面积小得多。一般说来,固体表面积直接控制着混合物中反应颗粒间的接触面积,虽在一般反应速度公式中未直接体现出,但在产物层厚度 x 和接触面积之间存在着反比的关系中已间接地被包含。对于给定质量的反应物和一定的反应程度,产物层厚度 x 随颗粒度的减小而减小。颗粒度和表面积以此影响着 x 值。事实上,反应物颗粒尺寸对反应速率的影响,在 Jander 方程中具有明确的体现,反应速度常数 k 值与反应物颗粒半径的平方成反比,比表面积与颗粒半径成反比。反应体系比表面积越大,反应界面和扩散界面也越大,因而也使反应速率增大。比表面积越大,表面能越高,悬键越多,缺陷越密集,这些都会有助于加快扩散和反应。

7.7.2　反应温度的影响

温度对固相反应的影响极为显著。从热力学角度来讲，某些固相反应完全可以进行，但实际上在常温下反应几乎不能进行，即使在高温下，反应也需要相当长的时间才能完成。这是因为这类反应的第一阶段是在晶粒界面上或界面邻近的反应物晶格中生成晶核，完成这一步是相当困难的，因为生成的晶核与反应物的结构不同。因此成核反应需要通过反应物界面结构的重新排列，其中包括结构中的阴、阳离子键的断裂和重新组合，反应物晶格中阳离子的脱出、扩散和进入缺位等。高温下有利于这些过程的进行和晶核的生成。同样，进一步实现在晶核上的晶体生长也有相当的困难。因为对反应物中的阳离子来讲，则需要经过两个界面的扩散才有可能在核上发生晶体生长反应，并使反应物界面间的产物层加厚。由此说明，决定这类反应的控制步骤应该是晶格中阳离子的扩散，而升高温度有利于晶格中离子的扩散，从而促进反应的进行。

反应温度对固相的影响，由反应速率常数方程式和扩散方程式就可以看出，反应速度是随着温度的升高而增加。反应速率常数方程式和扩散方程为：

$$k=A\exp(-\triangle G/RT)$$

$$D=D_0\exp(-E_a/RT)$$

实际上，固相反应的开始温度往往低于反应物的熔点或体系的低共熔点。若用 T_M 代表物质的熔点（绝对温度），当温度为 $0.3T_M$ 时，则为表面扩散的开始，也即在表面上开始反应。在烧结反应中，也就是表面扩散机理起作用的温度。当温度达到 $0.5T_M$ 时，固相反应可强烈地进行，这个温度相当于体扩散开始明显进行的温度，也就是烧结开始的温度。这一现象是 Tamman 发现的，故称为 Tamman 温度。不同的物质有不同的 Tamman 温度，如对于金属有 $0.3\sim0.5T_M$；对于硅酸盐类有 $0.8\sim0.9T_M$；如果要使固体物质发生有效的固相反应必须在 Tamman 温度以上才有可能。

7.7.3　反应压力与气氛的影响

如果反应属纯固相反应来，加压就可以改善粉料颗粒之间的接触状况，如缩短颗粒之间的距离，减小孔隙度，扩大接触面积，从而提高反应速率。加压，对于体积减小的反应有正面的影响。而对于有气、液相参加的固相反应，加压不一定有正面的影响，反而会有负面的影响。这要具体反应具体分析。

气氛对固相反应的影响比较复杂，不能一概而论。首先对纯固相反应来讲，若反应物都为非变价元素组成，且反应也不涉及氧化和还原，则气氛对此类反应基本上不产生影响；若反应物都为非变价元素组成，且反应涉及氧化或还原，则须在氧化或还原气氛下进行反应;若反应物中有变价元素组分,且不希望反应涉及氧化和还原,则必须在惰性气氛下反应;若反应物中有变价元素组分,且希望反应涉及氧化或还原,则必须在氧化或还原气氛下反应;对于有气相参加的固相反应来讲,如分解反应,若不希望分解产物(固相和气相)进一步发生氧化或还原,则必须在惰性气氛下反应;若希望分解产物(固相和气相)进一步发生氧化或还原,则必须在氧化或还原气氛下反应。

7.7.4 反应物化学组成和结构的影响

反应物的组成和结构是影响固相反应的重要因素,它直接影响着固相反应的反应方向和反应速率。从热力学的观点看,在一定的外部条件下,反应向吉布斯自由能减小的方向进行,而且吉布斯自由能减小得越多,反应的热力学驱动力越大。从结构的观点看,反应物的结构状态,质点间的化学键性质,以及各种缺陷的存在与分布都将对反应速率产生影响。研究表明,同组成反应物的结晶状态、晶型,由于热过程的不同会有很大的差别,从而导致反应活性的不同。以氧化铝和氧化钴合成钴铝尖晶石的反应为例:$Al_2O_3 + CoO = CoAl_2O_4$。对于 Al_2O_3 来说,若分别采用 γ-Al_2O_3 和 α-Al_2O_3 作原料,发现反应的速率相差很大,即前者大于后者。这是因为在 1 100℃左右的温度区域内,由于氧化铝的 γ-型向 α-型的转变,而大大提高了 Al_2O_3 的反应活性,从而大大的强化了反应的速率。对于 CoO 来说,如分别采用 Co_3O_4 和 CoO 作原料,发现前者的反应活性大于后者。因为当用 Co_3O_4 时,首先发生分解反应:$Co_3O_4 \rightleftharpoons 3CoO + \frac{1}{2}O_2$,新生态的 CoO 具有很高的反应活性。

7.7.5 "矿化剂"的影响

有的学者把在反应过程中能够加速或者减慢反应速度,或者能控制反应方向的物质称为"矿化剂"。我们可以将"矿化剂"当作催化剂,其功能是降低或提高反应的活化能。"矿化剂"影响晶核的形成速率和长大速率,影响体系的状态和晶格的性质。但"矿化剂"并不是在所有温度下都有效,而是在一定的温度范围内起作用。当"矿化剂"与反应物生成少量液相时,往往可加速反应。例如,在耐火材料硅砖中,若不加"矿化剂",其主要成分为 α-石英等。当掺入 1%～3% 的[$Fe_2O_3 + Ca(OH)_2$]作为"矿化剂",则可使大部分 α-石英转化为鳞石英,从而提高硅砖的抗热冲击性能。反应中有少量液相生成,由于 α-石英在液体中溶解度大,而鳞石英的溶解度小,从而使 α-石英不断地溶解,鳞石英不断地析出,促使 α-石英向鳞石英转变。如果不加"矿化剂",即是在 870～1 470℃下较长时间加热，也难使 α-石英向鳞石英转变。有关“矿化剂”的矿化机理已现实地摆在固体化学家的面前。

思考题

7.1　请解释为何在大多数情况下固体间的反应都很慢？怎样才能加快反应速度？

7.2　研究固态反应动力学时，必须考虑哪些因素？如 MgO 和 Al_2O_3 粉末生成尖晶石 $MgAl_2O_4$，怎样分析结果？

7.3　在 1.013×10^4 Pa 的氧气中使镍氧化，测得在各种温度下镍的增重速度如下表所示，试推导出与这些数据相适合的反应速度方程式，计算反应的活化能。

反应时间 t/h 试样增重 μg/cm² 反应温度/℃	1	2	3	4
550	9	13	15	20
600	17	23	29	36
650	29	41	50	65
700	56	75	88	106

7.4　金属表面生成氧化物的反应遵守抛物线规律 $x^2=kt$，式中 k 是随温度变化的常数。试证明当离子扩散是氧化物膜生成的控速步骤时，反应就按抛物线关系进行，并说明 k 和扩散系数 D 之间的关系？

7.5　试讨论尖晶石型化合物生成反应的几种可能的反应机理，写出 AO(固)＋B_2O_3(固)两种反应物界面上可能发生的反应？

7.6　试从点阵能的观点考虑下列固相反应的平衡趋向：LiBr(固)＋KF(固)$\rightleftharpoons$LiF(固)＋KBr(固)，化合物的晶体结构都是 NaCl 型，但假设它们之间不形成固溶体，因而可以忽略熵效应。

7.7　利用 7.6 的结果，讨论下列固相反应的方向：

(1) 2NaF(固)＋$CaCl_2$(固)$\rightleftharpoons$$CaF_2$(固)＋2NaCl(固)

(2) Na_2S＋$CaCO_3$(固)$\rightleftharpoons$$Na_2CO_3$(固)＋CaS(Le Blance 制碱工艺)

(3) $MgCl_2$(固)＋$H_2O$$\rightleftharpoons$MgO(固)＋2HCl

(4) $CaCl_2$(固)＋$H_2O$$\rightleftharpoons$CaO(固)＋2HCl

7.8　请用 7.3 题表中的数据，计算 NiO 和 Al_2O_3 反应生成 $NiAl_2O_4$ 的活

化能,将计算结果与文献值相比较。

7.9 求下列反应的 298 K 热焓变化,并讨论这一反应能够进行的必要条件。

$$2MgO(固)+SiO_2(固)\rightleftharpoons Mg_2SiO_4(固)$$

反应中 MgO、SiO_2 和 Mg_2SiO_4 的标准生成热分别是:-601.7 kJ/mol、-859.4 kJ/mol和$-2\,042.6$ kJ/mol。

7.10 试讨论:用气相扩散法在富 Se 的 PbSe 单晶表面上生长一层富 Pb 的 PbSe,从而在晶体中形成一个同质 p-n 结的情况,讨论 p-n 结两侧载流子分布以及 p-n 结的电学性质。

7.11 金属与氢反应形成以下各类氢化物:分子型氢化物、盐型氢化物和间隙型氢化物。(1) 试述这些氢化物在结构上和物性上的特征;(2) 按照生成氢化物的类型试将金属分类。

7.12 将细铜丝浸入熔融态的硫中,发生硫化作用,最后形成一根中空的 Cu_2S 的管子,从这个现象推断这种硫化反应的机理。

第8章　固体表面化学

由于化学反应在表面上所需要的反应活化能最少，所以一些化学反应也总是从表面上开始发生。表面结构极为复杂，表面的热力学、表面的原子结构、表面的电子结构是固体表面化学研究的基础。

8.1　表面化学的研究现状

任何凝聚态物质都具有它的表面或界面，许多相变化首先是在界面上发生的。例如，气态分子在固体上的凝聚，晶体的生长、升华、熔融和烧结等。在表面上由于所需要的反应活化能最少，所以一些化学反应也总是从表面上开始发生的。同一个化学反应，它在表面上进行的速度要比在固态物相内部进行的速度快几个数量级。几乎所有的电化学反应都是在固-液界面上进行的。石油化工中的催化反应是在固-气界面上进行的。炼油、高分子聚合等化工过程是建立在多相催化反应的基础之上，所有反应都是按照一定的方向(选择性)和速度在固-气或固-液相间的界面上进行。化学化工是如此，生物化学也一样。在生物体内部许多重要的生物化学反应，是在生物膜的界面上进行的。例如，在细胞壁和液体间的界面上进行各种反应。整个生物体系组织大脑、骨骼、生物膜等是具有极大的表面积与体积之比的凝聚态物相。经过数百万年的进化过程，人脑组织中所包含的表面积要比猴脑的表面积大10倍。因此，人脑能进行高强度的、极精细的与思维相关的生物化学过程。我们知道，固体表面又是固体材料防御化学腐蚀或机械损伤的第一道防线。为了使各种设备物件能经受住这种伤害，人们想方设法使固体的表面钝化，使表面上不容易发生化学反应。金属材料的防腐蚀镀膜或表面渗碳(氮)处理，可以提高材料的使用寿命和机械强度。另外，气体和液体在固体表面上的吸附、解吸，染料、颜料、照相乳剂、胶体体系等都涉及到固体表面的性质。固体表面化学的研究吸引着越来越多的科学家的关注与投入。

但是，固体表面化学研究，还存在着对固体表面的物理化学性质认识远不及对体相的认识深入的问题；对固体表面上原子结构、被吸附分子与表面原子间的相互作用的本质以及被吸附分子的电子组态等了解甚少的问题。这是因为在通常的实验中，所能直接得到的有关固体表面的化学组成和结构的信息较少，同时也是因为一般表面上原子的密度要比体相原子的密度小得多(例如，金属银的体相中原子密度为 5.9×10^{23} 个原子/cm^3，而表面上的原子密度为体相中原子密度的 2/3 次方，约 1.5×10^{15} 个原子/cm^2)；另外，表面结构比体相要复杂得多，表面是不均匀的，存在台阶、扭折、台阶空位、单原子凸缘、吸附原子、凸缘-吸附原子等，表面上各原子所处的位置也不完全相同，其周围配位的原子数不等，其活化能数值各不相同，既使是同一个晶体其不同的晶面性质亦不同。除此之外，长期以来也缺乏测定表面性质的有效手段。

高技术和现代测试技术的快速发展，促进了固体表面化学研究的发展。例如，超高真空技术使人们能够获得 $10^{-9}\sim10^{-10}$ mmHg 的真空度，人们现在已经很容易去研究洁净的半导体器件表面的结构和电学性质，也能够制取并应用超纯的单晶体；光电子技术的发展，可以获得聚焦极细的各种能量范围的带电粒子束流来作为探测固体表面原子的探针；现代能谱学技术已提供了高分辨率、高灵敏度的电子能量分析器，从而为开展固体表面研究工作的科学家提供了有效的实验研究手段，像扫描电子显微镜(Scanning electron microscopy , SEM)、低能电子衍射仪、光电子能谱仪(photoelectron spectroscopy , PS)、俄歇电子能谱仪(Auger electron Spectroscopy , AES)、电子探针微区分析仪、扫描隧道显微镜(STM)、透射电子显微镜(transmission electron microscopy , TEM)，使得人们可以直接观测和研究洁净的固体表面上几个原子厚度的表层原子结构、化学组成、缺陷和杂质成分，从而为表面吸附分子层的本质、能量的传递、催化反应机理等理论研究给出了有效的验证方法。

目前，固体表面研究工作者正在致力于对固体表面三个层次的认识研究工作：

(1) 表面的热力学研究。它反映的是表面原子集合的性质，包括表面自由能，表面的吸附、蒸发和生长过程、比表面、表面的浸渍等性质研究，这也是经典的表面化学或界面化学的研究内容。

(2) 表面的原子结构研究。研究表面原子的有序排布及其中的各种缺陷，以及它们与表面性质的关系。

(3) 表面的电子结构研究。研究晶体点阵在表面上突然被切断，造成晶体表面上电子分布情况；研究表面电子结构对表面原子的电离、电子发射、电荷迁移、表面原子与吸附分子间的化学键影响；研究表面上化学反应等。

8.2　固体表面的热力学性质

8.2.1　表面张力和表面自由能

要形成一个固体表面,必须对固体体系做功。例如,劈裂开一个与气相平衡的晶体以获得新的表面,晶体中化学键就得断裂,邻近的原子要移走,此时造成晶体的表面所需要之能量,称之为表面自由能。表面自由能是一正值,它使得固体(或液体)具有一种"反抗"扩展其表面的力或具有使其表面趋向收缩的倾向作用。在恒温、恒容、平衡条件下增加 dA 表面积,所需要做的可逆表面功为:

$$\delta W_{TV}^{\sigma}=\sigma dA \tag{8-1}$$

式中:σ 称为表面张力。这个可逆表面功也就等于表面积增加 dA 之后表面自由能的增值 dG,随着表面积的增大,dG 也增大,它们之间相互的关系可以表示为:

$$dG=dW=\sigma dA \tag{8-2}$$

表面张力 σ 也就是沿着表面平面的一种表面压力,借以反抗扩展更多的表面,具有使其表面趋于收缩的倾向。如图 8.1 所示,我们可以来定义一个什么是固体表面张力。假定表面上有一点 P,通过 P 画一曲线 AB,将表面分为 1 和 2 两个区域。假如通过 AB 的一个小单元 δl,区域 2 产生一个与表面相切的力 $\sigma\delta l$,σ(垂直 δl)就称为 P 点的表面张力。如果在每一点不管什么方向的 σ 值都相同,另外在表面上所有点都具有相同的 σ 值,σ 就称之为表面的表面张力。

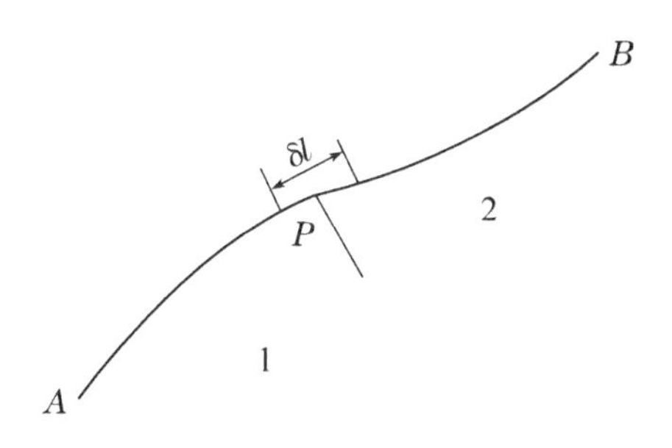

图 8.1　表面张力的定义

必须指出,晶体表面的表面张力和液体的表面张力有所不同。液体的表面从力学行为来考虑,正像一个被力均匀和各向同性伸张的膜。所以,在表面上所有点和所有方向表面张力是相同的。而固体表面的表面张力不一定是各向同性,它的值依赖于表面的方向,也即表面张力随晶面指数的不同而异,因而固体的不同晶面上的化学反应性能、催化活性等也不相同。一般说来,具有最密堆积的晶面,其表面张力 σ 值最小,当晶面上存在有空位缺陷或原子偏离平衡位置时,σ 值较大。

有学者采用金属细丝下端挂有不同质量的砝码方法,来测量表面张力。测量是在真空中或惰性气体中加热这些金属细丝，砝码趋向拉长细丝，由于金属细丝的体积保持不变，拉长细丝就等于增大其表面积，金属细丝又有反抗拉现象，再根据这个砝码的质量计算出该种金属的表面张力。用此方法以及用其他方法测得的某些固体材料的表面张力，如表 8.1 所示。

表 8.1 某些固体材料的表面张力

材料	表面张力/10^3 erg·cm^{-2}	材料	表面张力/10^3 erg·cm^{-2}
Au	1.40	TiC	1.19
Cu	1.43～1.70	LiF	0.34
Ag	1.14～1.20	CaF_2	0.45
Ni	1.90	BaF_2	0.28
NaCl	0.30	$CaCO_3$	0.23
Al_2O_3	0.905	Si	1.24
MgO	1.00～1.20		

关于固体表面的热力学参数表征：设一固体由 N 个原子组成，它的比表面自由能 E^S（即每个表面原子的能量）和凝聚相的总能量 E 之间的关系可以表示为：

$$E=NE^0+AE^S \tag{8-3}$$

式中：A 为该固体的表面上的原子数；E^0 为凝聚相内每个原子的能量。比表面自由能 E^S 是表面上原子多于凝聚相中原子所具有的那份能量。其他的固体表面热力学函数也可以用相同的方法加以表征。表面热力学函数之间的关系也和体相热力学函数之间的关系一样，例如：

$$G^S=H^S-TS^S \tag{8-4}$$

固体的表面积与体积之比值是决定固体表面活性的重要参量。将固体破碎成细粉时，比表面积增大，其单位质量的表面自由能也相应地增大，因而活性也增加。以铜粉为例，金属铜的表面张力为 1 500 dyne/cm，凝聚能为 339.4 kJ/mol，当金属铜粉的粒径分别为 100 μm、1 μm、0.01 μm 时，其表面自由能分别是 5.85×10^{-2} J、5.85×10 J、5.85×10^3 J。在粒径为 0.01 μm 时，金属铜粉的表面自由能与凝聚能之比为 1.72%。这样大的表面自由能，对于粉粒上原子的扩散蒸发、结晶以及粉粒的烧结等，都会有很大的影响。

8.2.2 固体表面的自由能的理论估算

理论近似计算表面自由能，因所考虑的固体种类不同而异。但大体上都分为两步进行：第一步，靠断键将固体劈开分成两部分，从而产生表面。但此时表面原子仍固定在原来处于体相时的位置，由此得到对表面自由能的主要贡献$U^{\sigma'}$；第二步，表面原子在垂直表面的方向移动，借以达到它的新的平衡位置，能量减少。这个能量即松弛能以$U^{\sigma''}$表示。

$$U^{\sigma}=U^{\sigma'}+U^{\sigma''} \tag{8-5}$$

式中：U^{σ}为表面自由能。为了得到$U^{\sigma'}$，主要就是计算横跨一个平面的净相互作用能。为此则需要选择一个适宜的势能函数，它只作为粒子分隔距离的函数，给出一对对粒子之间相互作用的势能，将成对相互作用能加和，便得到表面层的$U^{\sigma'}$，然后再计算松弛能$U^{\sigma''}$。

在计算$U^{\sigma'}$时，可能最简单的情况就是共价键晶体，晶格位置为原子所占据，而且不需要考虑长程相互作用。Harkins 认为在 0 K 时，表面自由能很简单地就是将穿过 1 cm^2 平面的键断掉所需能量($U_{内聚}$)的一半。

$$U^{\sigma'}=\frac{1}{2}U_{内聚} \tag{8-6}$$

对于稀有气体晶体，曾提出过几种势能函数。Lennard-Jones 势能函数为：

$$V_{ij}=\lambda r^{-\sigma}-\mu r^{-t} \tag{8-7}$$

式中：第一项给出原子之间的排斥能，σ大约为 12；第二项相当范德华吸引，t 的最佳值大约为 6。据此先算出表面每个原子的表面自由能(计算时应该包括每个原子与断裂前横跨平面的所有原子的相互作用，故加和时必须将所有原子间距离均考虑在内)，再乘特定晶体平面每单位面积的原子数，最后得$U^{\sigma'}$。Shut-tleworth 计算松弛能$U^{\sigma''}$是让表面平面相对于邻近的内部平面在垂直方向上移动，直至达到最低能量位置。他得到的第一、第二层面间距离较体相层间距离增加百分之几，后来 Benson 和 Claxton 用计算机计算了头五层的数据，发现松弛作用下降很快，第 5 层只改变 0.04%。

对离子晶体所用的势能函数可以写为：

$$V_{ij}=-e_ie_jr_{ij}^{-1}+br_{ij}^{-n} \tag{8-8}$$

式中：第一项为库仑吸引相互作用；第二项为排斥能；b，n为调节参数。后经修正，Huggins 和 Mayer 取下面形式：

$$V_{ij}=Z_iZ_je^2r_{ij}^{-1}-c_{ij}r^{-6}-d_{ij}r^{-8}+bb_ib_je^{-r/\rho} \tag{8-9}$$

式中：第一项仍为库仑能；第二、第三项为范德华偶极子-偶极子和偶极子-四极子相互吸引作用；最后一项仍为电子排斥。计算步骤完全类似稀有气体晶体。但因晶格点是为离子所占据，表面经受来自下面的净电场，从而引起极化效应，这就使得计算的松弛能很不准确。

计算金属表面自由能，Morse 提出的势能函数为：

$$V_{ij}=D(e^{-2\alpha}r_{ij}-2e^{-\alpha}r_{ij}) \quad (8-10)$$

式中:D,α 为两个调节参数。对于金属,最好将表面自由能作为由于表面的存在而引起自由电子动能的变化来考虑。从计算结果来看,不同种类的物质因所用势能函数的性质和所假定的原子或离子大小的不同,结果相差很明显。一般来讲,稀有气体晶体表面自由能在 $2\times10^{-6}\sim6\times10^{-6}$ J/cm² 范围,松弛能<1%。单电荷离子晶体为 $10^{-5}\sim3\times10^{-5}$ J/cm²,松弛能高达 20%~50%。金属为 $4\times10^{-5}\sim10\times10^{-5}$ J/cm²,松弛能小,约 2%~6%。

8.3 固体表面的扩散

8.3.1 表面扩散定义

表面扩散,可定义为单个原子、离子、分子和小的原子簇在晶面上的运动。这个运动是因加热而活化的。表面原子围绕它们的平衡位置振动,随着温度升高原子被激发和振动的振幅加大。随着温度不断地增加,会有愈来愈多的表面原子可得到足够的活化能,以便于使它与邻原子的键断裂,而后沿表面运动。此表面扩散是假定扩散实体完全是在晶面的顶上,即发生在吸附态。表面空穴也将被当做一个吸附的扩散缺陷。这样定义表面扩散就意味着发生扩散的表面层只等于一个面间距。

表面扩散过程与表面结晶学性质和二维表面的存在紧密相关。

8.3.2 晶体表面的缺陷扩散模型

如果固体表面是均一的,所有表面上的原子均以相同的结合能固定在格位上,那么我们就可以根据原子扩散时所需要断裂的化学键能和键的数目,并根据扩散时原子所可能受到的长程键力的影响,计算出表面原子的扩散活化能。但是许多低能电子衍射实验证实晶体表面是不均匀的,存在台阶、扭折、台阶空位、单原子凸缘、吸附原子、凸缘-吸附原子等,如图 8.2 所示。固体表面不均匀,表面上各原子所处的位置也不完全相同,原子可能分别位于表面层之中、表面的扭折处、表面的台阶边缘,或者被吸附在表面之上。位于不同处的原子,因其周围配位的原子数不等,所以其活化能数值各不相同。

热力学平衡时表面缺陷的浓度固定不变,它只是温度的函数,对于吸附原子、台阶空位、台阶吸附原子和扭折等特别是如此,从定性意义来讲,台阶空位-台阶-扭折表面的最简单的缺陷就是吸附原子和台阶空位。它们与表面的结合能比所有其他缺陷的低,所以它们在表面上的流动性也比其他缺陷的大。因此,

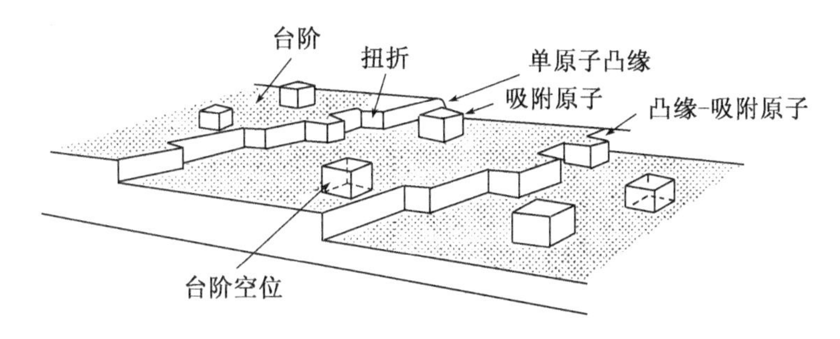

图 8.2　原子尺寸的固体表面模型

它们对表面扩散的贡献最大。一般认为，表面扩散是靠吸附原子和台阶空位的运动。

理论上计算一个吸附原子生成能是这样：从一个扭折部位移走一个原子到无限远，然后把它放在平台上形成一个吸附原子。令紧靠吸附原子旁的点阵松弛，产生一个松弛能 ΔE_{AR}，该吸附原子的生成能为：

$$\Delta H_f^a = \Delta E_k - \Delta E_A - \Delta E_{AR} \tag{8-11}$$

式中：ΔH_f^a 为一个附原子生成能；ΔE_k 为一个扭折位的能量；ΔE_A 为一个未松弛的吸附原子的能量。同样，一个台阶空位的形成能量是将一个原子从台阶部位移到无限远（能量贡献为 ΔE_T），然后再将它放在一个扭折部位（能量贡献为 ΔE_k），最后使围绕此台阶空位的点阵松弛（能量贡献为 ΔE_{vR}），则得：

$$\Delta H_f^a = \Delta E_T - \Delta E_k - \Delta E_{VR} \tag{8-12}$$

理论上计算一个吸附原子的移动能是这样：表面扩散被认为是一个多步过程，在过程中原子离开它们的平衡位置并沿表面运动，直到它们找到新的平衡位置。假定唯一的扩散物类是吸附原子，它为了跳到相邻的位置需要一定热能。因为吸附原子在起始和跳跃的末尾均只能占据平衡位置，那么在两个位置之间区域的原子一定是处于较高的能态，即经过一个马鞍点，如图 8.3 所示的一个吸附原子从一平衡位置到另一平衡位置伴随扩散跳跃的能量变化。实线代表扩散跳跃时真正的能量变化，E_m 是扩散壁垒的高度或迁移能。虚线代表假想的跳跃能量变化，所有原子除了跳跃的原子外全在固

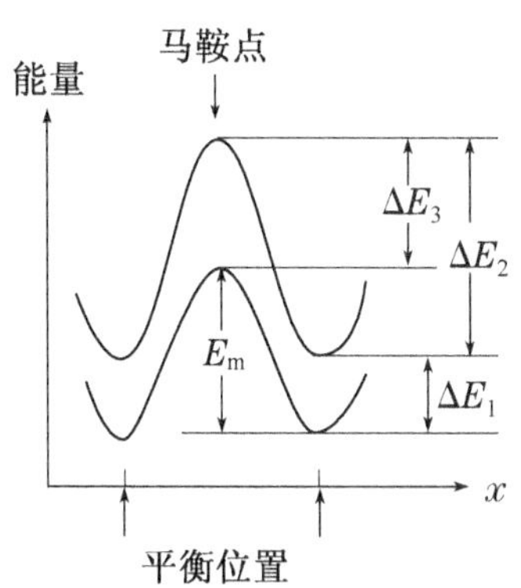

图 8.3　说明各能量项的势能示意图

定的位置(即未松弛)。ΔE_2 是假想的势能高度,ΔE_1 为松弛能,ΔE_3 代表马鞍点的松弛能。

$$E_m = \Delta E_1 + \Delta E_2 - \Delta E_3 \tag{8-13}$$

当吸附原子围绕平衡位置热振动时,原子冲击势能壁垒 v_0 次/s。大多数时间它的能量是不足以跃过能垒,但是通过声子相互作用偶然能量涨落可以使它的能量增加到 E_m,这时它就跳过势垒到它的新的平衡位置。因此跃到相邻位置的频率为 $v_0\exp(-E_m/k_BT)$。又因吸附原子可以跳到 z 个相等的相邻位置,总的跳跃频率为:

$$f = zv_0\exp(-E_m/k_BT) \tag{8-14}$$

如果在扩散机理中尚包括吸附原子的生成,则:

$$f = zv_0\exp[-(E_m + \Delta H_f)/k_BT] \tag{8-15}$$

总跳跃频率进一步地减少。

8.3.3 固体表面原子的扩散速度

一般说来,固体表面原子的扩散速度要比体相中原子的小,面心立方晶体表面上原子的扩散活化能相当于升华热的一半($-0.54\Delta H_{升华}$),这相当于原子从一个扭折处迁移到另一个扭折处的情况,表面上空位机制的扩散活化能则小得多($-0.24\Delta H_{升华}$)。

固体表面上的原子可以通过扩散从一个格位迁移到另一个格位。如果有可能将表面的一个原子加以标记的话(例如,用一个放射性同位素取代格位上原来的原子),我们就会发现,在一定温度下这个原子的迁移距离与扩散系数的关系可以表示为:

$$x^2 = 2Dt \tag{8-16}$$

式中:D 为扩散系数;t 为扩散时间。此式可以用一维随机行走的理论(kandom walk)推导出来:

$$D = pa^2v/2 \tag{8-17}$$

式中:p 为原子跃迁的几率;a 为原子间距;v 为振动频率。当 $p=1$ 时,就相当于原子每一次振动都能跃迁至相邻的格位上,即每 10^{-13} s 跃迁一次。但是实际上跃迁几率 p 是一个很小的数值,它由原子近邻可以跃入的空位格位数、原子由格位脱出所需要的能量、温度等因素所决定的。扩散系数 D 和温度 T 之间的关系是呈指数形式:

$$D = D_0\exp\left(-\frac{\Delta E}{RT}\right) \tag{8-18}$$

式中:D_0 为扩散常数;ΔE 是表面原子扩散的活化能。式(8-18)规定了扩

散系数 D 的各种与温度有关的因素，如跃迁几率 p 及振动频率 v 等。扩散系数和扩散常数的量纲都是 cm^2/s。如果 $D=10^{-2}\ cm^2/s$，那么按照 $x^2=2Dt$ 的公式，可以求得表面上一个标记原子在 1 000 s 内约移动 1 mm 的距离。

8.4 表面的蒸发和凝聚

蒸发和凝聚都是在表面开始进行的，要想控制蒸发过程，就必须研究并了解固体表面原子摆脱其近邻原子的束缚，进入气相的过程。现以单原子固体 A 的晶面蒸发过程 A(固)→A(气)为例来说明。净蒸发速度 $J(mol/cm^2\cdot s)$ 可表示为：

$$J=K(A)_{固}-K'(A)_{气} \tag{8-19}$$

式中：K 为蒸发过程的速度常数；K' 为凝聚过程的速度常数；$(A)_{固}$ 为固体表面上原子的密度；$(A)_{气}$ 为蒸气中原子的密度。当 $K'(A)_{气}$ 稍小于 $K(A)_{固}$ 时，蒸发处于动态过程。而在真空中自由蒸发时，凝聚速度可看做等于零，这时有：

$$J_{蒸发}=K(A)_{固}=K_0(A)_{固}\ \exp(-E^*/RT) \tag{8-20}$$

式中：K_0 为一个常数，它的数值和蒸气分子跃过表面势垒的运动频率有关。

在某一温度下，如果蒸发和凝聚达到平衡，即 $K(A)_{固}=K'(A)_{气}$，这时就得到表面的最大理论蒸发速度 $J_{最大}$，这也是真空蒸发的最大极限速度。但是实际的真空蒸发速度 $J_{蒸发}(T)$ 总是小于最大理论蒸发速度。两者之比叫做蒸发系数 α：

$$\alpha=\frac{J_{蒸发}(T)}{J_{最大}(T)} \tag{8-21}$$

对于大多数金属，真空蒸发速度与最大理论蒸发速度可以相等，它们的蒸发系数 $\alpha(T)=1$。而对于其他固体物质，如 As、CdS、GaN、Al_2O_3 等，则其真空蒸发速度 $\alpha(T)\ll1$，一般比最大理论蒸发速度小几个数量级。

研究固体蒸发的动态过程时，是在各种不同的实验条件下测定单晶体表面蒸发速度的，如在不同温度下，存在有杂质或吸附气体时，或在辐射线照射下。可以使用微量天平(灵敏度 $10^{-8}\sim10^{-9}$ g)或石英晶体振子(灵敏度 10^{-12} g)来测定试样的总失重和绝对蒸发速度。如果蒸气是多组分，蒸气的组成可以用质谱仪来检测，由这种实验还可以求得固体表面的蒸发活化能。

硫化镉(CdS)在蒸发时发生下列分解反应：

$$CdS(固)\longrightarrow Cd(气)+\frac{1}{2}S_2(气)$$

硫化镉晶体中所包含的自由载流子(电子或空穴)浓度对于蒸发速度有很大影

响。当用适当能量的光照射晶体的表面时，可以增大自由载流子的浓度（光导电现象），从而也能够增大晶体表面蒸发的速度。

当一种在 T_2 温度下处于平衡的固-气体系冷却到 T_1 温度时，将有一部分气态分子凝聚在固体表面上，凝聚的蒸气的量决定于两个温度下饱和蒸气压之差：$\Delta p = p(T_2) - p(T_1)$。由气相生长晶体时，物质的蒸气必须达到过饱和状态，一种蒸气的过饱和度可以表示如下：

$$\sigma = \frac{p}{p_{平衡}} - 1 \tag{8-22}$$

式中：p 为蒸气压；$p_{平衡}$ 为固体的饱和蒸气压。如果 $p = p_{平衡}$，则 $\sigma = 0$，在晶体表面上不会发生蒸气的凝聚，晶体就不能进行生长；当 $p > p_{平衡}$ 时，$\sigma > 0$，蒸气处于过饱和状态，在晶体表面上蒸气中的分子不断地沉积，晶体继续变大；当 $p < p_{平衡}$ 时，蒸气处于不饱和状态，$\sigma < 0$，晶体表面上分子继续蒸发。如果反应体系中已有籽晶存在时，蒸气的过饱和度不需太大，就可以在籽晶上凝聚，使晶体生长。

氯化钠蒸气主要是由单分子 NaCl 和双聚分子 Na_2Cl_2 组成。氯化钠晶体中的位错密度可以影响晶体表面的蒸发速度，位错密度愈大，蒸发速度也愈大。当位错密度约为 $10^7/cm^2$ 时，蒸发速度可以增大到等于最大理论蒸发速度，即 $a(T)=1$。当氯化钠晶体中带有 2 个正电荷离子的杂质时，其蒸发速度降低，这是因为杂质的存在，会使晶体中产生过量的 Cl^- 或 Na^+ 空位，使晶体组成偏离化学整比。很明显，+1 价离子杂质的存在不会影响氯化钠的蒸发速度。

8.5 表面的吸附

当两个相组成一个体系（此时体系的两相界面与相内部是不同的）时，处在两个相界面处的成分产生了积蓄（浓缩），这种现象称之为吸附（adsorption）。已被吸附的原子或分子返回到液相或气相中，称之为解吸或脱附（desorption）。原子或分子从一个相大体均匀地进入另一个相的内部（扩散），称之为吸收（absorption）。当吸附与吸收同时进行时，称之为吸着（sorption）。吸附实际上是，分子撞击在固体表面上时，绝大多数的分子在碰撞中损失其能量，在表面上停留约 $10^{-6} \sim 10^{-3}$ s 一个较长时间（比原子振动约 10^{-12} s 的时间要长得多），这样分子就将完全损失掉它们的动能，不能再脱离固体表面，从而被表面所吸附。至于需要在表面上停留多长时间才能被吸附，这要由分子与表面原子之间相互作用的本质以及表面的温度来决定。通常，我们把被吸附的物质称为吸附物，也称为吸附质（adsorbate），而把被吸附的固体称为吸附剂（adsorbent）。

8.5.1　物理吸附和化学吸附

由于吸附质与吸附剂之间吸附力的不同，吸附又可分为物理吸附和化学吸附两类。物理吸附也称为范德华吸附，它是由于分子间的弥散作用等引起的；而化学吸附则是由于化学键的作用引起的。

1. 物理吸附(physical adsorption)

由弱相互作用所产生的吸附叫物理吸附。弱相互作用是指分子与表面原子间的短程作用力以及诸如偶极子-偶极子、诱导偶极子间的范德华力，这些作用力跟分子与表面的距离的三次方或六次方成反比。物理吸附需要较低的表面温度和较长的停留时间。它可以是单分子层吸附，也可以是多层吸附，吸附层可以达几个分子厚度。物理吸附的特点：① 没有选择性，任何气体在任何固体表面上都可以发生物理吸附；② 愈易液化的气体愈容易被吸附；③ 吸附的速度极快，可在几秒到几分钟内迅速达到平衡；④ 当改变温度或压力时，可以移动平衡。降低压力，可以把吸附气体毫无变化地移走，这表明在物理吸附过程中，气体分子和固体表面的化学性质都保持不变。因此，这类物理吸附就好像被吸附气体凝聚在固体表面上那样。所以物理吸附的热效应也和气体的凝聚热相近，一般在4.2～42 kJ/mol范围内。

2. 化学吸附(chamisorption)

由静电作用产生的吸附叫做化学吸附。被吸附分子与固体表面原子间的静电作用力与它们之间的距离的一次方成反比。化学吸附的热效应约为62～620 kJ/mol，相当于化学结合能。若气体分子与表面原子间具有强的相互作用，那么即使它在表面上停留时间很短，表面温度较高，也可能被表面所吸附。因为分子与表面结合时需要一定的活化能，所以升高温度更有利于化学吸附。

物理吸附和化学吸附之间的根本差别在于吸附分子与固体表面的作用力性质的不同。物理吸附的作用力是范德华力，化学吸附的本质是固体表面与被吸附物之间形成了化学键。表面原子的对称性较低和具有剩余的键合力，这是表面吸附的动力。吸附时表面自由能降低，就吸附质而言，由于它的分子被束缚在表面上，体系的熵降低，因此吸附的焓变为负，吸附是放热过程。当吸附质分子中的键合(X—X)和吸附质原子与表面原子间的作用(X—M)强度差不多，但比固体原子的内聚力(M—M)弱时，可能在固体表面上发生单层或多层吸附，在许多情况下，单层吸附和多层吸附之间的平衡是可逆的。当表面原子与吸附原子间的作用(M—X)接近于固体的内聚力时，则不仅可以在表面上发生单层或多层吸附，而且还可能使固体表面结构发生改变，甚至生成表面化合物，许多金属表面和某些化学性质活泼的气体间的作用就属于这种情况。

一些惰性分子的吸附是物理吸附，而一些较活泼气体（O_2、F_2、H_2）在金属（W、Ni）上的吸附是化学吸附。具有相当大的偶极矩或极化率的分子在表面上的吸附介于两者之间。气体分子在固体表面上的吸附状态可直接通过测定其吸收光谱来加以证实和区别。若发生化学吸附，在紫外、可见或红外光谱区将出现新的特征吸附带。而发生物理吸附，只能使被吸附分子的特征吸收带产生位移或改变强度而不会产生新谱带。

8.5.2 吸附等温线

气体在固体表面上的吸附量和许多因素有关。对于一定质量的吸附剂，达到吸附平衡时，所吸附气体体积（即吸附量）是由体系的压力和温度决定的，即

$$V=f(p,T) \tag{8-23}$$

式中：V 为气体在固体表面上的吸附量；p 为体系的压力；T 为体系的温度。

如果分别固定吸附量、压力或温度来确定这三者的关系，就可从不同的角度来研究吸附现象，获得如图 8.4 所示的相关曲线。由图 8.4 可见，保持温度不变，可得到吸附量和压力关系的吸附等温线；保持压力不变，可得到吸附量和温度关系的吸附等压线；保持吸附量不变，得到的是反映压力和温度关系的吸附等量线。这三种吸附曲线是相互有联系的，由其中一种曲线可导出另外两种曲线。实际中常用的是吸附等温线。可以将实验测得的吸附等温线划分为五类：

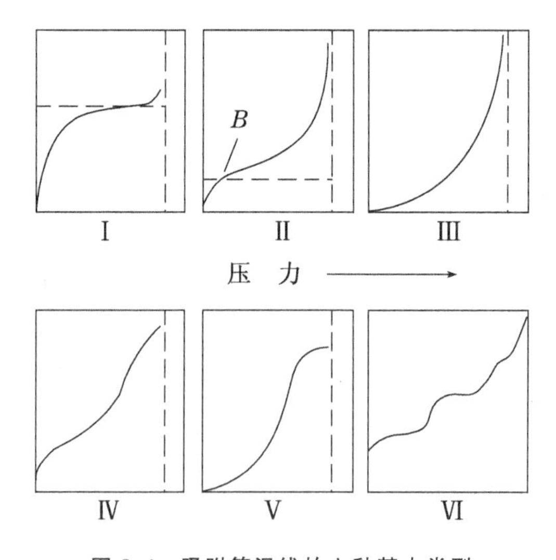

图 8.4 吸附等温线的六种基本类型

Ⅰ类等温线表明随着压力增大，吸附量迅速增大并达到一极限值。例如，273 K 下 NH_3 在木炭上的吸附即属此类。Ⅰ类等温线又称为兰格缪尔（Langmuir)等温线,代表单分子层吸附的情况,也是化学吸附的情况。某些具有细孔状结构固体吸附也往往呈现Ⅰ类等温线。

Ⅱ类等温线呈S形,表明了非孔性固体表面上的多层物理吸附,在曲线的B点处已完成了单层吸附。压力继续增大时,可以发生多层吸附。例如77 K下,N_2在硅胶上的吸附即属此类。Ⅱ类等温线又称为BET(Brunauer-Emmett-Teller)型吸附等温线。

Ⅳ类与Ⅱ类相比,低压条件下大致相同,不同的是在接近饱和蒸气压时出现吸附饱和现象。例如,320 K下,苯在Fe_2O_3凝胶上的吸附即属此类。

Ⅲ类和Ⅴ类吸附等温线表明的是在起始阶段吸附量不随压力而迅速增大的情况。这两类吸附比较少见。

各种类型的吸附等温线反映了吸附剂的表面性质、孔隙分布以及吸附质和吸附剂之间的作用本质等。这五种类型概括了大多数的情况,但还有一类如图8.4中的Ⅵ类所示,称为阶段等温线,它反映的是90 K时Kr在炭黑上的吸附,每一段表示形成了一个完整的单分子层吸附。

8.5.3　吸附质与固体表面的结构

1. 吸附质与固体表面构成的吸附层结构

吸附质与固体表面构成吸附层中的分子是二维结构。但根据它们之间以及它们与吸附剂表面原子间的作用力大小和它们排列的有序程度,也可把它们的结构类比为三维体系的气态、液态和固态。当吸附体系处于较高温度及表面覆盖率较低的情况下,吸附质分子之间横向作用力不大,可认为是处于二维气态。当吸附质分子具有足够的能量以克服表面扩散活化能势垒,具有相当的流动性,它们就可以从二维气态转变为二维液态或固态,同时发生表面分子有序化过程。某些催化剂的表面含有掺杂成分,表面活化能降低。因此,在较低温度下,催化剂表面上的吸附气体就可以开始有序化过程。如果吸附质分子之间相互作用较强,可以放出大量有序化热,即使在覆盖率低的情况下也可产生吸附质的有序化。通常控制有序化过程的重要参数是覆盖率和温度。例如,在晶体表面气相外延生长中,适当降低分压和提高沉积温度将有利于有序化过程,从而有利于单晶外延层的生长。根据低能电子衍射(LEED)强度随温度的变化,可直接观察到吸附单层的无序-有序的转变,利用LEED还可以测定表面吸附层结构,这些结构具有密堆积的最小晶胞和转动对称性。在吸附质的作用下,晶体表面自由能也发生变化,某些取向的晶面变得不稳定,还会出现新的结晶平面。

当吸附质分子与吸附剂表面之间有强作用时,例如,氧和硫在大多数金属上的吸附,最终导致形成真正的表面化合物,即二维的氧化物或硫化物,测得它们的键长等于金属原子半径与氧或硫的共价半径之和。

2. 吸附质与固体表面相互作用

吸附质与固体表面的相互作用取决于表面的化学性质和电性质。

表面的化学性质，依赖于外来反应物与所研究的固体表面的成键状况。吸附质的能级影响着固体表面形成的化学键。

吸附质与固体表面的相互作用主要有三种类型：① 以形成离子键为主的离子吸附，如图 8.5(a)所示形成的 O_2^- 吸附；② 共价键吸附，此种情况没有电子从固体能带中转移出来，只是吸附粒子与固体的一个或几个表面原子间的化学结合，这种吸附可以发生在有“悬空键”的表面上，如图 8.5(b)所示氧吸附在锗表面，与表面原子形成定域双键；③ 外来粒子在固体表面上相互作用，并形成另一新相，如图 8.5(c)所示。

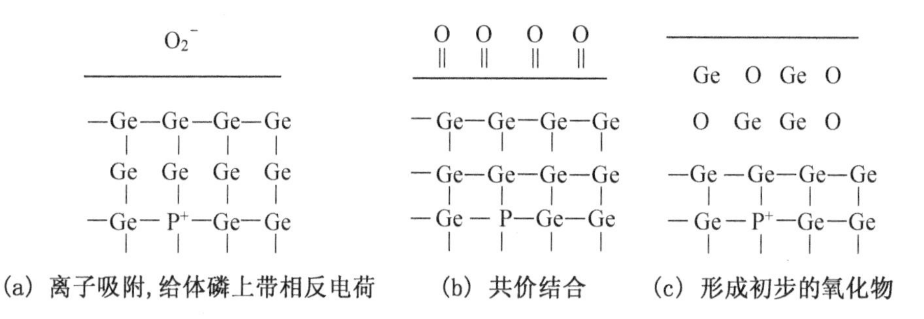

(a) 离子吸附，给体磷上带相反电荷　(b) 共价结合　(c) 形成初步的氧化物

图 8.5　氧与固体成键的各种形式

现以 Lewis 酸或 Lewis 碱的概念来深入理解吸附质与固体表面的相互作用。

在固体表面上的 Lewis 酸位和分子 Lewis 酸一样，也是一个具有空轨道的位置，空轨道对电子对有高度亲和力。因此，这样的位置上有共享吸附碱分子给予电子对时，能量会显著降低。固体表面上也能产生 Lewis 碱位。这种位置有一对电子处于高能级可供利用。当它们与能吸附电子对的 Lewis 酸结合时，能量就会显著降低。

固体表面上有两种不同形式的酸位置，即 Lewis(L)酸位和 Brönsted(B)酸位。Lewis 酸位具有高的电子亲合力，而 Brönsted 酸位则具有给出质子的倾向。在有水存在时，Lewis 酸活性可以转变为 Brönsted 酸活性，即

$$L^+ + H_2O \rightleftharpoons L:OH + H_a^+$$

式中，L^+ 为 Lewis 酸位置，即表面上的阳离子，可与水分子的 OH^- 共享电子对；H_a^+ 为被吸附的原子，它很容易在化学反应中移走，成为 Brönsted 酸位。

一个酸位置的酸强度，就是将一个吸附的碱分子转化为它的共轭酸的能力。

因此，Lewis 酸或碱的强度与该位置的电子亲和力有关。此外，固体表面还与位置的几何学和未被占据轨道的取向等表面结构有关。

当离子固体的阴离子电负性不太大时，则其价带的被占据轨道在能量上适宜于与电子共有。例如 Na_2O 表现出有强碱性，它的被占据的氧的轨道可以与被吸附的气体酸共有电子对。同样，若离子固体的阳离子具有较大的电子亲合能，则表现有 Lewis 酸活性，例如 $ZnCl_2$，被吸附的气体碱（例如 NH_3），可以与 Zn 的未被占据的轨道共有电子对。

对于离子固体来说，局部强相互作用酸-碱键合的例子是水在硅胶上的吸附。没有杂质的硅胶既不是酸又不是强碱，当水被吸附时，给出质子和给出氢氧离子的倾向是类似的。水在硅胶上吸附的三种假想模型：图 8.6(a) 为物理吸附的水，假如加热体系，物理吸附的水将在大约 100℃ 或低于 100℃ 温度下脱附；图 8.6(b) 为化学吸附的水，它导致表面被硅醇集团所覆盖，化学吸附水脱附温度发生在 180～400℃之间；图 8.6(c) 为在表面上脱水形成的硅氧烷集团，如将样品保持在 500℃，对两个 Si 来讲，有可能不是相等共有氧离子，即氧与一特定的 Si 离子键合，因而硅氧烷集团更为极化。

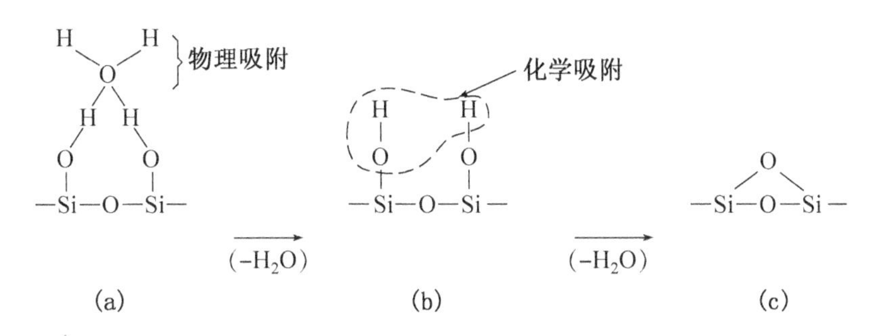

图 8.6　水在硅胶上的吸附

被吸附物与离子固体的键合除酸-碱键外，较弱的相互作用力是可能的，如静电效应造成的键合。Mark 计算过一个绝缘离子固体的平滑表面静电势对离子吸附能的贡献，发现不管是在表面阳离子上或在表面阴离子上，两者的电势差不是很大，因此表面与一个带电荷的物类，例如 O_2^- 的静电键合不是很强，然而如果是一偶极子物类，例如 NaCl，则静电对吸附的贡献就强得多。Van Lear 和 Scheer 曾指出，在离子固体 GaAs 上，表面 As 原子与吸附氧形成局部共价键合。

3. 吸附质对固体表面的化学键合的影响

外来吸附质与固体表面的化学键合与温度、压力、其他被吸附物的出现以及表面的电子和结构环境等影响因素密切相关，主要表现为：

(1) 表面化学键特性随温度变化而异。在决定被吸附物质吸附性质上，温度的重要性早已为人们所知晓。物理吸附只是发生在接近或低于被吸附物质所在压力下的沸点温度。而化学吸附所发生的温度则远高于沸点。此外，随着温度的增加，被吸附分子中的键还会陆续断裂，并以不同形式吸附在表面上。例如，乙烯分子在 200 K 是以完整分子形式吸附在 W(110) 表面；当温度升至 300 K，它断掉两个 C—H 键，改以乙炔 C_2H_2 形式吸附在表面；继续加热至 500 K，再有两个 C—H 键断裂，此时在 W 表面上出现 C_2 单元；温度进一步增高到1 100 K C_2 分解，只有碳原子留在表面。

(2) 表面化学键断裂与压力变化相关。由于被吸附物质压力的变化，即使固体表面加热到相同的温度，脱附物质也不相同。例如，CO 吸附在 Ni(111) 表面上，如 CO 的压力小于 1 333.3 Pa 或接近真空，即使加热到 500 K 以上，被吸附的分子脱附到气相的状态仍为 CO 分子。这表明，脱附以前并未解离。可是，如果是在较高 CO 压力下加热至 500 K，CO 分子则会解离。其原因在于两个不同压力条件下，CO 的覆盖度不同，在较高压力下覆盖度增加，那些被迫较长时间停留在表面上的 CO 分子可以解离。

(3) 表面不均匀性对表面键合产生影响。表面有台阶、扭折等不均匀性存在，对表面键合具有明显的影响。例如，乙炔在 Ni(111) 面上直到 400 K 均保持完整，并且在 400 K 后平的表面上 C—C 键在 C—H 键断裂以前先断掉了；而乙炔在带有台阶(6(111)×(100))的 Ni 表面上，温度即使低至 150 K，也可以完全脱氢形成 C_2。由此可见，带台阶表面不仅加速 C_2H_2 的分解，同时也展现出键断活性的不同。

(4) 其他被吸附物质对被吸附气体键合的影响。若气体被吸附在已有其他吸附物质或其他气体被同时吸附的固体表面上时，被吸附气体的化学键合会受到强烈的影响。这种影响或者是两者强相互吸引作用，或者是排斥抑制作用。例如，在 Rh(111)、Rh(100) 和 Ir(110) 干净的晶面上，CO 主要以分子吸附。然而，假如这些晶面部分单层被碳所覆盖，则大部分吸附分子分解。其原因是被吸附的碳与共同吸附的 CO 分子存在着强相互作用。

4. 离子型固体上的表面水合

离子型固体表面的重要特征是存在强极性的吸附质，特别是水。水吸附得很牢，在表面上形成 OH 基，对材料的化学性质和电性质起支配作用。在大多数清洁单质固体上，吸附水的作用不是那么显著。但是，形成第一层氧化物后，对水的吸引作用就开始了。

水的结合形式是多种多样的。水能以酸-碱反应的形式吸附在 Lewis 酸上，其 OH 基与 Lewis 酸位共享它的电子，剩下来的质子多半是弱结合的，可以用于反应。水也可以吸附在 Lewis 碱上(晶格氧离子或是它的等效物),质子与碱位共享碱位提供的电子,留下弱结合的 OH^- 在上面,使固体有剩余的碱性。在离子型固体表面的电场中,简单极化的分子能形成较弱键。在过渡金属离子晶体场中的极化作用常常导致这种类型的结合。最后,水还可以通过氢键结合,即水的氧离子和固体的一个阴离子共享一个质子。水很少通过某种纯粹的形式成键。在共价材料上也存在水分解成 H 基和 OH 基,产生不成对电子,形成比较类同极性的键的可能性。

离子型固体表面存在水,会强烈影响表面化学活性。如果表面由于接触了室温的水或暴露在相对高的湿度下吸附了几个单分子层的水,这种表面就容易受到适当的腐蚀,发生化学反应,甚至可以产生电化学活性,因为氧化剂和还原剂在含水的环境里会变得特别活泼。表面不均匀性还可以引起环形电流。表面经过适当干燥可以除去物理吸附水,但吸附的 OH 基仍覆盖在表面上。这种脱水是易于逆转的,"羟基化"的表面一旦浸入水中,很容易重新水合。进一步干燥时,这些羟基开始脱附,留下暴露的基底离子。通常,这预示着与酸-碱中心有关的表面活性开始起作用了,因为脱水会产生某种高电势区域。

有资料报道,水的吸附和脱附还可以使电子转移进或转移出半导体能带。

8.6 表面化学反应

化学吸附可看作是吸附质分子和固体表面原子间的化学反应。在表面化学吸附过程中,双原子分子在表面上先分解为原子,与表面原子发生化学吸附以至化学反应,并可能继续向体相中扩散。如果在固体表面上同时有两种吸附分子存在,并同时在表面上发生化学吸附,生成某些反应的中间产物,它们之间随后就可能发生某种化学反应。因此,化学吸附不是一个孤立的电荷迁移过程,而往往是诱发其他化学反应的先兆。在这种情况下,固体表面起着一种促进某个化学反应的催化剂的作用。近些年来,已经用实验方法直接证实了催化剂表面上确实存在一些反应的中间产物。以下是工业上只包括两种反应物的重要的催化反应:

(1) $4NH_3 + 5O_2 \xrightarrow[850℃]{Pt} 4NO + 6H_2O$

$(2NO + O_2 = 2NO_2,\ 3NO_2 + H_2O = 2HNO_3 + NO)$

(2) $2C_2H_4 + O_2 \xrightarrow[260℃]{Ag} 2CH_2\text{—}CH_2$ (环氧乙烷,O 桥接两个 CH_2)

(3) $N_2 + 3H_2 \xrightarrow[450℃]{Fe} 2NH_3$

(4) $nCO + (2n+1)H_2 \xrightarrow[150\sim300℃]{Co(Fe,Ru)} C_nH_{2n+2} + nH_2O$

(5) $C_nH_{2n} + H_2 \xrightarrow[100\sim400℃]{Pt(Pd)} C_nH_{2n+2}$

反应(1)是由氨催化、氧化制造硝酸的反应；反应(2)中的银的表面是有效的催化氧化乙烯的催化剂，生成的环氧乙烯是制备聚乙烯的中间产物；反应(3)是合成氨反应；反应(4)是将水煤气合成为有机物的反应；反应(5)则是一个催化加氢反应，把植物油转变为人造黄油。

进行表面催化反应需具备的主要条件：

(1) 两种反应物都应该能被化学吸附在催化剂的表面上。如果反应物是双原子分子且结合能较大，例如 O_2、N_2、CO、H_2，它们应该能在表面上或者在体相内发生离解。催化剂使分子原子化的能力规定了它的反应活性。铁能够形成氮化铁，并能将氮以原子的形式化学吸附在它的表面上；钴能生成表面碳化物，碳化钴是菲舍尔(Fischer)-特罗珀施(Tropsch)由 CO 和 H_2 合成烃反应的中间产物；氧在银中的溶解度很大，并以原子氧的状态在银的体相中迅速扩散；钯和铂可以有效地溶解氢，是原子状态氢的吸收剂，可以作为向表面化学反应提供原子态氢的源；当然，另一反应物烯烃也可在钯和铂表面上很好地被化学吸附。

(2) 反应物和产物在催化剂表面上吸附得不能太牢固。反应物和产物不至于生成较稳定的表面配合物，产物应很易从表面上解吸，以使催化剂表面在连续反应过程中总可以保持其催化活性。同样，反应物与金属表面的化学吸附也不应太强，例如，金属和被吸附的原子态之间的键能值，应该分别介于最强和最弱的金属氧化物、氢化物和氮化物键能的数值之间；氧化铂和氧化银在比较低的温度下蒸发时，能够分解出氧。

(3) 催化反应的温度和压力应该能够控制在使产物的分解降低到最低的程度。

综上所述，在表面化学吸附情况下，吸附物的电子结构发生变化，表面的电子结构和晶面也发生重排，从而决定了吸附物在表面上的有序化过程和吸附物之间的相互作用。显然，表面上的这种结构和能量上的变化又改变了表面的反应活性，因此一些专用催化剂就可有选择性地使某一种反应活化能低的表面反应以所希望的速度发生和进行。催化反应是相当复杂的，对其每一步反应机理目前还没有完全弄清，但是对表面反应中间产物的组成和结构的研究将使我们逐步搞清楚可能的反应机理。

8.7　表面的电子结构

由上述可知，固体表面的原子结构是明显的不同于体相的原子结构，且其表面具有特有的热力学性质，这一切变化都是源于表面原子的电子结构不同于体相所引起的。

8.7.1　电子表面态及其分布

我们知道，固体中每个相同的原子都给出同样数目的电子和邻近的原子形成化学键，从而使固体中的原子结合在一起。但是固体表面上的原子由于其一面的化学键被切断，因而具有多余的未成键的电子。表面上原子的这种未饱和的键合力叫做悬键(dangling bonds)。这种表面局域的电子态叫做电子表面态，其在表面吸附和表面反应中起着重要的作用。

电子表面态中的电荷密度分布依赖于表面结构和组成。金属、半导体和离子晶体的表面电子密度分布各不相同。金属体相内的自由电子密度很大，和体相原子密度一样多，即使把金属表面上的电子(相当于体相原子数的2/3次方，约为10^{15} e/cm^2)全部移去，其表面电子仍可由邻近表面的原子给予补充。因此，金属表面的自由载流子密度很大。而半导体和绝缘体体相内自由电子的密度为$10^4 \sim 10^{17}$ e/cm^2，表面上的更少，如要从表面上移去10^{15} e/cm^{2}电子，就需要从表面下方大约10^5原子层里输出电子予以补偿，也就是说，会由此影响到表面约1 μm厚度层里的电荷分布，从而改变了表面空间电荷层的结构。这对于表面吸附和表面化学反应起着重要的作用。

8.7.2　电子表面态的研究方法

利用紫外光辐射或低能电子(≤100 eV)激发固体表面时，可以测定电子表面态中的电子结合能、电子密度和表面等离子体共振频率等。用紫外光照射时，具有一定能量的电子从表面态以及从费米能级以下的能级被激发出来。对这些发射出来的电子进行能量分析，可得到表面各种状态中电子的能量分布和密度值。当用低能电子束激发表面时，要把表面上不同结合状态中的电子激发发射出来，入射电子束就必须损失相应的能量，对入射电子经过散射后的电子束进行能量分析(即所谓电子能量损失谱)，也可获得表面各种状态中电子的各种信息。上述紫外电子能谱及电子能量损失谱，特别适用于测定固体表面态电子的密度和能量分布。

电子能量损失谱还能反映出表面原子的化学状态，如无序、有序、氧化膜吸附某种气体等。紫外光电子能谱和电子能量损失谱的一个最重要的应用就是用于监测固体表面吸附过程中电子表面态的能量和密度的变化。

此外，还可由内层电子的发射和复合来研究表面的电子结构。当用高能电子束（1 000～10 000 eV）或高能电磁辐射（X 射线）去撞击固体表面时，不仅能引起价电子发射，更主要的是将内层电子激发出来。内层电子发射叫做光电子发射，根据入射电子束或 X 射线的能量和发射电子的能量分析，可得到各个原子能级的电子的结合能。另外还有一种二次电子发射过程，例如俄歇（Auger）电子跃迁，是指当一个内层电子被入射电子所激发除去后，留下的空穴又立即被较外层电子所填补，这个填空电子跃迁所释放出的能量传递给某一层上的另一个电子，并将它激发到真空中，对这个被激发出来的电子进行能量分析，便可以求出参与俄歇电子跃迁过程的各个能级的电子结合能之差。近年来，俄歇电子能谱和光电子能谱在测定表面的化学组成和表面原子的氧化态方面起着重要的作用，也可以用来测定表面吸附质上的电荷迁移以及表面上原子价态的变化。

8.8 纳米粒子的表面

20 世纪 80 年代纳米科学技术开始崛起，纳米粒子的结构、表面结构以及纳米粒子的特殊性质令人注目。当粒子直径为 10 nm 左右时，其表面原子数与总原子数之比多达 50%，因而随着离子尺寸的减小，表面的重要性越来越大，其性能也会随之变化。

具有弯曲表面的材料，其表面应力正比于其表面曲率。由于纳米粒子的表面曲率甚大，因而将有特别大的表面应力作用其上，使其处于受高压压缩或膨胀状态。如半径为 10 nm 的水滴，其所受压力为 14 MPa。对于形状为球形的固体纳米粒子而言，假定表面应力为 σ，且为各向同性，粒子内部的压力应为 $\Delta p = 2\sigma/r$。由于该式非常类似于由边长为 l 的立方体推出的结果，而并非与曲率相关，故该式也适用于具有任意形状的小面化的晶体颗粒。当然后者不同小面有不同的表面能，因而情况要复杂得多。对 TiO_2 纳米粒子的观测结果表明，20 nm以内的近球形纳米粒子在晶态时均为高压相，即 σ-PbO_2 型相，这正是各向同性表面应力作用的结果。

粒子尺寸减小的另一重要效应是晶体熔点的降低。由于表面原子有较多的悬键，因而当粒子变小时，其表面单位面积的自由能将会增加，结构稳定性将会降低，使其可以在较低的温度下熔化。实验观测表明，金粒子的熔点，当其尺寸小于 10 nm 时可以降低数百度。

此外，非常小的纳米粒子的结构不稳定性也早已被人们所关注，早期主要在金属中，近期也在氧化物晶体中观测到。当其在高分辨电镜中观测时，诸如Au、TiO_2 等小纳米粒子非常快速地改变着它们的结构：从高度晶态化到近乎非晶态，从单晶到孪晶直至五重孪晶态，从高度完整到含极高密度的位错。通常结构变化极快，但相对稳定态则往往保留稍长时间。这种行为被称为准熔化态，仍是由于高的表面体积比所造成的，它大大降低了熔点，使纳米粒子在电镜中高强度电子束的激发下发生结构涨落。

思考题

8.1　你是否认为具有最密排列的晶面，它的表面能最低？试说明原因。

8.2　NaCl的表面能力为 3×10^2 erg/m^2。试计算，当NaCl的颗粒为多大时，它的表面张力相当于NaCl结合能的10%？试解释，为什么精制的食盐受潮时会结块而难以流动？

8.3　从热力学观点看，表面能实际上就是一种自由能，$\gamma=H-TS$，式中 H 和 S 分别是表面焓和表面熵，如果已经知道表面能随温度变化的关系数据，如何确定表面焓和表面熵？

第9章　固体化学中的性能表征与实验测量技术

固体化学中的理论概括和分析结论，是在对其性能实验研究并取得充分可靠的数据和信息的基础上获得的。因此，固体化学中的性能表征与实验测量技术是推动固体化学发展的基石。

9.1　概述

固体化学中的性能表征与实验测量技术，关系到固体高纯原料的制取、固体化合物的合成、晶体的生长、化合物组成和结构的鉴定、固体材料各种效能及其应用等。

19世纪中叶，一些化学家提出了原子是按一定间距的、空间排列的分子结构概念，但直到20世纪初还被许多人怀疑其真实性，最终是X射线实验测量技术提供的实验证据，才证实了其理论的价值。20世纪50年代前，有关固体结构的很多基本概念和知识，均是来自于X射线实验测量技术的验证。量子化学创立后，结构的概念发生了巨大的变化，以原子空间排列、键长、键角等为基础的描述性的几何结构仍未失去其意义，与此同时以波函数和能级(能带)为基础的电子结构日益成为人们关注的中心。伴随这一变化，一大批研究结构的实验方法得到了应用和发展。20世纪50年代以后直至20世纪60年代以来，在现代科学技术发展的推动下，材料科学迅速发展，大量的功能材料得到了开发和应用。人们在对固体化学研究过程中发现，固体的许多性能是由结构决定的，这再次迫使人们修正自己关于结构的概念。缺陷、非整比、掺杂、织构、交互生长、晶界、超晶格、非晶态等概念极大地丰富了固体结构这一术语的含义。过去，结构只是对原子、离子、分子、晶体等化学物种定义的，而固体结构则不同，它有时只能对特定的材料定义。因而，在固体化学中，面对的是一个更高层次的结构概念，它包括了传统的结构(几何结构、电子结构)概念，但并不能仅归结为这些概念，目前文献上已出现尚待明确定义的“超结构”这一术语。

但是，已知的事实都表明，结构决定性能的原理仍然有效。过去人们总是通过成分分析、物相鉴定、结构测定来分析自己的工作，相信测定结构的重现性能够保证性能的重现性。目前,在固体化学和材料科学中人们仍然期待能通过结构的分析来事先判断能否实现某种性能。显然,固体化学中的性能表征与实验测量技术甚为重要,这对于固体化学的研究来说至少涉及到:① 试样的化学组成和组成的均匀性;② 可能影响性能的杂质;③ 揭示试样的结晶性或其他有关的结构,晶体的晶系和单胞,在需要和可能时,还有原子坐标、成键和超结构;④ 影响性能的缺陷性质和浓度。

为了把所有这些可能要进行的工作用一个术语来概括,科学家给出了"表征(characterization)"的概念。1976年,美国国家科学院和材料咨询局专设的国家研究委员会,是这样定义"表征"一词的:"表征,是描述一种材料的组成和结构(包括缺陷)特征,这些特征对于特定的制备、性能研究或应用是重要的,并可充分满足材料复制的需要。"因此,表征完全是材料科学的一个专用术语,尽管在分子研究中也有越来越多的人使用它。

固体化学中的表征,应包括固体组成和固体结构两个层次。由定义对表征所作的界定可知,有选择地确定固体化学所需获取的信息,以及为取得这些信息所采用的实验测量技术,这对固体化学表征是至关重要。

9.2　固体的结构性能表征与实验测量技术

固体结构表征,主要是要对固体中原子(和电子)的三维排列作出某种描述。从对固体外部形貌的肉眼观察到对原子排列的最精细描述,均属结构表征范畴。对表征结果的评价是要看其是否提供了所需要的信息,包括实验观察是否可靠,能否重现,对实验结果的解释是否合理等,所有这一切是以正确选择测量技术为基础的。

一般情况下,固体的结构性能表征与实验测量技术如表9.1所示。

表9.1　固体的结构性能表征与实验测量技术

序号	结构性能表征内容	实验测量技术
1	① 形貌、物相鉴定、无定形和晶体属性、晶系、空间群、原子位置	X射线衍射、光学显微术、电子衍射、电子显微术、中子衍射、EXAFS和XANES
	② 超结构	高分辨电子显微术
2	位置对称性	光谱技术(红外、拉曼、紫外-可见、NMR、ESR)
3	晶体完整性	显微术和X射线貌相书
4	热振幅	X射线衍射、中子衍射、穆斯堡尔谱

续表

序号	结构性能表征内容	实验测量技术
5	相变	差热分析(DTA)、微分扫描量热技术(DSC)、光散射和各种光谱技术、衍射方法(特别是X射线衍射)、热膨胀测定以及伴随转变的任何其他性质变化
6	成键和电子结构	电子能谱[a]、X射线测定电子密度以及中子衍射测定自旋密度
7	缺陷和有序	热重技术、透射电子显微术、中子衍射、ESR和化学显微术
8	磁有序和自旋构型	磁化率、中子衍射
9	核的化学环境	各种光谱和相关技术、特别是固体HRNMR、穆斯堡尔谱、EXAFS, XANES、电子能谱
10	金属的氧化态	氧化还原滴定、XPS、EELS、AES、X射线吸收谱

a. 包括X射线和紫外光电子能谱(XPS和UPS)、俄歇电子能谱(AES)和电子能量损失谱(EELS)。

9.2.1 固体的形貌、光学特性和表面结构分析测量技术

用光学法可以获得有关固体结构的某些信息。对于透明晶体,常常借助于偏光显微镜测定其折射率、折射各向异性和旋转散射。对晶体的光学鉴定,可以分为若干步骤,首先采用过筛、浮选、化学侵蚀,以至在显微镜下用镊子挑选的办法,把固体材料中各组成物相分离开来。然后在普通光线下观察晶体的颜色、形貌、晶面夹角、生长步骤、夹杂物、解理面等。

通过偏光显微镜可以了解单轴晶体的双色性和双轴晶体的三色性,以及双折射、相变和孪晶等。在加热试样架上还可以测得晶体的相变点和熔点等。精细地测定晶体的光学光率指数,可以了解到晶体对称性。例如,立方晶体和无定形体是光学各向同性;三方、四方和六方晶体是单轴性;正方、单斜和三斜晶体是双轴性。当配合以光学光率的重新取向,可以在偏振光下观察到铁电体(如$Pb_5Ge_3O_{11}$)中的磁畴,可以用偏光显微镜研究磁畴在电场中的运动。磁畴旋光性的正负随磁化向量的方向改变。

除此之外,还有一些特殊的光学实验可以应用于特定的性质测定上。例如,光弹性(即折射率随应力的改变)可以用于测定工程材料的应力。精确地测定双

折射，可以量度缺陷晶体中的内应力以及退火技术的效率。

固体表面的研究包括表面的外貌和表层的结构两个方面，前者是指用显微镜观察固体的表面，以了解晶体生长机理、晶体对称性、晶体完整性、孪晶、晶粒间界、磁畴结构等；后者则是用电子显微镜、低能电子衍射等方法认识固体表层的结构。

研究经过抛光和化学侵蚀的晶体表面，可以得到晶体内界面和线缺陷的信息。晶体内的位错会在表面上显示出腐蚀坑，腐蚀坑的多少表明金属内的位错密度。例如，在(111)面上侵蚀金属铜，可以测定介于 $1\sim10^8/cm^2$ 范围内的位错密度。

对于固体表面分析主要有三类方法：第一类是电学法，一般用于半导体，它通常给出在能量上接近固体 Fermi 能级的表面态的具体数据；第二类是表面光谱，它是测量射到表面以及由表面射出的粒子；第三类是化学测量技术，它是比光谱更加定性的手段，但对低的态(位置)密度更为灵敏。这一类方法对考察包括吸附-脱附、酸-碱化学性质以及双原子或多原子分子在表面成键的表面态是理想的。它们对低密度、高活性的位置也是较灵敏的。

绝大多数表面分析技术中都需要极高的真空度($10^{-8}\sim10^{-3}$ Pa)，这是因为：① 这些技术中是用电子、离子、光子、原子等作为探针来撞击固体表面，探针粒子与固体表面相互作用产生散射电子、二次电子、光电子、俄歇电子、散射离子、二次离子、X 光光子、散射原子等信号粒子，为了获得正确的表面信息并使仪器能正常工作，都不允许探针粒子或信号粒子与样品周围环境中的气体分子相碰撞；② 因为是在原子、分子水平检测固体表面，需要固体表面十分清洁(以原子水平来衡量)或保持本来状态不为外界所沾污。表 9.2 为一些表面分析技术指标。

表 9.2　一些表面分析技术的指标

分析技术	俄歇电子能谱 AES	X 光光电子能谱 XPS	离子散射谱 ISS	二次离子质谱 SIMS	扫描透射电镜 STEM/AEM
能检测的元素	≫Li	≫He	≫H	H^-	>F
元素定量分析	能	能	可能	可能	能
检测极限(单层)	～0.1%	～1%	～0.1%	～1 ppm	～0.1%
检测深度	0.3～2 nm	0.5～3 nm	0.1～0.3 nm	0.1～0.3 nm	≤100 nm
表面横向分辨率	～50 nm	～1 mm	～100 μm	～1 μm	～5 nm
对表面破坏程度	小	无	小	有	小
实验环境压力/Pa	10^{-7}	10^{-7}	10^{-7}	10^{-7}	10^{-3}

电学表面测定法是测量表面态能量和密度，是一种测量表面之间电子转移过程的方法。此方法是基于或至少部分基于测量半导体或金属的双电层的 V_s（表面势垒高度）。由于双电层起源于表面基团（表面态）俘获电荷，因而测量 V_s 变化的大小和速率，即可提供有关发生在表面的电子转移过程的宝贵信息。当 V_s 已知时，即可提供有关表面态密度和能量的定量数据。

“表面光谱”测量方法是用某种粒子或光子射在表面上，产生带有特征的粒子或光子，提供有关表面的信息。由表面光谱获得的资料包括化学组成、表面几何结构、已占表面态能级的分布、未占表面态能级的分布、轨道方向特征、表面粒子的氧化态、表面或出现于表面的粒子的反应性能、固体与吸附质之间键的特征，以至诸如固体中振动方式（声子能级）等各种信息。表 9.3 列出了最重要的表面光谱测量方法，表中“入/出”栏分别表示入射和出射束的组成，测量的深度通常取决于所涉及的粒子（低能电子在它被散射之前平均自由程是 5～100 Å（取决于其能量），而离子不能显著地穿入固体，因而包含离子的反应必是表面层；若射出来的是光子，它不起限制作用，深度限度和入射束相关联）。

表 9.3 一些最重要的表面光谱测量方法

测量方法	入/出	测量深度/Å	测量参数	能检测元素
UPS（紫外光电子能谱）	紫外光/电子	50	表面态（已占）、键方向、离子价态	
ELS（电子能量损失谱）	电子/同样的电子	10	表面态间跃迁	
SXAPS（软 X 射线出现电势谱）	电子/X 射线	30	表面态（未占）、成分、离子价态	
FEM，FEED（场发射显微镜，场发射能量分布）	电子发射	5	表面态（已占）、吸附质能级（未占）、晶体结构、键方向	
FIM（场离子显微镜）	原子/离子	3	表面态（未占）、晶体结构	
INS（离子中和谱）	离子/Auger 电子	5	表面态（已占）	
LEED（低能电子衍射）	电子/衍射电子	10	晶体结构、表面台阶	
AES（Auger 电子能谱）	电子/Auger 电子	10	组成、离子价态	≫Li
XPS，ESCA（X 光电子能谱，化学分析用电子能谱）	X 光/内层电子	100	组成、离子价态	≫He

续表

测量方法	入/出	测量深度/Å	测量参数	能检测元素
SIMS IMMA(二次离子质谱,离子微探针质谱分析)	离子/离子	50	组成(作为深度的函数)	H^-
ISS(离子散射谱)	离子/离子	3	组成、原子重新定位	≫H
EMP(电子微探针)	电子/X光	10^4	组成	
MBRS(调制束驰豫光谱)	断续离子束/反应产物	3	反应动力学	
ESD(电子或紫外诱导脱附)	电子或紫外光/离子	3	组成、键方向	
超声诱导脱附	声能/离子	3	组成	

化学测量方法包括利用红外(IR)特征吸收检测表面粒子红外吸收方法、程序升温脱附方法和气体酸、碱或指示剂的吸附方法。一般地,化学方法提供有关清洁表面的位置或状态,以及表面和吸附质之间成键的信息。

9.2.2　固体颗粒的表征

1. 固体的颗粒概念

固体的颗粒,是指晶粒(grain)、颗粒(primary particle)、团聚体(agglomerate)、二次颗粒(granules)、胶粒(colloidal particle)等,其含义为:

晶粒(grain):指一单晶体,晶粒内部物质均匀,单相,无晶界和气孔存在。

颗粒(primary particle):一种分离的低气孔率粒子单体,其特点是不可渗透。

团聚体(agglomerate):由一次颗粒通过表面力吸引或化学键键合形成的颗粒,它是很多一次颗粒的集合体。

二次颗粒(granules):通过某种方式人为地制造的粉体团聚粒子。

胶粒(colloidal particle):即胶体颗粒。胶粒尺寸小于100 nm,并可在液相中形成稳定胶体而无沉降现象。

2. 颗粒的大小表征

颗粒的大小以直径表征:球状颗粒的颗粒尺寸即为其直径;对于其他一些外形规则的颗粒,可以用一个或多个参数来表示其尺寸;对于形状不规则的颗粒,则需要用"自由沉降直径"、"斯托克斯(stokes)直径"、"投影面积直径"、"筛过直径”等当直径来表示其尺寸。这些参数各有其定义，如表 9.4 所示。

表 9.4 颗粒的一些等当直径的定义

符号	名称	定义
d_v	体积直径	与颗粒同体积的球直径
d_s	表面积直径	与颗粒同表面积的球直径
d_f	自由沉降直径	相同流体中，与颗粒相同密度和相同自由下降速度的球直径
d_{st}	斯托克斯(Stokes)直径	层流颗粒的自由下落直径
d_c	周长直径	与颗粒投影轮廓相同周长的圆直径
d_a	投影面积直径	与处于稳态下颗粒相同投影面积的圆直径
d_A	筛过直径	颗粒可通过的最小方孔宽度

3. 颗粒分布

根据英国标准 2955，颗粒的形状规定为针状、角状、结晶状、树枝状、纤维状、鳞片状、粒状、不规则状、球状等多种。如果要用一维的数值来规定颗粒的大小，就可以用上述几种直径的尺寸来表示。但是当颗粒的形状偏离球越多，则用直径来表示大小就会偏离实际越大。因此，必须同时考虑大小和形状这两个参数。

用平均粒径来表征多晶粉末试样的粒度。表 9.5 为多晶体的粒度分布相关参数，实验测得的一组颗粒在各种大小尺寸 $x_1 \rightarrow x_2$ 之间的颗粒数 dN，由此基本数据可以求出各种粒径颗粒在试样中分布的情况。图 9.1 为粒度分布矩形图，图 9.2 为各间隔内颗粒百分数与间隔的比值随颗粒尺寸分布图。如果颗粒尺寸分级较宽，则可以使用对数坐标，画出 $d\Phi/d\lg x - \lg x$ 的关系曲线。

表 9.5 多晶体的粒度分布

颗粒尺寸范围 $x_1 \rightarrow x_2/\mu m$	尺寸间隔 $dx/\mu m$	平均尺寸 x/m	$x_1 \rightarrow x_2$ 范围内颗粒数 dN	$x_1 \rightarrow x_2$ 范围内颗粒% $d\Phi=\frac{dN}{N}\times 100$	$xd\Phi$	$d\Phi/dx$	$d\Phi/d\lg x$
1.4～2.0	0.6	1.6	1	0.1	0.2	0.2	1
2.0～2.8	0.8	2.4	4	0.4	1.0	0.5	3
2.8～4.0	1.2	3.4	22	2.2	7.5	1.8	15
4.0～5.6	1.6	4.8	69	6.9	33	4.3	46
5.6～8.0	2.4	6.8	134	13.4	91	5.6	89

续表

颗粒尺寸范围 $x_1 \to x_2/\mu m$	尺寸间隔 $dx/\mu m$	平均尺寸 x/m	$x_1 \to x_2$ 范围内颗粒数 dN	$x_1 \to x_2$ 范围内颗粒% $d\Phi=\frac{dN}{N}\times 100$	$x d\Phi$	$d\Phi/dx$	$d\Phi/d\lg x$
8.0～11.2	3.2	9.6	249	24.9	239	7.8	167
11.2～16.0	4.8	13.6	259	25.9	352	5.4	173
16.0～22.4	6.4	19.2	160	16.0	307	2.5	107
22.4～32.0	9.6	27.2	73	7.3	199	0.8	49
32.0～44.8	12.8	38.4	21	2.1	81	0.2	14
44.8～64.0	19.2	54.4	6	0.6	33	0.0	4
64.0～89.6	25.6	76.8	2	0.2	15.4	—	1

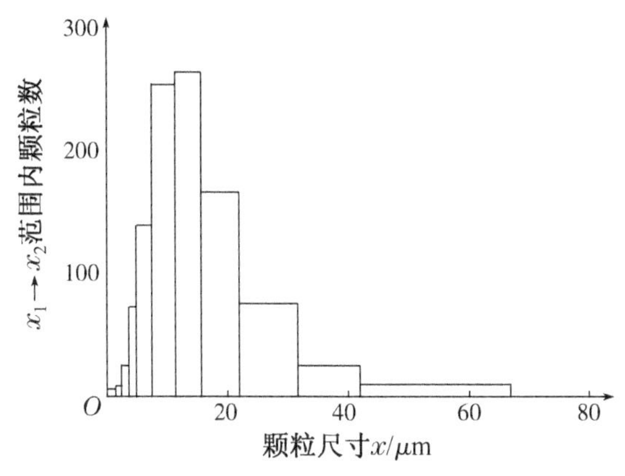

图 9.1　粒度分布矩形图

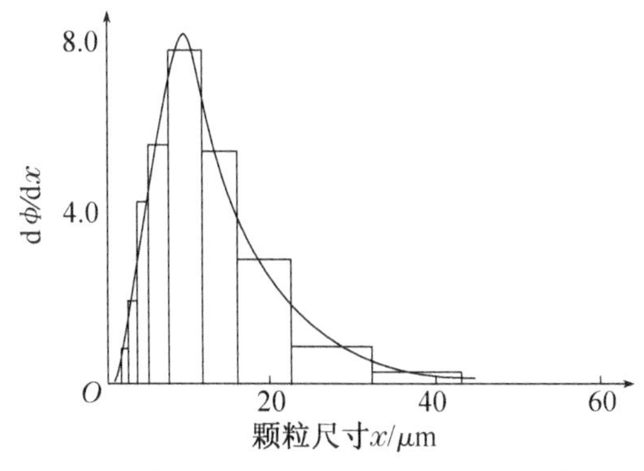

图 9.2　各间隔内颗粒百分数与间隔的比值随颗粒尺寸分布

颗粒分布常见的表达方式有粒度分布曲线、平均粒径、标准偏差、分布宽度等。多分散颗粒体系中，粒径大小不等的颗粒的组成分为频率分布和累积分布。频率分布表示与各个粒径相对应的粒子占全部颗粒的百分含量；累积分布表示小于或大于某一粒径的粒子占全部颗粒的百分含量。累积分布是频率分布的积分形式。其中，百分含量一般以颗粒质量、体积、个数等为基准。

粒度分布曲线包括累积分布曲线和频率分布曲线，如图 9.3 所示。

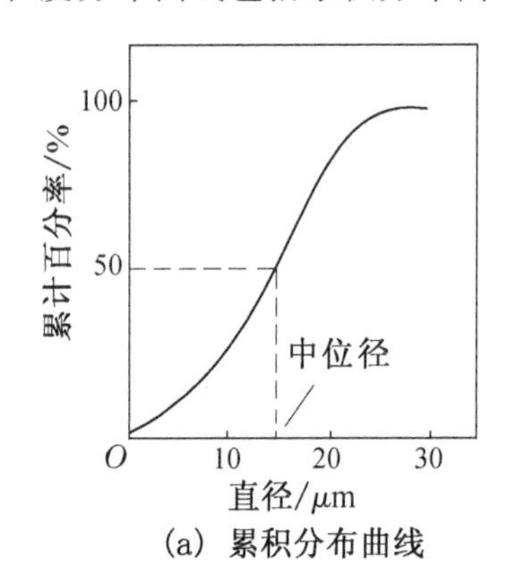

(a) 累积分布曲线

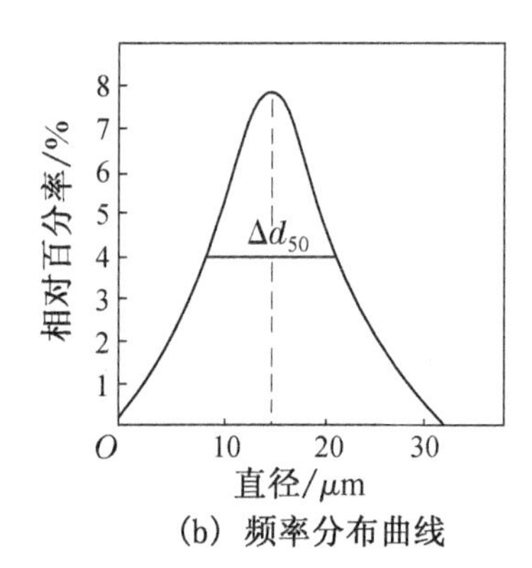

(b) 频率分布曲线

图 9.3　粒度分布曲线

平均粒径包括众数粒径(mode diameter)、中位径(medium diameter)。众数粒径是指颗粒出现最多的粒径值，即频率曲线的最高峰值。d_{50}、d_{90}、d_{10} 分别指在累积分布曲线上占颗粒总量为 50%、90%及 10%所对应的粒子直径；Δd_{50} 指众数粒径即最高峰的半高宽。

标准偏差 σ 用于表征体系的粒度分布范围。

$$\sigma = \sqrt{\frac{\sum n(d_i - d_{50})^2}{\sum n}} \tag{9-1}$$

式中：n 为体系中的颗粒数；d_i 为体系中任一颗粒的粒径。

体系粒度分布范围也可用分布宽度 SPAN 表示：

$$\text{SPAN} = \frac{d_{90} - d_{50}}{d_{10}} \tag{9-2}$$

从前，测定和统计多晶粉末物质颗粒的大小和形状是一个非常费工费时的工作，只有后来发展起来的自动化方法和计算机化的信息存储和处理，才使得这项工作成为可能，利用扫描电子显微镜或自动定量显微镜与计算机处理数据联结起来，是颗粒鉴定的巨大进步，这种设备可以给出颗粒的 20 多种参数的统计值。

4. 颗粒尺寸测量 X 射线小角度散射法

小角度 X 射线是指 X 射线衍射中倒易点阵原点附近的相干散射现象。散射角 ε 大约为十分之几度到几度的数量级。ε 与颗粒尺寸 d 及 X 射线波长 λ 的关系为：

$$\varepsilon=\frac{\lambda}{d} \tag{9-3}$$

假定粉体粒子为均匀大小，则散射强度 I 与颗粒的重心转动惯量的回转半径 $\overline{R}$ 的关系为：

$$\ln I=a-\frac{4\pi\,\overline{R^2}\,\varepsilon}{3\lambda^2} \tag{9-4}$$

式中：I 为常数，如得到 $\ln I\sim\varepsilon^2$ 直线，由直线斜率 σ 得到 $\overline{R}$ 为：

$$\overline{R}=\sqrt{\frac{3\lambda^2}{4\pi}}\sqrt{-\sigma} \tag{9-5}$$

X 射线波长约为 0.1 nm，而可测量的 ε 为 $10^{-2}\sim10^{-1}$ rad，故可测得颗粒尺寸为几纳米到几十纳米。

5. 颗粒尺寸测量 X 射线衍射线线宽法

X 射线衍射线线宽法测定的是微细晶粒尺寸。这种方法不仅可用于分散颗粒的测定，也可用于极细的纳米晶粒大小的测定。当晶粒度小于一定数量级时，由于每一个晶粒中某一族晶数目的减少，使得 Debye 环宽化并漫射（同样使衍射线条宽化），这时衍射线宽度与晶粒度的关系可由谢乐公式表示：

$$B=\frac{0.89\lambda}{D\cos\theta} \tag{9-6}$$

式中：B 为半峰值强度处所测量得到的衍射线条的宽化度，以弧度计；D 为晶粒直径；λ 为所用单色 X 射线波长；θ 为 λ 射束与某一组晶面所成的折射角。

谢乐公式的适用范围是微晶的尺寸在 1～100 nm 之间。晶粒较大时误差增加。用衍射仪测量衍射峰宽度时，由于仪器等其他原因也会有线条宽化。故使用上式时应校正 B 值，即由晶粒度引起的宽化度为实测宽化与仪器宽化之差。

6. 颗粒尺寸测量沉降法

沉降法测定颗粒尺寸是以 Stokes 方程为基础的。该方程表达了一球形颗粒在层流状态的流体中，自由下降速度与颗粒尺寸的关系。所测得的尺寸为等当 Stokes 直径。

沉降法测定颗粒尺寸分布有增值法和累计法两种。前一种方法是测定初始均匀的悬浮液在固定已知高度处颗粒浓度随时间的变化，或固定时间测定浓度-高度的分布；后一种方法是测量颗粒从悬浮液中沉降出来的速度。目前以高度固定法使用得最多。

依靠重力沉降的方法，一般只能测定大于100 nm的颗粒尺寸，因此在用沉降法测定纳米粉体的颗粒时，需借助于离心沉降法。在离心力的作用下使沉降速率增加，并采用沉降场流分级装置，配以光学系统，以测定10 nm甚至更小的颗粒。这时粒子的Stokes直径可表示为：

$$d_{st}=\frac{18\eta\ln\frac{r}{s}}{(\rho_s-\rho_t)\omega^2 t} \tag{9-7}$$

式中：η为分散体系的粘度；ρ_s、ρ_t为固体粒子、分散介质的密度；ω为离心转盘角速度。

沉降法的优点是可以分析颗粒尺寸范围宽的样品，颗粒大小比率至少为100∶1；缺点是分析时间长。

7. 颗粒尺寸测量激光散射法

对于纳米粉体，主要是利用光子相关光谱来测量粒子的尺寸。即以激光作为相干光源，通过探测由于纳米颗粒的布朗运动所引起的散射光的波动速率来测定粒子的大小分布，其尺寸参数不取决于光散射方程，而是取决于Stokes-Einstein方程：

$$D_0=\frac{k_B T}{3\pi\eta_0 d} \tag{9-8}$$

式中：D_0为微粒在分散系中的平动扩散系数；k_B为玻耳兹曼常数；T为绝对温度；η_0为溶剂粘度；d为等当球直径。只要测出D_0的值，就可获得d的值。

这种方法称动态光散射法或准弹性光散射。该方法已被广泛应用于纳米颗粒粒度的测量上。其优点：一是测定迅速，一次只需十几分钟，并可同时得到多个数据；二是可在分散性最佳状态下进行测定，可获得精确的粒径分布，尤其是超声波分散后可立刻进行测定，不必静置等待。

8. 颗粒尺寸测量比表面积法

球形颗粒的比表面积S_w与其直径d的关系为：

$$S_w=\frac{6}{\rho\cdot d} \tag{9-9}$$

式中：S_w为质量比表面；d为颗粒直径；ρ为颗粒密度。测定粉体的比表面积S_w，就可根据上式求得颗粒的一种等当粒径，即表面积直径。

测定粉体比表面积的标准方法是利用气体的低温吸附法，即以气体分子占据粉体颗粒表面，测量气体吸附量计算颗粒比表面积。目前最常用的是BET吸附法，BET理论认为气体在颗粒表面吸附是多层的，且多分子吸附键合能来自于气体凝聚相变能，即

$$\frac{p}{V(p_0-p)}=\frac{1}{V_m C}+\frac{(C-1)p}{V_m C p_0} \tag{9-10}$$

式中：p 为吸附平衡时吸附气体的压力；p_0 为吸附气体的饱和蒸气压；V 为平衡吸附量；C 为常数；V_m 为单分子饱和吸附量。在已知 V_m 的前提下，可求得样品的比表面积 S_w：

$$S_w=\frac{V_m N_A \sigma}{M_V W} \tag{9-11}$$

式中：N_A 为阿佛伽德罗常数；W 为样品质量；σ 为吸附气体分子的横截面积；V_m 为单分子饱和吸附量；M_V 为气体摩尔质量。

9.2.3　固体显微结构分析

在固体化学研究中，可以利用电子显微镜观察试样的颗粒尺寸，观测的粒径可在 10～100 nm 范围。用透射电子显微镜观测金属箔，并配合以 X 射线形貌学方法，可以研究晶体的位错、堆积层错等缺陷情况。对于结晶程度低的玻璃体和无定形体材料，如某些半导体和激光基质等，也可以用透射电子显微镜来鉴定。由于电子显微镜的电子束在铁磁磁畴边缘上的发散和收敛而产生偏析现象，因此在显微图上会出现亮线或暗线，在收敛的边缘上呈现出干涉条纹。电子显微镜的试样台可以倾斜和转动，也可以加热或冷却试样，还可以对试样施加应力或磁化试样，因此可以在各种变化的条件下来观察试样。

对于透射电子显微镜要求试样制作成极薄状，制作试样相对来说比较困难些，可以采用研磨法、切片法、复制法、离子轰击剥蚀法、电化学抛光法等，将试样做成足够薄（<500 nm）和具有相当面积（$>1\times10^{-3}$ cm^2）的薄膜或细粒。细粒还需要配制成悬浮胶液，然后在试样铜栅上做成薄胶膜。

固体显微结构分析，可采用透射电子显微镜（transmission electron microscopy ，TEM）、扫描电子显微镜（Scanning electron microscopy ，SEM）、高分辨电子显微镜和扫描隧道显微镜（STM）来进行实验测量分析。

透射电子显微镜（TEM）与光学显微镜相似，不同之处在于前者是采用电子束，而后者采用可见光束，同时前者采用电子透镜或电磁透镜来代替普通的玻璃透镜。由 100 kV 以上高压加速的高能电子束，经过双聚焦透镜形成直径<0.5 μm的极细的电子束流，照射在约 100 nm 薄的试样上。电子穿过试样时，试样中某一给定区域的密度愈大，则电子束散射愈厉害，紧挨试样下面有一个孔径为 20～60 μm的物镜，阻止大散射角的电子通过，只允许一定张角范围内的电子通过。再经过短焦距物镜和两个中间物镜以及一个投影物镜的多次放大，最后的物像可以放大到 300～25 万倍，其精确度可达 10%，当然放大倍数愈高，其精确

度愈低。由于空气会使电子强烈地散射，所以采用真空泵和油扩散泵提高显微镜镜筒的真空度，使其压力降至 1.33×10^{-3} Pa 或更低。现代电子显微镜的分辨率为 0.2～0.5 nm。

扫描电子显微镜与透射电子显微镜有所不同，聚焦在试样上的电子束是在一定范围内作栅状扫描运动，而且试样较厚，电子并不穿透试样，而是在试样表层产生高能反向散射电子、低能二次电子、吸收电子、可见荧光和 X 射线辐射。在试样表面上的电子束斑大小约为 10～20 nm，当电子束沿表面作栅状扫描时，由表面各点产生各种辐射，它们的能量和强度反映着表面各点的形貌结构和化学组成。利用适当的探测系统，将所产生的信号检出、放大，再加以显示，就可以得到各种信息的图像。这样的扫描电子显微镜基本上是一个闭路电视系统。显微图像的放大倍数决定于入射电子束在试样表面上的扫描距离与阴极射线管内电子束扫描距离之比，一般可以放大 15～10 万倍，刚好填补了光学显微镜和透射电子显微镜放大倍数之间的空白。它的分辨率为 10～30 nm，也恰好介于光学显微镜和透射电子显微镜分辨率之间。扫描电子显微镜所得到的表面显微图像具有极明显的三维立体感。

高分辨电子显微镜的分辨率目前可达 0.1～0.2 nm。其晶格像可用于直接观察晶体和晶界结构，结构像可显示晶体结构中原子或原子团的分布，这对晶粒小、晶界薄的纳米陶瓷的研究有着特别的意义。高分辨电子显微特点是：分析范围极小，可达 10 nm×10 nm，绝对灵敏度可达 10^{-16} g；显微分析可同时给出正空间和倒易空间的结构信息，并能进行化学成分分析。

扫描隧道显微镜(STM)基本原理是基于量子隧道效应。利用直径为原子尺度的针尖，在离样品表面只有 10^{-12} m 量级的距离时，双方原子外层的电子略有重叠。这时在针尖和样品之间加一定电压，便会引发量子隧道效应，样品和针尖间产生隧道电流，其大小与针尖到样品的间距有关，这样可由电流的变化反馈出样品表面起伏的电子信号。目前在扫描隧道显微镜的基础上又发展出了原子力显微镜、激光力显微镜、磁力显微镜、静电力显微镜、摩擦力显微镜、扫描热显微镜、弹道电子发射显微镜、扫描隧道电位仪、扫描离子电导显微镜、扫描近场光学显微镜、扫描超声显微镜等一系列新型显微镜。隧道电子显微镜可直接研究物质表面微观结构，其横向分辨率为 0.1～0.2 nm，深度分辨率达 0.001 nm，可观察颗粒三维方向的立体形貌，可对单个原子和分子进行操纵，对纳米颗粒及组装纳米材料研究非常有意义。

9.2.4 晶态表征

采用 X 射线衍射(X-ray diffraction)、低能电子衍射(low energy electron

diffraction，LEED）和离子探针微区分析（ion-probe microanalysis）实验测量技术测定晶体相关参数，探索晶体的结构，获取晶态表征。

1. X 射线衍射法

X 射线衍射法是最重要的测定固体物质结构的方法。多晶体试样可以用来作物相的鉴定和晶格参数的测定，单晶体可以用作结构的测定和晶体完整性的研究。

晶体中的原子到底是怎样构成周期性的点阵序列的，目前还不能直接获得一个晶体结构的微观图像，即使分辨能力高达 0.2 nm 的电子显微镜，也不可能直接测定晶体中原子的排列和围绕原子的电子分布，只能借助波长与晶体中原子间距相近并和原子相互作用的波的衍射图样，来间接地探索晶体的结构。晶体的空间点阵可以按不同的角度划分为不同的平面点阵族。当一束单色的 X 射线射入晶体，满足 Bragg 公式 $2d\sin\theta=n\lambda$ 时，则发生衍射。式中 λ 为 X 射线波长，n 为正整数，θ 为入射 X 射线与晶面的夹角，d 为晶体点阵间距。所谓衍射就是在 Bragg 公式指明的条件下，被"反射"的 X 射线其所有的波恰好处于同位相，因而得到互相叠加和加强。偏离上述条件时，波则由于有位相差而干涉削弱。单晶体对 X 射线的衍射情况如图 9.4 所示。图 9.5 为 X 射线衍射的 Bragg 定律。

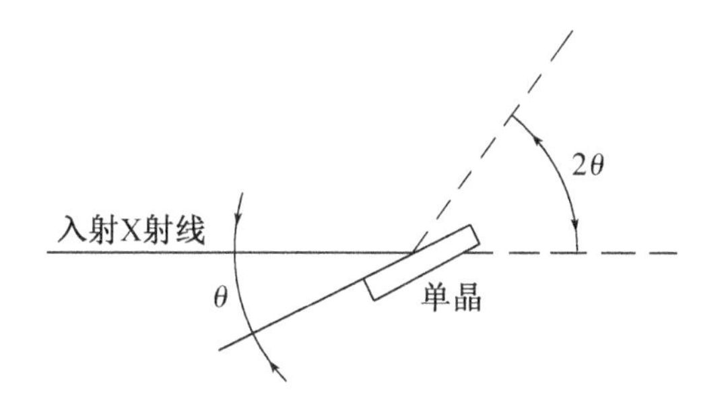

图 9.4　单晶体对 X 射线的衍射

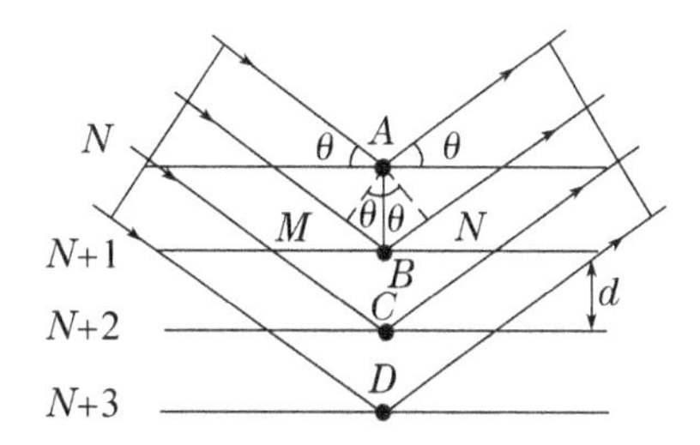

图 9.5　X 射线衍射的 Bragg 定律

（引自张克立《固体无机化学》）

当一束平行单色 X 射线射入单晶时，部分射线径直穿过晶体，符合 Bragg 公式指明条件的则发生衍射。衍射线与穿透射线的夹角为 2θ，是入射 X 射线与晶面夹角的 2 倍。如果将单晶样品换成粉末多晶，则由于试样中小晶体的取向是随机的，每个小晶体都会发生如图 9.4 那样的衍射，总起来就形成一个由无数衍射线构成的圆锥，其顶角为 4θ，如图 9.6 所示。晶体的每一个晶面都发生像图 9.6 那样的衍射，而晶体可以形成许多个晶面族，因此就形成顶角角度不同的若干衍射圆锥，它们共有一个顶点即粉末试样，如图 9.7 所示。

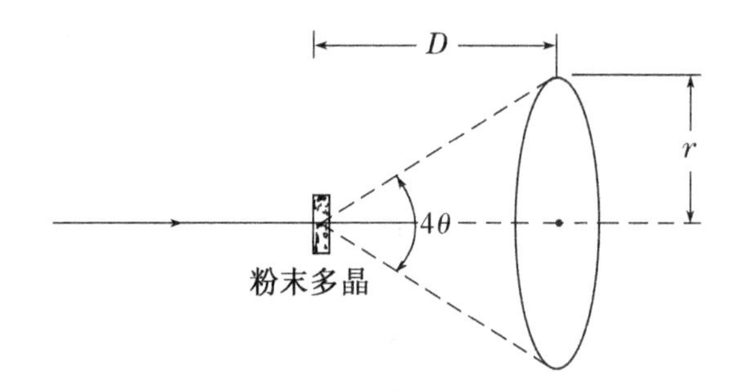

图 9.6 粉末多晶的衍射
（引自张克立《固体无机化学》）

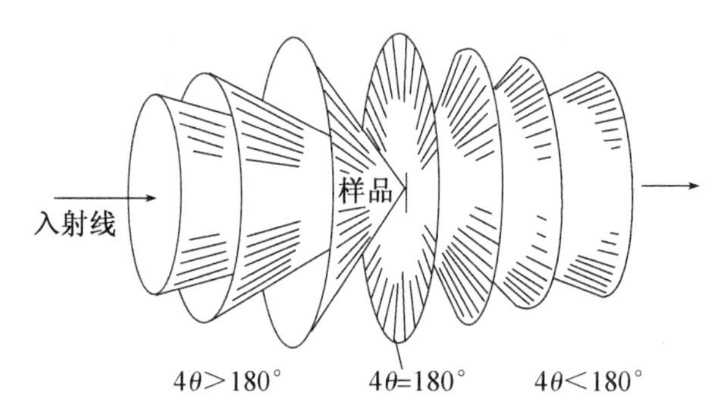

图 9.7 不同晶面族衍射的圆锥
（引自张克立《固体无机化学》）

对图 9.7 衍射线的收集方法有胶片照相法（又称德拜-谢乐法，Debye-Scherren）和衍射仪法。张克立先生介绍道：最简单的方法是如图 9.8 所示，在垂直于入射线轴线上安放两张感光胶片，衍射线投在底片上感光得到一系列的同心圆，通过圆环的半径 r 和底片与试样间距离 D，由 $\tan 2\theta=\frac{r}{D}$（参见图 9.6）可以算出衍射角 θ。此种方法简单易行，不需要特殊的相机，但无法接收 4θ 为 180°的衍射线。通常记录 X 射线衍射是将条状的底片装在特殊的相机中感光。底片的安装有三种基本形式，如图 9.9 所示。左侧为底片在相机中实际的状态，箭头所示为 X 射线穿透的轴线；右侧为底片的展开图。测量对称线条之间的距离，由已知的相机的直径，就可算出 θ 和 d 值。

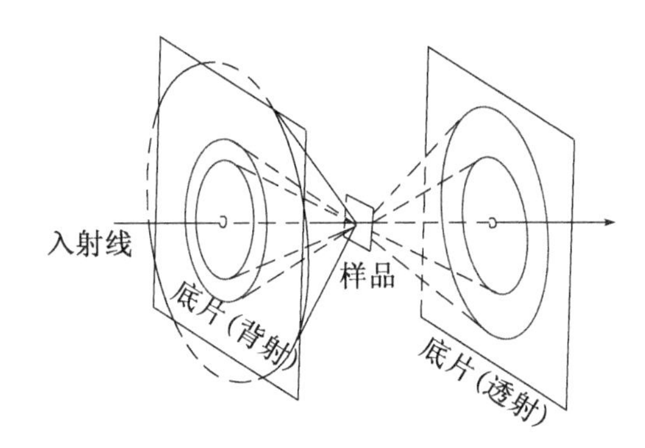

图 9.8　用平直底片接受衍射线

(引自张克立《固体无机化学》)

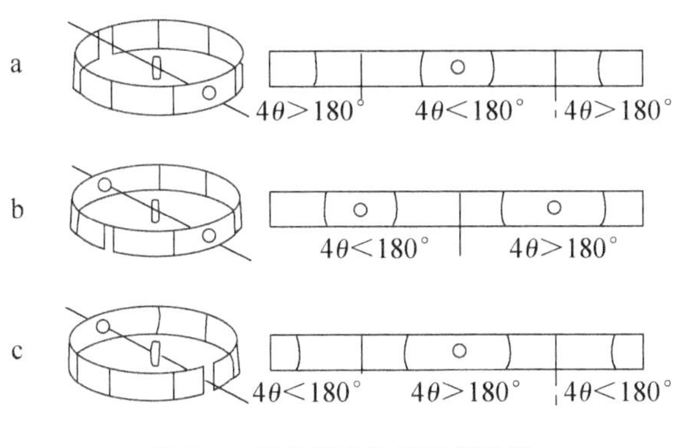

图 9.9　用条状底片接受衍射线

(引自张克立《固体无机化学》)

由于衍射线的强度小,在底片上感光速度很慢,测样费时。因此近代的仪器都是用计数管收集信号的衍射仪。现在大量的 X 射线粉末衍射都是用衍射仪来完成的。方法原理如图 9.10 所示。多晶 X 射线衍射仪是自动记录多晶衍射线的衍射角和相应衍射强度的仪器。它主要是由 X 射线机、测角仪以及测量计数和记录系统等部分组成。测角仪中包括精密的机械测角仪、光缝、试样座架和探测器的转动系统等,测量系统由 X 射线探测器、电源、放大器、脉冲幅度分析器、定标器、计数速率计以及记录仪等组成。X 射线由 X 射线管的焦点以线光源形式射出,射到试样上,由试样产生的衍射线,会聚于接收光缝,再射到探测器上,光源和光缝这两点均在同一扫描圆的圆周上,试样表面与扫描圆的圆心重合。样品需要磨细,压在铝样品架上,如图 9.11 所示成为片状的试样。当试样粉末过于松散不易在样品架上成型时,可在试样中滴加数滴石蜡的石油谜溶液。

若试样太少可用微型样品架。试样固定在测角仪的中心,每转 θ 角,计数管则转 2θ 角跟踪。X 射线衍射所需的 X 射线是一束单色平行的 X 射线。有关 X 射线衍射实验测试详细技术参见张克立《固体无机化学》。现代的衍射仪都由计算机系统控制直接得到以数字表达的多晶衍射数据。

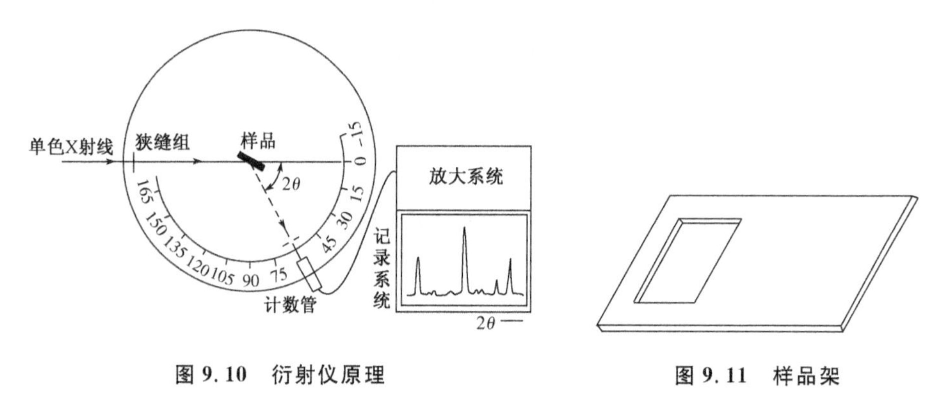

图 9.10 衍射仪原理　　图 9.11 样品架

(引自张克立《固体无机化学》)

根据所使用晶体试样的不同,X 射线衍射法又可分为单晶衍射法和多晶(粉末)衍射法两类。粉末衍射法最广泛地用于多晶体材料的定性分析,作为一种"指纹"鉴定法来辨认材料的化学组成。因为每一种物质的晶体都有其特定的结构,不可能有两种晶体,其晶胞大小、形状、晶胞中原子的种类和位置等因素都完全一样。因此,每一种晶体的粉末衍射图都有其特征,其中衍射线的位置和强度各不相同,都具有其相应一套 $d/n-I$ 数据,就好像每个人都有一套特征的指纹那样。粉末衍射标准联合委员会 JCPDS 收集了 20 000 多个物质的粉末衍射图的数据,编辑了一套数据卡片及索引(Index to the Powder Diffraction File, Swarthmore, Pa. 1972),并每年继续增补 2 000 个衍射图数据。在这套卡片中,每种物质的衍射数据是按照它的最强的 8 条线编集成交叉索引,便于检索;也可以得到这套资料的计算机存储程序,用于例行的物相分析。

混合物中两种或多种物相的相对含量,也可以由粉末 X 射线衍射数据求得。

粉末 X 射线衍射可以用于测定晶格参数,测定一些无机化合物的点阵结构和晶胞参数。根据 X 射线衍射线宽化程度的变化,粉末衍射法还广泛地用于测定晶体粒度的大小、测定高聚物的结晶度、表征晶体中的某些物理缺陷等。

利用配有程序升温装置的变温 X 射线衍射仪,可以连续升温或定温加热粉末试样的条件下,研究物相、晶格参数和缺陷浓度的变化,观察固相反应的过程。利用带高压装置的 X 射线衍射仪,可以研究压力所引起的物相转变等。目前已有计算机控制的、带有多种软件的 X 射线衍射系统，这种系统借助于所存储的 JCPDS 档案，可以直接鉴定出试样中的未知物物相，把衍射线指标化，给出晶胞参数。

对于点阵对称性较低、组成比较复杂、晶胞体积较大的化合物，如果用粉末衍射法将其衍射线指标化，进而测定其点阵结构和晶格参数，则是比较困难的。对这样的问题，只能借助于单晶的 X 射线衍射法。

2. 低能电子衍射法

低能电子衍射法实验测量技术的基本原理：电子具有波动性，当电子通过晶体时则产生衍射现象，由于电子与原子之间的强相互作用，所以当能量较低的电子束（20～500 eV）照射到单晶表面上时，电子能穿入晶格的深度大约几个原子的厚度，根据德布罗意方程 $\lambda=h/p=0.1\times(150/U)^{1/2}$ nm（式中 U 为入射电子的能量，V），可以计算出这种低能电子的波长范围介于 0.05～0.5 nm，相当于晶格中原子间的距离，当低能电子垂直地入射到一个单晶表面上以后，有 5%～15%的电子被弹性地散射回来，产生衍射现象，其衍射花样就直接反映了晶体表层原子排列以及表面结构。被衍射的电子束也遵守 Laue 定律：

$$h_1\lambda=a_1\sin\alpha_1 \tag{9-12}$$

$$h_2\lambda=a_2\sin\alpha_2 \tag{9-13}$$

即衍射电子的极大值是出现在跟入射电子呈 α_1 和 α_1 的角度处，式中：a_1 和 a_2 是表层晶格参数；h_1 和 h_2 为衍射的级数，是正整数。

可以用两种方法来检测在各个方向上出现的衍射电子：① 用一种收集器探测衍射电子的强度，这种收集器是以伺服电机和计算机驱动来控制的，可以在空间任何角度上旋转，所测得的衍射束比较准确，但测量比较费时，对观测快速变化现象不适合；② 用一种荧光屏来显示。用荧光屏来显示衍射电子的低能电子衍射仪的工作原理是：一束单色电子束[5～(500±0.2)eV]被聚焦在一个单晶试样的表面上，电子束的能量或波长可以用加速电压来加以改变和控制。被衍射回来的电子在一个不加外场的空间里飞行一段距离（约 7 cm）之后，经过两个栅极被分成两部分，那些非弹性散射的电子被栅极所阻止，而弹性散射的那部分电子则被进一步加速，而后射在一个半圆球曲面形的荧光屏上，显示出衍射电子的强度分布图，从而反映了晶体表层原子结构的信息。当电子枪中的加速电压小于 75 eV 时，电子束的能量较低，大多数电子被晶体表面反射回来，所得到的衍射图仅反映了表面原子排列的二维结构的信息。随着电子束能量的升高，电子可以穿过晶体表面以下几个原子层的厚度，例如，当电子束能量大于 150 eV 时，衍射图就反映了靠近表面以下体相的三维结构特征。如果采用极薄的箔或膜作为试样，这样的衍射图也可以从晶体背后的观测窗观察到并拍摄下来。

原子对电子束的散射强度与对 X 射线的散射强度之比约为 10^6 ∶1,因此,低能电子束的散射截面比 X 射线的散射截面也大几个数量级。为了达到相似的可测量的衍射强度,电子衍射所照射的试样面积小于微米量级即可,而 X 射线衍射则需要 1 mm 大小的试样。若用照相法记录衍射点或线时,电子衍射只要几秒钟,而 X 射线衍射则需要曝光数小时,因此,低能电子衍射可以得到反映晶体表层结构的高强度衍射图,即使这种表面结构是由不到表面原子总数(约为 10^{14} 原子/cm^2)的 5%～10%的原子所组成。低能电子衍射是研究晶体表面结构、变形、原子位移、表面吸附等微观现象的有力手段。

3. 离子探针微区分析法

离子探针微区分析法,是在质谱分析的基础上发展起来的一种新的实验测试分析技术。其原理是用一束聚焦很细的加速了的离子束轰击试样,使它产生二次离子,随后分辨并测定二次离子的荷质比,可以辨认这些二次离子是由哪些组成元素产生的,从而达到分析试样化学组成的目的。

离子探针微区分析的范围及深度和电子探针分析一样,是 1～3 μm,但是它却可以给出试样表面几个原子层中的信息。借助一次离子束对固体表面原子一层层地剥蚀,离子探针可以很灵敏地探测出固体表面层的结构状况以及杂质沿表面深度的分布。例如,用离子探针分析法可以发现硅二极管 p-n 结上有微量铝的富集。这个方法的灵敏度是 10^{-6} g 数量级。分析非导体固体材料时,可以使用负离子作为一次离子束。因此,这种分析手段应用的范围很广,它可以分析金属、合金、锈蚀了的金属表面、半导体、陶瓷材料、矿物等。

高能离子束轰击固体试样表面时,发生所谓溅射现象(Sputtering),从试样表面打出中性粒子、离子、电子和 X 射线。用质谱计对打出来的二次离子进行质量和能量分析,就组成离子探针微区分析仪,它很类似火花源质谱计。离子探针微区分析仪的工作原理是:将离子源所产生的一次离子束加速,使其能量升高到几个 keV 甚至数 MeV。用磁聚焦透镜调节离子束径后,轰击在试样表面,将所产生的二次离子引入质谱计,经过分析、放大之后,记录二次离子束流中的荷质比和相应的强度,便可以获得试样表面化学组成的信息。利用聚焦到直径为微米数量级的一次离子束在试样表面上作定向扫描,可以得到二次离子的横向二维扫描图像。利用溅射技术,可以对试样进行纵向的三维分析。由于是采用质谱分析,所以这种分析的定量程度要比光电子能谱类的能谱分析高得多。

一次离子多数采用 O^- 及 Ar^+ 等气体离子,它们是由阴极产生的电子,激发其周围的气体 O_2 或 Ar,经过放电过程和磁场的作用,在阴极附近生成等离子体,在阴极和阳极间数百伏电压作用下,离子由阳极出射口射出,其亮度较高,约为 100～200 A/cm^2 立体角,其能量宽度约为 10～20 eV,因此,是一种单色能量的离子源，再经过静电透镜或磁透镜聚焦成微离子束，作用在试样表面的微区上。

入射到固体试样内的正离子，一种情况可能是不跟晶格中的原子发生激烈碰撞，仅在微弱碰撞中稍稍改变运动的方向而进入晶体内部，这种情况叫做沟道效应。另一种情况是从晶体中打出离子、原子和电子，这种情况叫做溅射现象。影响这种二次离子发射过程的因素有：一次离子的能量，固体表面的化学结构以及表面的温度等。二次离子的初始能量比较离散，由几个 eV 到数百 eV，要采用静电场和均匀磁场双聚焦型质谱仪，使二次离子经过方向聚焦和速度聚焦，汇聚于成像面狭缝上。探测二次离子束的强度可以用二次电子倍增管或离子探测器，经过放大器放大后，再用计数器或记录仪计量。离子探测器的工作原理则是先将二次离子转换为二次电子，电子再作用于闪灼体转换为光，光输出到光电倍增管上进行检测。

9.2.5　波谱实验测试技术

固体的结构性能表征与实验测量，还可以采用穆斯堡尔谱(Mossbauer)、核磁共振波谱(nuclear magnetic resonance spectroscopy ，NMR spec-troscopy)、电子自旋共振波谱(electron spin resonance spectroscopy，ESR spec-troscopy)、电子吸收光谱(electronic absorption spectroscopy)、红外光谱(infrared absorption spectroscopy)和拉曼光谱(Raman spectroscopy)等波谱实验测试技术。

1. 穆斯堡尔谱实验测量技术

穆斯堡尔谱是原子核对 γ 射线的吸收谱，其独特之处是发射源与吸收体都是相同的同位素核，否则无法满足共振吸收条件。试样中的吸收体核有自己的化学环境，使它的能级与发射核稍有不同。实验时让发射源与试样作相对运动，利用 Doppler 效应来补偿上述微小的能量差异，实现共振吸收。吸收处的相对运动速度(以 $mm \cdot s^{-1}$ 计)直接用来度量这一能量差，称同质异能位移(或化学位移)，表征吸收核的化学环境。

穆斯堡尔谱的主要应用是研究价态、局部对称性、电场梯度和磁化方向。同质异能位移显示价态和对称性。例如，石榴石($Y_3Fe_5O_{12}$)中的四面体和八面体 Fe^{3+}，以及尖晶石[$Fe^{3+}(Fe^{2+}Fe^{3+})O_4$]中的四面体和八面体 Fe^{3+}，各有不同的同质异能位移。四极分裂的数值正比于核四极矩与核处电场梯度的乘积。Fe^{3+} 的四极分裂甚至小于 Fe^{2+} 的，使这两种常见价态更易鉴别。当试样存在长程有序时，作用在核上的有效内磁场使能级发生 Zeeman 分裂，可以观察到谱线分裂。当试样磁化后，磁化强度与入射 γ 射线的夹角影响穆斯堡尔谱线的强度。对单晶试样，研究强度的角度分布可以得到自发磁化的方向。

2. 核磁共振波谱实验测量技术

核磁共振波谱实验测试技术基本原理：某些元素的原子核也像电子一样，具有磁性。在强磁场存在的情况下，它的能量也可以分裂成几个量子化的能级。原子核再吸收适当频率的电磁辐射，可以在上述产生的磁诱导能级间发生跃迁，就像电子吸收紫外-可见辐射发生能级跃迁那样；研究原子核在强磁场作用下对射频辐射的吸收，研究电子在磁场中对于微波辐射的吸收，从而达到测定物质的化学组成和结构的目的。

一般的吸收光谱测量都是采用消光法测量试样对辐射的吸收，即测量通过试样后的辐射功率的衰减量。但在 NMR 波谱仪中，因为吸收的辐射量很少，以致难以准确测量其衰减量，因此是采用测量与吸收有关的正信号数值的方法。测试时，是使射频振荡器的频率保持恒定，用扫场法测定吸收信号随磁场强度的变化，得到 NMR 波谱。

每一种核都应有一个特征的 NMR 吸收峰，但是当它处于不同的化学环境中时，它的吸收频率有微小的差别。例如，$\equiv$CH 基、亚甲基$=CH_2$ 和甲基—CH_3 中氢原子的 NMR 吸收频率各不相同，这叫做化学位移。同一原子在不同的价态和不同的局域环境中产生不同的化学位移，而且核自旋与相邻接的耦合在不同的环境中也产生各不相同的 NMR 精细结构，所以 NMR 波谱常用于确定物质中元素的价态和它的局域环境，确定各原子间的距离，确定材料中的分子状原子簇。NMR 波谱与其他实验手段结合起来使用，可以用于测定有机物的组成结构。NMR 波谱的应用还有三个局限性：① 试样必须是对射频辐射透明的，因此，它只适用研究非金属、粉末状金属、海绵态金属以及金属薄膜；② 试样中心必须包含有大量等同的晶格点，从而能产生足够的 NMR 信号；③ 试样中必须有自旋的核。

NMR 的灵敏度取决于磁场的均匀性，并要求试样不能含有能产生磁共振的杂质。

3. 电子自旋共振波谱实验测量技术

电子自旋共振又叫做电子顺磁共振（EPR）或电子磁共振（EMR），是以磁场对分子、原子或离子中所含未成对电子的作用所引起的磁能级分裂为基础的。自旋电子所产生的磁矩几乎比质子的磁矩大 1 000 倍，因此在某一给定的磁场中，电子的磁量子能级共振时所吸收的电磁辐射的频率也高得多（$\nu=$ 2 803 Hz）。例如，在 10^4 Gs 的磁场中，电子磁共振的吸收频率 ν 为 27 794 MHz（波长约为 10^{-1} cm），相当于微波波谱的范围。

ESR 波谱仪是由一个具有 3 500 Gs 强度的电磁铁和一个可以在小范围内可变磁场的扫描线圈所组成，试样放置在磁铁中心的微波腔中。微波辐射源是一个 Klystron 管，它以大约 9 500 MHz 的恒定频率发送微波。像前述的 NMR 波谱仪那样，ESR 波谱仪也是采用精细地改变磁场强度的办法（场扫描法）来记录共振信号波谱的。ESR 波谱只能用于研究具有自由基和含有不成对 d 和 f 电子的金属离子的化合物，用于研究三重态电子分子以及固体中的某些点缺陷（如 F 色心等）。ESR 已广泛地用来研究由自由基进行的化学反应，用于研究过渡金属配合物的结构。但对固体而言，ESR 只限于研究含有低浓度顺磁离子的单晶试样（1 mm^3）。例如，在固体化学中可以用 ESR 波谱来确定 CdS 晶体中的杂质铬离子的价态，并确定它在晶体中是取代四面体顶点上 Cd^{2+} 的位置，还是进入间隙位置。结果表明，铬是以 Cd^{2+} 的形式存在于具有稍稍变形的八面体对称的间隙、位置上。用 Mn^{2+} 作探针，使它掺杂在 CdS 中取代 Cd^{2+} 的位置。加压可以使 CdS 转变为岩盐结构，这种岩盐结构的高压物相当冷却到液 N_2 温度时，即使在常压下也能存在。这种物相转变，可以用 ESR 波谱观察到。需要用一个 S 态离子作探针。Mn^{2+} 的基态为 ^6S，它既不被晶体场分裂，也不被自旋轨道耦合所分裂。但是晶体的共价键成分的多少却对它的超精细分裂（−75 G）有很大的影响，也就是说 Mn^{2+} 处于八面体或四面体位置对于超精细结构影响很大。当在加压下 CdS 形成具有岩盐结构的新物相时，转变成粉末状，超精细结构的细节不能分辨，但是可以观测出在−80℃时，CdS 由岩盐结构转变为纤锌矿结构。将 Gd^{3+}（^8S）掺入钙钛矿型化合的 $SrTiO_3$ 和 $BaTiO_3$ 中，也可以起到与上述相似的探针作用，以确定这类化合物的铁电性转变。若将电子和核的双共振技术（electron-unclear double resonance，ENDOR）用上，即将 ESR 与 NMR 结合在一起的一种实验技术，能很好地分析精细结构和超精细结构，解决 ESR 难以解决的问题。

ENDOR 已经成功地用于解决半导体中 F 色心和施主原子俘获电子的超精细结构，这种精细结构可以提供有关俘获中心近邻点对称性的信息，可以辨认顺磁中心周围的核并且确定它们的位置。ENDOR 特别适合于研究绝缘固体中顺磁中心近邻的结构，可以用光子照射、热处理或用顺磁性杂质掺杂等方法，在反磁性晶体中产生这类顺磁中心。例如荧光材料、固体脉塞、掺杂半导体等材料中都包含有这类顺磁中心，用一般的 X 射线衍射等结构分析方法，是不可能研究顺磁中心以及其周围的结构的。因为这些顺磁中心的密度低和具有不规则的原子排列，此外 X 射线也无法辨认一些等电子结构的离子，如 O^{2-} 和 F^- 等。

曾用 ENDOR 技术深入地研究过掺杂顺磁性稀土离子 Ce^{3+} 或 Yb^{3+} 的 CaF_2 晶体，由于 Yb^{3+} 比 Ca^{2+} 小一些，使得杂质 Yb^{3+} 周围的 F^- 更靠近 Yb^{3+}，造成大约 0.003 nm 的偏移；同时 Yb^{3+} 取代 Ca^{2+} 的多余一个正电荷，需要电荷补偿，一个可能的补偿机制是在间隙位置上添加一个 F^-，ENDOR 波谱可以很清楚地证明上述晶体中的结构畸变和电荷补偿电子。

4. 电子吸收光谱实验测量技术

电子吸收光谱实验测试技术基本原理：分子中的能量包含原子的核能 E_n、原子质心的平移能 E_t 等原子的运动能量和电子运动能 E_e 等，还包括原子间的振动能 E_v 分子转动能 E_r 和原子团之间的旋转能 E_i，分子整体的能级 E 近似为：

$$E = E_e + E_v + E_r + E_n + E_t + E_i \tag{9-14}$$

因在一般化学反应条件下，E_n 不发生变化，E_t 和 E_i 都比较小，分子的能级主要是由电子-振动-转动能级构成，即：

$$E = E_e + E_v + E_r \tag{9-15}$$

这些能级都是量子化的，当分子由较低能级 E 跃迁到较高能级 E' 时，所吸收的辐射频率为 ν，则：

$$\nu = \frac{E' - E}{h} = \frac{\Delta E_e}{h} + \frac{\Delta E_v}{h} + \frac{\Delta E_r}{h} \tag{9-16}$$

电子能级之间的差 ΔE_e 为 1～20 eV/mol；同一电子状态时不同振动态之间的能级差 ΔE_v 为 0.05～1 eV/mol；同一电子状态和振动状态时，不同转动状态之间的能级差 ΔE_r 为 0.05～0.004 eV/mol。当以一定能量的电磁辐射照射试样分子，而其能量值恰好相当于分子的基态和某一激发态之间的能级差时，就会发生光的吸收，得到分子光谱。

相应的分子光谱包括电子光谱、振动光谱和转动光谱。当用能量很低的波长为 25～500 μm（波数为 400～20 cm^{-1}）的远红外线照射时，只能引起分子转动能级的跃迁，得到的是远红外转动光谱，当用波长为 2.5～25 μm（波数为 4 000～400 cm^{-1}）的中红外线照射时，可以引起振动能级的跃迁（同时伴随有转动能级的变化），得到振动-转动光谱，只有用紫外-可见光照射时，才能引起电子能级的跃迁，得到电子光谱。

在光学透明基质晶体中掺杂过渡或稀土金属离子，常在可见区及靠近可见区的近红外或紫外区观察到中心离子谱带。

在可见或近紫外区，常能观察到分子型晶体中涉及芳烃 π 电子以及碳基或类似生色基非键电子的跃迁。许多无机晶体在这一波段能观察到电荷转移跃迁。I_2 配合物的深棕色、电气石的多色性、许多混合价氧化物（如 Fe_3O_4）的深色都来自电荷转移跃迁。

在半导体研究中除杂质的局部对称性外，带隙也能用光谱研究。在这类研究中常施加一个外电场，以解除简并度，并使偏振光相对于外场方向转动，以利于谱带的归属。用这样的方法可以测定导带边至表面态的能隙。如果电子跃入一个 p 型区(或反之),直接的电子-空穴复合引起发光。而存在于禁隙内的表面态提供另一种空穴-电子复合的非辐射途径,不引起发光。因此发光强度随表面态相对能带边的位置变化,外场可以改变这种相对位置。

无色的纯碱金属卤化物晶体在碱金属蒸气中加热或通过辐射损伤,可以产生 F 色心(在负离子空位处的俘获电子)和其他吸收性缺陷。F 色心内非球形分布分子的取向可以观察谱带随光的偏振面改变来检测。

不透明固体,或固体粉末,可以观察反射光谱。反射谱与吸收谱是类似的,但谱带的强度规律尚待查明,这给光谱的解释带来很大困难。紫外、可见光谱可用于定性分析,但更多地是用于定量分析,用于定量分析的基础是朗伯-比尔定律。分析一张紫外、可见光谱图应注意的是谱带的位置、强度和形状。

5. 分子振动波谱实验测量技术

分子振动波谱包括红外光谱(infrared absorption spectroscopy)和拉曼光谱(Raman spectroscopy)。前者为吸收光谱,而后者为散射光谱。两者都是检测分子的振动,检测结果具有互补性。

当用红外辐射去照射物质时,可以使其中分子的振动能级由 E_v 升高到 E'_v,ΔE 为:

$$\Delta E = h\nu = E'_v - E_v \tag{9-17}$$

研究不同频率的红外辐射被试样吸收后所得到的辐射能量(或强度)随频率的分布,即红外吸收光谱,光谱中的吸收峰反映了分子中某些振动能级的变化,拉曼光谱则是指用高强度汞弧灯辐射照射试样在分子中产生的散射光谱。当一束频率为 ν_0 的单色光照射在试样上时,在与入射光垂直的方向,可以检测到有散射出来的光,其中一部分散射的频率与入射光相同,是由于光子与分子之间的弹性碰撞产生的;另一部分散射光的频率 ν_0 和入射光的频率 ν_0 不同,相差 ν_v:

$$\nu = \nu_0 \pm \nu_v \tag{9-18}$$

这是由于入射光子与分子之间发生了非弹性碰撞,频率为 ν_0 的入射光在固体试样中引起了振动能级的跃迁,光子得到或损失一部分能量 ν_v,在散射光束中就产生频率 $\nu_0 \pm \nu_v$ 的拉曼光谱,如果用高分辨率光栅分光,得到的是一根根的分离的谱线,频率的改变 $\pm\nu_v$,也相应于分子中能级的变化。

红外光谱是鉴定固体物相的有效手段。它要求对试样的处理比较简单,可以用粉末状多晶体作试样。不太熟练的人可以利用红外光谱去辨认固体材料中的分子组元。例如,可以根据特征吸收谱峰去确认玻璃中含有的氢氧基或残留的碳酸根和硫酸根;发现发光材料 CsI∶Tl 在大气中存在后发光强度显著降低的原因,是由于晶体中吸收了 OH^-、CO_3^{2-}、NO_2^- 和 NO_3^- 等;阳离子的一级配位数在红外光谱中也反映出来,因此,可以用红外光谱准确地测定结构简单的氧化物和氟化物中的配位数。熟练程度较高的人可以借助群论去预测多晶结构转变或有序-无序转变时的光谱行为。例如,一个完全有序的正尖晶石具有四个特征红外活性峰和五个拉曼活性线;但是一个无序的反尖晶石,虽然也表现出同样数目的吸收峰,但是有频率位移。

红外光谱广泛地用于确定固体表面上的物种。例如,在研究铂、钯、镍、铜上吸附的一氧化碳时,测得 1 800～2 100 cm^{-1}范围内的吸收带和一些过渡金属羰基配合物的吸收带相似,因此,可以认为在上述金属表面上,CO 和金属原子结合,生成了线状结构的 O≡C—Pd;或 CO 同时与两个金属原子结合,形成桥式结构的 $O=CPd_2$。

固体表面上往往有许多凸面、侧边、台阶、尖角以及晶粒间界等,在这些位置上的吸附分子所表现出的红外光谱比较复杂,往往难以解释,现在可以采用红外反射光谱,以及配合以低能电子衍射、光电子能谱等技术,可以获得更多的表面化学信息。

在晶体结构中往往获俘有外来杂质分子,这种情况在矿物中特别普遍,因为许多硅酸盐具有开放结构,有许多容积足够大的笼子和通道,可以容纳水分子、二氧化碳和稀有气体等分子。用化学分析发现宝石状的绿柱石($Be_3Al_2Si_6O_{18}$)总是含有＞1％的水分,用红外吸收光谱也证明其中确实俘获有水分子,铯榴石($CsAlSi_2O_6$)的铝硅酸根结构中也松弛地键合有一些水分子,它的红外光谱中在 2.7 μm 处显示出有一个强吸收峰,是由 O—H 伸缩振动所引起的。

拉曼光谱和红外光谱在反映分子的振动和转动是相同的。但是两者的机理和实验方法有差异,拉曼光谱所用的试样必须是无色透明不产生荧光的液体或大的单晶体,所用的光源是单色可见光(如汞蓝线 435.8 nm),在与入射光束垂直的方向记录经过单色仪色散的散射光。在用胶片照相法或探测器记录下来的散射光谱中,可以观察到有一条是频率与入射光相同的散射母线,在母线的两侧对称分布着两条较弱的散射线,即拉曼谱线,其中频率为 $\nu_0-\nu_v$ 的一条线相当于光子把部分能量传给分子,使其振动能级激发;另一条的频率 $\nu_0+\nu_v$,相当于光子与已经处于振动激发态的分子碰撞后,得到了分子回至振动基态所释放出的一部分能量。因此,拉曼位移值就反映着分子中某些化学键或官能团的特征振动谱线,通过它也可以研究分子的组成和结构。测定拉曼光谱中谱带的展宽,可以确定固溶体相区的组成变化、检查化学整比的改变,因为当组成偏离简单整数比时,振动的对称性降低,会引起拉曼光谱带的变宽。例如,用粉末拉曼光谱可以精确测定 $LiNbO_3$ 中偏离化学整比不到 0.5％的变化。对于固体材料中分子不同的振动或转动模式,拉曼光谱与红外光谱的活性是不同的,也可互为补充。对于低对称性分子,易产生偶极矩的变化,红外光谱有强谱带,这对于极性分子或取代基团的分析有利。对于高对称性的分子，易产生诱导偶极矩的变化，拉曼光谱有强谱带，这对于非极性分子或取代基团的分析有利。在拉曼光谱与红外光谱中，分子的概念应理解为分子或组成分子的各个基团。

9.3　组成和纯度表征与实验测量技术

固体化学的基础研究，首先要求得到在目前技术条件下能够达到的高纯度的物质，合成组成一定、结构完善的固体材料。我们在讨论固体中缺陷平衡时，也多次地提到过固体中的杂质原子或偏离化学整比性的一点点的本征缺陷，都会对固体的理化性质产生巨大的影响。固体的理化性质是和其中存在的杂质和缺陷的种类及其浓度密切相关。为了要合成出具有指定杂质种类和浓度的固体，首先是要制取高纯化学物质，使其中有害杂质含量减少到尽可能少的程度，然后用这些物质合成固体材料。由此可见，组成和纯度表征与实验测量技术对固体化学研究的重要性。

纯度表征，涉及到标准。原苏联把高纯物质定为三类，分别用 A、B、C 三个字母表示，每一类中又分为若干个小类，分别用阿拉伯数字放在大类的字母后面来表示。数字又恰好代表纯物质中杂质含量的量级的幂的绝对数，如杂质含量为 10^{-5}，则小类的数字为 5，如表 9.6 所示。A 类即为实验室中使用的一般化学试剂(相当于我国的二级或分析纯试剂和一级或保证试剂)，B 类为高纯(high purity)试剂，C 类为超纯(extra pure)试剂。

表 9.6　高纯物质的分类表

分　类	标签的颜色	主要成分含量(%)	杂质含量(%)
A1	棕　色	99.9	10^{-1}
A2	灰　色	99.99	10^{-2}
B3	蓝　色	99.999	10^{-3}
B4	天蓝色	99.999 9	10^{-4}
B5	暗绿色	99.999 99	10^{-5}
B6	亮绿色	99.999 999	10^{-6}
C7	红　色	99.999 999 9	10^{-7}
C8	玫瑰色	99.999 999 99	10^{-8}
C9	橙　色	99.999 999 999	10^{-9}
C10	亮黄色	99.999 999 999 9	10^{-10}

一种纯固体物质的组成分析，包括该物质主要成分含量的测定、物相的确定、其中所含杂质原子的种类和含量的测定等，除了常规的化学分析法、原子光谱法、X射线衍射分析法之外，还需要一些特殊的分析手段。例如，巴黎的国家科研中心实验室(CNRC Lab)的阿尔勃特曾对经过区熔精制的铝中的杂质做过全分析，试样是用高灵敏度中子活化法，配合以放射化学分离步骤，分析了其中60多个元素以及稀土元素的个别含量，其中碳、氧和氮的含量是用光致核激发或带电粒子激发的方法测定的。

化学纯度，在固体化学中是一个重要的标准。对化学纯度重要性的认识促使人们投入大量精力去研究物质的提纯技术，开发新的纯化方法。然而实际上没有任何一种技术会适用于所有的纯化问题。纯化技术有物理方法和化学方法，物理方法包括升华、挥发性杂质的蒸发、从熔体中的重结晶、液体萃取及色谱法。化学方法包括离子交换、液体或固体的电解以及利用化学反应的纯化。固体纯化最重要的物理方法是区域精炼，此法是基于杂质在固相和液相中的溶解度不同。有关纯化技术具体细节在此不再述及。

组成和纯度表征与实验测量，可以采用化学分析法(chemical analysis)、原子光谱分析法(atom spectrometry)、分光光度法(spectrophotometr)、X射线荧光光谱(X-ray fluorescence spectrometry)和电子探针X射线微区分析(electron-probe X-ray microanalysis)特征X射线分析法、X射线激发光学荧光光谱(X-ray excited optical fluorescence spectroscopy)法、质谱(mass spectrometry)法、中子活化分析(activation analysis with neutron)法等。

9.3.1 化学分析法

化学分析法是指经典的质量分析和容量分析方法。质量分析法是根据试样经过化学反应后生成产物的质量来计算试样的化学组成的。早期的原子量测定多数是用质量法，分析的精确度可高达0.001%。容量法是根据试样在反应中所需要消耗的标准试液的体积。容量法既可用于测定试样的主要成分，也可用于测定次要成分，其精确度一般是0.1%～0.01%。经典的化学分析之所以具有相当高的精确度，是因为人们可能从反应的理论平衡计算去确定系统误差，也因为最后称量的反应产物是准确无误的，并不需要校正。质量或容量分析是基于水溶液或液相中的化学反应之上，故亦称之为湿法化学分析，以区别于现代的仪器分析。容量法的关键在于确定反应的终点，经典的容量法是靠目测指示剂的变色来确定反应终点的。现在则可以用电势法、分光光度法、荧光光度法和量热法等确定反应终点。这样容量分析就可以自动化和计算机化。容量法可以为许多材料的主要成分或微量成分的分析提供一些有选择性的和灵敏度较好的分析方法。

对于某些非整比化合物进行质量或容量分析时，可以把它们看成是具有不同价态离子组分的固溶体。例如，$ZnO_{1-\delta}$可以看作是 $Zn^{2+}O$ 和微量 Zn^0 的固溶体；$FeO_{1+\delta}$可以看作是 $Fe^{2+}O$ 和 ${Fe_2}^{3+}O_3$ 的固溶体。这类氧化物的偏离整比性可以由测定其中不同价态离子的浓度来确定。可以在隔绝空气的条件下，将试样溶解，用滴定法或分光光度法测定其中微量离子组分的浓度。如果在溶样时或在溶液中，哪个微量组成不稳定，如 $ZnO_{1-\delta}$和 $CdO_{1-\delta}$中的微量金属锌和镉在溶液中不稳定，则可以改变一下测定方法。可以在溶解试样时，在溶液里同时加进一些标准的硫酸铁溶液，它将氧化试样中微量的金属，然后用硫酸铈溶液滴定溶液中被还原了的亚铁离子的量。还有一个巧妙的测定 $ZnO_{1-\delta}$中微量锌的电化学分析法，是将 $ZnO_{1-\delta}$做成一个电极浸入酸中，用铂作为另一电极，在 ZnO 电极上加一正电位以阻止 H_2 的产生，使 ZnO 慢慢地溶解，在这种装置中，可以测定 Zn 在电路中产生的电流，通过线路的库仑数就表示溶解了的 Zn 的当量数。

9.3.2 原子光谱分析法

原子光谱分为吸收光谱与发射光谱。原子吸收光谱是物质的基态原子吸收光源辐射所产生的光谱。基态原子吸收能量后原子中的电子从低能级跃迁至高能级，并产生与元素的种类和含量有关的共振吸收线。根据共振吸收线可对元素进行定性和定量分析。原子发射光谱是指构成物质的分子、原子或离子受到热能、电能或化学能的激发而产生的光谱。该光谱由于不同原子的能态之间的跃迁不同而异，同时随元素的浓度变化而变化，因此可用于测定元素的种类和含量。原子发射光谱的特点是：

(1) 灵敏度高。绝对灵敏度可达 $10^{-8}\sim10^{-9}$ g 数量级。

(2) 选择性好。每一种元素的原子被激发后，都产生一组特征光谱线，由此可准确无误地确定该元素的存在，所以光谱分析法仍然是元素定性分析的最好方法。

(3) 适于定量测定的浓度范围小于 5%～20%。高含量时误差高于化学分析法，低含量时准确性优于化学分析法。

(4) 分析速度快，可测定多种元素，且样品用量少。

9.3.3 分光光度法

吸收分光光度法是应用最广的分析溶液的方法之一，许多生产和研究部门的例行分析大部分是用分光光度法完成的。它具有很好的选择性和灵敏度以及较高的准确性，它既可以用于微量以至痕量的杂质成分的分析，也可用于进行常量的主要成分分析。吸收分光光度法是测定试样溶液对紫外和可见区的单色辐射的吸光度随波长的变化。各种无机物和有机物在紫外和可见区都有吸收，一些非吸收成分也可以用适当的化学处理使其转化为有吸收的物质，即利用某些试剂，特别是一些螯合剂，与待测成分进行成色反应，而形成有色化合物。当某些成色反应对某种待分析成分并无特征时，可以适当地调节溶液的 pH 或者添加适当的掩蔽剂以消除干扰离子的影响，使成色反应具有选择性。最近发展起来的多元配合物的分光光度法和双波长分光光度法等进一步提高了一些直接分光光度测定的选择性。当然也可以采用预先分离和富集的办法，但是这样做会给检出极限带来一定的限制，对于一些最灵敏的分光光度方法，其检出极限约为 5～20 ng，一些高纯物质中的 10^{-6}～10^{-9} g 数量级的微量杂质，经常还需要利用分光光度法来测定。

9.3.4 特征 X 射线分析法

特征 X 射线分析法是一种显微分析和成分分析相结合的微区分析，特别适用于分析试样中微小区域的化学成分。其原理是用电子探针照射在试样表面待测的微小区域上，来激发试样中各元素的不同波长（或能量）的特征 X 射线（或荧光 X 射线）。然后根据射线的波长或能量进行元素定性分析，根据射线强度进行元素的定量分析。

特征 X 射线分析法按特征 X 射线的激发方式不同，分为 X 射线荧光光谱法和电子探针 X 射线微区分析法。

1. X 射线荧光光谱法

利用能量较高的 X 射线来照射试样所产生的 X 射线，称之 X 射线荧光。使用晶体分光器对由试样中产生的 X 射线荧光进行分光并测量其强度，就得到试样的 X 射线荧光光谱，可以根据它来确定试样中组成元素的含量。X 射线荧光光谱的特征谱线的波长只与元素的原子序数有关，而与激发用的 X 射线能量无关。元素的 X 射线荧光光谱中的 K_α 谱线波长与元素的原子序数 Z 的关系为：

$$\lambda \approx 130(nm)/Z^2 \qquad (9-19)$$

因为谱线的强度与元素含量有关，故而可由谱线的波长和强度确定试样中所含的元素及其含量。试样可以是固体（单晶或粉末），也可以是液体。进行定性分析时，常借助于所用分光晶体的 Q-λ 换算表以求出各谱线的波长。由于同一元素的同系列特征谱线（如 K_α 和 K_β，L_α 和 L_β，$L_{\beta 2}$，…）同时产生，因此可以根据这几根同系列的谱线所对相应的元素作准确辨认。在做定量分析时，常采用单线条对比法，即将试样中某一元素的某根特征谱线的强度与标准试样的同一根谱线的强度进行对比，以确定该元素的含量。

该方法可用于测定试样中的主要成分和次要成分，分析灵敏度一般是 $2\times10^{-4}\sim2\times10^{-5}$ g 数量级。如果对试样预先进行分离富集，灵敏度可以提高到 $10^{-5}\sim10^{-6}$ g 数量级，最高可达 10^{-7} g 数量级。其分析准确度可达 0.5%～0.1%，可以和湿法化学分析的准确度相比拟，优于其他仪器分析。X 射线荧光光谱法的特点在于：① 可以对试样作无损伤分析；② 除了原子序数小于 10 以下的元素外，大多数元素都可以用 X 射线荧光光谱法分析，特别是用于化学性质相似，难以分离的元素的分析，如铌和钽、锆和铪以及稀土元素等；③ 这个方法使用的试样量很少，因此，可以成功地应用于测定从单晶上分割下粉末中掺杂元素的含量，以求出晶体中的扩散系数。

这个方法可以用于分析金属、合金、矿石、熔渣、催化剂、空气中污染粉尘等等。

2. 电子探针 X 射线微区分析法

电子探针 X 射线微区分析法是由 X 射线荧光光谱分析改进而成，系用聚焦到直径约为 1 μm 的电子束来激发试样，使其中的组成元素产生特征 X 射线光谱，然后分析光谱的波长和强度，从而得到关于固体试样中各微区内的组成元素及其含量和组成元素在固体材料或器件中分布的情况。测定的组分的浓度可低至 0.1%～0.01%，分析误差在 3%以内，测定的固体试样的微区面积和深度均为 1～3 μm。

电子探针微区分析仪可以测量锂、铍、碳、氢、氧、氮以外的 $^{5}B\sim^{92}U$ 各元素，但是它也能测定微区中的元素成分，而不能确定元素的结合状态和物相。这种方法特别适用于研究半导体材料中掺杂元素的扩散过程，研究催化剂在催化过程中前后的变化。例如，观测催化剂载体的组成和显微结构，浸渍成分的浓度分布，活化过程，中毒现象以及淀积物的成分等。它既可以用于定性分析，也可以用于定量分析，但不适宜于做痕量分析。

9.3.5　X 射线激发光学荧光光谱法

X 射线激发光学荧光光谱是利用固体发光现象来进行成分分析的。它是用 X 射线激发试样，使其中某些元素产生光学荧光光谱，以这种特征光谱谱线的波长和强度来确定这些元素的含量，这种方法特别适用于稀土元素的测定。X 射线能激发固溶在 Y_2O_3、La_2O_3、CeO_2、Gd_2O_3 中的其他稀土元素，使之发射非常特征的可见荧光光谱(波长在 300～1 000 nm 之内)。在上述基质内所能检测的稀土元素的含量分别为：

Nd，Tb，Dy——1 ng/g

Sm，Eu，Tm——10 ng/g

Pr，Gd，Ho，Er，Yb——100 ng/g

而作为基质的 Y、La、Lu 不发射这种可见荧光，Ge 的发射光谱在远红外区，Gd 的光谱比较简单，都不会干扰分析，这种分析方法的特点是：分析灵敏度高、快速，但是试样的预处理步骤复杂、费时，因为预先需要把待测试样与基质材料混合烧制成发光体，才能检测分析。当使用的基质材料不同，烧制的条件不同，则待测元素的荧光光谱的波长和强度会发生改变，分析灵敏度也会改变。

9.3.6 质谱法

质谱法是 20 世纪初建立的一种分析方法。其原理是利用具有不同荷质比（也称质量数，即质量与所带电荷之比）的离子在静电场和磁场中所受的作用力不同，因而运动方向不同，导致彼此分离。经过分别捕获收集，确定离子的种类和相对含量，从而对样品进行成分定性及定量分析。

气体离子束流，按其荷质比 m/e 的不同，在电磁场中被分离开来，并经过离子检测器记录下来的图谱就是质谱。固体试样在高真空中受电子束的轰击或高频或脉冲电火花的汽化和电离，生成的正离子流受到电场 V 的加速和磁场 H 的偏转，其运动轨迹的曲率半径 R 跟离子的荷质比的关系为：

$$R^2=\frac{2V}{H^2}\cdot\frac{m}{e} \tag{9-20}$$

$$\frac{m}{e}=\frac{R^2H^2}{2V} \tag{9-21}$$

当仪器的 R 值已定，磁场强度固定，而连续改变加速电压时，不同荷质比的离子将按顺序通过出口狭缝进入检测器。经过电子仪器将检测到的信号放大并记录下来便得到质谱，其横坐标为荷质比，纵坐标为相应荷质比离子的相对含量。

质谱分析的特点是可作全元素分析，适用于有机、无机成分分析，样品可以是气体、固体或液体；分析灵敏度高，对各种物质都有较高的灵敏度，且分辨率高，对于性质极为相似的成分都能分辨出来；用样量少，一般只需 10^{-6} g 级样品，甚至 10^{-9} g 级样品也可得到足以辨认的信号；分析速度快，可实现多组分同时检测。现在使用较广泛的是二次离子质谱法（SIMS）。它是利用载能离子束轰击样品，引起样品表面的原子或分子溅射，收集其中的二次离子并进行质量分析，就可得到二次离子质谱。其横向分辨率达 100～200 nm。二次中子质谱分析法（SNMS）现在也发展很快，其横向分辨率为 100 nm，个别情况下可达 10 nm。

9.3.7　中子活化分析法

采用不同能量的中子照射待测试样，使其中所含各种元素的原子核俘获入射中子，从而发生核反应。反应生成的产物多数具有放射性，因此会以一定的半衰期性蜕变或蜕变同时辐射出一种或多种不同波长的 γ 射线。通过检测该蜕变的产物，或用试样中待测元素与射线相互作用，从而变成某种放射性元素，通过 γ 谱仪测定辐射的能谱，就可得到待测试样中所含各种元素的定性或定量数据。测得的脉冲能量表明试样中所含元素的种类，脉冲强度表示相应元素的浓度。分析灵敏度可达 10^{-4}～10^{-6} g 数量级。如果照射后生成的是 β 辐射体则由于电子的穿透力弱，测量将不准确。所以需要把它加以萃取和富集，萃取分离所用的化学试剂为非放射性的，所以不会影响分析结果。经过放射化学分离富集后，测量灵敏度可以提高到 10^{-11}～10^{-8} g 数量级。活化分析特别适用于固体中超痕量杂质分析，因为活化分析可以消除分析过程中试剂空白和试样沾污的问题。分析中的一些可变因素，如照射用粒子的类型和能量、照射时间，以及探测器的类型、测量的精度等，在每次分析时，都可以作适当的选择，这样就可以使活化分析法避免严重的系统误差和偏差，对于 100 ng 水平的分析值，其随机误差是±5%。

使用高分辨率的 Ge(Li)探测器，可以对试样作多元素无损伤分析，但是当待测元素多到 10 种以上时，许多元素的测定精确度和准确度就要降低(>±20%)。而且往往需要对试样作两次或多次照射，在测量以前，需要让试样衰变 30 d 以上。这样就不便于实际应用。使用快中子发生装置的活化分析，可以使氧的无损伤分析达 10～100 μg 的水平。利用从直线电子加速器韧致辐射所产生的高能光子进行活化分析，可以测定低于微克量的碳、氧、氮。用带电粒子对试样表面进行活化分析，可以用于测定碳、氮、氧。

中子活化分析的主要特点是：灵敏度高，选择性好，非破坏性及可同时分析多种元素等。

9.4　超微粉末的表征

超微粉末的研究越来越受到人们的重视，特别是对纳米粒子及微粒聚集体的的性能表征更受到人们的关注。目前超微粉末有上面已提及到的直接的表征方法是：扫描电镜(SEM)法、透射电镜(TEM)法、扫描隧道显微镜(STM)法、原子力显微镜(AFM)法及场离子显微镜(FIM)法等；间接的表征方法是：X 射线衍射法、电子衍射法、电子自旋共振(ESR)法、核磁共振(NMR)法、红外光谱(IR)法、拉曼光谱法、光电子能谱(XPS、UPS)法、紫外可见吸收光谱法、荧光光谱法、光声光谱法及表面光电压光谱(SPS)法等。通过这些表征手段可以获得超微粉末微粒形态、结构、电子能级等有关信息。

9.4.1 超微粉末尺寸和晶格畸变率的表征

采用X射线衍射谱对超微粉末微粒尺寸和晶格畸变率的测定时，依据Scherrer公式：

$$D_{hkl}=\frac{k\lambda}{\beta\cdot\cos\theta} \qquad (9-22)$$

式中：D_{hkl}为垂直于晶面方向(hkl)的晶粒的平均厚度；k 为常数(一般取0.94或0.9)；采用CuK_α辐射，$\lambda=0.1542$ nm；β为半峰宽；θ为衍射角。由此可计算出垂直晶面(hkl)的平均晶粒大小。X射线衍射分析中各项参数关系为：

$$(2\omega)^2\cdot\cos^2\theta=(4/\pi^2)(\lambda^2/D_{hkl}^2+32<\varepsilon^2>\sin^2\theta \qquad (9-23)$$

式中：2ω 为该仪器校正后(hkl)衍射峰的半高宽；θ 为该衍射峰所对应的Bragg角；$<\varepsilon^2>^{1/2}$则为平均晶格畸变率。图9.12为CeO_2超微粒子(111)晶面的衍射峰强度(I)、平均粒度(D_{111})及平均晶格畸变率($<\varepsilon^2>_{111}^{1/2}$)与焙烧温度($T$)之间的关系。可见，对于(111)晶面，随焙烧温度的升高，晶粒呈指数增大，晶格畸变率则呈指数减小，随着晶粒增大，衍射强度呈线性增大。对于不同晶面而言，平均晶格畸变率不同，具有各向异性的特点。

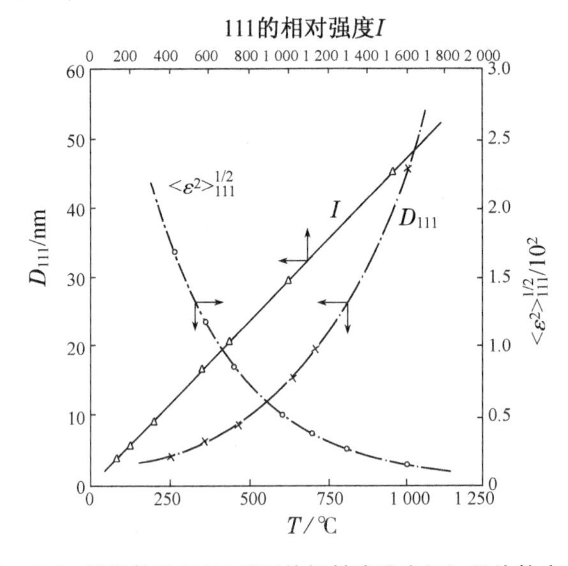

图9.12 CeO_2超微粒子(111)晶面的衍射峰强度(I)、平均粒度(D_{111})及平均晶格畸变率($<\varepsilon^2>_{111}^{1/2}$)与焙烧温度($T$)之间的关系

(引自洪广言《无机固体化学》)

D_{111}与$<\varepsilon^2>_{111}^{1/2}$之间的关系如图9.13所示。由图可见，随晶体粒度增大，平均晶格畸变率明显减小。

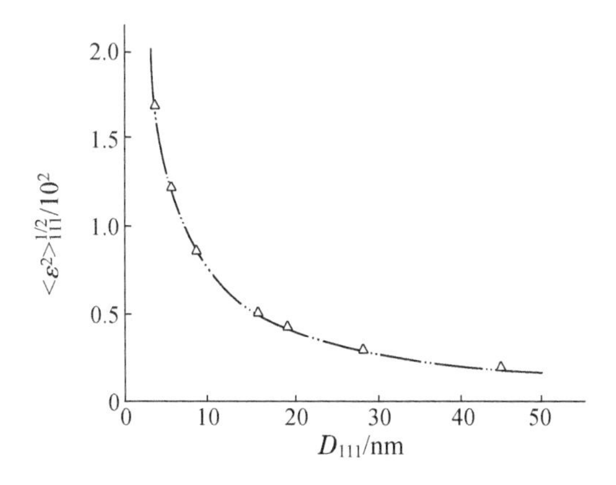

图9.13　晶体粒度与平均晶格畸变率的关系

（引自洪广言《无机固体化学》）

9.4.2　超微粉末粒径表征

通过测定超微粉末单位质量的比表面积S，再由下式计算纳米粒子直径（设颗粒呈球形）：

$$d=6/\rho S \tag{9-24}$$

式中：ρ为密度；d为比表面积的直径；S为BET法测量的比表面积。超微粉末样品的比表面积采用BET空气吸附法测定。BET法属于低温静态吸附，各参量关系为：

$$S(m^2/g)=\frac{\Delta p-\Delta p_0}{m(A+Bp_1)} \tag{9-25}$$

式中：Δp_0为空样品管吸附前后的压力差；Δp为样品和空样品管共同吸附前后的压力差；m为样品质量；p_1为吸附平衡时的压力；A和B为仪器常数。

9.4.3　超微粉末红外光谱分析表征

超微粉末的表面活性比普通粉末高，因此在中红外区对H_2O和CO_2等有强烈的吸附作用，使其呈现出明显的差别。测定不同粒度以CeO_2样品在800～450 cm^{-1}的红外吸收光谱（图9.14），计算其吸收阈值（表9.7）可知，随着样品粒径的减小，吸收向高波数移动，即发生明显蓝移。其原因在于：粒子越小，粒子的表面张力越大，内部受到的压力也越大，致使晶格常数减小，使Ce—O键的键长缩短,从而使 Ce—O 键的振动增强,发生蓝移。

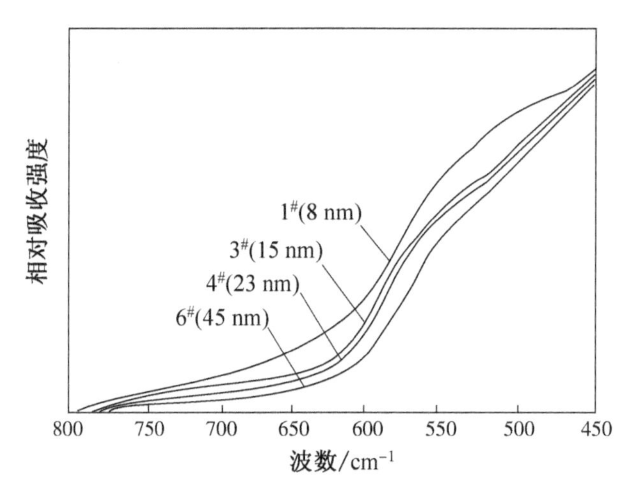

图 9.14 不同粒径的 CeO_2 样品在 800～450 cm^{-1} 的红外吸收光谱

(引自洪广言《无机固体化学》)

表 9.7 CeO_2 样品的红外吸收阈值

序号	1#	3#	4#	6#
样品粒径/nm	8	15	23	45
灼烧温度/℃	250	450	600	800
吸收阈值/cm^{-1}	641	629	621	610

9.4.4 超微粉末漫反射光谱(紫外-可见反射吸收光谱)表征

测得部分 CeO_2 超微粉末的漫反射吸收光谱如图 9.15 所示。它们在 300～450 nm 范围内有宽带吸收。能够观察到,随着 CeO_2 的粒径减小,吸收带红移。测定样品的吸收阈值结果如表 9.8 所示。表中结果表明,随着 CeO_2 的粒径增大,吸收阈值减小。

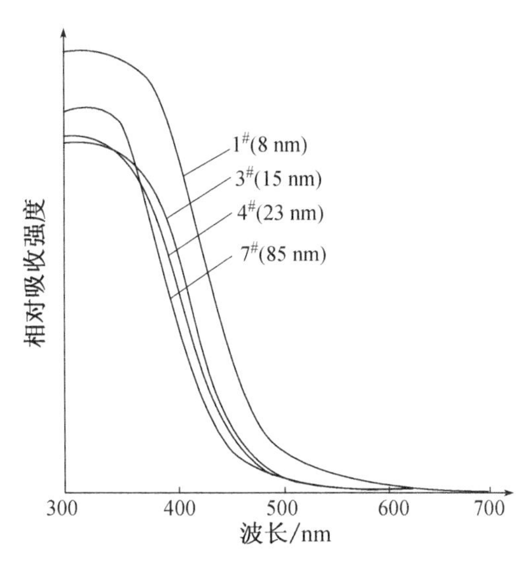

图 9.15　不同粒径 CeO_2 的漫反射光谱

（引自洪广言《无机固体化学》）

表 9.8　吸收阈值及不同温度时焙烧 CeO_2 超微粉末的粒径

样品序号	1#	2#	3#	4#	5#	6#	7#
烧结温度/℃	250	350	450	600	700	800	1 000
平均粒径/nm	8	10	15	23	30	45	85
吸收阈值/nm	480	466	462	460	460	440	430
/eV	2.58	2.66	2.68	2.69	2.69	2.82	2.90

9.4.5　超微粉末表面光电压光谱表征

表面光电压光谱（surface photovoltage spectroscopy，缩写 SPS），已被广泛地用于检测表面态的能级位置和动力学参数。表面光电压光谱仪构造如图9.16所示，主要由光源、分光、信号检测和微机数据处理四部分构成，其特点：① 可以在不污染样品、不破坏样品形貌的条件下直接进行测试，可测定光学透明或不透明样品；② 所检测的信息主要反映样品表层（一般在几十纳米至几个纳米）的性质，因此不受基底或本体的影响；③ 由于 SPS 的原理是基于检测和测量由入射光诱导的表面电荷的变化，因而其检测灵敏度很高，大约每平方厘米一亿个电荷，高于标准表面光谱或能谱。

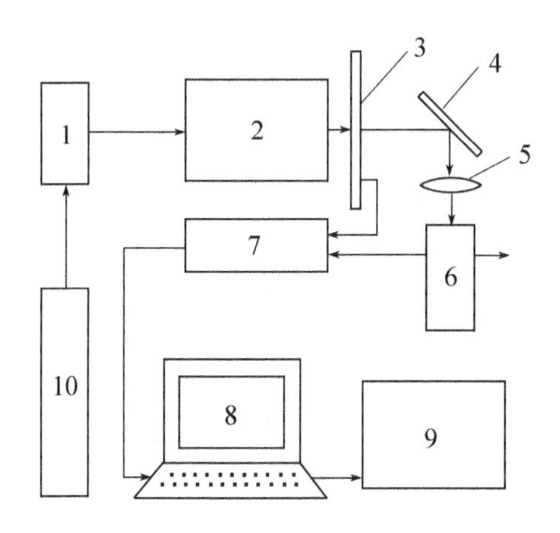

图 9.16 表面光电压光谱仪构造示意图

1. 光源 2. 单色仪 3. 滤光镜 4. 反射镜 5. 透镜 6. 样品支架
7. 同步放大器 8. 计算机 9. X-Y 绘图仪 10. 电源

表面光电压是半导体表面的光伏效应,是光致电子跃迁的结果。它源于半导体材料表面(空间电荷区)和本体(中性区)之间的光致电荷转移,其值的大小取决于表面净电荷。对于不同加偏压的自由表面,表面上的净电荷是在带隙中存在的,形成表面态的电子能级。当带隙或亚带隙在光照射下,电子发生跃迁,跃迁的电子向体相(或表面)迁移,致使表面净电荷 Q_{ss} 发生变化。为了保持体系的电中性,表面空间电荷层的电荷(Q_{sc})会发生重新分布,最终使 $Q_{ss}=-Q_{sc}$。对表面光电压可能有贡献的光致电子跃迁主要有:① 带-带跃迁;② 亚带隙跃迁;③ 表面吸附物质向半导体的光致电荷注入。

超微粉末具有特殊的表面性质,用 SPS 研究 CeO_2 超微粉末的光伏特性时,发现光电压光谱能将漫反射光谱中宽的吸收带分解成两个性质不同的响应峰,如图 9.17 中所示的 335 nm 峰和 410 nm 峰。335 nm 峰归属于体相氧原子的 2p 电子构成的能带到 Ce 的 4f 跃迁,410 nm 峰则归因于表面氧原子的 2p 电子构成的能带到 Ce 的 4f 的跃迁。随着 CeO_2 晶径变小,335 nm 峰减弱,410 nm 峰增强。在电场调制下将能观察到更多有趣的信息。

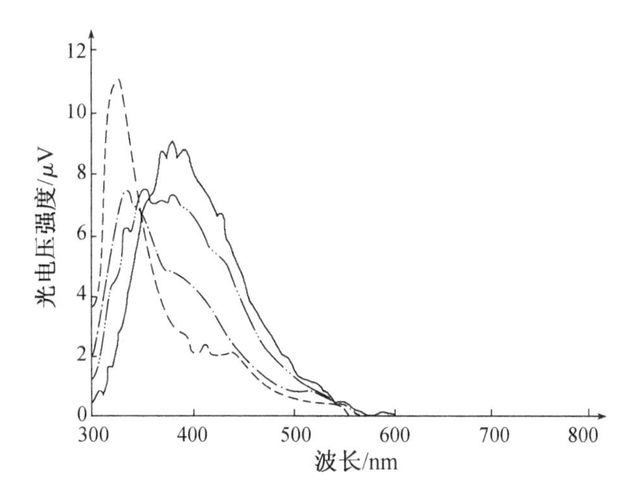

图 9.17　CeO_2 超微粉末的光电压光谱

（引自洪广言《无机固体化学》）

9.4.5　超微粉末透射电镜分析表征

用透射电镜来观察超微粉末的粒度是一种绝对的测定方法，它具有直观性和可靠性。该方法不仅能观察到纳米粒子的粒径，而且能观察到其形态，利用高倍透射电镜还能观察到颗粒的微细结构和测定晶格相等。用透射电镜观察到的颗粒粒径，往往不一定是原生粒子，纳米粒子往往是由比其更小的原生粒子组成，而在制备电镜观察样品时，很难使它们全部分散成原生粒子。这也是用透射电镜法测定纳米粒子时一般平均粒径比用 X 射线衍射法大的原因。由于电镜观察用的粉末数量极少，因此，此法不具有统计性。

用透射电镜测量粒径时应尽量多拍摄有代表性的微粒形貌照片，然后用这些电镜照片来测量粒径，主要测量方法有：① 交叉法，用尺任意地测量约 600 颗粒子的交叉长度，然后将交叉长度的算术平均值乘上一统计因子(1.56)来获得平均粒径；② 测定约 100 颗粒子中每个颗粒的最大交叉长度，纳米粒子粒径为这些交叉长度的算术平均值；③ 求出微粒的粒径或等当粒径，画出粒径与不同粒径下的微粒数的分布图，如图 9.18 所示，将分布曲线中峰值对应的颗粒尺寸作为平均粒径。用扫描电镜同样也可以观察纳米粒子的尺寸和形态。

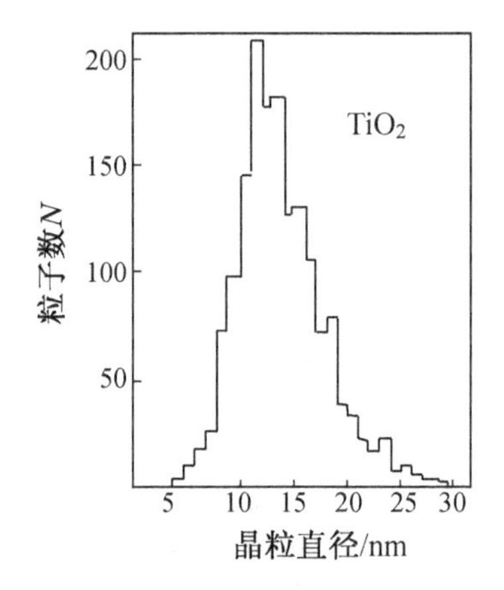

图 9.18 纳米粒子尺寸分布(用 TEM 观察得到)

(引自洪广言《无机固体化学》)

思考题

9.1 试讨论化合物、混合物、固溶体和玻璃体的 X 射线衍射图谱的特点。

9.2 已知氧化铁 Fe_xO 为氯化钠型结构，在晶体中由于存在铁离子空位缺陷而构成一种非整比化合物，$x<1$，现已测得其密度为 5.71 g/cm^3。用 X 射线(MoK_α，λ=71.07 pm)测定其面心立方晶胞衍射指标为 200 的衍射角 θ=9.56°($\sin\theta$=0.166 1)。铁的原子量为 55.85。试计算：(1) Fe_xO 的面心立方晶格参数；(2) x 值；(3) 晶体中 Fe^{2+} 和 Fe^{3+} 的百分含量。

9.3 铋锑铂钯矿的化学成分(质量%)如下：Pt 14.5，Pd 15.9，Ni 1.8，Te 54.7，Bi 12.8。其三方晶系的晶胞参数为 a=0.402 2 nm，c=0.522 4 nm。晶体密度为 7.91 g/cm^3。试计算晶胞中包含的原子数目，写出这种矿物的化学式。

9.4 铁在 25℃时晶体为体心立方晶胞，边长 a=286.1 pm，求铁原子间最近的距离。

9.5 萤石为面心立方结构，单位格子中有四个 CaF_2 分子。在 25℃时，以 λ=154.2 pm X 射线入射(111)面，得衍射角 θ=14.18°，求单位格子的边长和 25℃时 CaF_2 的密度。

9.6 金属铯(原子量 133)为立方晶系，体心立方晶胞，利用波长 λ=80 pm 的 X 射线测得(100)面的一级衍射为 $\sin\theta$ 值为 0.133，计算：(1) 晶胞边长；(2) 金属铯的密度。

9.7　试讨论如何分析确证固态混合物中的各种物相？

9.8　讨论下列实验手段在无机固体化学中的应用：

（1）电子自旋共振波谱；

（2）紫外及可见的吸收光谱；

（3）电子探针微区分析；

（4）X光电子能谱。

9.9　试设计一组实验，以确证碱金属卤化物晶体中的F色心的本质是卤离子空位束缚一个电子。

9.10　水蒸气在固态物质表面上的物理吸附和化学吸附，对于固态物质的水解、结块、催化反应活性、电学性能等都有影响，需要加以检测和研究，试讨论用什么实验方法可以研究和判断水蒸气与固态物质表面的相互作用？

结 语

固体化学的形成和发展是近几十年的事，随着现代科学技术的不断进步，固体化学发展面临的任务是：理论研究要突破，应用研究应创新，技术发展需前沿。

一、固体化学理论研究要突破

固体化学的发展，在很大程度上是理论研究落后于技术应用。事实上，人类早在远古时代就在应用固体化学技术，如陶瓷制造及彩陶的烧制、青铜器的熔合与热处理和淬火、黑火药的混合与密实和造粒、石灰石的开采与破碎和锻烧，以及炼丹术等。但是，固体化学研究直到 20 世纪 20 年代才开始，60 年代才步入实质性发展阶段。因此，固体化学理论研究基础薄弱，物理模型和数学模型亟待丰富。

固体化学是从化学的角度来探索固体物质的组成、结构性质及其相互关系。我们知道，固体物质多数是晶体或可以结晶成晶体，而晶体又是非完整性的，存在着各种各样缺陷的，这些缺陷包括有点缺陷、线缺陷、面缺陷和体缺陷等，正是这些缺陷才导致了固体间的化学反应产生。然而目前，缺陷的理论研究仅点缺陷建立有一定的物理模型和数学模型，线缺陷、面缺陷的理论研究亟待丰富，而体缺陷的的物理模型和数学模型差不多是空白。晶体内的缺陷不仅决定着固体物质性能，而且直接影响着固体材料的强度和其他性质。例如，光导纤维传送的信息量比直径相同的金属导线大 10 亿倍。理论上，一对细如发丝的光导纤维可以传送 100 万路的电话。然而玻璃纤维透明度低，每千米损耗竟达 1 000 dB，即从它的一端输入光信号，传到另一端时信号强度只有原来的 $1/100^{100}$。经研究表明，玻璃纤维中的缺陷是其对光损耗的主要原因。当对玻璃纤维中的缺陷理论研究取得突破后，通过气相沉淀等工艺即提高了玻璃纤维的纯度，光纤损耗下降到 0.5 dB/km。目前，世界上用半导体激光器作光源，用石英基玻璃光纤作光缆，已建成了横跨大西洋长达 6 630 km 光通信干线。又比如，半导材料中的缺陷对材料性能有明显影响，电子探针 X 射线能谱仪中锂漂移硅探测器应用就是例子。为什么锂漂移硅探测器比单晶硅探测器的 X 射线能量分辨率高、探测率好呢？研究证明，任何“理想”的单晶硅片中，仍然会存在着一些缺陷，而这些缺陷对 X 射线检测是有害的。当 X 射线到达探测器表面，它就会产生许多光电子，光电子将电子驱向导带，如果给探测器加上一定电压，就会得到电流信号。

假如在电子运动的路程中,存在着空位或杂质原子等缺陷,该处电场会发生畸变,形成一种电子陷阱,电子就会丢失。为了避免这种情况发生,通过扩散金属锂的方法将探测器中单晶硅片上的所有缺陷填满,消除电子陷井。因此,锂漂移硅探测器的X射线能量分辨率、探测效率大为提高。目前,已将新型锂漂移硅作为探测器的X射线能谱仪广泛应用于扫描电子显微镜、电子探针仪、透射电子显微镜等分析测试仪器中。由此可见,固体化学某一理论研究的突破,将会出现固体新材料与新应用。

固体化学理论研究极为关注的是固相反应。与"在凝聚相中开始,在气相中结束"的气相和液相化学反应有根本性不同,固相反应是在晶体物相中发生物质的局部输运时产生的,反应涉及到的是晶格点阵中原子的电子构型改变、晶格的松弛、缺陷的扩散与迁移。因此,驱动化学反应的源泉是固相中组分的化学势或电化学势梯度。当然其他因素,如温度、外电场、表面张力等对于固相反应也极为重要。固相反应多在高温下快速反应,而其反应又是非均相的放热过程,反应的驱动力是生成产物和反应物的自由能差,因此,固相反应热力学研究至关重要。固相反应的历程,是初始生成物把反应物在空间上分隔开来,反应的继续是靠反应物穿过反应界面和生成物层发生物质的转移和输运,即原来处于晶格平衡位置上的原子或离子,由于温度等外界条件影响,脱离原位置而作无规则的行走,形成移动的"物质流",这种"物质流"的驱动力是原子和空位的浓度差及其化学势梯度,输运过程受扩散规律约束,因此,固相反应动力学的物理模型和数学模型亟待建立。

固体化学理论研究不能不涉及纳米技术研究。人类对自然世界的认识始于宏观物体,又溯源于原子、分子等微观粒子,然而对纳米微粒却缺乏深入细致的研究。纳米微粒是自然界物质结构的一个层次,它的尺度大于原子族,一般在1～100 nm之间。纳米微粒后于原子簇与宏观物体交界的过渡区域。从微观或宏观看,这种系统既非典型的微观系统,亦非典型的宏观系统,它具有一系列新异的物理、化学特性。纳米微粒在一定压力温度作用下生成纳米固体,它的结构是由两种组元构成:一是具有纳米尺度颗粒,称为"颗粒组元",它由颗粒中的所有原子构成;二是这些颗粒之间的分界面,称为"界面组元"。纳米固体颗粒极小,界面组元所占的比重显著增大。例如,纳米微粒直径为5 nm时,界面组元的体积将占全部体积的50%左右。纳米固体中一半左右的原子是分布在界面内,这样大量的纳米微粒又使得纳米固体每立方厘米体积内就存在有10^{19}个不同的界面结构。纳米固体中的界面组元就是所有这些界面结构的组合,且所有界面原子间距又各不一样。所以,这些界面的平均结果将导致各种可能的原子间距取值在界面组元均匀分布。界面组元内的原子排列无序度、混乱度高于传统晶体和非晶体。由于纳米微粒的物相不同，纳米固体可分为纳米晶体和纳米非晶体。纳米微粒具有长程有序的晶态结构或短程有序的非晶态结构，而微粒间的分界面是既没有长程有序也没有短程有序的无序结构。这种结构特点是有序部分尺寸极小，一般为 5～15 nm，含有的分子很少（约几百个分子）。界面部分占总体积的百分比很大（约 50%），缺陷结构极多（大于 70%）。

异常价态的理论研究具有实际意义。在合成中研究离子不等价的取代，可使化合物中的一些变价元素的价态发生改变或产生混合价态，从而可使化合物的电、磁性能发生明显的变化。例如，可使绝缘体、半导体、导体、超导体之间发生相互转变；或使抗磁体、顺磁体、反铁磁体、铁磁体之间发生相互转变。特别是利用这种不等价取代方式合成含 Fe、Co、Ni、Cr、Mn、V、Cu 等可变价的 d 过渡元素的化合物，并研究其价态和自旋状态的变化，有可能提供一些新型的电学和磁学材料。近年来还发现一些化合物如 Ce 或 Yb 的金属间化合物，或 Sm 等硫属化合物等具有价态起伏的现象，利用加压或加入其他元素等方法可使 f 电子进入导带，从而产生价态起伏，这些化合物的电导率随温度的变化发生异常，这些现象有可能导致新材料的产生。

二、固体化学应用研究应创新

日新月异的科学技术的发展，必将对固体化学应用研究提出新要求。例如在新能源领域，为充分利用每秒射到地面上的 8.1×10^5 kJ 的太阳光能量，需要制备出更高效和稳定的光电能量转换材料；在信息领域更需要一系列强度高、信息容量大、灵敏度高、性能好的信息产生、传输、收集、处理、存贮和显示的新型功能材料；对于航天技术则需要轻质、高强度、耐高温、抗辐射和抗氧化的新材料等。因此，固体化学应用研究必须不断创新。

固体化学应用创新研究内容颇多。例如，对于层状或链状结构化合物的应用研究（包括电子离域和定域产生条件、电子和离子的输运机理及影响因素以及层与层之间的间距、键强、配位方式对电学和力学等性能的影响研究等），对探寻出新型的无机高温超导体、电子和离子导体、耐高温润滑材料、锂离子电池的正极活性物质等极为关键。

我国稀土资源丰富，开发应用稀土化合物将具有重大的科学意义和经济意义。由于稀土对氧的亲和力很强，在空气中合成时很易生成氧化物或复合氧化物，故目前大部分使用的稀土材料都是含氧的化合物。但实践表明，在不含氧的稀土化合物中，除较易制备的稀土卤化物已被广泛用于稀土金属制备、氟离子选择性电极等以外，很多具有特异的性能而引起人们的重视（如稀土硫属化合物的半导体性能，稀土金属有机化合物的催化性能等），而且一些已得到应用（如硼化镧已用作电子发射的阴极材料）。$SmCo_5$、Sm_2Co_{17}和$Nd_2Fe_{14}B$已成为第二代和第三代的目前已知是磁能积最大的永磁材料而被广泛使用。最近研制的$Sm_2Fe_{17}N_x$将作为更新一代的永磁材料脱颖而出。$LaNi_5$作为储氢材料，提纯氢的材料和利用太阳能的空调材料而日益受到重视，并已成为利用新的能源氢能的一个组成部分。近年发展的利用$LaNi_5$或$MMNi_5$（MM为混合稀土金属）制成的$Ni-H_2$电池，在充电容量、反复充电次数和使用寿命等方面都超过已广泛使用的Ni－Cd电池，并可避免使用Cd所引起的公害。$Tb(Dy)Fe_2$具有目前已知化合物中最大的磁致伸缩性能，可制成超大磁致伸缩材料而在探测潜艇和鱼群的声纳和制造超声波发生器等方面获得了应用。一些稀土金属间化合物，如$RxMo_6Se_8$、RRh_4B_4等具有超导性能。在稀土超导体中观察到超导电性与磁有序性共存，为超导理论的研究提供了一类重要的化合物。有些稀土化合物具有很大的磁冷却效应，将来有可能研制成磁冰箱，有望使目前含氟烷烃冷冻剂而破坏臭氧层的电冰箱被淘汰。

创新研究以C_{60}和C_{70}为代表的碳多面体原子簇的新应用是必要的。碳多面体原子簇中每个碳原子均与近邻的三个碳原子以键连接，并各自贡献一个剩余的价电子形成离域的球面大二键。这类碳原子簇具有独特的结构和不寻常的物理和化学性质，可能将某些金属离子嵌入其球体中，形成高温超导体，还可能生成许多衍生物。

对于固体化学应用研究所获取的新材料，其应用的效应如何描述？有人研究了用晶体的物理性质中的两个可测物理量——“力”和“力”作用的直接“结果”之间的关系来描述。例如温度作用的结果是熵，应力作用的结果是应变，电场强度作用的结果是电位移，磁场强度作用的结果是磁化强度等。由“力”到产生某种“结果”所发生的现象称为效应。一种“力”的作用可能产生多种“结果”，一种“结果”也可能由多种“力”的综合作用所致。如图Ⅰ所示，“力”与“结果”的相互关系图解：每两个物理量的联线相当于一定的效应，内三角形顶点为外三角形顶点的直接结果，称为主效应，其余称为偶合效应；三角形外侧方括号内标明的是与之相邻的两个物理量之间所发生的各种耦合效应的总名称。

1. 三个主效应

（1）改变电场强度**E**使电位移**D**发生变化的主效应决定晶体的介电性质：

$$d\mathbf{D}_i=\varepsilon_{ij}\,d\mathbf{E}_j$$

$$d\mathbf{P}_i=\Gamma_{ij}\,d\mathbf{E}_j \qquad (\mathbf{P}\text{ 极化强度})$$

$$d\mathbf{E}_i=\beta_{ij}\,d\mathbf{D}_j$$

式中：ε_{ij}为介电常数张量；Γ_{ij}为介质极化率张量；β_{ij}为介质隔离率张量。

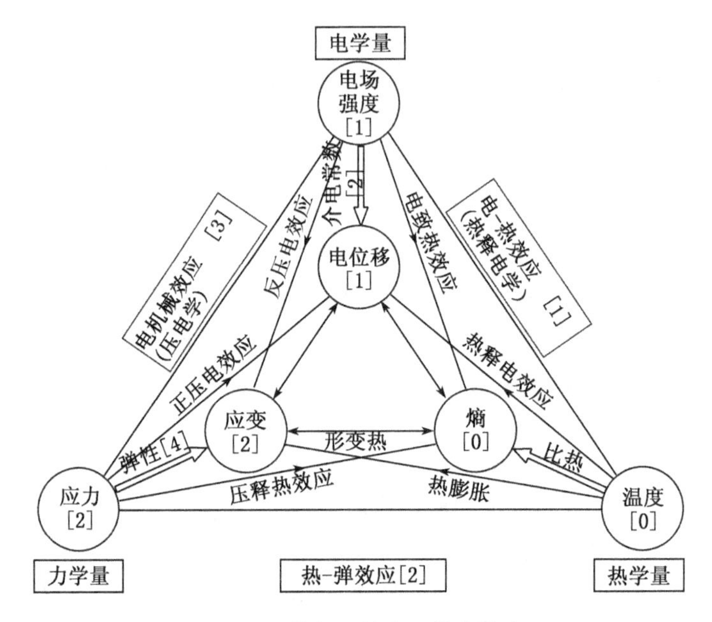

图 I 固体新材料应用效应描述

(2) 改变应力 σ 使应变 S 发生变化的主效应决定晶体的弹性性质：

$$dS_{ij}=s_{ijkl}\,d\sigma_{kl}\quad \text{或} \quad d\sigma_{ij}=C_{ijkl}\,dS_{kl}$$

式中：s_{ijkl} 为四阶张量，称为弹性柔顺常数张量，C_{ijkl} 为弹性刚度张量。

(3) 改变温度 T 使熵 H 发生变化的主效应决定晶体的比热：

$$dH=\frac{C}{T}dT \quad \text{或} \quad dT=\frac{T}{C}dH$$

式中：C 为比热(单位体积热容量)。

耦合效应有 12 种，常用的有 6 种：

正压电效应：$d\mathbf{D}_i=d_{ijk}\,d\sigma_{kl}$

反压电效应：$d\mathbf{S}_{jk}=d_{ijk}\,d\mathbf{E}_i$ (反压电效应系数等于正压电效应系数)

电致热效应：$d\mathbf{H}=p_i\,d\mathbf{E}_i$

热释电效应：$d\mathbf{D}_i=p_i\,d\mathbf{T}$ (电致热效应系数等于热释电效应系数)

热膨胀：$dS_{ij}=\alpha_{ij}\,dT$

压致热效应：$dH=\alpha_{ij}\,d\sigma_{ij}$ (热膨胀系数就是压致热效应系数)

实际上各种“力”和“结果”是相互联系的，因此表达式要复杂很多。比如将 E_i、σ_{ij}、T 分别看成是 D_i、S_{ij} 和 H 的函数，即：

$$D_i=D_i(E_i,\sigma_{ij},T) \qquad D=d_{ijk}^{T}\sigma_{jk}+\varepsilon_{ij}^{\sigma,T}E_j+p_i^{\sigma}\Delta T$$

$$S_{ij}=S_{ij}(E_i,\sigma_{ij},T) \qquad S=s_{ijkl}^{E,T}\sigma_{kl}+d_{ijk}^{T}E_k+\alpha_{ij}^{E}\Delta T$$

$$H=H(E_i,\sigma_{ij},T) \qquad \Delta H=\alpha_{ij}^{E}\sigma_{ij}+p_i^{\sigma}E_i+(C^{\sigma,E}/T)\Delta T$$

它们的微分式为：

$$\mathrm{d}S_{ij}=\left(\frac{\partial S_{ij}}{\partial \sigma_{kl}}\right)_{E,T}\mathrm{d}\sigma_{kl}+\left(\frac{\partial S_{ij}}{\partial E_k}\right)_{\sigma,T}\mathrm{d}E_k+\left(\frac{\partial S_{ij}}{\partial T}\right)_{\sigma,E}\mathrm{d}T$$

弹性　　反压电效应　　热膨胀

$$\mathrm{d}D_i=\left(\frac{\partial D_i}{\partial \sigma_{jk}}\right)_{E,T}\mathrm{d}\sigma_{jk}+\left(\frac{\partial D_i}{\partial E_j}\right)_{\sigma,T}\mathrm{d}E_j+\left(\frac{\partial D_i}{\partial T}\right)_{\sigma,E}\mathrm{d}T$$

正压电效应　　介电常数　　热释电效应

$$\mathrm{d}H=\left(\frac{\partial H}{\partial \sigma_{ij}}\right)_{E,T}\mathrm{d}\sigma_{ij}+\left(\frac{\partial H}{\partial E_i}\right)_{\sigma,T}\mathrm{d}E_i+\left(\frac{\partial H}{\partial T}\right)_{\sigma,E}\mathrm{d}T$$

压致热效应　　电致热效应　　比热

可以证明，$\frac{\partial S}{\partial E}=\frac{\partial D}{\partial \sigma}$、$\frac{\partial S}{\partial T}=\frac{\partial H}{\partial \sigma}$、$\frac{\partial D}{\partial T}=\frac{\partial H}{\partial E}$，因此上方程右边系数矩阵是对称的。以上方程组中，对角线系数为主效应，其余为偶合效应。以上系数均有附加条件，即某些物理量必须为常数（或零）。因此在不同条件下测到的晶体物理性质的值是不同的，而且各种系数间是相互联系的。

2．六种物理条件

在进行晶体物理性质测量中，常采用下述六种物理条件：

（1）T＝常数（等温变化）。

（2）H＝常数（绝热变化），测量过程中晶体无热量增加和损失（晶体作弹性振动时得以实现）。

（3）E＝常数，晶体表面始终处于等电位状态（晶体中电场强度保持为零），称电自由晶体。

（4）D＝常数，实验上很难实现。$D=0$ 称为电学受夹状态。

（5）σ＝常数，此时晶体不受任何阻力而自由形变，$\sigma=0$ 称为机械自由状态。

（6）S＝常数，此时晶体处于无限硬的环境中，$S=0$ 称为机械受夹状态。

不同测试条件下系数间的关系为：

① E＝常数

$$\varepsilon_{ijkl}^{S}-\varepsilon_{ijkl}^{T}=-\alpha_{ij}\alpha_{kl}\frac{T}{C^{\sigma}}$$

$$C^{S}-C^{\sigma}=-T\alpha_{ij}\alpha_{kl}C_{ijkl}^{T}$$

$$\alpha_{ij}^{D}-\alpha_{ij}^{E}=-d_{kij}^{T}\beta_{kl}^{\sigma,T}p_l^{\sigma}$$

② T＝常数

$$s_{ijkl}^{D}-s_{ijkl}^{E}=-d_{mij}d_{nkl}\beta_{mn}^{\sigma}$$

$$\varepsilon_{ij}^{S}-\varepsilon_{ij}^{\sigma}=-d_{ikl}d_{jmn}C_{klmn}^{E}$$

$$d_{ijk}^{S}-d_{ijk}^{T}=-p_{i}^{\sigma}\frac{T}{C^{\sigma,E}}\alpha_{jk}^{E}$$

③ σ=常数

$$\varepsilon_{ij}^{S}-\varepsilon_{ij}^{T}=-p_{i}p_{j}\frac{T}{C^{E}}$$

$$C^{D}-C^{E}=-Tp_{i}p_{j}\beta_{ij}^{T}$$

$$P_{i}^{S}-P_{i}^{\sigma}=-\alpha_{jk}^{E}C_{jklm}^{E,T}d_{ilm}^{T}$$

三、固体化学技术发展需前沿

20世纪60年代，在现代科学技术研究成果基础上，信息技术、生物技术、新材料技术、新能源技术、航空与航天技术、海洋开发技术、通信技术、微电子技术、自动化技术、激光与红外技术等迅猛发展，赫然构成了一个前所未有的新技术群——“高技术”。高技术急切需求性能优异的新材料，自然也给固体化学技术发展带来了发展契机。实际上，固体化学已在伴随高技术发展取得了一系列重大的革命性的成果，如高温超导材料、纳米材料、C_{60}等，但固体化学技术发展尚需进一步关注以下前沿领域。

1. 固体新材料的新合成方法研究

固体新材料大多是采用高温固相反应获得，高温耗能大、反应难以控制。为此，人们研究了如共沉淀法、水热法、微波法、气相输运法等方法。而近年来人们又提出了软化学合成方法，它力求在中低温或溶液使反应物在分子状态上均匀混合，进行可控的反应步骤，经过生成前驱体或中间体，最后生成具有指定组成、结构和形貌的材料。已用软化学的方法合成了多种发光材料、磁性材料、金属间化合物、玻璃陶瓷和高温结构材料等，软化学合成是固体化学技术发展一个前沿领域。

“组合合成”或“组合化学”(cominatorial chemistry)方法，是固体新材料的一种新的合成方法。这个方法可以一次性成批量获得很大数量的类似化合物——化合物库(chemical library)以供高通量筛选，寻找先导化合物。采用这种方法，可以大大增加寻找具有特殊功能新化合物的机会。文献中报道了采用组合化学的方法从25 000个化合物中合成出一种具有一维链状结构的新型发光材料——Sr_2CeO_4，并在显示技术中获得应用。有人预言，组合化学将引起重大的技术革命。

2. 绿色合成化学反应研究

高温固相反应固然可以获取很多固体新材料，但高温除实验难度大外，重要的是有些欠稳定的产物只能在较低温度下存在。忻新泉等已对室温或低热下的绿色合成固相反应进行了系统的研究。他们探讨了低热温度固一固反应的机理,提出并用实验证实了固相反应的四个阶段(即扩散—反应—成核—生长,各步的反应速率均有可能成为反应的决定步骤),并总结了固相反应的特有的规律。室温和低热合成化学反应,具有节能、高效、无污染及工艺过程简单等优点,它是绿色合成化学反应之一,将为固体化学在材料制备方面提供新途径。

3. 超微粒子与纳米相功能材料研究

20 世纪 80 年代初,在原子和分子范畴与凝聚态固体之间,提出一类由纳米尺寸的微粒构成的固体,称为超微粒子或纳米晶。这类材料具有特殊的结构和性质,特别是表现出与常见凝聚态固体不同的性质,引起人们的极大的注意并得到一系列应用,因此,纳米材料被视为 21 世纪的新材料。由于纳米晶是介于宏观物质和微观原子、分子中间的研究领域,它的出现开拓了人们认识物质世界的新层次,是一个有发展前途的新领域。

4. 层状化合物与高温超导研究

1986 年 Bednorz 和 Muller 发现高温超导体镧钡铜氧以后,证实此化合物的组成为$(La_{1-x}Ba)_2CuO_4$,属于层状的 K_2NiF_4 结构。由此掀起了全球性寻找高温超导体的热潮。1987 年又发现了 123 型的钇系高温超导体 $YBa_2Cu_3O_{7-x}$,临界温度达液氮温区的 90 K,轰动了全球,促使超导材料获得许多新的实际应用,如超导列车、超导核磁共振仪、超导线材等,也给工业技术带来了新的革命。研究发现 YBaCuO 是一个非化学计量比的、具有氧缺位的 ABO_3 型钙钛矿型层状结构的化合物,由于三价稀土离子和二价碱土金属离子在 A 位的不等价取代,导致 B 位的铜产生 Cu^{2+} 和 Cu^{3+} 的混合价态,离域的载流子沿层状的 CuO 面输运而产生超导现象,成为空穴型的高温超导体。对这些混合价态的层状化合物的深入研究,不仅又发现了铋系、铊系和汞系等层状高温超导体,而且也发现了一些其他新材料,如钙钛矿型层状结构的 $La_{1-x}M_xMnO_3$(M=Ca、Sr、Ba、Pb)具有巨磁电阻特性并可以作为固体氧化物燃料电池和磁流体发电的电极材料。由此可见,层状化合物和非化学计量比的缺陷化合物研究,对新功能材料开发具有极其重要的意义。

5. 原子簇化合物与 C_{60} 研究

原子簇化合物是当前国际上的研究热点。原子簇化合物是指功能性簇化合物、生物模拟簇化合物、碳簇化合物等。碳原子簇化合物的研究始于天体物理学家对宇宙尘埃形成的研究。1985 年 Kroto 等发现了稳定的碳原子团簇(巴基球),掀起了对其制备和性质的研究热潮。C_{60} 是由 60 个碳原子构成的球形三十二面体，内含多个不饱和双键，如图Ⅱ所示。高度共轭的C_{60}易子发生加成反应，并借此引入许多新的特性如导电性、超导性和催化性能等。

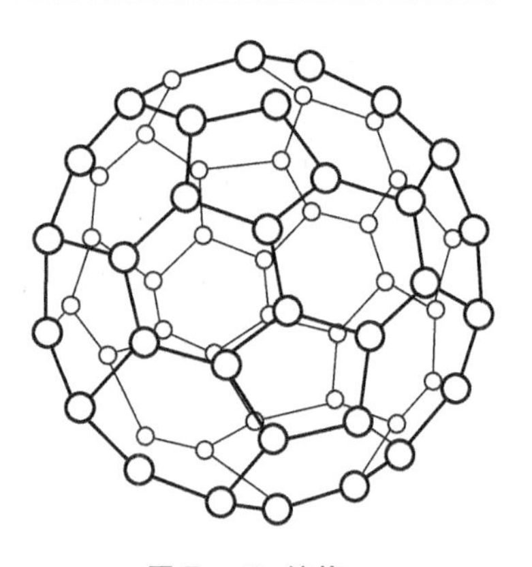

图Ⅱ　C_{60}结构

除了笼状结构的碳团簇C_{60}、C_{70}、C_{84}等以外，还制备出管状、层状、片状、洋葱状等特殊形状的团簇。1991年Lijima发现碳纳米管是具有纳米级管径的一维量子材料。由于它具有很大的表面、极高的强度、极高的导热率及导电性等特性，已成为功能材料的研究热点。我国科学家在纳米管的研究方面，取得了一些具有国际影响的重要成果。范守善等首次利用碳纳米管成功地制备出GaN一维纳米棒，并提出了碳纳米管限制反应的概念，该项成果成为1997年Science杂志评选出的十大科学突破之一；他们还在国际上首次实现硅衬底上的碳纳米管阵列的自组装生长，推进了碳纳米管在场发射和纳米器件方面的应用研究。解思深等利用化学气相法制备纯净碳纳米管技术，合成了大面积定向纳米管阵列，该项工作发表于1997年Science杂志上；他们还利用改进后的基底，成功地控制了碳纳米管的生长模式，大批量地制备出长度为2～3 mm的超长定向纳米碳管，该项工作发表于1998年Science杂志上。

6. 生物无机固体化学研究

生物无机固体化学是生命科学、材料科学和固体化学的新兴交叉学科，它研究在生物体系中无机矿物的结构、性质与功能之间关系，以及阐明生物矿化过程的机理。

据研究，在活的生物体中所形成的矿物已超过60种。生物体系中发现的主要无机固体的类型及功能如表Ⅰ所示，它们的组分各异、功能齐全，除了广泛用作细胞的离子库以及结构、支撑和保护的材料之外，往往还具有某些特殊的功能。例如，趋磁细菌中有序排列着的数颗单磁畴大小的Fe_3O_4是用于游动时识别方向的，同样金枪鱼、鲑鱼的头部也以Fe_3O_4作为导航的生物磁罗盘；三叶虫以$CaCO_3$作为眼棱镜，而头足纲动物如乌贼则以$CaCO_3$作为它的浮力装置，鱼类的头部以及哺乳动物的内耳都是以$CaCO_3$作为重力接受器的。

表Ⅰ　在生物体系中发现的主要无机固体的类型及功能

矿物	化学式	来源	功能
碳酸钙			
方解石	$CaCO_3$	藻类	外部骨架
		三叶虫	眼棱镜
文石	$CaCO_3$	鱼	重力装置
		软体动物	外部骨架
球霰石	$CaCO_3$	海鞘	骨针
无定形	$CaCO_3 \cdot nH_2O$	植物	钙库
磷酸钙			
羟磷灰石	$Ca_{10}(PO_4)_6(OH)_2$	脊椎动物	外部骨骼、牙齿、钙库
八钙磷酸钙	$Ca_8H_2(PO_4)_5$	脊椎动物	骨、齿的前体
	无定形	蛤贝	钙库
		脊椎动物	骨的前体
草酸钙			
Whewellitc	$CaC_2O_4 \cdot H_2O$	植物	钙库
Whddellite	$CaC_2O_4 \cdot 2H_2O$	植物	钙库
ⅡA族金属硫酸盐			
石膏	$CaSO_4$	水母幼体	重力器件
重晶石	$BaSO_4$	藻类	重力器件
天青石	$SrSO_4$		细胞结构支撑
二氧化硅	$SiO_2 \cdot nH_2O$	藻类	外部骨架
铁的氧化物			
磁石	Fe_3O_4	细菌	
		Chitons(一种原始的软体动物)	牙齿
针铁矿	A－FeOOH	虮	牙齿
纤铁矿	γ－FeOOH	Chitons	牙齿
水合氧化铁	$5Fe_2O_3 \cdot 9H_2O$	动物、植物	铁贮存蛋白

一切生物矿化都是动态的、受控的。也就是说矿化过程中的每一步骤都发生在一定的时间和精确的位置上，表现在生物矿化发生在特殊的隔室中，隔室的空间是由细胞所分泌的生物大分子经过自组装而形成。在完成形成矿物的密度及形态之后，分泌过程将会产生新的单元。矿物的沉析作用处于一个不断更新

的运动之中，同时生物矿物一般具有确定的晶体大小和取向。

生物矿化的研究，特别是对生物体中控制成核作用机理的研究，对于制备新一代功能无机材料，如人工合成的生物陶瓷 $Ca_{10}(PO_4)_6(OH)_2$ 等具有现实意义。生物无机固体化学研究有望帮助人们找到既有确定的大小、晶形和取向，又具有光、电、磁、热、声等功能的新型特殊材料。

附　录

附录 1　基本物理和化学常数

物理量	符　号	数　　值
电子电荷	e	$1.602\ 10\times10^{-19}$ C
		$4.802\ 98\times10^{-10}$ esu
普朗克常数	h	$6.626\ 2\times10^{-34}$ J·s
		$6.626\ 2\times10^{-27}$ erg·s
	$\eta=h/2\pi$	$1.054\ 59\times10^{-37}$ J·s
光速	c	$2.997\ 925\times10^{8}$ m·s^{-1}
玻耳兹曼常数	k	$1.380\ 62\times10^{-23}$ J·K^{-1}
		$1.380\ 62\times10^{-16}$ erg·deg^{-1}
气体常数	R	8.314 3 J·K^{-1}·mol^{-1}
		1.987 2 cal·mol^{-1}
理想气体摩尔体积	V_{m}	$22.413\ 83\times10^{-3}$ m^{3}·mol^{-1}(标准状况下)
阿伏加德罗常数	N_{A}	$6.022\ 169\times10^{-23}$ mol^{-1}
法拉第常数	F	$9.648\ 670\times10^{4}$ C·mol^{-1}
		96.487 coulomb·g-equiv^{-1}
原子质量单位	μ	$1.660\ 565\ 5\times10^{-27}$ kg
电子静止质量	m_{c}	$9.109\ 558\times10^{-31}$ kg
		$9.109\ 558\times10^{-28}$ g
中子静止质量	m_{n}	$1.674\ 954\ 3\times10^{-27}$ kg
质子质量	m_{p}	$1.672\ 614\times10^{-27}$ kg
玻尔半径	α_{0}	52.917 715 pm
里德堡常数	R	$1.097\ 373\ 12\times10^{-5}$ cm^{-1}
1 电子伏	eV	$1.602\ 1\times10^{-19}$ J

附录 2　分子能量单位

	erg·molecule^{-1} 尔格/分子	J·molecule^{-1} 焦耳/分子	cal·molecule^{-1} 卡/分子	eV·molecule^{-1} 电子伏/分子	Wavenumber(cm^{-1}) 波数(cm^{-1})
1 erg·molecule^{-1} 1 尔格/分子	1	10^{-7}	$1.439\,4\times10^{16}$	$6.241\,8\times10^{11}$	$5.034\,5\times10^{15}$
1 J·molecule^{-1} 1 焦耳/分子	10^{7}	1	$1.439\,4\times10^{23}$	$6.241\,8\times10^{18}$	$5.034\,5\times10^{22}$
1 cal·molecule^{-1} 1 卡/分子	$6.947\,3\times10^{-17}$	$6.947\,3\times10^{-24}$	1	$4.336\,3\times10^{-5}$	0.349 76
1 eV·molecule^{-1} 1 电子伏/分子	$1.602\,1\times10^{-12}$	$1.602\,1\times10^{-19}$	23 061	1	8 065.7
1 Wavenumber(cm^{-1}) 1 波数(cm^{-1})	$1.986\,3\times10^{-16}$	$1.986\,3\times10^{-23}$	2.859 1	$1.239\,8\times10^{-4}$	1

附录 3　SI 基本单位的名称和符号

物理量及符号	SI 基本单位的名称	符 号	中文符号
长度 l	米(meter)	m	米
质量 m	千克(kilogram)	kg	千克
时间 t	秒(second)	s	秒
电流 I	安培(ampere)	A	安
热力学温度 T	开尔文(kelvin)	K	开
物质的量 n	摩尔(mol)	mol	摩
光强度 I_v	坎德拉(candela)	cd	坎
* 平面角 α,θ	弧度(radian)	rad	弧度
* 立体角 ω	球面角(steradian)	sr	球面度

* 为 SI 辅助单位。

附录 4　某些 SI 导出单位的名称、符号和定义

物理量及符号	SI 单位名称	符　号	中文符号	定　义
面积 A, S	平方米	m^2	米^2	
体积 V	三次方米	m^3	米^3	
密度 ρ	千克每立方米	$kg \cdot m^{-3}$	千克/米^3	
速度 v, u	米每秒	$m \cdot s^{-1}$	米/秒	
角速度 ω	弧度每秒	$rad \cdot s^{-1}$	弧度/秒	
浓度 m_B, [B]	摩尔每立方米	$mol \cdot m^{-3}$	摩/米^3	
力 F	牛顿(newton)	N	牛	$m \cdot kg \cdot s^{-2}$
压力 P	帕斯卡(pascal)	Pa	帕	$N \cdot m^{-2} (= m^{-1} \cdot kg \cdot s^{-2})$
能量 E 功 W 热 Q	焦耳(joule)	J	焦	$m^2 \cdot kg \cdot s^{-2}$
电量 Q 电荷 e	库仑(coulomb)	C	库	$s \cdot A$
电压 V 电势差 U	伏特(volt)	V	伏	$J \cdot A^{-1} \cdot s^{-1} (= m^2 \cdot kg \cdot s^{-3} \cdot A^{-1})$
电阻 R	欧姆(ohm)	Ω	欧	$V \cdot A^{-1} (= m^2 \cdot kg \cdot s^{-3} \cdot A^{-2})$
电导	西门子(siemens)	S	西	$\Omega^{-1} = A \cdot V^{-1} (= m^{-2} \cdot kg^{-1} \cdot s^3 \cdot A^2)$
电容	法拉(farad)	F	法	$A \cdot s \cdot V^{-1} (= m^{-2} \cdot kg^{-1} \cdot s^4 A^2)$
电场强度 E	伏特每米	$V \cdot m^{-1}$	伏/米	
磁场强度 H	安培每米	$A \cdot m^{-1}$	安/米	
光亮度	坎德拉每平方米	$cd \cdot m^{-2}$	坎/米^2	
光通量	流量(lumen)	lm	流	$cd \cdot sr$
光照度	勒克斯(lux)	lx	勒	$cd \cdot sr \cdot m^{-2}$
频率	赫兹(hertz)	Hz	赫	s^{-1}
摩尔热容 C	焦耳每开尔文摩尔	$J \cdot K^{-1} \cdot mol^{-1}$	焦/开·摩	

附录5 非SI单位换算为SI单位的换算系数

物理量	非SI单位及符号	换算为SI单位的换算系数
长度	英寸 in	2.54×10^{-2} m
	英尺 ft	0.304 8 m
	埃 Å	1×10^{2} pm
压力	大气压 atm	1.013×10^{5} Pa
	毫米汞柱(托)mmHg(torr)	1.333×10^{2} Pa
	公斤/平方厘米 kg/cm^2	$9.806\,6\times10^{4}$ Pa
能量	千卡/摩尔 kcal/mol	4.184 $kJ\cdot mol^{-1}$
	千瓦小时 kW·h	0.36 kJ
	电子伏特/分子 eV/molecule	$1.602\,1\times10^{-19}$ $J\cdot molecule^{-1}$
	波数/分子 cm^{-1}/molecule	$1.986\,3\times10^{-2}$ $J\cdot molecule^{-1}$

附录6 温度的换算

摄氏温度/℃	华氏温度/F	绝对温度/K
T(℃)	$\frac{9}{5}T(℃)+32$	$T(℃)+273.15$
$\frac{5}{9}(T(F)-32)$	T(F)	$\frac{5}{9}(T(F)-32)+273.15$
$T(K)-273.15$	$\frac{9}{5}(T(K)-273.15)+32$	T(K)

注：T(℃)—摄氏温度数；T(F)—华氏温度数；T(K)—绝对温度数。

参考文献

[1] 苏勉曾编著. 固体化学导论. 北京:北京大学出版社,1987.

[2] 洪广言编著. 无机固体化学. 北京:科学出版社,2002.

[3] 张克立编著. 固体无机化学. 武汉:武汉大学出版社,2005.

[4] Mclain J H. Pyrotechnic from the View point of solid State Chemistry. Penna:The Franklin Institute Press,1980.

[5] Rao C N R . Gopalakrishnan J. 刘新生译. 固态化学的新方向. 长春:吉林大学出版社,1990.

[6] 崔秀山. 固体化学基础. 北京:北京理工大学出版社,1991.

[7] 廖立兵编著. 晶体化学及晶体物理学. 北京:地质出版社,2000.

[8] [苏] Б. К. 伐因斯坦著. 吴自勤译. 现代晶体学(第一卷). 合肥:中国科学技术大学出版社,1990.

[9] 赵珊茸主编. 结晶学及矿物学. 北京:高等教育出版社,2004.

[10] 陈继勤,陈敏熊,赵敬世编著. 晶体缺陷. 杭州:浙江大学出版社,1992.

[11] 徐宝琨,阎卫平,刘明登编著. 结晶学. 长春:吉林大学出版社,1991.

[12] 陈敬中主编. 现代晶体化学:理论与方法,北京:高等教育出版社,2001.

[13] 吕孟凯. 固态化学. 济南:山东大学出版社,1996.

[14] 韩万书. 中国固体无机化学十年进展. 北京:高等教育出版社,1998.

[15] 国家自然科学基金委员会. 无机化学. 北京:科学出版社,1994.

[16] DanielsonE,DevenneyM,GiaquintaD M. A Rare-Earth Phosphor Containing One-Dimensional Chaains Ldentified Through Comination Methods. Science,1998,279(6):837.

[17] 崔福斋,冯庆玲. 生物材料学. 北京:科学出版社,1996.

[18] 洪广言,李红军,肖良质等. 超徽粉末的合成及其应用. 无机材料学报,1987,2(2):97.

[19] 郑辙. 结构矿物学导论. 北京:北京大学出版社,1992.

[20] 潘兆橹主编. 结晶学及矿物学. 北京:地质出版社,1985.

[21] 潘功配. 高等烟火学. 哈尔滨:哈尔滨工程大学出版社,2005.

[22] 潘功配,关华,朱晨光,陈昕. 可膨胀石墨用作抗红外/毫米波双模发烟剂的研究. 含能材料,Vol. 14 No. 6,2006,12.